21 世纪工程图学系列教材

建筑透视与阴影

(第六版)

主　编　李国生　李美能
副主编　谢　坚　王　芳　黄　莉
主　审　袁　果

华南理工大学出版社
SOUTH CHINA UNIVERSITY OF TECHNOLOGY PRESS
·广州·

内 容 简 介

本教材按 48 学时的教学计划需求编写,其主要内容有:投影的基本知识,点、直线与平面,曲线与曲面,平面形体,曲面形体,组合体,轴测图,透视图的基本原理、基本画法、实用画法和辅助画法,曲线曲面的透视,正投影图中的阴影,以及透视图中的阴影、倒影与虚像等。

严谨、简练、实用,系统性、逻辑性、开创性较强是本教材的主要特色。

本教材可作为高等院校建筑学、城市规划、室内设计、环境艺术及风景园林等专业(或相近专业)开设"画法几何与阴影透视"课程的教材,也可供从事建筑设计的在职人员参考。

与本教材配套的电子教学课件可在华南理工大学出版社网站下载区下载或向编者索取。

与本教材配套的习题集同时出版。

图书在版编目(CIP)数据

建筑透视与阴影/李国生,李美能主编. ——6 版. ——广州:华南理工大学出版社,2025.2. ——(21 世纪工程图学系列教材). ——ISBN 978 - 7 - 5623 - 7985 - 0

Ⅰ. TU204

中国国家版本馆 CIP 数据核字第 2025F3M368 号

建筑透视与阴影(第六版)
李国生 李美能 主编

出 版 人:房俊东
出版发行:华南理工大学出版社
　　　　　(广州五山华南理工大学 17 号楼,邮编 510640)
　　　　　http://hg.cb.scut.edu.cn　E-mail:scutc13@scut.edu.cn
　　　　　营销部电话:020 - 87113487　87111048(传真)
责任编辑:周 扬　骆 婷
责任校对:梁晓艾
印 刷 者:广州小明数码印刷有限公司
开　　本:787mm×1092mm　1/16　印张:16　字数:406 千
版　　次:2025 年 2 月第 6 版　印次:2025 年 2 月第 1 次印刷
定　　价:50.00 元

版权所有　盗版必究　印装差错　负责调换

第六版前言

本教材第一版自 2001 年出版发行以来，承蒙广大师生与专业人士的厚爱与支持，在建筑制图的教学与研究过程中得以广泛应用。随着时间的推移和学科的持续发展，为了更好地适应新时代的教育需求和反映最新的学术成果，我们对教材进行了精心修订再版。

与前版相比，新版教材具有诸多显著的改进之处。其中，最为突出的是我们新增了配套的电子课件。在当今数字化学习的时代背景下，电子课件的加入为教学活动提供了更为丰富和多元的资源支持。这些电子课件不仅涵盖了教材中的重点知识讲解、难点分析，也为例题配备了作图过程的逐步动画演示，能够更好地辅助教师的课堂教学，增强教学的生动性与吸引力，同时也为学生提供了自主学习、复习巩固以及拓展知识边界的有力工具，使学习过程更加灵活、高效、富有乐趣。

在内容方面，我们根据学科领域的最新发展动态和教学实践中的反馈意见，对教材正文进行了严谨细致的修订与完善，并对原教材的某些内容作了如下调整：

（1）原教材第 3 章第 2 节中的"单叶回转双曲面"修改为"单叶双曲回转面"。后者更符合当下的语言习惯。

（2）原教材第 7 章第 2 节的图 7-6b 中标注的外形尺寸修改为建筑制图样式。

（3）原教材第 7 章第 2 节的图 7-15a 轴间角和轴向伸缩系数中 $r=0.5$ 修改为 $r=1$，与电子课件对应。

本教材此次再版除仍由李国生担任主编外，特邀广东工业大学李冰教授制作全书的电子课件。李冰教授从事土木建筑工程制图一线教学三十余载，曾主编《土木工程制图基础》《画法几何与机械制图》等教材，并主持制作多部教材的多媒体教学课件。

我们衷心希望这本再版教材能够继续得到广大师生的喜爱和认可，成为大家在学习和教学道路上的得力助手。同时，我们也深知教材的建设是一个持续发展的过程，期待各位读者在使用过程中能够提出宝贵的意见和建议，以便我们在未来的修订中不断完善，为教育事业的发展贡献更多的力量。

最后附带说明：本教材此次改编，其主导思想之一是按 48 学时的教学计划要求来编写，但考虑到不同院校的教学计划有所不同，故各章的篇幅一般略有余裕。讲授时，对书中凡冠以符号"*"者，可将该部分视为选学、自学或参考，灵活处理。当计划学时数远少于 48 时，则宜将该部分内容省略。

本教材配套的电子教学课件可通过扫描下方二维码在华南理工大学出版社网站下载区下载或向编者索取。

编者

2025 年 1 月

第五版前言

本教材第一版自 2001 年 2 月出版发行以来，以其结构新颖、论述严谨、文字简练、内容实用、图例精湛以及具有较强的系统性、逻辑性、开创性和时代性等特色，获得了本校和众多兄弟院校的老师及学生的好评，也获得了一些建筑设计单位及有关人士的赞许。

鉴于本教材已作过 4 次修订，其"结构体系……渐臻完善"（湖南大学袁果教授语）。故此次再版，对原教材（第四版）不作太大的变动，只是根据教学第一线反馈回来的信息，对原教材中某些章节作了如下的调整：

（1）删去了原教材第 1 章中的第 2 节，增加了"形体正投影图的绘制与识读入门"作为第 3 节。这样处理不但使文字、内容简练了许多，还能让学生易于接受和记忆。至于为什么要增加"……入门"一节，其主要目的在于承前启后。

（2）对原教材第 2 章作了较大幅度的调整，删去了一些不是十分重要的内容，突出了图示法则及其应用。这样处理，既节约了篇幅，更适应了在当前学时数偏少的情况下的教学需求。

（3）明确表明，本教材的第 3 章"供学生自学和必要时参考，要求学生自主完成该章习题的全部或局部"。这样处理，不是说这一章可有可无，而是想借以提升学生的自学能力。这一章的内容，颇有特色，涉及一些初等几何、解析几何及其在建筑工程上的应用等基础知识，可有效地提升学生对本课程乃至建筑学专业的学习兴趣。再者，也可以说，由于这一章的内容自成体系，故在教学进程上，从第 2 章跳到第 4 章是完全没有问题的。

（4）对原教材第 4、第 5 两章中的某些内容或例题作了一些删减，使之更趋简练和流畅。

（5）将原教材的第 10 章整章后移，而把原来的第 11、第 12 两章提前为第 10、第 11 章。这样做的目的是使透视投影的基本原理、基本画法、实用画法和辅助画法更加紧密地联系在一起，一气呵成，利于教学。

本教材此次再版，考虑到为了使该教材更切合当前各院校的教学实际，特邀若干在职的老师参与本教材的修订工作。具体来说，本教材仍由李国生任主编，特邀谢坚、王芳、黄莉任副主编。其分工是：广州大学谢坚负责第 1、2、4、5 章；内蒙古农业大学王芳负责第 6、7 章；广州大学黄莉负责第 3 章；广州大学李国生负责第 8～15 章。最后由李国生负责对全书的图文进行梳理和定稿。事实证明，特邀这些在职的老师参与本教材此次的修订工作是很有意义的和必要的。即是说，没有他们的参与，就没有上述（1）至（5）各项的调整。

本教材此次再版，得到了湖南大学袁果教授的关爱。袁教授对本教材进行了仔细的审阅，对其中不妥之处提出了宝贵的意见。此外，关心和支持本教材编写的人员还有黄水生、宋琦、林俊航老师和李美能总建筑师、陈皓宇工程师等。在此，对上述人员一并致以衷心的感谢。

为了便于教学，本教材制作有与之配套的电子教学课件，使用本教材的老师可在华南理工大学出版社网站下载区下载，也可向编者索取。

由于编者学识水平有限，而且可能还有对校核工作做得不够细致的地方，故书中难免还会有不妥乃至错误之处，敬请各位老师和读者批评指正。

最后附带说明：本教材此次改编，其主导思想之一是按48学时的教学计划要求来编写，但考虑到不同院校的教学计划有所不同，故各章的篇幅一般略有余裕。讲授时，对书中凡冠以符号"＊"者，可将该部分视为选学、自学或参考，灵活处理。当计划学时数远少于48时，则宜将该部分内容省略。

编者

2018年5月

第四版前言

本教材自 2001 年 2 月第一版公开发行以来，以其结构新颖、内容简练、论述严谨、图例精湛和具有一定的开创性、专业性及时代性等特色，获得了不少兄弟院校师生的关爱和好评。至今历经了 14 次印刷，总共发行了 39000 册。更值得一提的是：2014 年，本教材的第三版还再次由学校推荐，经市、省两级职能部门评审，同意向国家教委高等教育司申报为我国"普通高等教育'十二五'国家级规划教材"（本教材第三版为"十一五"国家级规划教材）。这是广州市、广东省有关职能部门对本教材编写质量的充分肯定。

十多年来，编者也曾接到过一些老师和读者对本教材的评价。例如，中南林业科技大学"三八红旗手"陈洁余教授曾打电话对编者说，她认为本教材第三版中关于透视的基本画法和实用画法两部分，是她目前所看过的同类教材中编写得最好的。又如广东珠荣工程设计有限公司总建筑师李美能也曾对编者说，他们公司的绘图员，以前绘制设计效果图时经常发生配景人物尺度失调和阴影区域配置失当的错误，"自从读了你的书之后，领会了有关的理论依据，这样的错误就不再发生了"。

鉴于本教材第三版的"结构体系编排得很有条理，渐臻完善"（湖南大学袁果教授语）。所以，此次修订再版，对原教材（第三版）的结构体系章节编排基本上保持不变，只对其中某些地方（主要对"画法几何"部分）作局部删减、调整或充实提高，以及对全书某些图例和文字作必要的加工和润饰，精益求精，志在将本教材打造成一个更加成熟的知名品牌。

本教材此次修订，全部由李国生执笔。黄水生提供了第 2、4、5、7 章中的部分素材，宋琦、谢坚、黄莉、林俊航等对本教材的改编工作提出了一些宝贵的意见和建议。此外，还由陈皓宇负责制作与本教材配套的电子教学课件。

本教材几经修订之后，可以说其编写质量应该值得信赖了。但由于编者学识水平有限，而且还可能有些工作做得还不够细致的地方，故书中难免还会有不足乃至错误之处，敬请关爱本书的老师和读者继续向编者提出宝贵的意见。

编者

2015 年 6 月于广州大学

第三版前言

本教材为"普通高等教育'十一五'国家级规划教材",其简明的教学内容、实用的教学体系及其所具有的一定的开创性、专业性、时代性等特色得到众多工科院校师生的欢迎和好评。

这次修订再版,主要根据当前高等教育形势的发展、时代的进步和对该书使用多年来的体验,以及编者近年来的教学研究成果编写而成。概括地说,相对前一版既有拓展,又有继承,主要体现在如下几点:

(1) 在内容取舍方面,这次修订本着以"必需""够用"为原则、以"针对""实用"为尺度、以培养高校应用型人才的目标为准绳的宗旨精选内容。例如,适当地删减了画法几何部分相对次要的一些内容,以利于在学时数较少的情况下安排教学。

(2) 在题材的选择方面,这次修订在原教材的基础上更加突出技术的应用,所选编的例题尽可能结合专业的特点,以提高学生的学习积极性。考虑到现代建筑特别是公共建筑及其环境设计讲究美观大方、式样新颖,其外观造型常采用某些曲线和曲面,以体现出舒展、轻快、柔和的美感。这次修订在原教材的基础上又增加了一些新的亮点。例如,对有"小蛮腰"之称的广州塔,其外形曲面的形成在书中给出了相应的理论剖析。这样既拓宽了学生的知识面,又可提高学生对本学科乃至建筑学专业的学习兴趣。

(3) 在教学的体系方面,这次修订仍沿袭原教材严谨、科学地揭示投影法的概念、分类及其运用的教学理念,由浅入深、循序渐进。既有从形体中抽象出空间几何元素——点、线、面的投影的科学分析,又有把点、线、面的投影特性融入形体的投影之中的具象归纳,把理论和实践紧密地联系在一起。而在编排上,这次修订更加注重章节分明和前后呼应。例如,将透视图的基本原理、基本画法、实用画法、辅助画法单独成章,分门别类、环环相扣、步步为营。又如,为了适应"实用画法"中根据形体的尺寸按比例绘画透视图的需要,在其前面相应地新增了组合体的投影及其尺寸标注一章,使学生在学习时有所适从。

(4) 考虑到当代计算机辅助设计软件的发展日新月异,它们大都具有很强的三维造型功能、透视图输出功能和光影的渲染功能,这次修订删去了"建筑透视图的计算机生成"一章,使教材内容与计算机技术的发展相适应,即仅为其打下坚实的和必要的学术基础。

(5) 重新推敲了全书的文字,使之在理论叙述上精辟达意的同时,又不失阅读上的通俗易懂；此外，还修正了第二版某些图文中的笔误，并按照最新国家标准订正了有关名词术语。

本教材可作为高等院校本科建筑学、城市规划、室内设计、环境艺术及风景园林等专业开设"画法几何与阴影透视"课程的通用教材。鉴于不同专业的教学侧重点有所不同，凡冠以"＊"号的章节，各校可根据专业设置等实际情况在教学过程中作适当取舍。本教材也可作为函授大学、电视大学、业余大学的同类专业的教学用书，还可供从事建筑设计的在职技术人员选学。

编者期盼本教材第三版将一如既往地得到众多院校的欢迎，相信它能满足更多院校的教学需求。

本教材由李国生、黄水生编著（前者负责第1、3、6、8～15章，后者负责第2、4、5、7章），宋琦、谢坚、黄莉、林俊航参编，张小华负责全书文字的计算机录入，黄青蓝负责用计算机绘制了本书的部分图例，陈晧宇负责本书电子课件的制作。由于编者知识水平有限，书中不完善乃至错误之处仍在所难免，敬请关爱本教材的同行和读者继续提出宝贵的意见。

编者

2011年10月于广州大学

第二版前言

本教材自第一版出版发行以来,以其简洁、实用和具有一定的开创性、时代性等特点得到了不少院校的欢迎。同时,也得到了广大同行的关爱,指出了书中的某些不足之处。

此次修订再版,主要根据对该教材实际使用过程中的体验,拓展它的优点,克服它的缺点:

(1) 适当增加了一些画法几何方面的内容,使之在体系上更加趋于完善,便于教学。

(2) 在传承第一版固有特色的基础上,进一步开拓创新,更加突出了"特殊角度透视图"画法的实用性并增加了不少典型图例,同时首创了"超视角透视"的概念和画法,填补了绘画能显示出室内五个界面的两点透视的理论空白。此外,还率先编入了"具有三点透视特征的正面两点透视"的画法。

(3) 阴影部分也适当地增加了一些内容。

(4) 修正了第一版某些图例中的笔误,并按照最新国家标准订正了有关的名词术语。

编者相信,本教材第二版将会得到更多院校的欢迎,相信它将能满足更多院校的教学需求。

本教材由李国生、黄水生编著,宋琦、谢坚、黄莉参编,张小华负责全书文字的计算机录入,黄青蓝参加了部分章节的计算机绘图。由于编者业务水平有限,书中的不完善乃至错误仍然在所难免,敬请关爱本教材的老师和读者继续提出宝贵的意见。

编者

2006 年 4 月

前　言（第一版）

本教材可作为高等院校建筑学、城市规划、室内设计、环境艺术及风景园林等建筑类专业以及艺术类院校相近专业开设"建筑透视与阴影"（或称"画法几何及阴影透视"）课程的教材，也可作为从事建筑设计绘图的工程技术人员和广大的美术工作者的自学用书。

本教材具有下列几个方面的特点：

1. 学以致用

这是编写本教材的指导思想。主要体现在：从培养应用型人才的总目标出发，建立以发展学生的空间想象能力、形体构思能力及表达能力为核心的课程体系。

（1）将"投影作图基础"（即《画法几何》的基本内容）融合在形体的表达中，即从形体表面上的线面分析入手，按点、线、面、体的顺序组织教材，探讨它们的投影规律，再回到建筑组合形体和"构型设计"的教学环节中去。把基本理论、基本知识、基本技能紧密地联系在一起，充分调动学生的学习积极性。

（2）将"透视投影"分成基本原理、实用画法、辅助画法三个部分，相辅相成；在编排上则将它紧接在"轴测投影"之后。实践证明，这十分有利于学生对三维图形投影理论的认识，有利于掌握绘画建筑透视图的各种方法。

（3）将"正投影图中的阴影"和"透视图中的阴影"集中编排在一起，对学生逐步深入掌握建筑阴影的作图规律也很有利。

2. 内容精选

编写本教材的另一个指导思想是尽量做到"少而精"。在保证把基本理论阐述清楚的前提下，突出基本知识、基本技能的具体运用。例如，投影作图基础部分不搞"多而全"，而是引导学生从现代建筑中吸取营养，进行形象思维，落实到具体的课程作业中去。对建筑透视与阴影部分，也是注重理论与实践相结合，引导学生掌握在实际工作中必不可少的东西，而不过多涉及那些原本应属于学术研究性质的内容。

3. 推陈出新

根据编者几十年来的教学实践，本教材大胆删去了传统教学中一些比较繁琐的内容；在编排和论述上则作了一些新的尝试。例如，在点的投影中就引入了辅助投影的概念；在组合形体的投影中尽可能选用现代建筑造型作为题材；在建筑透视中编入了实用性很强的特殊角度的透视和用"半值量点法"

去解决灭点不可达时的透视作图问题（"半值量点法"是本教材编者的研究成果）。此外在透视图阴影的论述方面也有所创新。

4. 与时俱进

计算机应用技术是当今工程技术人员必须掌握的基本技能。学生在懂得手绘建筑透视图及其阴影的原理和画法之后，就可以进一步学习有关计算机绘图方面的知识了。为此，本教材编入了国际流行的 AutoCAD 软件绘制阴影透视图的内容。编者在简要地介绍计算机基本绘图知识的同时，将重点放在绘图方法与技术的指导上，图例前呼后应，作图循序渐进，使读者能在认知学习的过程中承先启后，快速地达到预期的目的。

5. 便于教学

本教材编写时充分注意到系统性、科学性和实践性等各个方面，力求概念确切，深入浅出，通俗易懂。所举图例，尽量做到"以图说话"，即通过阅读图形本身就可解决有关问题，其所附文字说明，力求简单扼要，并以启发性为主。全书图例难易适中，以利于在学时数偏少的情况下组织教学。

本教材由李国生、黄水生编著，谢坚、马彩祝参加了投影作图基础部分初稿的描图工作。李诚琚教授担任本书的主审，提出了宝贵的修改意见和建议，在此致以诚挚的谢意。由于作者水平有限，错误之处在所难免，敬请广大读者和同行提出宝贵的意见。

编者

2000 年 10 月 1 日

目录 | contents

绪论 ………………………………………………………………………………………… 1
第1章 投影的基本知识 ………………………………………………………………… 3
　1.1 投影法的基本概念 ………………………………………………………………… 3
　1.2 工程中常用的四种投影图 ………………………………………………………… 5
　1.3 形体正投影图的绘制与识读入门 ………………………………………………… 8
第2章 点、直线与平面 ………………………………………………………………… 11
　2.1 点 …………………………………………………………………………………… 11
　2.2 直线 ………………………………………………………………………………… 13
　2.3 平面 ………………………………………………………………………………… 18
　*2.4 直线与平面、平面与平面的相对位置 …………………………………………… 21
*第3章 曲线与曲面 ……………………………………………………………………… 28
　3.1 曲线 ………………………………………………………………………………… 28
　3.2 回转曲面 …………………………………………………………………………… 31
　3.3 非回转直纹曲面 …………………………………………………………………… 35
　3.4 螺旋线 ……………………………………………………………………………… 42
　3.5 平螺旋面 …………………………………………………………………………… 44
第4章 平面形体 ………………………………………………………………………… 47
　4.1 概述 ………………………………………………………………………………… 47
　4.2 棱柱 ………………………………………………………………………………… 47
　4.3 棱锥 ………………………………………………………………………………… 49
　4.4 平面与平面形体相交 ……………………………………………………………… 50
　*4.5 两平面形体相交 …………………………………………………………………… 54
第5章 曲面形体 ………………………………………………………………………… 56
　5.1 概述 ………………………………………………………………………………… 56
　5.2 圆柱 ………………………………………………………………………………… 57
　5.3 圆锥 ………………………………………………………………………………… 58
　5.4 圆球 ………………………………………………………………………………… 60
　5.5 圆环 ………………………………………………………………………………… 62
　5.6 平面与曲面形体相交 ……………………………………………………………… 62
　*5.7 平面形体与曲面形体相交 ………………………………………………………… 67

*5.8 两曲面形体相交 ………………………………………………………………… 68

第6章 组合体

6.1 组合体的形体分析 ……………………………………………………………… 73
6.2 组合体的组合方式 ……………………………………………………………… 74
6.3 组合体的投影作图 ……………………………………………………………… 74
6.4 根据两面投影求作第三面投影 ………………………………………………… 76
*6.5 组合体的尺寸 …………………………………………………………………… 78

第7章 轴测图

7.1 轴测图概述 ……………………………………………………………………… 82
7.2 正轴测图 ………………………………………………………………………… 83
7.3 正面斜二等测图 ………………………………………………………………… 94
*7.4 水平斜轴测图 …………………………………………………………………… 97

第8章 透视投影的基本原理

8.1 透视投影的基本知识 …………………………………………………………… 100
*8.2 点的透视 ………………………………………………………………………… 102
*8.3 直线的透视 ……………………………………………………………………… 103
*8.4 平面的透视 ……………………………………………………………………… 107
8.5 形体的透视 ……………………………………………………………………… 110
8.6 小结 ……………………………………………………………………………… 111

第9章 建筑透视图的分类和基本画法

9.1 建筑透视图的分类 ……………………………………………………………… 112
9.2 透视参数的合理选择 …………………………………………………………… 114
9.3 透视图的基本画法 ……………………………………………………………… 117
9.4 确定透视高度的几种方法 ……………………………………………………… 134

第10章 建筑透视图的实用画法

10.1 概述 ……………………………………………………………………………… 139
10.2 一点透视 ………………………………………………………………………… 139
10.3 特殊角度的两点透视 …………………………………………………………… 147
10.4 超视角透视 ……………………………………………………………………… 164

第11章 建筑透视图的辅助画法

11.1 灭点不可达时的辅助画法 ……………………………………………………… 169
11.2 细部透视的辅助画法 …………………………………………………………… 173
*11.3 斜线灭点和斜面灭线的应用 …………………………………………………… 176

*第12章 曲线、曲面及带曲面的建筑物的透视

12.1 曲线的透视 ……………………………………………………………………… 183
12.2 圆柱、圆锥、圆球的透视 ……………………………………………………… 184
12.3 带曲面的建筑物的透视 ………………………………………………………… 187

* 第13章　三点透视 ··· 192
　13.1　概述 ··· 192
　13.2　用建筑师法画三点透视 ··· 193
　13.3　用量点法画三点透视 ··· 195
　13.4　应用实例 ··· 198
第14章　正投影图中的阴影 ·· 201
　14.1　阴影的基本知识 ··· 201
　14.2　点、直线、平面的落影 ··· 203
　14.3　形体的阴影 ··· 209
* 14.4　柱头的阴影 ··· 214
　14.5　建筑细部的阴影 ··· 218
第15章　透视图中的阴影、倒影与虚像 ·· 225
　15.1　光线的给定及侧光下透视图中的阴影 ··································· 225
　15.2　顺光和逆光下透视图中的阴影 ··· 229
* 15.3　水中倒影与镜面虚像 ··· 234
参考文献 ·· 238

绪 论

1. 本课程的主旨和任务

人们生活在三维的空间里，日常观察和感知到的大自然一般都是立体的和具有某种形态的。在社会发展的过程中，为了有效地表达对大自然的认知，除了使用语言、文字外，人们还学会了使用"图形"的直观表达模式。

"图形"具有形象性、直观性等特点。它既可以是客观事物的形象记录，也可以是人们头脑中所想象的事物的形象表现。

工程是社会发展过程中对一切与设计、建设或制造相关的工作门类的总称。例如城市规划工程、房屋建筑工程、道路建设工程和机械电子工程等。

表达工程形体而且附有必要文字说明的图形通常称之为"工程图样"（简称"图样"）。任何工程从初步设计、施工图设计、施工建（制）造到验收使用，每一个不同阶段都要分别使用与之相适应的不同的图样。例如，与房屋建筑工程的初步设计和施工图设计阶段相适应的图样，就分别有方案设计图，总平面图，平、立、剖面图和设计效果图（一种经配景、润饰后的透视图或立面图）等。上述前几种图样的表现形式都是二维的线条图；而后一种的表现形式则是三维的，即是一种形象逼真的富有立体感的图形。

在土木建筑类建筑学等专业的教学计划中，上述前几种图样的绘制与识读，通常归属于《建筑初步》课程的范畴。而对后一种图样的绘画原理和方法的探讨，其任务则由本课程来承担。

2. 本课程的教学要领

本课程是以投影法为依据的一门技术基础课，其中的第1～7章即"画法几何"部分为本课程的基础。教学时宜要求学生着重弄清楚空间几何元素——点、线、面与形体之间的相互关联，弄清楚如何将它们表达在二维的平面上，进而运用有关的投影规律解决与之相关的定形问题和定位问题，逐步建立起相当的空间概念和掌握好相当的投影分析能力。

在教学安排上，除安排第3章的内容全部由学生自学外，如果学时偏少，还可将第2章中的第2.4节和第4～7章带"*"号的一部分改由学生自学。

第二部分"透视与阴影"是本课程的重点所在，其中的第8、9和10章为重中之重，教学时宜要求学生特别注意掌握好解决透视图中有关度量定位问题的各种方法，把从前置课程《美术》中所学到的感性知识与本课程的理性知识很好地结合起来。对正投影图和透视图中的阴影，则宜着重领会其精神，牢记各种特殊情况下落影规律，从总体上处理好光与影之间的因果关系，而不必过分地追求每个地方的细节。

如果学时偏少，对本部分中的第8章的一部分和第12、13章全部，建议由学生自学；而对第14、15章，则只作扼要的介绍即可。

关于透视图形的生成，就其绘制的手段来说，既可用手工绘画，也可通过电脑制作。有人认为，有关电脑绘图的软件和硬件目前已经发展得相当成熟，没有必要再花时间去学习本课程的基本知识及手工绘图的基本技能了。编者认为，这种观念是片面的。就认知的程序而言，虽然有众多的实用软件、资料库等提供备用，但是，如果使用者对透视图的基本原理、规律和画法一无所知或知之甚少，又怎样善于运用这些软件和资料库去绘图？如果使用者不懂得所绘的透视图孰好孰坏，不掌握正确的评价策略，又怎样能更好地完成所执行的绘图任务？

从另一角度来说，一幅用手工绘画的精美的设计效果图，也有可能是一幅具有较强观赏性的美术作品，因为它所体现的艺术规律，例如均衡稳定、调和统一、构图匀称、比例协调、干净利落等法则，与一般绘画艺术的要求基本相同。更何况通过手工绘图的训练还可有效地提高学习者的艺术素养。

让我们扎实地从本教材的第1章起步吧！请记住："实践是检验真理的唯一标准"。

到学习完本课程之后，又掌握了电脑绘图技术之时，设计操作起来自然会更加得心应手。

第1章 投影的基本知识

1.1 投影法的基本概念

现代一切工程图样的绘制和识读都是以投影法为依据的。

1.1.1 什么是投影法

投影法是指在一定的投射条件下，在承影平面上获得与空间几何元素或形体[①]一一对应的图形的过程。

如图1-1所示，过投射中心 S 分别作投射线 SA、SB 与承影平面 P 相交，于是得点 A、B 的图形"点 a"和"点 b"，用直线连接 a、b，则直线段 ab 就是空间直线段 AB 在承影平面 P 上与之相对应的图形。

我们称这种获得图形的方法为投影法；称所获得的图形为投影；称获得投影的承影平面为投影面。

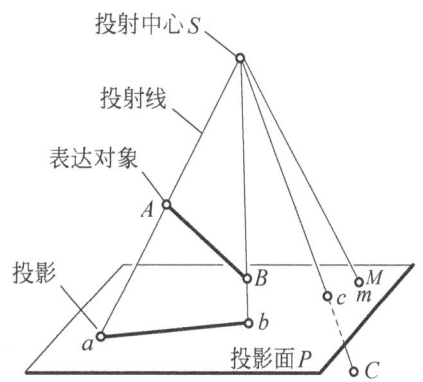

图 1-1 投影法的基本概念

从图1-1可以看出，为了得到空间几何元素的投影，必须具备下列三个条件：

（1）投射中心和从投射中心发出的投射线；
（2）投影面——不通过投射中心的承影平面；
（3）表达对象——空间几何元素（其位置可在投影面的任一侧或投影面上）。

当投影条件确定后，表达对象在投影面上的投影必然是一个与之相对应的唯一的图形。

1.1.2 投影法分类

1. 中心投影法

当投射中心 S 距投影面 P 为有限远时，所有投射线均从投射中心 S 发出，如图1-2所示，这种投影法称为中心投影法。用中心投影法所获得的投影称为中心投影（或透视投影）。由于中心投影法所有的投射线对投影面的投射方向与倾角是不一致的，因此所获得的投影其形状大小与表达对象本身有较大的变异，度量不便。

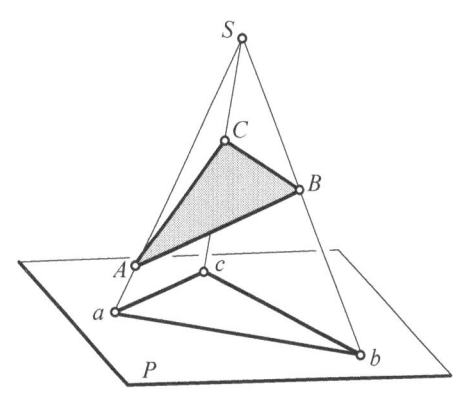

图 1-2 中心投影法

注：①具有某种几何形状的立体，在本教材中统称为形体。

2. 平行投影法

当投射中心 S 移向投影面 P 外无限远处时，所有投射线变成互相平行，如图 1-3、图 1-4 所示，在这种情况下的投影法称为平行投影法。其中，根据投射线的投射方向对投影面 P 垂直与否来区分，又可分为正投影法和斜投影法两种。

（1）正投影法

当投射线的投射方向垂直于投影面 P 时的投影法称为正投影法，用这种方法获得的投影称为正投影。如图 1-3 所示，这是唯一的一种特殊情况。由于正投影法所有的投射线对投影面 P 的倾角 θ 都是 $90°$，因此所获得的投影，其形状大小与表达对象本身在度量问题上存在较简单明确的几何关系：①当空间直线或平面倾斜于投影面 P 时，其投影为按一定的几何关系缩小了的类似形（图 1-3a）；②当空间直线或平面平行于投影面 P 时，其投影反映该直线或平面的实长或实形，便于按实际尺寸度量作图（图 1-3b）；③当空间直线或平面垂直于投影面 P 时，其投影被积聚成一点或一直线，使作图得以简化（图 1-3c）。因此说，正投影具有较好的度量性，绘图工作相对简易。上述对投影面倾斜、平行、垂直时直线或平面的三种投影特性分别称之为类似性、现真性和积聚性。

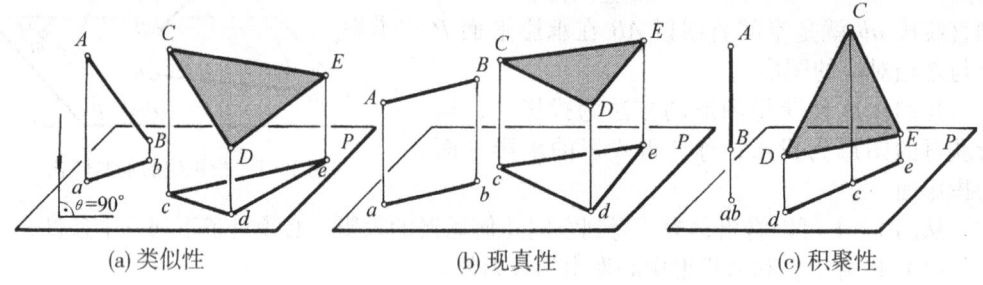

图 1-3 正投影法及其投影特性

（2）斜投影法

当投射线的投射方向倾斜于投影面 P 时的投影法称为斜投影法，用这种方法获得的投影称为斜投影。由于对投影面 P 倾斜的投射线可有无限多，因此绘图时必须先限定投射线对投影面 P 的投射方向和倾斜角度 θ，才能得到唯一的斜投影，如图 1-4 所示，该图设投射方向自东向西，$\theta = 70°$。运用斜投影法作图，在某种特定条件下，其投影也可能具有现真性和积聚性。

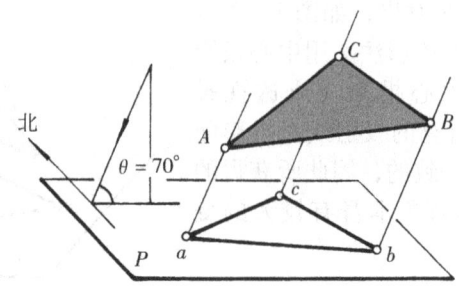

图 1-4 斜投影法

1.2 工程中常用的四种投影图

1.2.1 正投影图

正投影图是采用正投影法将空间几何元素或形体分别投射到相互垂直的两个或两个以上的投影面上，然后按规定将所有投影面展开成一个平面，将所获得的正投影排列在一起，利用多面正投影相互补充来确切地、唯一地反映出表达对象的空间位置和形状的一种投影图。

图 1-5a 所示是将空间形体向 V、H、W 三个两两相互垂直的投影面作投影[①]时的情形；而图 1-5b 则是移去空间形体后，将投影面连同形体的投影一起展开时的情况；展开成一个平面时，再去掉投影面边框后便得到空间形体的三面正投影图（简称三面投影或三面图），如图 1-5c 所示。

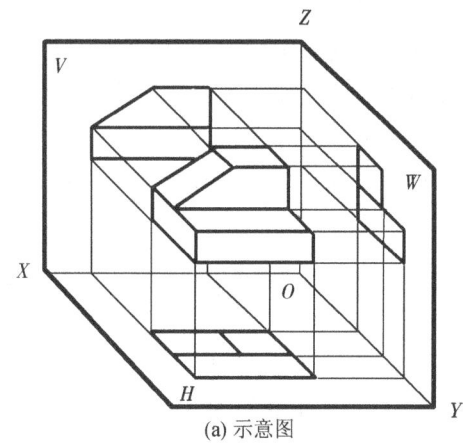

(a) 示意图

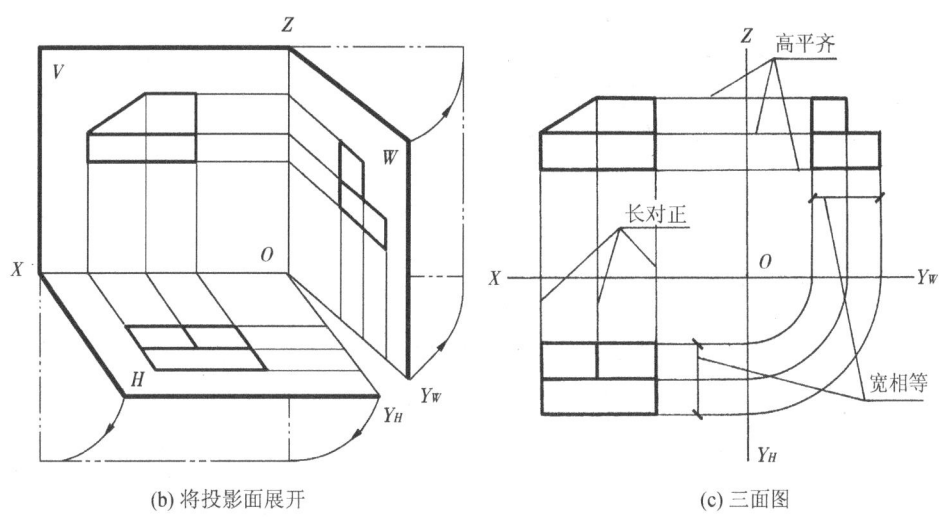

(b) 将投影面展开   (c) 三面图

图 1-5 形体的三面正投影图

为了表述方便，我们将上述的 V、H、W 三个两两垂直的投影面所构成的空间称为三投影面体系，V 面为正立投影面，简称正面；H 面为水平投影面，简称水平面；W 面为侧立投影面，简称侧面。相应地，三面投影分别称之为 V 面投影（或正面投影）、H 面投影

注：① 不另加说明时，以后所有"投影"均指"正投影"。

影（或水平投影）、W面投影（或侧面投影）。三投影面两两之间的交线称之为投影轴，相当于空间直角坐标轴（OX轴、OY轴和OZ轴）。如果在同一张图纸中将它们按图1-5c所示"高平齐、长对正、宽相等"的相互位置排列时，可以不标注各面投影的名称。

正投影图中的每一面投影都是只能分别反映空间形体某一面真实形状的或类似形状的平面图形。

1.2.2 轴测投影图

轴测投影图（简称轴测图）是一种单面投影。它是采用平行投影法将空间几何元素或形体连同所选定的直角坐标轴一起，投射到单一的轴测投影面上，所获得的能反映该几何元素或形体在长、宽、高三度空间中的位置和形象的一种投影图。

如图1-6a所示，将空间几何形体连同所选定的直角坐标轴一起，摆放成倾斜于轴测投影面 P 的位置，这样在轴测投影面 P 上所获得的正投影，就是一种具有立体感的正轴测图（图1-6b）。

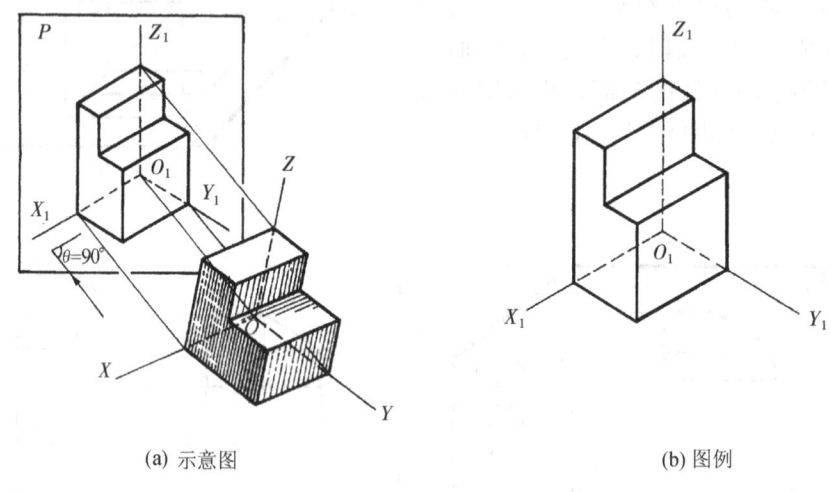

(a) 示意图　　　　　　　　　　　(b) 图例

图1-6　正轴测图

图1-7所示则为斜轴测图的形成示意图和图例。从该图可见，它所采用的投射线倾斜于轴测投影面 P。当空间形体上的直角坐标轴 OX、OZ 摆放成平行于轴测投影面 P 的位置时，另一直角坐标轴 OY 就必然垂直于轴测投影面 P，在这种情况下，OY 轴在 P 面上的斜投影 O_1Y_1，其单位投影长度和倾斜角度将随投射线对 P 面的投射方向和倾斜角度的不同而不同。所以，画斜轴测图时，必须先限定投射线的投射方向和对投影面的倾斜角度。但 OX 轴、OZ 轴在 P 面上的斜投影 O_1X_1、O_1Z_1 的单位投影长度保持不变，而且仍分别是水平的或竖直的。

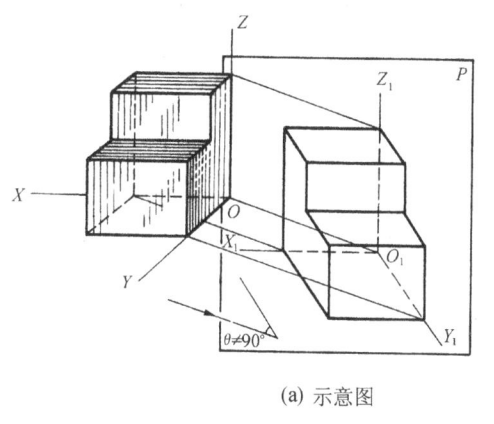
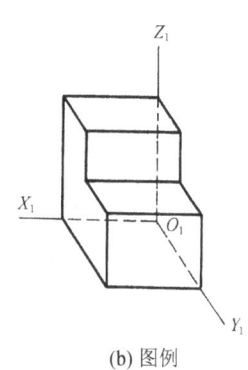

(a) 示意图　　　　　　　　　　　　　　(b) 图例

图 1-7　斜轴测图

1.2.3　透视投影图

透视投影图（简称透视图）也是一种单面投影。它是采用中心投影法将空间几何元素或形体连同所选定的直角坐标轴一起，摆放在适当的位置后，投射到单一透视投影面 P 上，所获得的能同时反映该几何元素或形体在长、宽、高三度空间中的位置或形象，且具有近大远小等视觉效果的一种投影图。

图 1-8 所示为一空间形体透视图的形成示意图和图例。从该图可见，空间形体在水平方向上原来互相平行的轮廓线，在透视图中分别变成相交于一点的线束。其视觉效果比较符合人眼的观察实际。但其度量关系比较复杂，必须设定一些特定条件，才能便于作图。

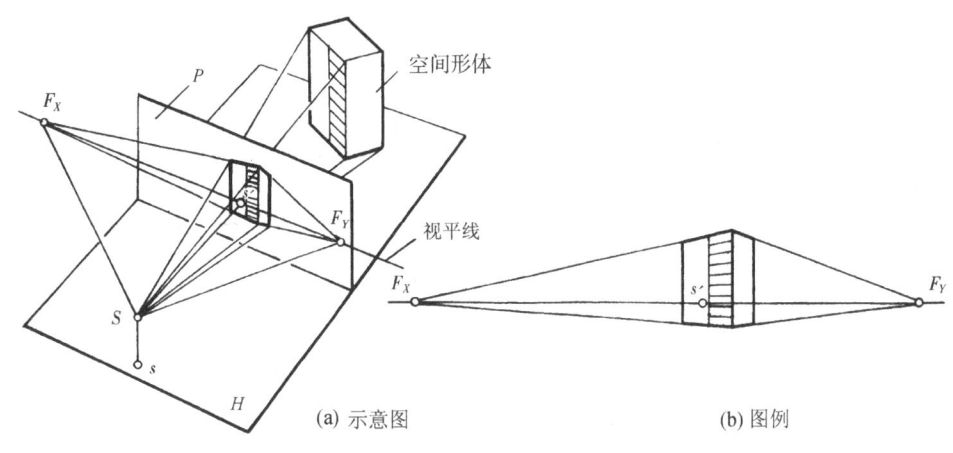

(a) 示意图　　　　　　　　　　　　　　(b) 图例

图 1-8　透视图

1.2.4　标高投影图

标高投影图也是一种单面投影，它具有正投影的某些特征。它是采用在某一面投影（通常是水平投影）的基础上，用数字或符号来标明空间某些点、线、面相对于所选定的基准平面的相对距离（即高程）的方法而形成的。

例如要表达一处山地，作图时用间隔相等的多个不同高度的水平面截割山地表面，其交线称为等高线（图1-9a）；将这些等高线投射到水平投影面上，并标出各等高线的高度数值，所得的图形即为标高投影图（图1-9b），它表达了该处山地的地形。

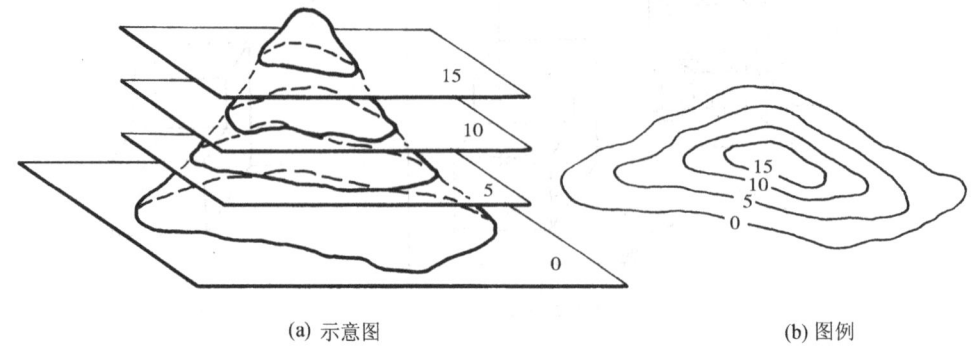

(a) 示意图   (b) 图例

图1-9　标高投影图

在建筑工程中常用"标高"来表示建筑物各处不同的高度和用标高投影图来表示总平面图中的地形。

1.3　形体正投影图的绘制与识读入门

正投影图是工程中最常用和最基本的一种投影图。绘制空间形体的正投影图时，为了充分发挥这种表达方法的优越性，应使形体在长、宽、高三度空间中的坐标面（通常与形体上的主要端面或对称平面重合）分别平行或垂直于相应的投影面，这样就可使所获得的每一面投影，都是能最大限度地反映出该空间形体相应表面实形的平面图形，使画图时便于度量，表达准确，如图1-10所示。

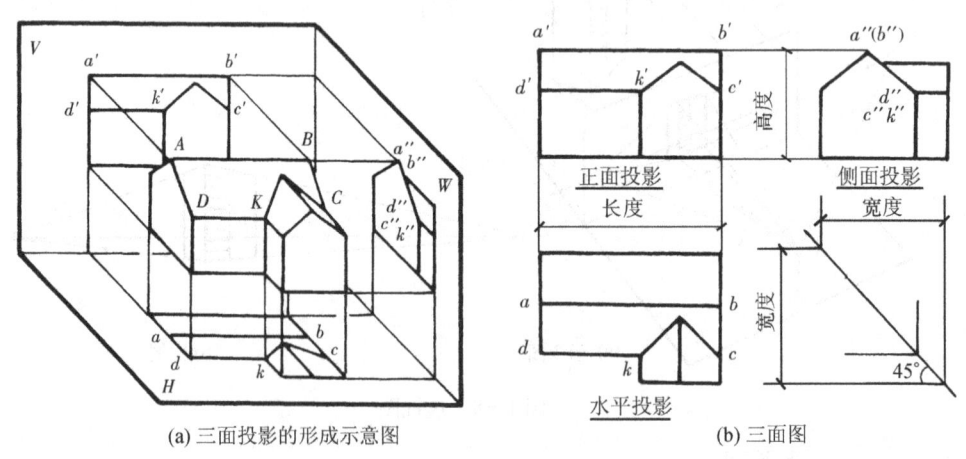

(a) 三面投影的形成示意图   (b) 三面图

图1-10　形体正投影图的绘制与识读

但是，由于形体的每一面投影都是一个平面图形，即每一面投影只反映出形体长、宽、高三度空间中的两度。例如图1-10b中的正面投影只反映出"房屋"的长度和高度，水平投影只反映出"房屋"的长度和宽度，侧面投影只反映出"房屋"的宽度和高度。所以，在识读时要从投影图中获得表达对象在三度空间中的完整形象，就必须利用两面或两面以上的投影相互补充，并通过严谨的构思和想象才能达到，这是初学者一时难以适应的地方。

在这里，为了让初学者便于建立投影概念和易于掌握表达对象与每一面投影之间，以及每一面投影与另一面投影之间的一一对应关系，按习惯规定在图中用大写字母例如 A，B，C，…，标记出表达对象上若干个特殊的点，并相应地用小写字母例如 a，b，c，…，用小写字母加一撇例如 a'，b'，c'，…，用小写字母加两撇例如 a''，b''，c''，…分别表示这些点的水平投影、正面投影和侧面投影。这样对投影图的绘制和识读都可带来一定的方便，如图 1-10 所示。

现在试识读图 1-10b。从正面投影中指出位于最高处的一条水平线段 $a'b'$，按"高平齐"的投影关系在侧面投影中寻找，发现只有一个点 $a''b''$ 与之相对应。由此可得出结论：由投影 $a'b'$ 和 $a''b''$ 表示的是该"房屋"的一条水平屋脊 AB（参阅图 1-10a），而且这条水平屋脊还是垂直于侧面 W 的。如果再按"长对正"和"宽相等"的投影关系，还可在水平投影中找出与 $a'b'$、$a''b''$ 相对应的投影 ab。

同理也可分析出斜脊 AD、屋檐 DK 在各面投影中的位置 ad、$a'd'$、$a''d''$ 和 dk、$d'k'$、$d''k''$，以及分析出它们在各面投影之间的一一对应关系（用作图方法寻找水平投影与侧面投影之间"宽相等"的对应关系时，可利用 45°辅助直线通过作图来解决，而不必再像图 1-5c 那样画入投影轴和以原点 O 为中心的圆弧）。

例 1-1 试识读图 1-11a 所示厂房的三面图。

分析 该厂房可看成是一座长方形的建筑，其屋顶被做成两坡顶并设有采光和通风用的天窗。

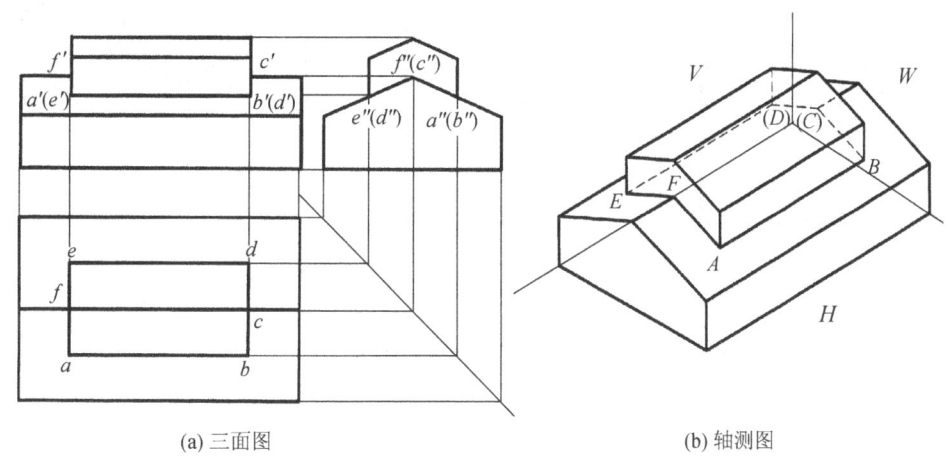

(a) 三面图 (b) 轴测图

图 1-11 厂房投影图的识读

识读 从该图的水平投影可以看出，该厂房及其天窗的平面形状均为矩形；结合侧面投影可进一步得知该厂房及其天窗的屋面均为垂直于侧立投影面的双坡顶屋面；再根据"长对正、高平齐、宽相等"的投影对应关系，还可以判断出该厂房及其天窗的檐口在正面投影中的位置，以及天窗的侧面与厂房坡屋顶之间的交线 $A—B—C—D—E—A$ 在三面投影中的位置。其中，由投影 ab、a'b'、a"（b"）和 de、d'e'、e"（d"）所确定的空间直线 AB、DE 是垂直于侧立投影面的直线（参阅图 1-11b）；此外，由投影 af、a'f'、a"f"和 bc、b'c'、(b")（c"）等所确定的空间直线 AF，BC，…则为侧平线。

例 1-2 试识读图 1-12 所示的沙发的三面图。

分析 沙发一般由坐垫、靠背、扶手等部分组成。图中分别用大写字母 P、Q、R 标明沙发上三个表面的空间状况和名称（图 1-12b），同时分别用相应的小写字母标明这三个表面在各面投影中的位置（图 1-12a）。

识读 从图 1-12a 的正面投影中找出矩形线框 p'，按"高平齐"的投影对应关系在侧面投影中发现只有一条斜线 p"与之相对应。于是可知，由 p'和 p"所确定的平面是一个垂直于侧立投影面的平面，即是说这个表面（靠背）是同时倾斜于正立投影面和水平投影面的。如果再按"长对正"和"宽相等"的投影对应关系，还可在水平投影中找出与之对应的矩形线框 p。显然，线框 p 和 p'都是一个比（靠背）原形缩小了的类似形。

同理，也可分析出 Q、R 两个表面的空间状况和其在三面图中的投影对应关系，它们分别是平行于 W 面、H 面的矩形平面；其侧面投影中的矩形线框 q"和水平投影中的矩形线框 r，分别反映了沙发扶手侧面 Q 和坐垫表面 R 的实形。Q 和 R 两个表面在其他两个投影面上的投影，分别被积聚成竖直线段或水平线段。

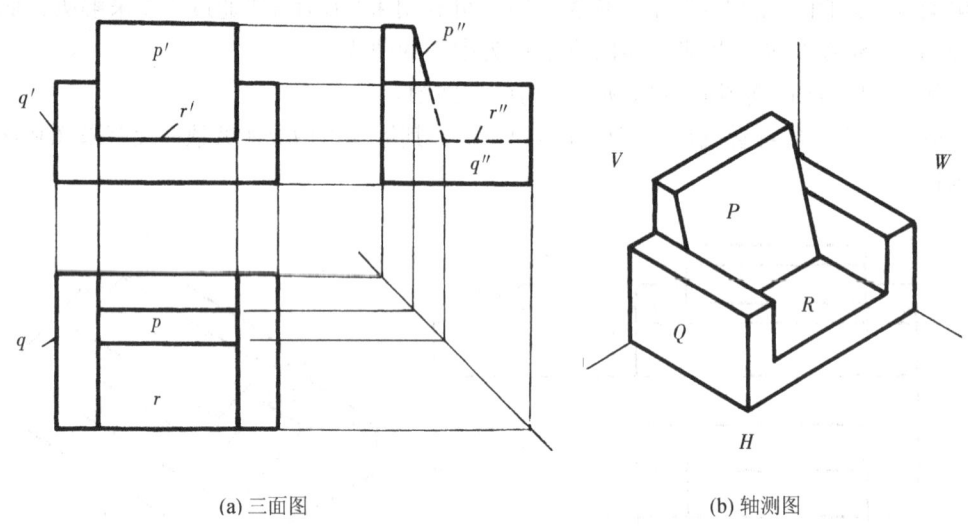

(a) 三面图　　　　　　　　　　　　(b) 轴测图

图 1-12　沙发投影图的识读

第 2 章 点、直线与平面

2.1 点

2.1.1 三投影面体系的建立

从第 1 章中的 1.2.1 可知,三投影面体系是由相互垂直的水平投影面 H、正立投影面 V 和侧立投影面 W 所构成的。

2.1.2 点的三面投影

如图 2-1a 所示,设 A 为三投影面体系中的空间点,过点 A 作投射线垂直于投影面 H,所得的投影称为空间点 A 的水平投影,用 a 表示。

同理,过点 A 作投射线垂直于投影面 V,所得的投影称为空间点 A 的正面投影,用 a' 表示。过点 A 作投射线垂直于投影面 W,所得的投影称为空间点 A 的侧面投影,用 a'' 表示。

从立体几何学可知,由 Aa 和 Aa' 所确定的平面分别与 H 面和 V 面垂直相交,其交线 aa_x、$a'a_x$ 必分别与投影轴 OX 相互垂直,且集合点为 a_x。由 Aa 和 Aa'' 所确定的平面分别与 H 面和 W 面垂直相交,其交线 aa_y、$a''a_y$ 必分别与投影轴 OY 相互垂直,且集合点为 a_y。由 Aa'' 和 Aa' 所确定的平面分别与 W 面和 V 面垂直相交,其交线 $a''a_z$、$a'a_z$ 必分别与投影轴 OZ 相互垂直,且集合点为 a_z。

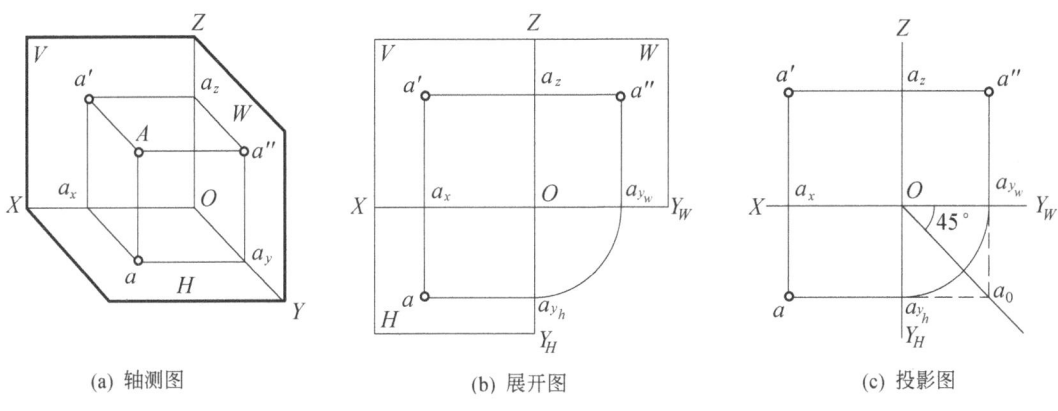

(a) 轴测图　　(b) 展开图　　(c) 投影图

图 2-1 点的三面投影

移去空间点 A 后,将 V 面、H 面、W 面按上述规定的方法展开成为一个平面,得图 2-1b,再去掉表示投影面范围的边框,便得到点 A 的三面投影如图 2-1c 所示。

从图 2-1a 及其展开的规定(图 2-1b)可知,图 2-1c 所示的点的三面投影之间有如下的投影规律:

（1）点的正面投影与水平投影都反映空间点到 W 面的距离，它们之间的连线垂直于 OX 轴。即 $aa_y = a'a_z = Aa''$，$a'a \perp OX$。

（2）点的正面投影与侧面投影都反映空间点到 H 面的距离，它们之间的连线垂直于 OZ 轴。即 $a'a_x = a''a_y = Aa$，$a'a'' \perp OZ$。

（3）点的水平投影与侧面投影都反映空间点到 V 面的距离，所以点的水平投影到 OX 轴的距离等于其侧面投影到 OZ 轴的距离。即 $aa_x = a''a_z = Aa'$。

为实现上述规律（3）中 a、a'' 的正确关联，一般通过以 O 为圆心的圆弧来转换，也可借助于45°辅助线来作图（图2-1c）。点的投影规律是一个十分重要的投影规律。

例2-1 已知点 A 的水平投影 a 和正面投影 a'，试求作其侧面投影 a''（图2-2a）。

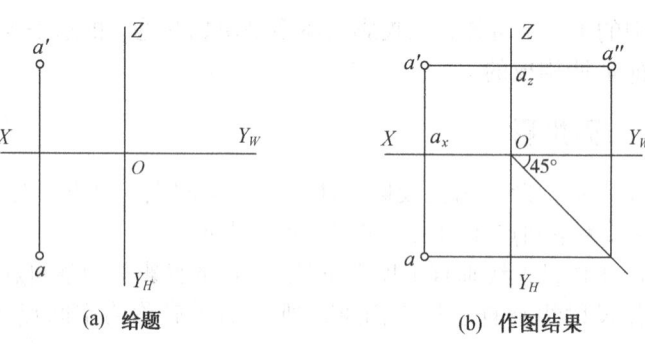

(a) 给题　　　　　　　(b) 作图结果

图2-2 根据点的水平投影和正面投影，求作其侧面投影

分析与作图：

①过已知的水平投影 a 向右作 OX 轴的平行线，与过原点 O 的45°辅助线相交，并过该交点向上作 OZ 轴的平行线，此平行线上所有的点到 OZ 轴的距离必等于 aa_x；

②由于 $a'a'' \perp OZ$，故过 a' 向右作 OZ 轴的垂直线，与上述所作的 OZ 轴的平行直线交于一点，该点即为所求作的侧面投影 a''。

2.1.3 点的三面投影与其直角坐标的关系

把三投影面体系中的投影轴 OX、OY、OZ 轴当作空间直角坐标系 $O-XYZ$ 的三根坐标轴，把三投影面体系中的原点 O 当作空间直角坐标系的坐标原点 O，把投影面 H、V、W 分别当作坐标面 XOY、XOZ、YOZ，则点的空间位置也可用直角坐标值来确定，即点到三个投影面之间的距离分别为该点的三个直角坐标值。如前面的图2-1所示，点 A 到 W 面的距离即为点 A 的 x 坐标；点 A 到 V 面的距离即为点 A 的 y 坐标；点 A 到 H 面的距离即为点 A 的 z 坐标。

例2-2 已知点 A 和点 B 的坐标值分别为 $A(25,16,11)$、$B(17,11,0)$，试求作这两点的三面投影（图2-3）。

分析与作图：

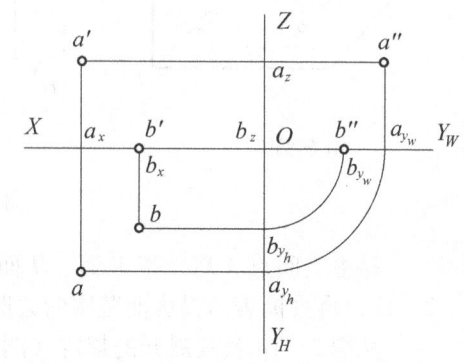

图2-3 已知点的坐标值，求作其三面投影

首先根据点 A 的 x 坐标值在 OX 轴上，量取 Oa_x 等于 25mm，得 a_x；根据点 A 的 y 坐标值在 OY_H 轴上，量取 Oa_{y_h} 等于 16mm，得 a_{y_h}（也可以在 OY_W 轴上量取 Oa_{y_w} 等于 16mm，得 a_{y_w}）；根据点 A 的 z 坐标值在 OZ 轴上，量取 Oa_z 等于 11mm，得 a_z。

然后，根据点的三面投影规律，分别过 a_x、a_{y_h}、a_z 作投影连线，它们两两相交处即分别为点 A 的三面投影 a、a'、a"。

同理，可得属于 H 投影面的点 B 的三面投影 b、b'、b"。

*2.1.4　两点的相对位置和重影点的可见性判断

设在 Z、X、Y 三个坐标方向上坐标值大的一方分别是上、左、前方，则空间两点的相对位置可用上、下，左、右，前、后的相互关系来描述。即是说，空间两个点中其 y 坐标值大者在前，小者在后；x 坐标值大者在左，小者在右；z 坐标值大者在上，小者在下。

如果空间两个点的三组坐标值中有一组坐标值相等，例如，z 值相等时，表示这两个点上下"平齐"；x 值相等时，表示这两个点左右"对正"；y 值相等时，表示这两个点前后"相等"。

如图 2-4 所示，已知空间点 A、B、C、D 的三面投影，通过轴向测量可知：点 B 在点 A 的左方 12mm、后方 10mm、上方 5mm。于是我们说点 B 在点 A 的左、后、上方。同理可知，点 C 在点 A 的正前方；点 D 在点 B 的左前方，且上下"平齐"。

如果空间两个点的三组坐标值中有两组坐标值相等，则表示该空间两点必在同一条垂直于某投影面的投射线上。

当空间两点位于同一条垂直于某投影面的投射线上，即这两点在

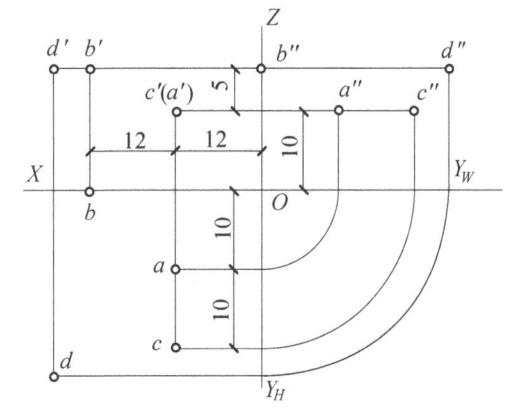

图 2-4　两点的相对位置和重影点的可见性判断

该投影面上的投影重合在一起时，我们把这两个空间点称为对该投影面的重影点。

例如，图 2-4 中，点 A 与点 C 的正面投影 a'、c' 重合在一起（点 A 和点 C 的 x 值同为 12mm，z 值同为 10mm；但 y 值不相等，y_A = 10mm，y_C = 20mm），故此说点 A 和点 C 是对投影面 V 的重影点。若把投射方向作为观察方向，显而易见，由于 $y_C > y_A$，因此说点 C 挡住了点 A，故在正面投影中 c' 为可见，a' 为不可见。按规定，通常对不可见的投影加括号表示，即把上述那个重合在一起的投影标记为 c'(a')。

2.2　直线

根据直线与投影面的相对位置的不同，直线可分为三大类：①投影面垂直线；②投影面平行线；③一般位置直线。

直线与投影面之间的夹角称为倾角，本学科规定直线与投影面 H、V、W 之间的倾角

分别用希腊字母 α、β、γ 表示。

2.2.1 投影面垂直线的投影

对一个投影面垂直（必对其他两个投影面平行）的直线称为投影面垂直线。在投影面垂直线中，垂直于正立投影面的直线称为正垂线；垂直于水平投影面的直线称为铅垂线；垂直于侧立投影面的直线称为侧垂线。表 2-1 列出了正垂线、铅垂线、侧垂线的投影及其投影特性。

表 2-1 投影面垂直线的投影及其投影特性

名称	轴测图	投影图	投影特性
正垂线			(1) $a'b'$ 积聚为一点 (2) $ab \perp OX$，$a''b'' \perp OZ$ (3) $ab = a''b'' = AB$
铅垂线			(1) cd 积聚为一点 (2) $c'd' \perp OX$，$c''d'' \perp OY_W$ (3) $c'd' = c''d'' = CD$
侧垂线			(1) $e''f''$ 积聚为一点 (2) $ef \perp OY_H$，$e'f' \perp OZ$ (3) $ef = e'f' = EF$

2.2.2 投影面平行线的投影

仅对一个投影面平行而对其他两个投影面倾斜的直线称为投影面平行线。在投影面平行线中,平行于正立投影面的直线称为正平线;平行于水平投影面的直线称为水平线;平行于侧立投影面的直线称为侧平线。表2-2列出了正平线、水平线、侧平线的投影及其投影特性。

表2-2 投影面平行线的投影及其投影特性

名称	轴测图	投影图	投影特性
正平线			(1) $a'b' = AB$,且反映 α、γ 角实形 (2) $ab // OX$,$a''b'' // OZ$
水平线			(1) $cd = CD$,且反映 β、γ 角实形 (2) $c'd' // OX$,$c''d'' // OY_W$
侧平线			(1) $e''f'' = EF$,且反映 α、β 角实形 (2) $e'f' // OZ$,$ef // OY_H$

2.2.3 一般位置直线的投影

一般位置直线是指对三个投影面都倾斜的直线，如图2-5所示。

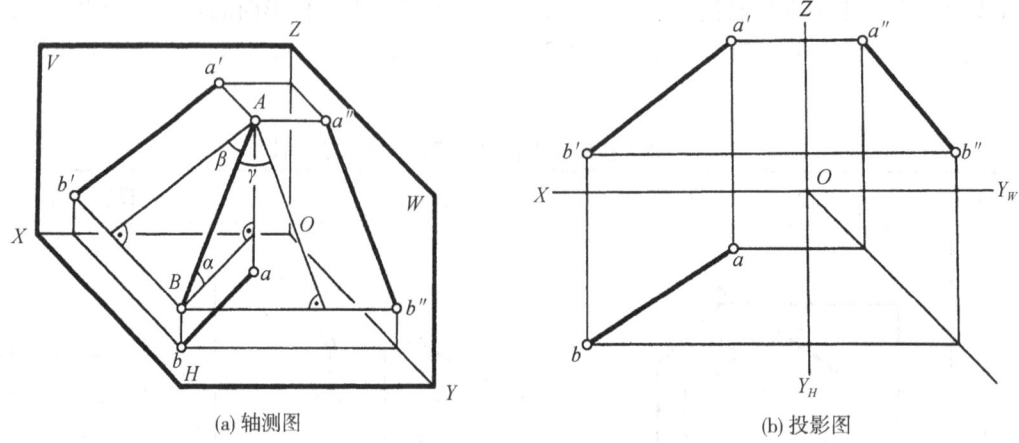

(a) 轴测图　　　　　　　　　　　(b) 投影图

图2-5　一般位置直线的投影

一般位置直线的投影特性为：
①直线的三面投影都与投影轴倾斜，且均小于实长。
②直线与投影面之间的倾角在投影图中均不反映实形。

事实上，只要空间直线的任意两个投影都呈倾斜状态，则该直线一定是一条一般位置直线。

2.2.4 两直线的相对位置

空间两直线的相对位置，可有相交、平行、交叉三种。前两种为共面直线。相交两直线的各个同面投影必相交，这些投影的交点属于同一个点的投影，其相对位置符合点的投影规律（图2-6a）；平行两直线的同面投影必互相平行，而且在各面投影图中两线段长度之比值为定比（图2-6b）。后者为异面直线，两异面直线在空间不相交，但其同面投影有可能出现"相交"，不过其相交处不是一个点的投影（图2-6c）。

2.2.5 直角的投影

一般来说，只有当相交两直线都平行于某投影面时，它们在该投影面上的投影才反映该两直线夹角的实形。但是，如果空间两直线相交成直角，且其中有一条直线平行于某投影面时，无论另一条直线的位置如何，该两直线的夹角（直角）在该投影面上的投影，必然仍反映为直角，如图2-7b所示。

证明：（图2-7a）

（1）设$AB \perp BC$，且$AB / \! / H$。由于AB同时垂直于BC和Bb，因此AB垂直于平面$BbcC$。

（2）由于$ab / \! / AB$，所以ab垂直于平面$BbcC$，故可得出$ab \perp bc$的结论。

这个特性在求解有关垂直的作图问题时经常应用到。

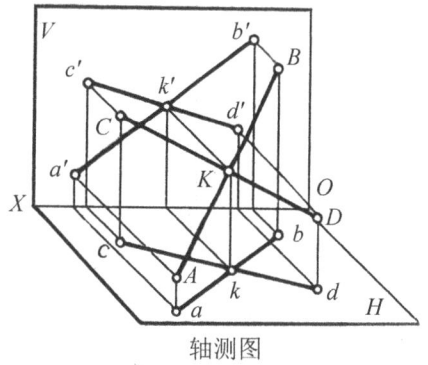

轴测图　　　　　　　　　　投影图

(a) 相交两直线

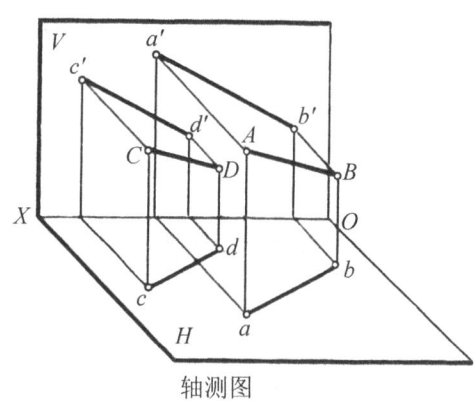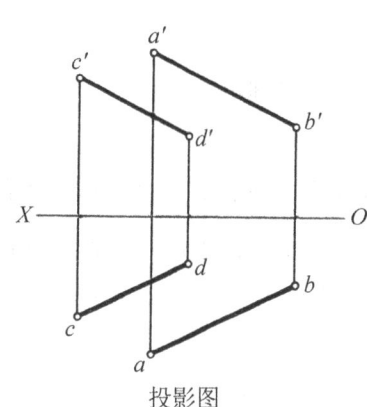

轴测图　　　　　　　　　　投影图

(b) 平行两直线

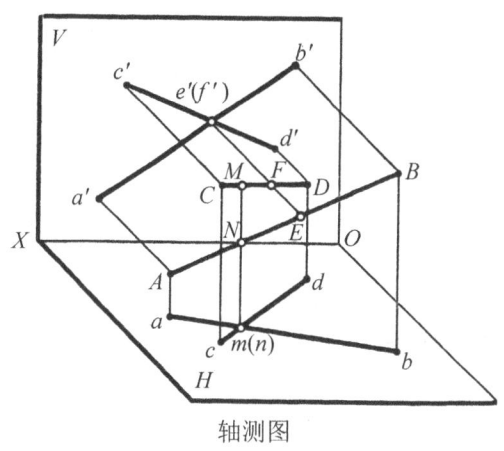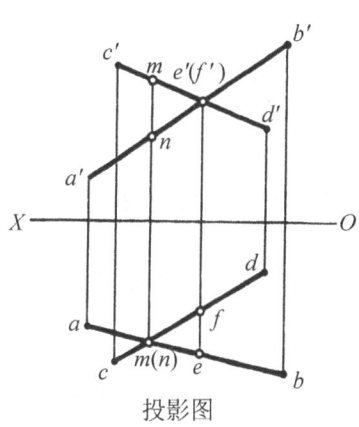

轴测图　　　　　　　　　　投影图

(c) 交叉两直线

图 2-6　两直线的相对位置

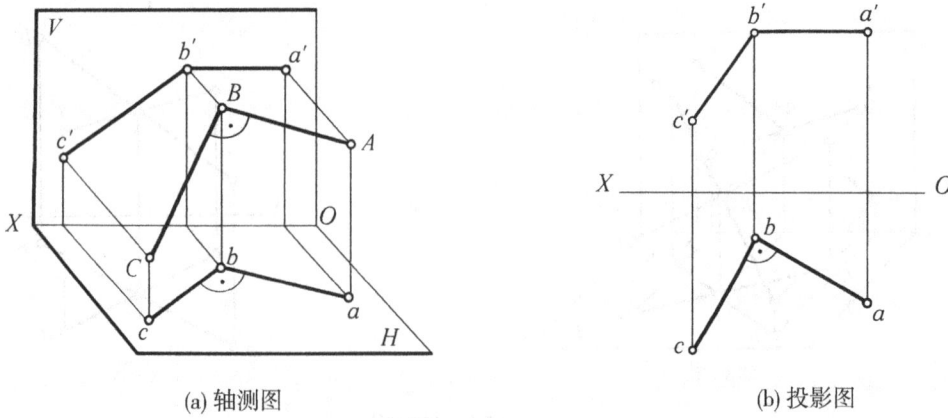

(a) 轴测图　　　　　　　　　　　　　(b) 投影图

图 2-7　一边平行于投影面 H 时的直角的投影

2.3　平面

2.3.1　平面的表示法与分类

空间平面可由下列五组几何元素中的任一组来表示：①不在一直线上的三个点；②一直线与线外一点；③一对相交直线；④一对平行直线；⑤任意平面图形（图 2-8）。

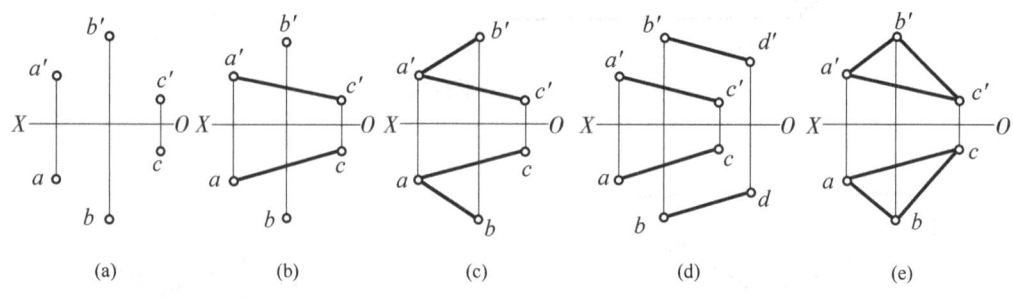

(a)　　　　(b)　　　　(c)　　　　(d)　　　　(e)

图 2-8　平面的表示法

根据平面与投影面相对位置的不同，平面也可划分为三大类：（1）投影面平行面；（2）投影面垂直面；（3）一般位置平面。

空间平面对投影面不平行则必相交，平面与投影面相交所构成的二面角称为倾角，本学科规定平面与投影面 H、V、W 之间的倾角分别用希腊字母 α、β、γ 表示。

2.3.2　投影面平行面的投影

对一个投影面平行（必垂直于其他两个投影面）的平面称为投影面平行面，它又可细分为三种：①平行于正立投影面的平面称为正平面；②平行于水平投影面的平面称为水平面；③平行于侧立投影面的平面称为侧平面。表 2-3 列出了投影面平行面的投影及其投影特性。

表2-3 投影面平行面的投影及其投影特性

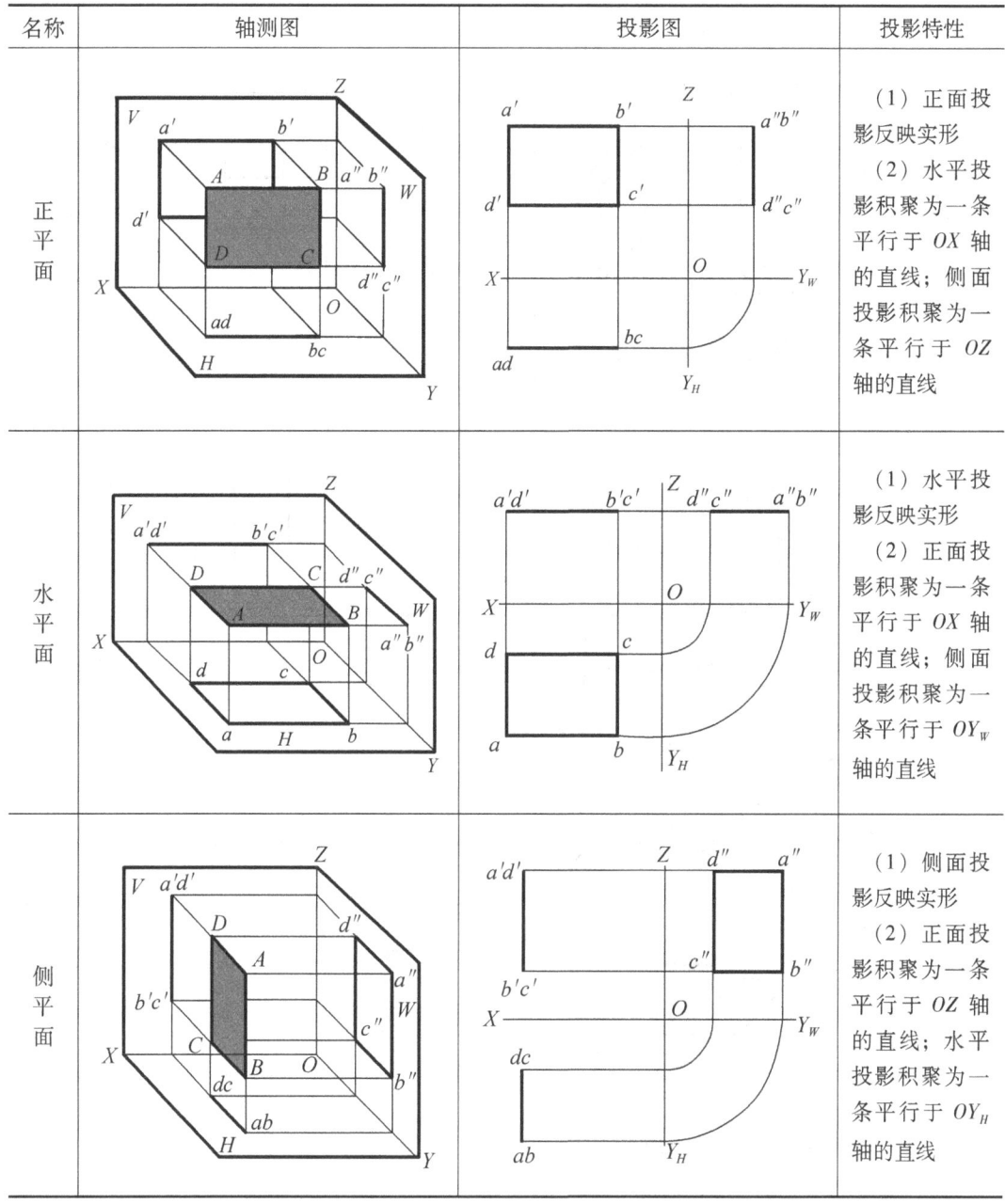

2.3.3 投影面垂直面的投影

仅对一个投影面垂直而对其他两个投影面倾斜的平面称为投影面垂直面，它也可细分为三种：只垂直于正立投影面的平面称为正垂面；只垂直于水平投影面的平面称为铅垂面；只垂直于侧立投影面的平面称为侧垂面。表2-4列出了投影面垂直面的投影及其投影特性。

表2-4 投影面垂直面的投影及其投影特性

名称	轴测图	投影图	投影特性
正垂面			（1）正面投影积聚为一条斜线，并反映 α、γ 角的实形 （2）水平投影和侧面投影均为类似图形
铅垂面			（1）水平投影积聚为一条斜线，并反映 β、γ 角的实形 （2）正面投影和侧面投影均为类似图形
侧垂面			（1）侧面投影积聚为一条斜线，并反映 α、β 角的实形 （2）正面投影和水平投影均为类似图形

2.3.4 一般位置平面的投影

在空间对三个投影面都倾斜的平面，称为一般位置平面。它的投影特性是三个投影既不反映实形，也不积聚为直线，而且均为比原形面积缩小了的形状类似的图形。

此外，一般位置平面的三个投影都不直接反映出该平面对三个投影面之间的倾角。

图2-9所示是一般位置平面的轴测图和投影图。

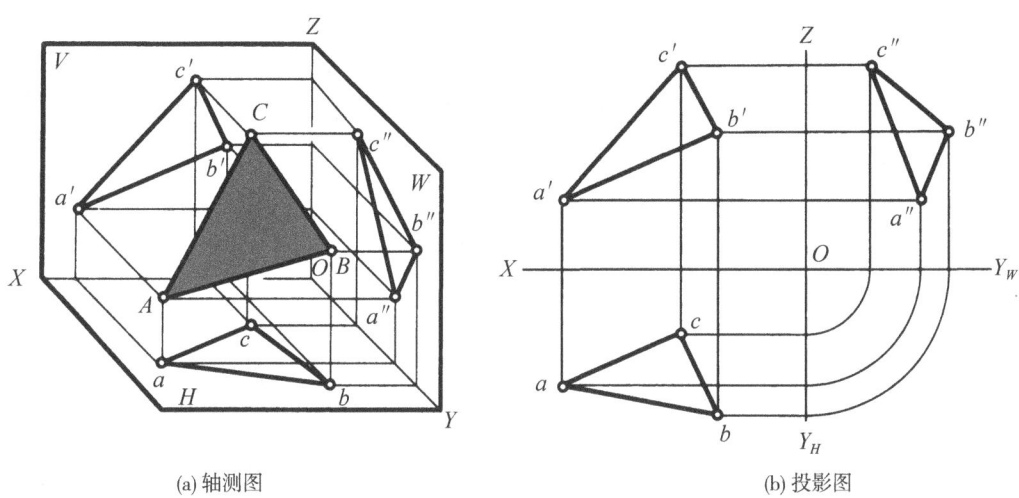

(a) 轴测图　　　　　　　　　　　　　　　　(b) 投影图

图 2-9　一般位置平面的投影

*2.4　直线与平面、平面与平面的相对位置

直线与平面、平面与平面之间的相对位置，可有平行、相交、垂直三种。其中，垂直是相交的特例。除"一般位置直线与一般位置平面相交"这一课题外，本教材只探讨两个几何元素中至少有一个处在特殊位置时的情况。

2.4.1　直线与平面、平面与平面平行

2.4.1.1　直线与特殊位置平面平行

这里所说的特殊位置平面包括投影面垂直面和投影面平行面两类，这两类平面在它们所垂直的投影面上的投影都具有积聚性。因此，平行于该类平面的所有直线在该平面所垂直的投影面上的投影均平行于该平面的积聚投影，这就为作图带来了极大方便。其空间情况如图 2-10 所示，设平面 P 垂直于 H 面，则 P_H①具有积聚性。若直线 AB 的水平投影 $ab /\!/ P_H$，则不难看出，不管直线 AB 对 H 面的倾角如何，它始终平行于平面 P。

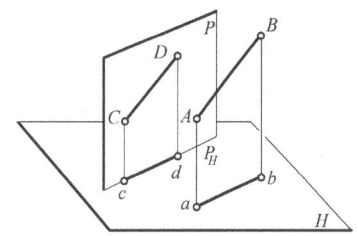

图 2-10　直线与垂直于投影面的平面平行

注：① 空间平面也可以用它与投影面的交线——迹线来表示。其方法是用细实线表示平面的迹线，用大写字母加脚注表示平面的名称和与它相交的投影面。例如，P_H 意为平面 P 与 H 面相交的迹线；同理，Q_V 意为平面 Q 与 V 面相交的迹线。对特殊位置平面来说，由于平面的积聚投影与其同面迹线重合，所以，此迹线可以用来表示该平面的位置。

在图 2-11 的投影图中，设已知铅垂面 CDEF 的两面投影，由于直线 AB 的水平投影平行于铅垂面的积聚投影，即 ab∥cdef，故 AB∥CDEF。至于直线 MN，它的水平投影积聚成一点，即 MN 为铅垂线，由于铅垂线必然平行于铅垂面，因此 MN∥CDEF。

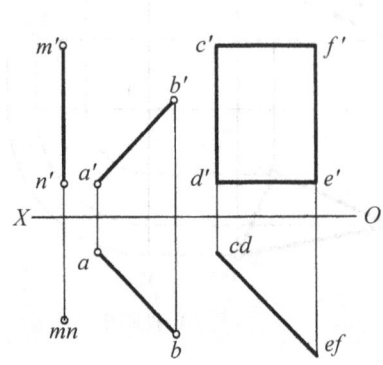

图 2-11 直线与铅垂面平行

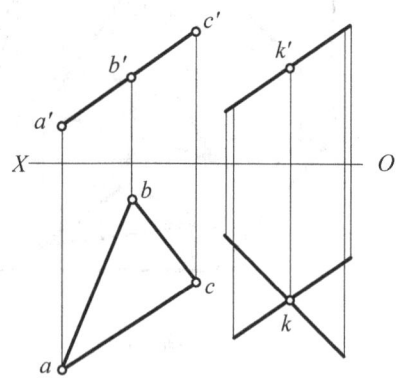

图 2-12 两正垂面相互平行

2.4.1.2 平面与特殊位置平面平行

当两平面都是同一投影面的垂直面时，则这两个平面的平行关系可直接在它们所垂直的投影面上的积聚投影中反映出来。即当两平面的积聚投影相互平行时，该两个投影面垂直面一定相互平行。

图 2-12 所示是两相互平行的正垂面的两面投影。

2.4.2 直线与平面、平面与平面相交

直线与平面相交，交点只有一个，且为直线与平面的共有点，亦为直线投影可见性的分界点；平面与平面相交，交线是一条直线，且为两平面的共有线，同时亦为平面投影可见性的分界线。

2.4.2.1 一般位置直线与特殊位置平面相交

特殊位置平面至少有一面投影具有积聚性，因此，对这类问题可利用投影的积聚性来直接求出它们之间的交点。

如图 2-13a 所示，设直线 AB 与铅垂面△CDE 相交于点 K，由于点 K 属于直线 AB，所以说点 K 的水平投影 k 必落在直线 AB 的水平投影 ab 上；又由于铅垂面的水平投影具有积聚性，所以点 K 的水平投影 k 又必积聚在铅垂面△CDE 的水平投影 cde 上。因此，在投影图（图 2-13b）中 ab 与 cde 的交点 k 就是直线 AB 与铅垂面△ABC 交点 K 的水平投影。再从 k 引垂直于 OX 轴的投影连线与 a'b'相交，便得交点 K 的正面投影 k'。

2.4.2.2 特殊位置直线与一般位置平面相交

当投影面垂直线与一般位置平面相交时，直线在它所垂直的投影面上的投影具有积聚性，交点在该投影面上的投影重合在该直线的积聚投影上。又因为交点是直线与平面的共有点，即交点属于平面，故可以利用从属性在平面内求出交点的其余投影。

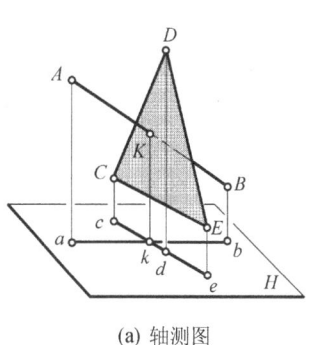
(a) 轴测图

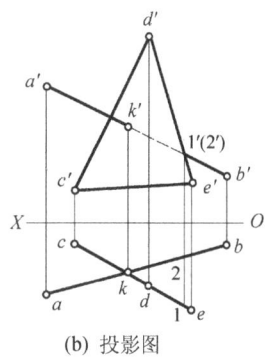
(b) 投影图

图 2-13 直线与铅垂面相交

在图 2-14 中，铅垂线 EF 与一般位置平面 $\triangle ABC$ 相交，由于铅垂线 EF 的水平投影 ef 具有积聚性，因此，交点 K 的水平投影 k 与铅垂线 EF 的积聚投影 ef 重合。又由于交点 K 是属于平面的点，因此，过点 K 可在平面内任作辅助直线例如 CM，即过 k 可作 cm，并求出 $c'm'$。于是，由 $c'm'$ 与 $e'f'$ 相交所得交点 k'，便是交点 K 的正面投影，完成作图。

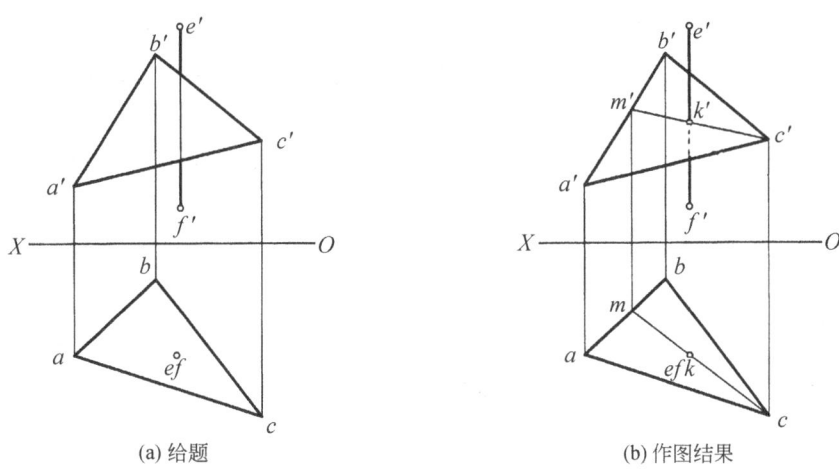

图 2-14 求铅垂线与一般位置平面的交点

2.4.2.3 一般位置直线与一般位置平面相交

由于一般位置的直线和平面的投影都没有积聚性，在这种情况下直线与平面的交点就不能直接从投影图中得出，如图 2-15a 所示。为了解决这个问题，我们设想，若把空间直线与其某一面投影之间看成是一个投影面垂直面，例如图 2-15b 所示，由 AB 与 ab 构成了一个铅垂面 P。于是利用 P 面的投影积聚性就不难求出该两平面的交线 MN。又由于直线 AB 与交线 MN 同是铅垂面 P 上的直线，它们不平行必相交，其交点 K 既在直线 AB 上，又从属于 $\triangle CDE$ 内，故此得出点 K 为 AB 与 $\triangle CDE$ 的交点的结论（图 2-15c）。

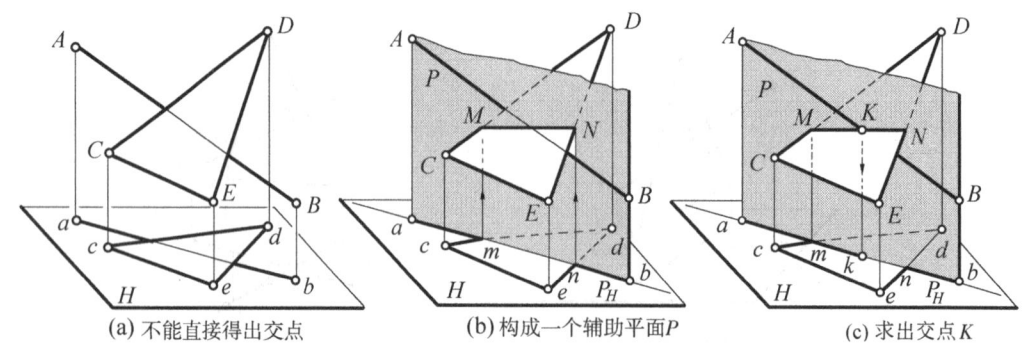

图 2-15 求一般位置直线与一般位置平面交点的方法示意

综上所述，在投影图中求一般位置直线 AB 与一般位置平面 △CDE 的交点 K 的步骤如下：

①过已知直线 AB 任作一个投影面垂直面作为辅助平面（图 2-16a）。图中表现为过 ab 作一条迹线 P_H，其含义是表示过 AB 作了一个铅垂的辅助平面 P（参阅图 2-15b）。

②求辅助平面 P 与已知平面 △CDE 的交线（图 2-16b）。图中因 P_H 具有积聚性，故可直接定出 m、n，并据 m、n 分别求出 m'、n'，从而获得交线 MN 的两面投影。

③确定交点的位置（图 2-16c）。图中 m'n' 与 a'b' 相交于 k'，再据 k' 在 ab 上定出 k，于是由 k'、k 确定的点 K 即为所求直线与平面的交点。

④最后判别投影图中的可见性，完成作图（判别投影图中可见性的方法，详见后面的图 2-17 及其有关文字说明）。

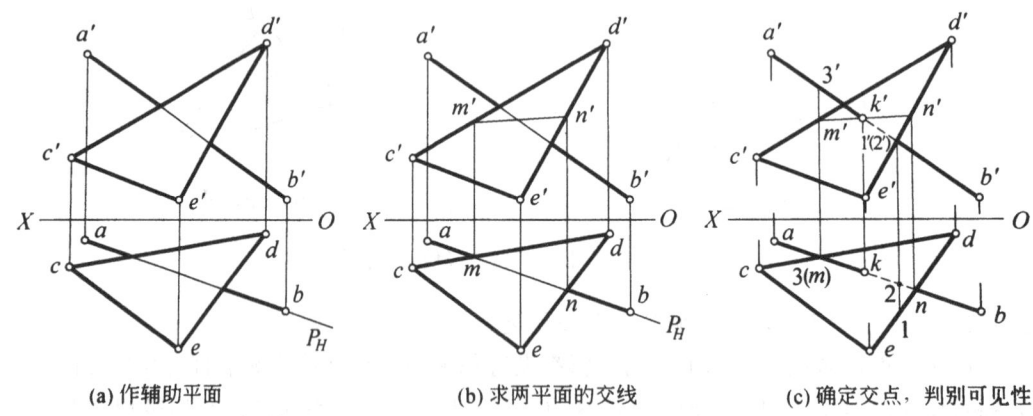

图 2-16 求一般位置直线与一般位置平面的交点

2.4.2.4 平面与特殊位置平面相交

（1）一般位置平面与特殊位置平面相交

一般位置平面与特殊位置平面相交，其交线为一条直线，它可以由相交两平面的两个共有点或一个共有点和交线的方向来确定。

例 2-3 设有一个一般位置平面 △ABC 与铅垂面 △DEF 相交（图 2-17a），试求作其交线并区分可见性。

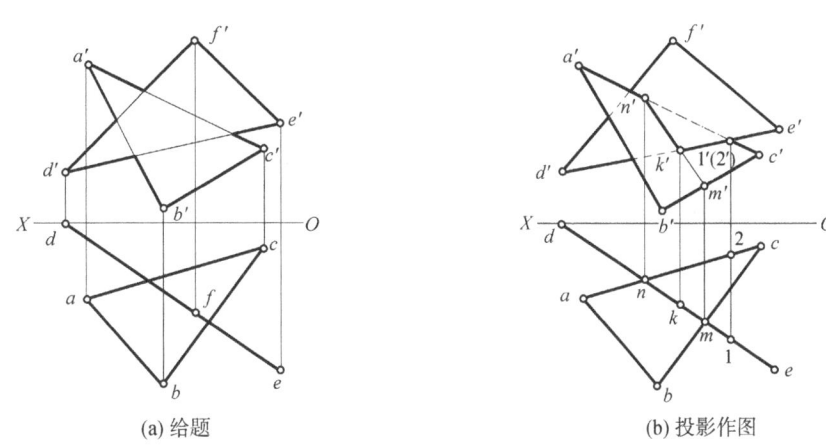

(a) 给题　　　　　　　　(b) 投影作图

图 2-17　一般位置平面与铅垂面相交

分析：本例可利用铅垂面水平投影的积聚性求解。

作图：在图 2-17b 中利用 △DEF 水平投影的积聚性，可得交点 M、N 的水平投影 m（在 bc 上）、n（在 ac 上），再按投影关系在 b'c' 上定出 m'，在 a'c' 上定出 n'，连线 m'n' 便得两平面交线的正面投影。但由于图中给定 △DEF 的范围有限，故两平面的有效交线实际上只有 KN 一段。

又由于两个平面在正面投影中有投影互相重合部分，故还须判别其可见性。为此，在正面投影中先任选一处相重合的投影 1'(2')，设点 Ⅰ 在 DE 上，点 Ⅱ 在 AC 上，找出水平投影 1、2 后可知 $y_1 > y_2$，即点 Ⅰ 在前、点 Ⅱ 在后，故在正面投影中 1' 为可见，亦即 k'1' 段可见；2' 为不可见，所以 n'2' 段不可见，用虚线表示。

(2) 两特殊位置平面相交

两特殊位置平面相交，其交线可能是一条特殊位置的直线，也可能是一条一般位置的直线。但无论如何，都可以利用它们的投影积聚性来求解。

如图 2-18 所示，两铅垂面相交，交线为一条铅垂线，交线的水平投影积聚为一点，且为两平面积聚投影的交点；交线的正面投影垂直于 OX 轴，且位于两相交平面投影的重合区域内。在判别两平面正面投影重合区域的可见性时，从图 2-18b 的水平投影中可以看出，在交线 MN（积聚为一点）的左侧，矩形平面在前、三角形平面在后；因此，在正面投影中，m'n' 之左侧的矩形区域为可见，其投影轮廓线用粗实线表示，被它挡住了的三角形区域为不可见，其轮廓线用虚线表示。至于 m'n' 之右侧的可见性，则正好相反。

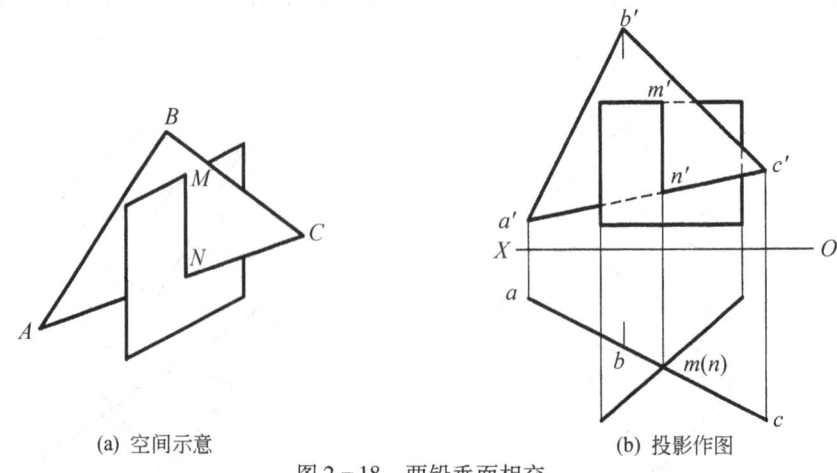

(a) 空间示意 (b) 投影作图

图 2-18 两铅垂面相交

2.4.3 直线与平面、平面与平面垂直

2.4.3.1 直线与投影面垂直面垂直

垂直于投影面垂直面的直线，必然垂直于过垂足的位于该投影面垂直面上的任何直线；而且它必然平行于该垂直面所垂直的投影面。于是该投影面垂直面的积聚投影必然与该直线的同面投影相互垂直。

如图 2-19 所示，平面 P 垂直于 H 面，直线 $AB \perp P$ 面。此时，直线 AB 必为水平线，它的水平投影 $ab /\!/ AB$，故 ab 必然垂直于平面 P 的积聚投影 P_H，其交点 k 即为垂足 K 的水平投影。

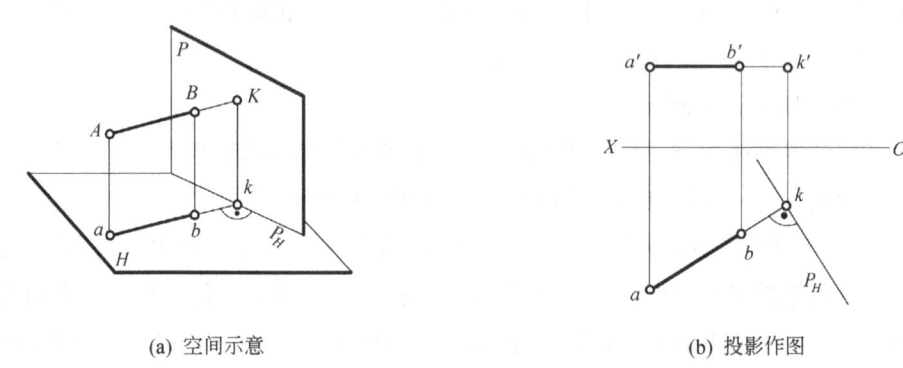

(a) 空间示意 (b) 投影作图

图 2-19 直线与投影面垂直面垂直

2.4.3.2 两特殊位置平面相互垂直

两特殊位置平面相互垂直时，其交线的类型依给题而定，可能是一条投影面平行线，也可能是一条投影面垂直线。而且，当相互垂直的两个平面又都垂直于同一个投影面时，该两平面 90°夹角的实形将直接在该投影面上表示出来。

如图 2-20 所示，若平面 P、Q、R 相互垂直，则它们的交线也必相互垂直。于是，可以得出"相互垂直的两个投影面垂直面，它们的同面积聚投影也必然相互垂直"的结论（图 2-21）。

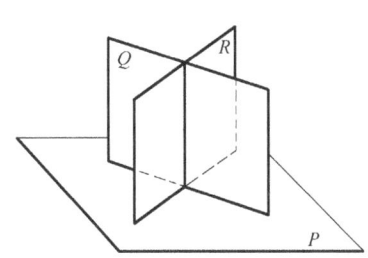

图 2-20 相互垂直的三个平面的交线也必相互垂直

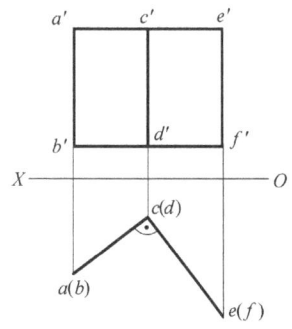

图 2-21 相互垂直的两个投影面垂直面的同面积聚投影必相互垂直

*第 3 章 曲线与曲面

3.1 曲线

3.1.1 曲线的形成

曲线既可以由一动点按某种方式做连续运动而形成，也可以由某种直线簇所形成的曲面的外形线（包络线）来给定。此外，由平面与曲面、曲面与曲面相交，也可以获得某种形式的曲线。

3.1.2 曲线的种类

根据形成曲线时，是否存在着一定的约束条件来分，曲线可分为有规则曲线和无规则曲线两种。在工程上用得较多的是有规则曲线。

根据曲线上连续各点的空间相对位置来分，则可概括地分为平面曲线和空间曲线两大类。

3.1.2.1 平面曲线

当曲线上所有的点都属于同一个平面时，这样的曲线称为平面曲线。除圆外，常见的有规则的平面曲线如图 3-1 所示。其中：

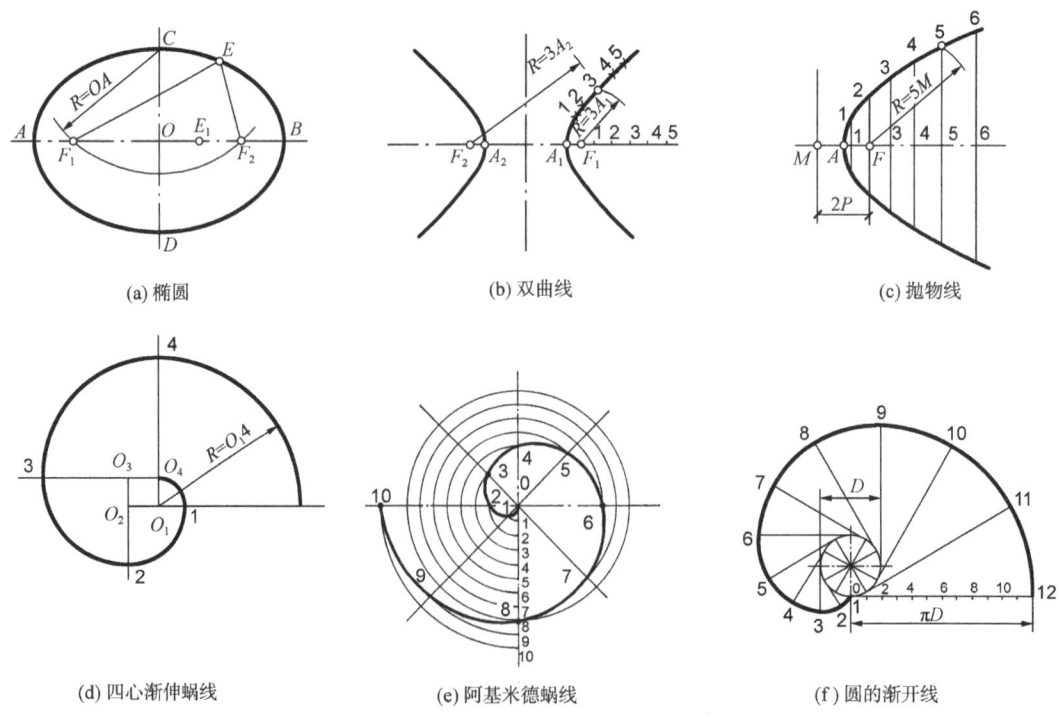

图 3-1 常见的非圆平面曲线

(1) 按一动点到两定点（焦点）的距离之和为常数（等于长轴）的方式连续运动所形成的曲线为椭圆（图3-1a）。

(2) 按一动点到两焦点的距离之差为常数（等于两顶点之间的距离）的方式连续运动所形成的曲线为双曲线（图3-1b）。

(3) 按一动点到一焦点和一定直线（准线）的距离相等的方式连续运动所形成的曲线为抛物线（图3-1c）。

(4) 将一正多边形的边依次连续展开，其端点的轨迹为渐伸蜗线（图3-1d）。

(5) 按一动点沿一直线做匀速直线运动，同时，该直线又绕线上一定点做匀角速度回转运动的方式所形成的曲线为阿基米德蜗线（图3-1e）。

(6) 按一直线在圆周上做无滑动的滚动的方式，由该动直线上任一点所形成的曲线为圆的渐开线（图3-1f）。

此外，还有正弦曲线、正切曲线等。

3.1.2.2 空间曲线

当曲线上任意连续四点不属于同一平面时，这样的曲线称为空间曲线，如图3-2所示。最常见的空间曲线为圆柱螺旋线（图3-28）。

这些平面曲线和空间曲线，由于它们各自具有一定的几何特性和艺术感染力，所以在许多工程中经常获得应用。如图3-3a我国古代建筑屋脊上的吻兽和勾头，和图3-3b竖立在雅典卫城广场上的爱奥尼克柱头所示。

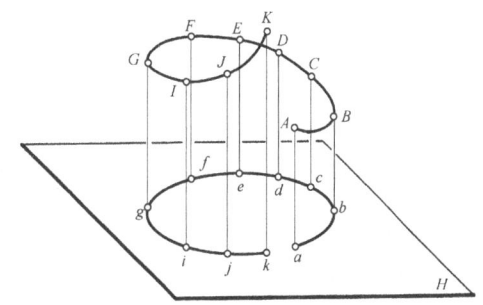

图3-2 空间曲线

(a) 吻兽和勾头

(b) 爱奥尼克柱头

图3-3 曲线的应用实例

3.1.3 曲线的投影作法

无论是平面曲线还是空间曲线，其投影在一般情况下仍是曲线。曲线上的特殊点，在投影图中一般仍为同一性质的特殊点。

作图时，首先用规定的图线表示出形成该曲线的基准要素（中心线、轴线、焦点等），然后按已知的约束条件或某种特定的方法，求出该曲线上一系列的点——特别是转向点、端点、切点、反曲点等一些特殊点的投影，最后用曲线板将所求得的各个点的投影依次光滑相连，便可完成作图。

如果是不规则曲线，则通常是用网格法来绘制它的详图。

3.1.4 圆的投影

圆是最常见的平面曲线，当它平行于投影面时，它在该投影面上的投影仍是圆，否则一般是椭圆。

如图3-4a所示，设已知圆 O 所在的平面 $P \perp V$，P 与 H 面的倾角为 α，圆心为 O，直径为 ϕ。此时：

（1）由于圆 O 所在平面 P 为正垂面，故其正面投影重合为长度等于直径 ϕ 的直线段。该直线段与 OX 轴的夹角为 α（图3-4b）。

（2）又由于 P 面倾斜于 H 面，故圆的水平投影为椭圆。圆心 O 的水平投影为椭圆的中心 o。椭圆的长轴是通过圆心 O 的水平直径 AB 的水平投影 ab，短轴则为垂直平分 AB 的直径 CD 的水平投影 cd。从图中可见，用数学方式描述时，$cd = CD \cdot \cos\alpha$（图3-4c）。

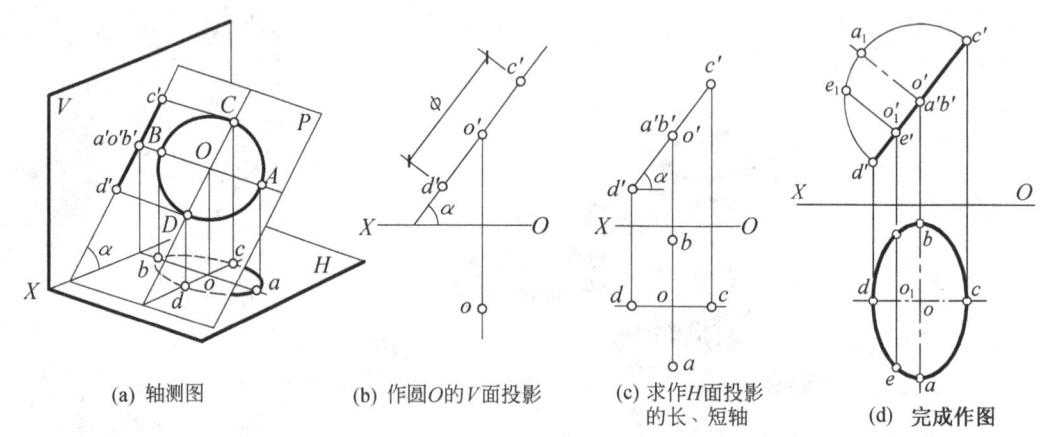

(a) 轴测图　　(b) 作圆 O 的 V 面投影　　(c) 求作 H 面投影的长、短轴　　(d) 完成作图

图3-4　圆的投影

对于水平投影中的椭圆，当已知其长短轴 ab、cd 后，用几何作图的方法就足可将椭圆画出。这个椭圆的绘制也可借助于辅助圆来完成，即在正面投影中以 o' 为圆心，$o'c' = o'd'$ 为半径作辅助半圆，此半圆即为 P 面上的半个圆的实形。在直径 $c'd'$ 上任取一点 o'_1，过 o'_1 作 $o'_1 e'_1 // o'a'_1$ 与辅助半圆相交于 e'_1。于是就可以利用平行弦 $o'_1 e'_1$ 之长在水平投影中定

出以 o_1 为对称中心的点 e 及其对称点。用这种方法求出一定数量的点的投影之后就可用曲线板依次光滑地连接各点而得到椭圆（图 3-4d）。

对于圆或椭圆的投影，规定要用细点长画线画出它的一对直径（或长短轴），表示出它们的中心位置。

3.2 回转曲面

曲面可视为由一条动线在空间按一定规律运动而形成。该动线称为母线，母线在曲面上的任一瞬时位置称为素线。按一定规律排列的一系列素线，则称之为线簇。根据母线的性质及其运动方式的不同，曲面可有多种多样，其中由一条母线绕一固定的直线为轴做回转运动而形成的曲面称为回转曲面（简称回转面）。

3.2.1 直纹回转面

以直线为母线而形成的回转面称为直纹回转面。工程中常用的直纹回转面有下列三种：①母线 AB 与轴线 OO_1 平行的圆柱面；②母线 SA 与轴线 SO 相交的圆锥面；③母线 AB 与轴线 OO 交叉的单叶双曲回转面，如图 3-5 所示。

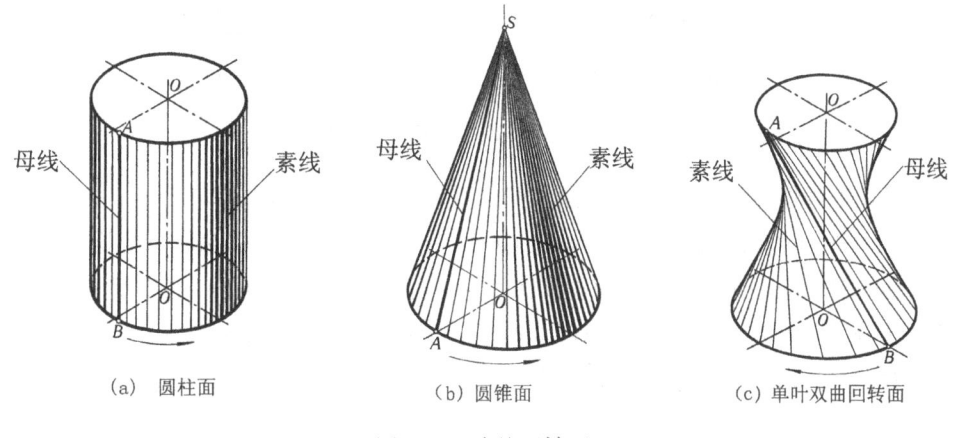

(a) 圆柱面　　　　(b) 圆锥面　　　　(c) 单叶双曲回转面

图 3-5　直纹回转面

由于有关圆柱面与圆锥面的投影作图等问题将在后面第 5 章中作系统的探讨，因此在这里只介绍单叶双曲回转面的投影作法。

图 3-6、图 3-7 所示是由母线与轴线交叉时所形成的单叶双曲回转面的投影作法[①]。为了便于解读，我们通常把母线上各点运动的轨迹称为纬圆，其中上、下端点 A、B 形成的纬圆则分别称之为顶圆、底圆（或界限圆）；母线上至轴线距离最近的一点 C 所形成的纬圆，因其直径最小而称之为喉圆。

注：①投影作图时，由于通常只研究投影图本身，与距离投影面的远近无关，所以在投影图中均将投影轴省去不画，下同。

根据单叶双曲回转面的形成特点，它的投影作法有两种：

(1) 用母线上各点的运动轨迹作图（纬圆法）

如图 3-6a 所示，已知母线 AB 及铅垂轴 OO 的两面投影，该曲面的顶圆、底圆和喉圆在水平投影中均分别反映实形，以 o 为圆心，以 oa、ob 和 oc（oc⊥ab）为半径画圆即可。这三个圆的正面投影分别是过 a'、b'、c' 的水平线段，长度分别等于各个圆的直径。

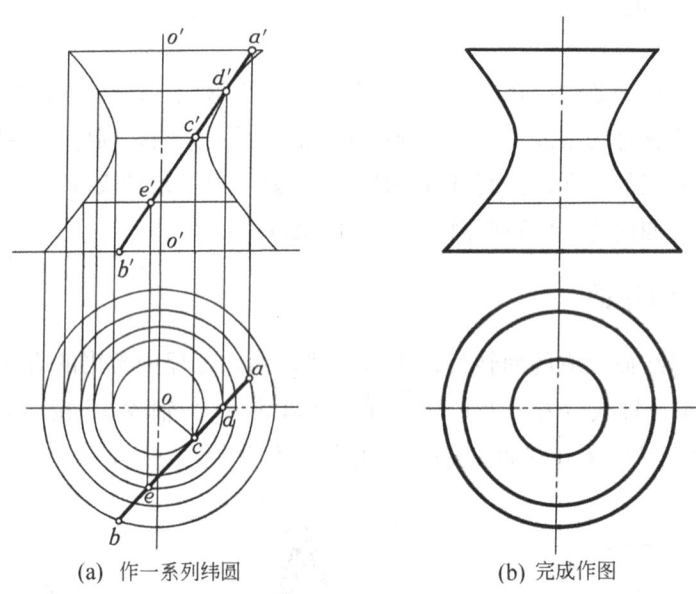

(a) 作一系列纬圆　　(b) 完成作图

图 3-6　用纬圆法画单叶双曲回转面

为了较准确地作出该曲面的正面投影，可在母线 AB 上再任取若干点，如 D（d，d'）、E（e，e'）等。同理，过这些点也可分别作出各个纬圆的水平投影和正面投影。将这些纬圆正面投影的端点依次光滑连接，即得该曲面左、右外形线（双曲线）的正面投影。

再区分可见性和整理后即得单叶双曲回转面的投影图（图 3-6b）。由于该曲面的外形线为双曲线，故该曲面也因此而得名。

(2) 用母线运动的轨迹作图（素线法）

如图 3-7a 所示，先作出顶圆和底圆的水平投影和正面投影；再在水平投影中分别从点 a、b 开始将顶圆、底圆分别作相同的等分（例如 12 等分）得 1，2，3，4，…和 1_1，2_1，3_1，4_1，…并分别求出相应的正面投影 (1')，(2')，(3')，(4')，…和 $1'_1$，$2'_1$，$3'_1$，$4'_1$，…然后将正面投影和水平投影中序号相同的点的投影如 (1')、$1'_1$ 和 1、1_1 等分别用直线连接起来，并区分可见性；最后画出正面投影中的包络线（双曲线）和水平投影中的喉圆，整理全图即得图 3-7b。

本例中用细实线画出了若干素线的正面投影，以显示这种曲面的性质。

上述两种作图方法，所得到的结果是完全一致的。

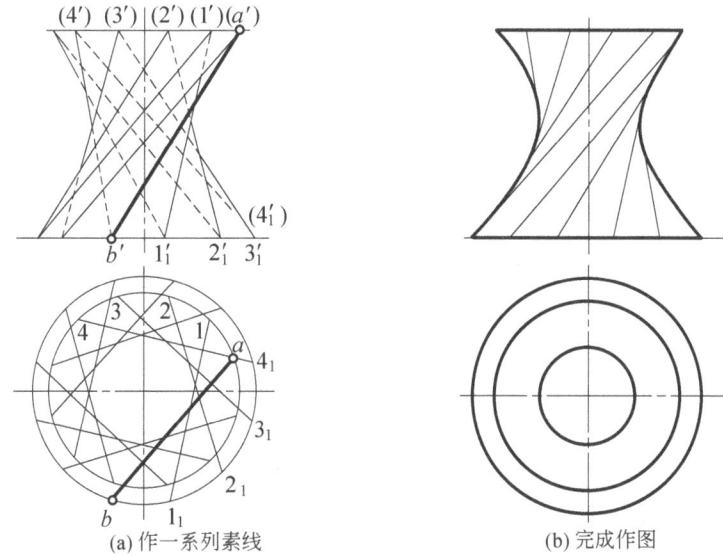

(a) 作一系列素线　　　　　　(b) 完成作图

图 3-7　用素线法画单叶双曲回转面

图 3-8 为单叶双曲回转面在建筑工程中的应用实例——德国某游乐场中的全景影院。

图 3-8　单叶双曲回转面应用实例

3.2.2　曲纹回转面

以平面曲线为母线做回转运动而形成的曲面称曲纹回转面。

最基本的曲纹回转面有圆球面与圆环面两种，如图 3-9 所示。前者可看成是由一个圆周以其任一条直径为轴做回转运动而形成的；后者则可看成是由一个圆周以不通过圆心但与圆周共面的一条直线为轴做回转运动而形成的。圆球面和圆环面上直径最大的纬圆通常称之为赤道圆。

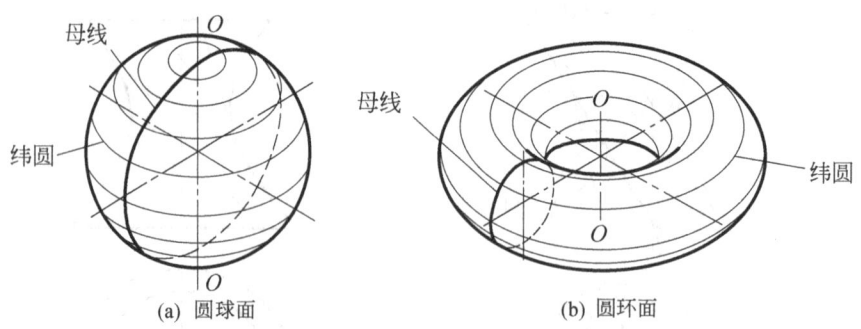

(a) 圆球面　　　(b) 圆环面

图 3-9　圆球面和圆环面的形成

图 3-10a、b 所示分别为圆球与圆环的两面投影。图中分别在球面和环面上画出了一个纬圆，并在该纬圆上标出了属于球面的点 A 和属于环面的点 B 的两面投影。

前面图 3-6、图 3-7 所示的单叶双曲回转面也可看成是由一条双曲线绕与之共面的轴线旋转运动而形成的曲纹回转面。

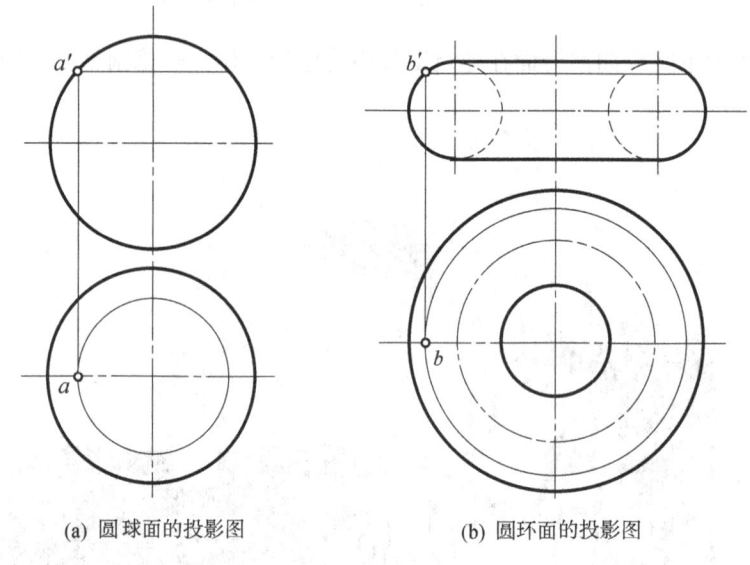

(a) 圆球面的投影图　　　(b) 圆环面的投影图

图 3-10　圆球面与圆环面的投影

图 3-11 为加拿大多伦多新马西音乐厅的曲纹回转面的外观造型，它的建成丰富了以四棱柱为主要基调的城市景观。

图 3-11　加拿大多伦多新马西音乐厅的曲纹回转面的外观造型

3.3　非回转直纹曲面

非回转直纹曲面根据直母线运动方式的不同，大致可分为六种。

3.3.1　柱面

当直母线 AB 沿着一曲导线 L 移动，并始终与一直导线 OO 平行时，所形成的曲面称为柱面；控制直母线运动的导线 L 可以是闭合的或不闭合的。如图 3-12 所示，该图的曲导线 L 是位于正平面 P 上的半个椭圆，直导线 OO 通过椭圆中心且与正平面 P 垂直。

柱面的特点是所有直素线均相互平行。

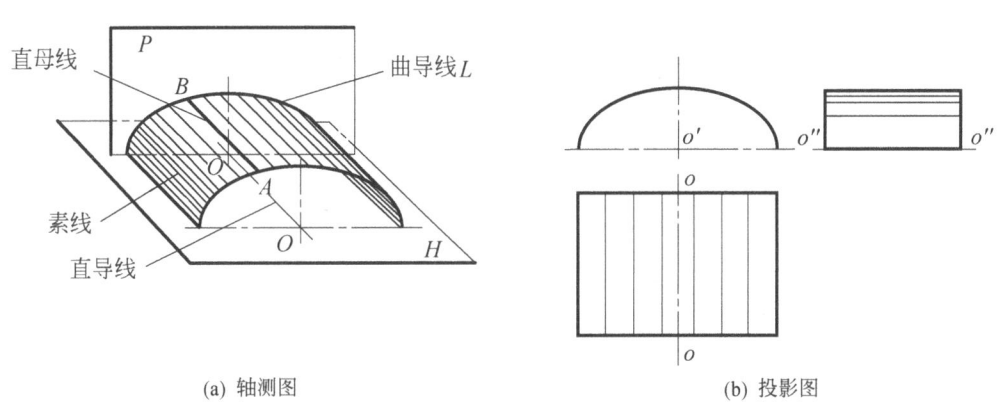

(a) 轴测图　　　　　　　　　　　　　(b) 投影图

图 3-12　柱面的形成及其三面投影

3.3.2 锥面

当直母线 SA 沿着一曲导线 L 移动，并始终通过一固定点 S 时所形成的曲面称为锥面。如图 3-13 所示，该图的曲导线 L 是位于正平面 P 上的半圆，固定点 S 位于过半圆右端点的 P 面垂直线上。

锥面的特点是所有直素线均交汇于锥顶。

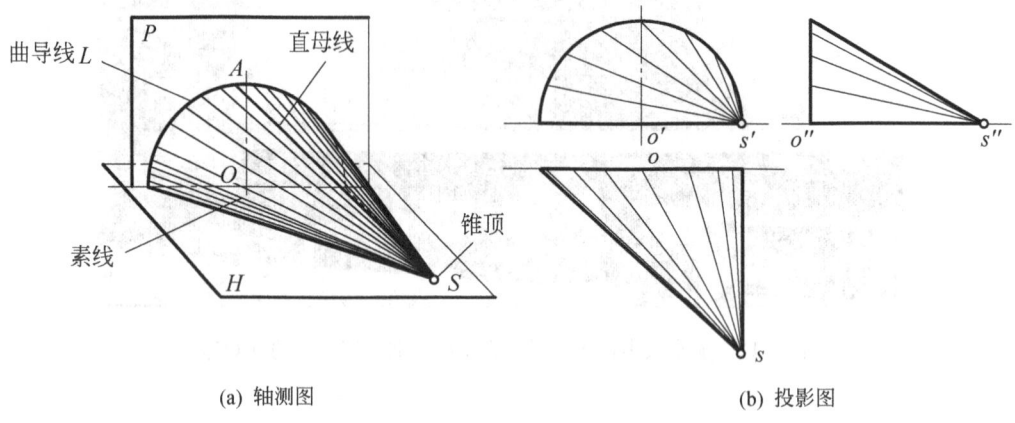

图 3-13 锥面的形成及其三面投影

3.3.3 柱状面

当一直母线沿着两条曲导线移动，并始终平行于一导平面时所形成的曲面称为柱状面，如图 3-14 所示。

柱状面的相邻两素线是两交叉直线。

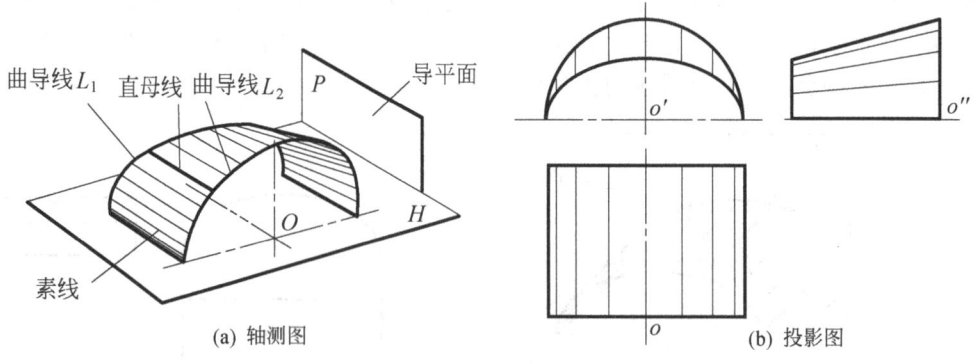

图 3-14 柱状面的形成及其三面投影

3.3.4 锥状面

当一直母线沿一条曲导线和一条直导线移动，并始终平行于一导平面时所形成的曲面称为锥状面，如图 3-15 所示。

锥状面的相邻两素线也是两交叉直线。

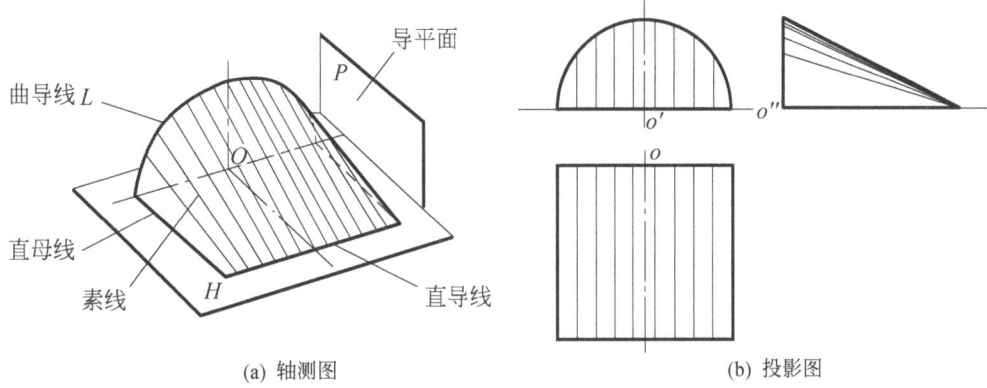

(a) 轴测图　　　　　　　　　　　　　　(b) 投影图

图 3-15　锥状面的形成及其三面投影

图 3-16 所示分别是柱面、柱状面和锥状面在建筑工程上的应用实例。

(a) 广州西汉南越王博物馆门厅的柱面天棚

(b) 德国斯图加特美术馆新馆的柱状面外墙

(c) 深圳图书馆的锥状面外墙

图 3-16　工程应用实例

3.3.5 单叶非回转双曲面

类似于前面图 3-7 单叶双曲回转面的作图过程,当与轴线 OO 交叉的母线 AB 为沿圆心位于同一轴线上、长短轴分别对应平行且曲率变化相同(即长短轴之比相等)的两个椭圆做匀角速度运动时,所形成的曲面为单叶非回转双曲面,如图 3-17a 所示。

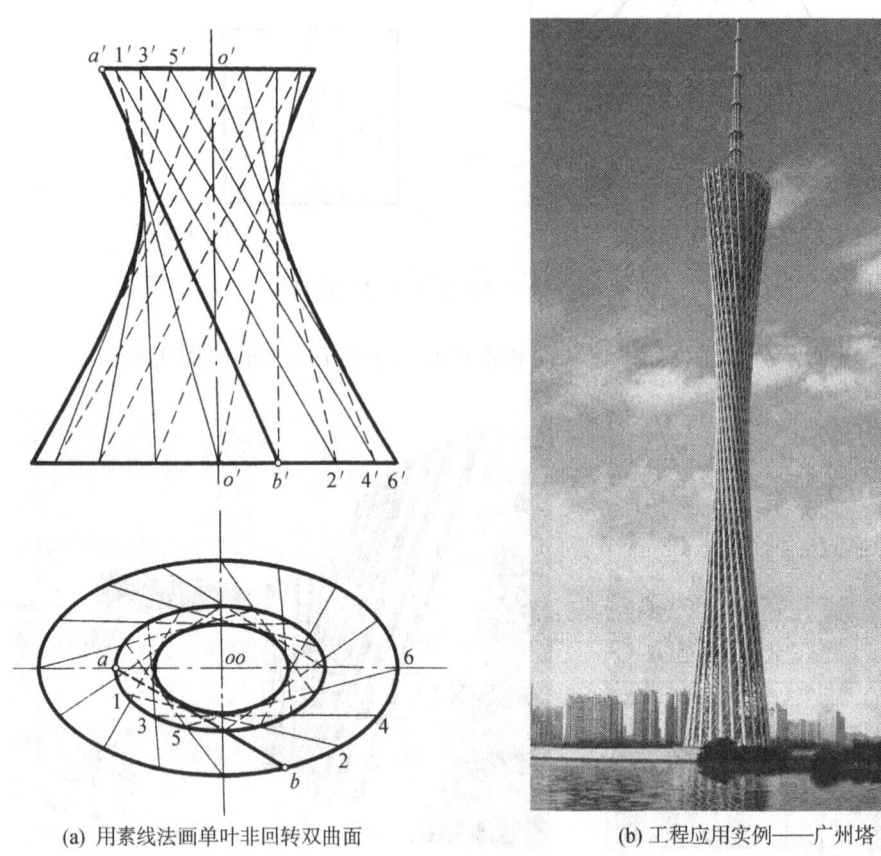

(a) 用素线法画单叶非回转双曲面　　(b) 工程应用实例——广州塔

图 3-17　单叶非回转双曲面

图 3-17b 所示为屹立在珠江边上有"小蛮腰"之称的广州塔,它就是单叶非回转双曲面在建筑工程中的应用实例之一。不过,该塔外形曲面的形成并不完全按照图 3-17a 所示的模式,而是参照其精神将上底椭圆作适当的平移和将下底椭圆按逆时针方向水平旋转 45°,并同时将上、下底椭圆分别作相同的 24 "等分"(分别以上、下底椭圆的圆心为顶点,将上、下底椭圆面等分为 24 个等面积的近似三角形,于是分别得上、下底椭圆周上的 24 个"等分"点),然后再将相应的"等分"点依次用直线(斜柱)相连而形成的。经过如此变异后所得到的曲面,不管从哪一个方向上去观察(投射),其立面外形都是左右不对称的和立面宽度都是不相等的,即获得了千变万化、婀娜多姿的艺术效果,可谓独具匠心。

3.3.6 双曲抛物面

当一直母线沿两交叉直导线移动,并始终平行于一个导平面时,所形成的曲面称为双曲抛物面。如图 3-18 所示，设直母线为 AC，直导线为 AB、CD，导平面 P 垂直于 H 面，所有直素线都与导平面 P 平行，于是该母线 AC 连续移动的轨迹为双曲抛物面。该图也可以这样解释：设 AB 为母线，AC、BD 为导线，Q 为垂直于 H 面的导平面，于是由该母线 AB 移动所形成的曲面亦为同一个双曲抛物面。

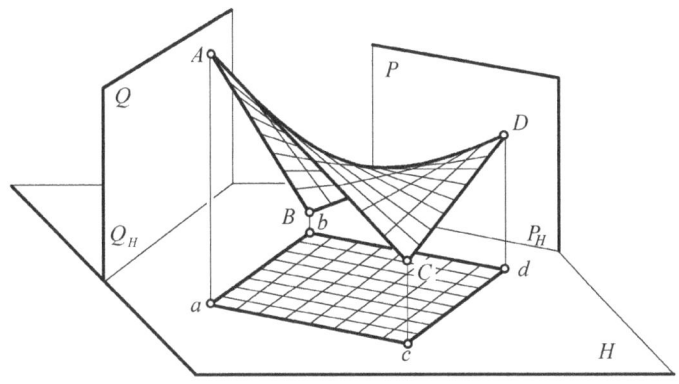

图 3-18 双曲抛物面的形成

该双曲抛物面的投影作图过程如下：

（1）设直导线 AB、CD 及导平面 P 的两面投影为已知（图 3-19a，该图给题时分别令两端点的连线即直母线 AC 或 BD 平行于导平面 P）。

（2）沿两直导线作一系列平行于导平面 P 的直素线（在图中表现为将 ab、cd 分成若干等份，过等分点作一系列平行于 P_H 的直素线的水平投影，并求出它们的正面投影，如图 3-19b 所示）。

（3）在正面投影中画入所求得的直线簇的包络线，并区分可见性，于是完成作图（图 3-19c）。

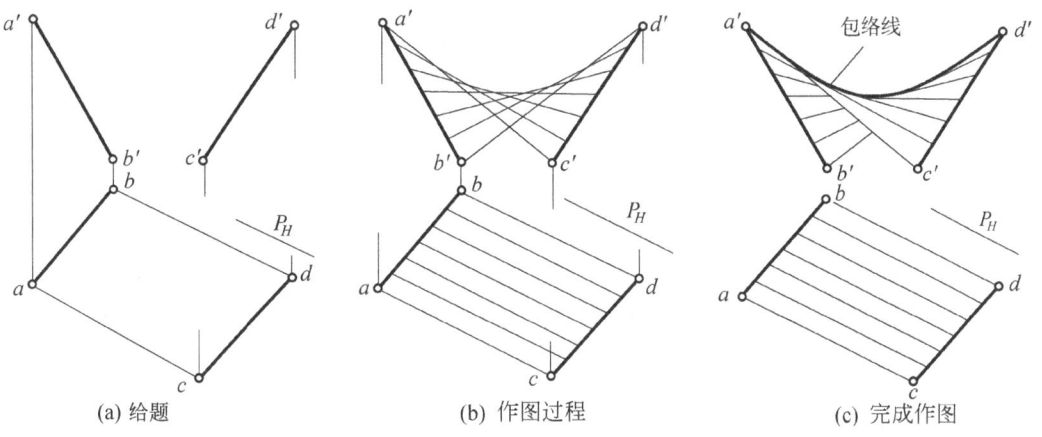

(a) 给题　　　　　(b) 作图过程　　　　　(c) 完成作图

图 3-19 双曲抛物面的投影画法

图 3-20 所示为以 AC、BD 为直导线，以 Q 为导平面时作出的同一个双曲抛物面的投影图。

上述的双曲抛物面具有如下的几何性质：

①其正面投影的包络线为抛物线（侧面投影亦然）。

②若用正平面截割该曲面，其截交线本身及其正面投影亦为抛物线（作图从略）。

③当用一个不通过曲线顶点的水平面 R 去截割该曲面时，其截交线为双曲线，如图 3-21 所示。双曲面抛物面也因此而得名。

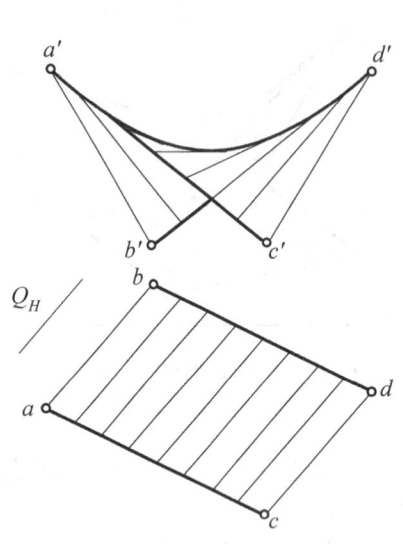 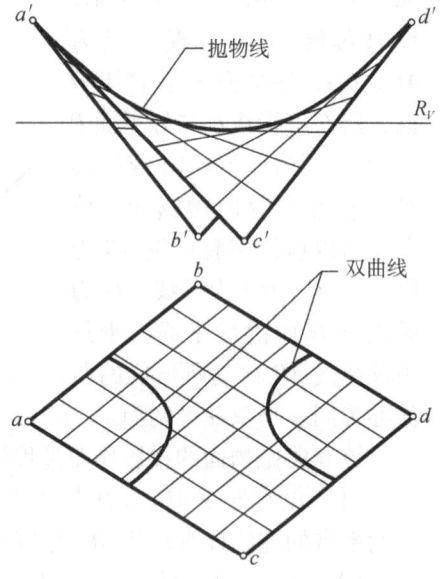

图 3-20 设母线为 AB 时双曲抛物面的投影作图　　　图 3-21 双曲抛物面的几何性质

双曲抛物面在一些公共建筑中经常获得应用。如图 3-22 所示为广州星海音乐厅的外观图。它的屋顶采用了双曲抛物面，其二楼中部侧窗的构造做法采用的也是双曲抛物面，使得该音乐厅既体现了古典音乐庄严辉煌之气势，又反映出现代建筑艺术的创新精神。

图 3-22 广州星海音乐厅的屋顶和侧窗为双曲抛物面

图 3-23 所示则为某体育馆的设计效果图。该体育馆的马鞍形屋面则是由一个双曲抛物面被椭圆柱面截割而形成的，其投影作法见图 3-24 。

图 3-23　某体育馆的设计效果图（顶面为马鞍形屋面）

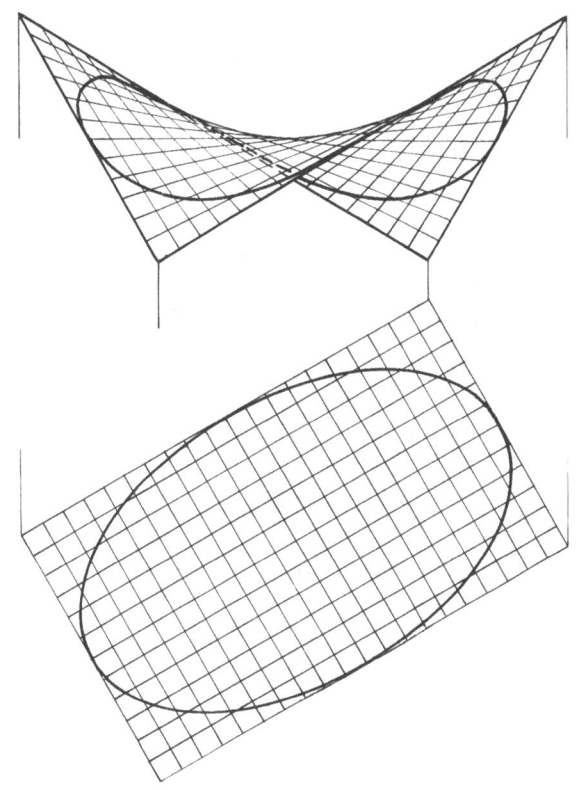

图 3-24　马鞍形屋面的投影作图

某些屋面也常用四个双曲抛物面组合而成，如图3-25所示。根据不同的组合，所得的屋面可以是由四条角柱来支撑的，也可以仅由一条中柱来支撑。此外，双曲抛物面在水利工程中也常被用作闸门进出口的直壁与渠道斜坡之间的过渡曲面，如图3-26所示。此时通称它为扭面。

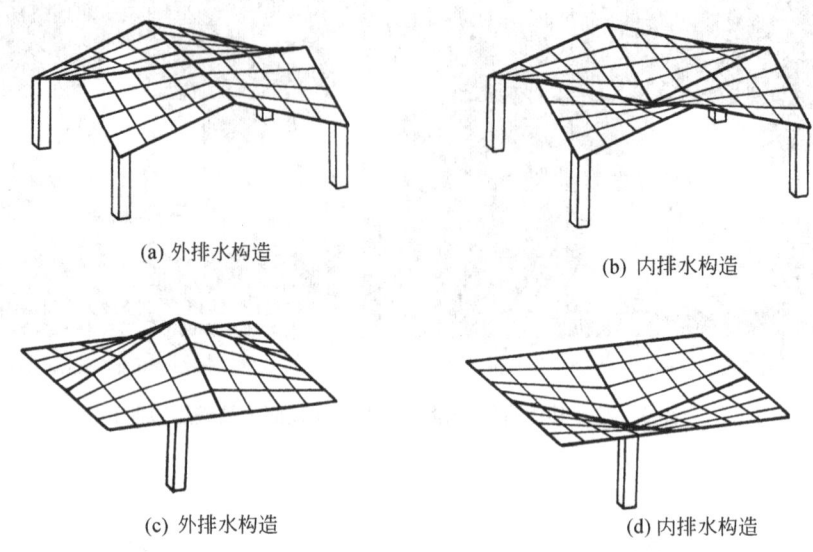

图3-25 由四个双曲抛物面组成的屋面

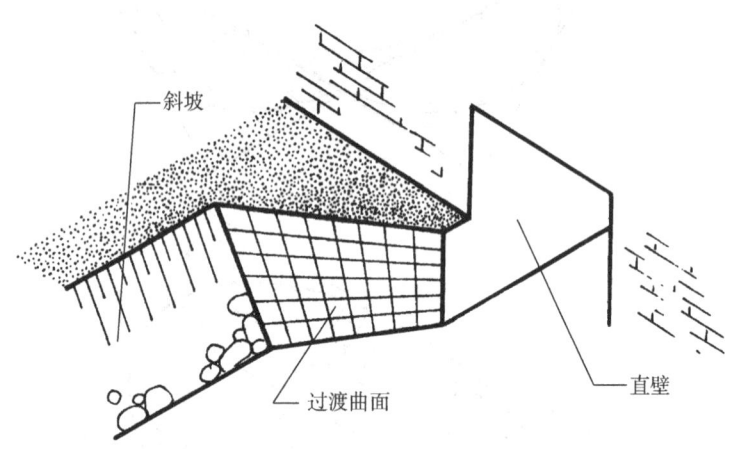

图3-26 用双曲抛物面作为过渡曲面

3.4 螺旋线

螺旋线属于空间曲线，它有圆柱螺旋线、圆锥螺旋线等多种形式。在建筑与机械工程中最常用的是圆柱螺旋线。

3.4.1 螺旋线的形成

当一动点沿圆柱面的直母线做匀速直线运动,而该母线又同时绕圆柱面的轴线做匀速回转运动时,该动点的轨迹为圆柱螺旋线,如图3-27所示。

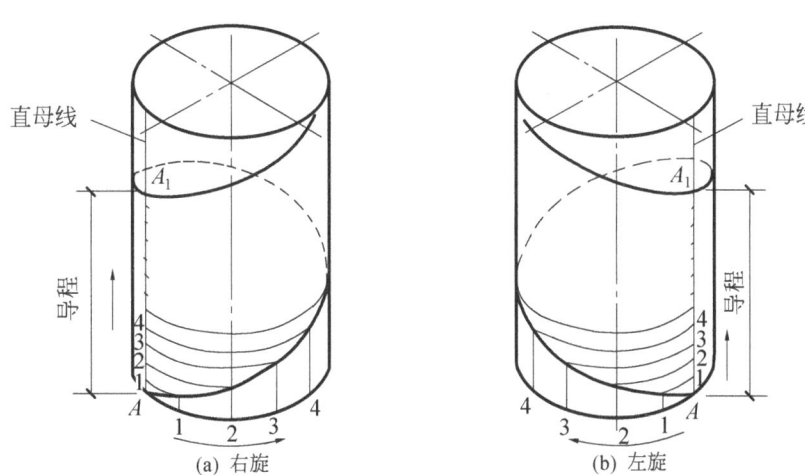

图3-27 圆柱螺旋线的形成

其中,动点回转运动一周时沿轴向移动的直线距离称为导程(或螺距)。

螺旋线有右旋和左旋之分:

(1) 右旋 当轴线竖直时,螺旋线可见部分自左向右上升,称为右螺旋线;

(2) 左旋 当轴线竖直时,螺旋线可见部分自右向左上升,则称为左螺旋线。

因此,确定圆柱螺旋线的三个要素是:圆柱面直径、导程、旋向。

3.4.2 螺旋线的投影作法

如图3-28所示,设圆柱轴线垂直于H面,圆柱面直径和导程已知,螺旋线右旋。于是该螺旋线的作图过程为:

(1) 作圆柱面的两面投影,并将水平投影中的圆周和正面投影中所反映的导程分成相同的等份;然后,按右旋规律将圆周上的等分点编号,由下而上将导程线上的等分点编上相应的编号(图3-28a);

(2) 分别过正面投影和水平投影相同编号的等分点作水平线和竖直线,它们两两相交,得一系列交点$1'$、$2'$、$3'$、$\cdots$、$8'$,将这些点依次光滑相连,区分可见性即得所求螺旋线的正面投影,其水平投影重合于圆柱面的积聚投影(圆周)上(图3-28b)。

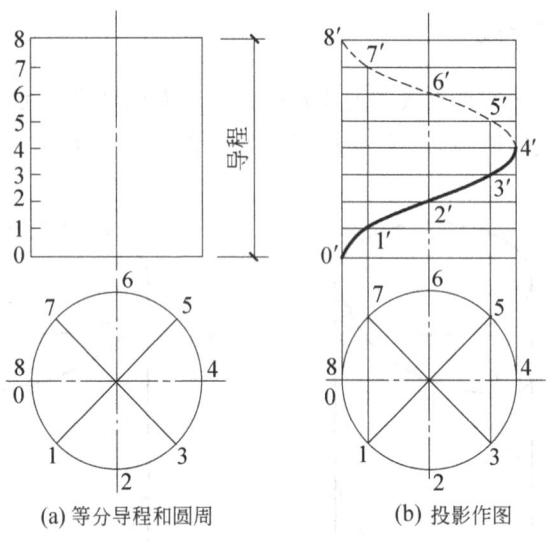

(a) 等分导程和圆周　　(b) 投影作图

图 3-28　圆柱螺旋线的投影画法

3.5 平螺旋面

平螺旋面又称正螺旋面。

3.5.1 平螺旋面的形成

当一条直母线沿一条圆柱螺旋线及其轴线运动，并始终平行于与轴线垂直的导平面时，所形成的曲面称为圆柱平螺旋面（简称平螺旋面）。如图 3-29a 所示，轴线 $OO \perp H$ 面，各素线 $1Ⅰ，2Ⅱ，…$均平行于 H 面，此时所形成的曲面为平螺旋面。

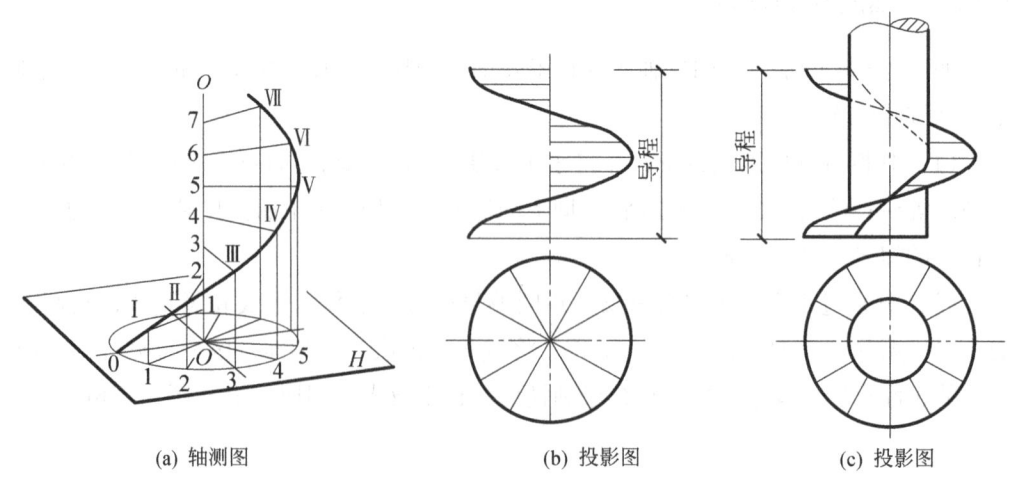

(a) 轴测图　　(b) 投影图　　(c) 投影图

图 3-29　平螺旋面的形成及投影作图

3.5.2 平螺旋面的投影作图

如图 3-29b 所示,首先将圆周和导程均分为相同的等份(例如 12 等份),再将圆周上各等分点与圆心相连即得水平素线的水平投影;然后,依照图 3-28 所示的方法作出螺旋线的投影;最后,分别过所得的一系列交点作出水平素线的正面投影,即得平螺旋面的正面投影。

当平螺旋面与一个同轴的小圆柱面相交时,其交线仍然是一条具有相同导程的圆柱螺旋线。此时,大圆柱与小圆柱之间的平螺旋面如图 3-29c 所示。

平螺旋面在工程上经常获得应用。图 3-30 所示为某宾馆大厅中的螺旋楼梯。

(a) 由实心圆柱支承

(b) 由楼梯板支承

图 3-30 某宾馆大厅中的螺旋楼梯

螺旋楼梯的投影作图关键在于除了要正确画出螺旋线外,还要根据已知条件画出楼梯的踏面、踢面和楼梯板的厚度,并区分可见性。

例 3-1 设某螺旋楼梯的外圆直径为 D,内圆直径为 d,旋转角度为 360°,级数为 12 级,右旋,楼梯板厚和踢面高度均为 h。试作出该楼梯的投影图。

分析:在实际工程中,常见的螺旋楼梯的支承方式有两种:一是由中间实心圆柱支承(图 3-30a);二是由一定厚度的楼梯板支承(图 3-30b),此时,楼梯板的下表面为平螺旋面。本例属于第二种支承方式。此楼梯到达二楼楼面的总高应为 $(12+1)h$。

作图:

①画出外圆柱面、内圆柱面的两面投影,分别将水平投影中的大圆、小圆及正面投影中的导程分为 12 等份,作出内外两条螺旋线的投影。整理后如图 3-31a 所示。

②按踢面高度 h 由下而上画出步级,另加一级到达二楼楼面,如图 3-31b 所示。

③按梯板厚度 h 在原内外两条螺旋线的下方分别等距离地画出两条螺旋线,这两条螺旋线即为楼板的下表面(平螺旋面)的轮廓线。在作图过程中,为保证图形的清晰,不可见的图线不要画出,并应及时擦去多余的图线。整理后如图 3-31c 所示。

④区分可见性,加粗图线即得所求螺旋楼梯的投影图(图 3-31d)。

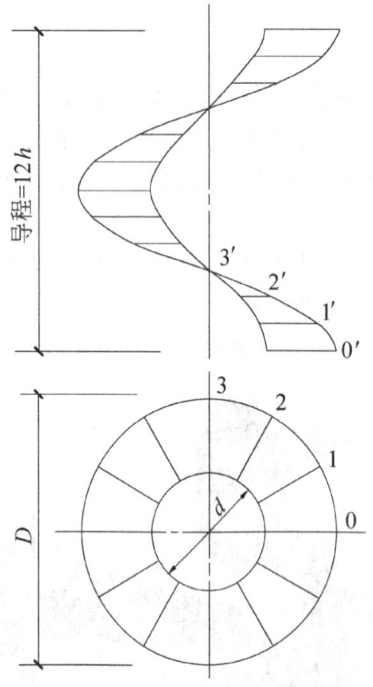
(a) 画出大圆、小圆及导程，分成12等份，作螺旋线的投影

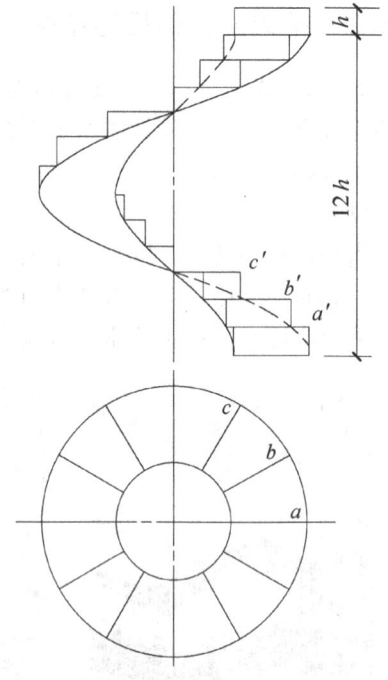
(b) 按踢面高 h 画出步级，另加一级到达二楼楼面

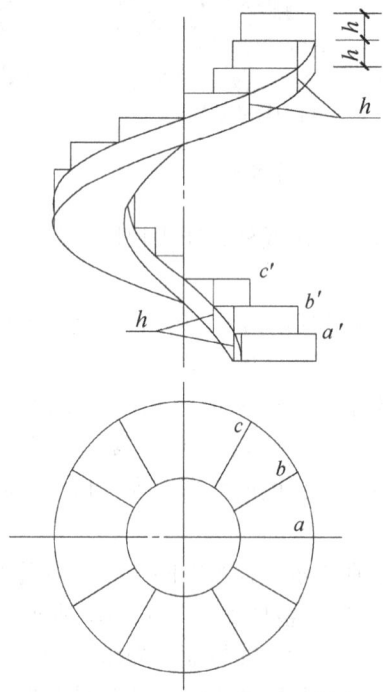
(c) 按梯板厚 h 在原内、外螺旋线的下方再画出两条螺旋线

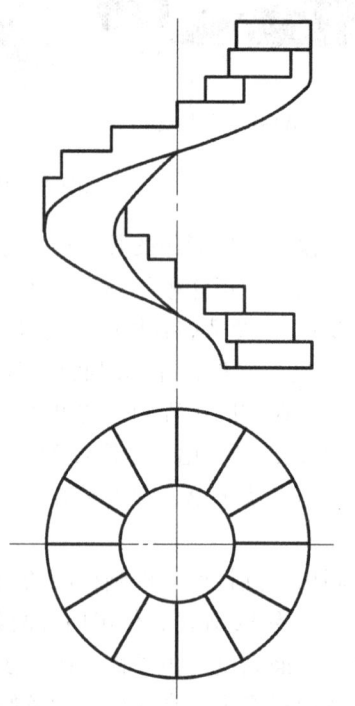
(d) 区分可见性，加粗图线，完成作图

图 3-31　螺旋楼梯的投影作图

第4章 平面形体

4.1 概述

概括地说，形体有平面形体和曲面形体之分。完全由若干个平面围成的几何形体统称平面形体。其中，最常见的平面形体有棱柱体（简称棱柱）、棱锥体（简称棱锥）等，如图4-1所示。这些几何形状简单、规整的形体通常又称之为基本形体。

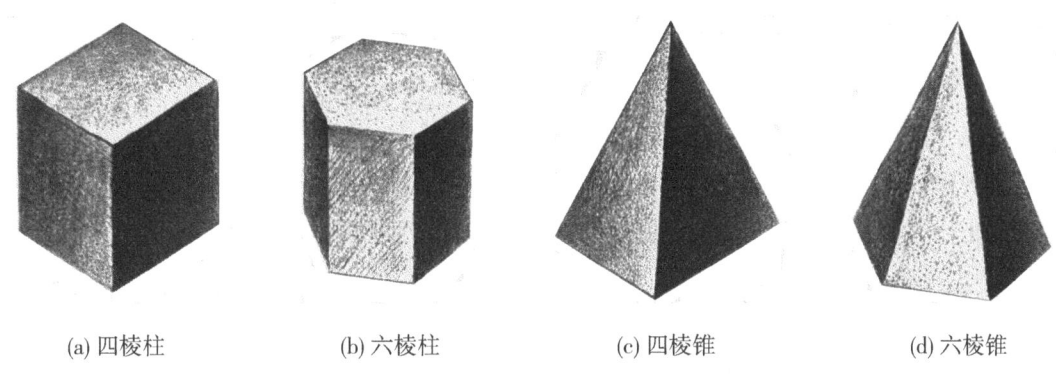

(a) 四棱柱　　　　(b) 六棱柱　　　　(c) 四棱锥　　　　(d) 六棱锥

图 4-1　常见的平面形体

4.2 棱柱

4.2.1 棱柱的几何特征

完整的棱柱由一对形状大小相同、相互平行的多边形底面和若干平行四边形侧面（也称棱面）所围成。它所有的棱线均相互平行。当棱柱底面为正多边形且棱线均垂直于底面时称为正棱柱。正棱柱所有的侧面均为矩形（图4-1a、b），根据其底面形状的不同，棱柱又可有三棱柱、四棱柱、六棱柱等。

4.2.2 棱柱的投影特性

图4-2a表示一轴线垂直于 H 投影面的六棱柱及其在三投影面体系中的投影。图4-2b是它的三面投影。

在图示情况下，六棱柱的上、下底面平行于 H 面，两者的水平投影重合且反映实形，其正面投影和侧面投影则分别积聚成一条水平线段。

六棱柱的前、后两棱面为正平面，两者的正面投影重合且反映实形，其水平投影和侧面投影分别积聚成水平线段或竖直线段。

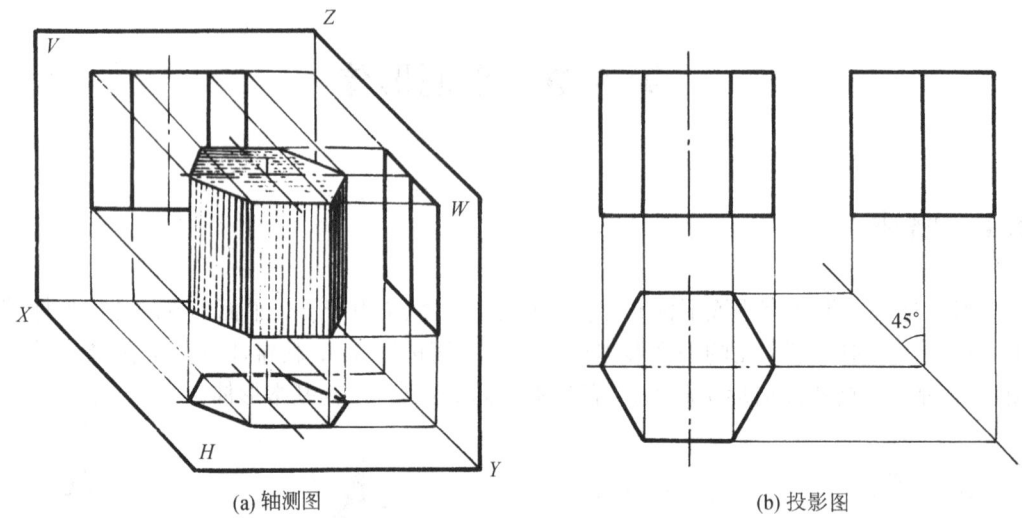

(a) 轴测图　　　　　　　　　(b) 投影图

图 4-2　六棱柱的投影

六棱柱左侧的两个棱面和右侧的两个棱面均为铅垂面，其水平投影均积聚为长度等于底面正六边形边长的线段，其正面投影和侧面投影均为矩形，但不反映实形。

4.2.3　棱柱的投影画法

画棱柱投影图的步骤是，先画出反映其形状特征的底面的投影，然后再按投影关系画出其余两面投影。

例 4-1　试画出图 4-3a 所示形体（小屋）的三面投影。

分析：图示小屋的平面形状为矩形，前后坡顶的坡度不同，且前后屋檐的高度也不同。因此，可把该小屋看成是横放的五棱柱，其左、右立面可看成是五棱柱的端面。所以，该小屋的形状特征在侧面投影中最能表达清楚。

画图的步骤是先画水平投影中的矩形，再画侧面投影，然后画正面投影和完成水平投影。

构成形体投影的图线称为轮廓线，可见的轮廓线用粗实线画出；不可见的用虚线画出（当不影响表达时可以省略不画），可见轮廓线与不可见轮廓线重合时画粗实线。

作图：如图 4-3b、c 所示。

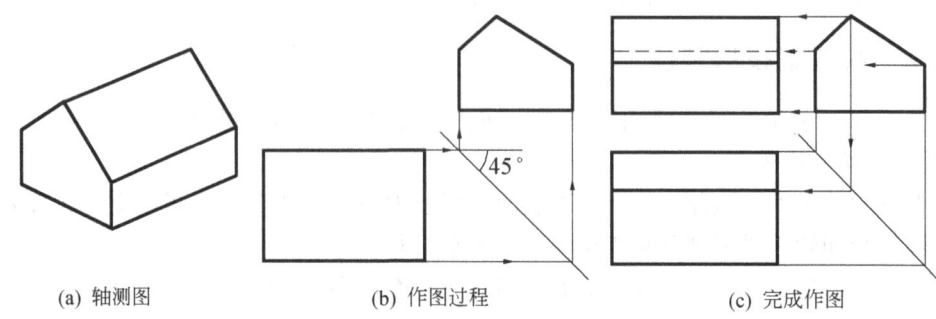

(a) 轴测图　　　　　(b) 作图过程　　　　　(c) 完成作图

图 4-3　小屋的投影和作图步骤

4.3 棱锥

4.3.1 棱锥的几何特征

完整的棱锥由一个多边形底面和若干具有公共顶点的三角形棱面所围成。其棱线均通过锥顶。当棱锥底面为正多边形，其锥顶又处在通过该正多边形外接圆中心的垂直线上时，这种棱锥称为正棱锥。根据其底面形状的不同，棱锥又可有三棱锥、四棱锥、五棱锥等。

4.3.2 棱锥的投影特性及画法

图4-4a表示一个三棱锥及其在三投影面体系中的投影，图4-4b则是它的三面投影。

在图示情况下，由于三棱锥的底面 ABC 平行于 H 面，所以其水平投影 abc 反映实形，它的正面投影和侧面投影均积聚为水平线段；棱锥的后棱面 SAC 为侧垂面，所以其侧面投影积聚为一段斜线，它的正面投影和水平投影都是三角形；棱锥左、右两个棱面 SAB 和 SBC 都是一般位置平面，所以它们的三个投影都是三角形，其中侧面投影 s″a″b″ 与 s″b″c″ 重合。

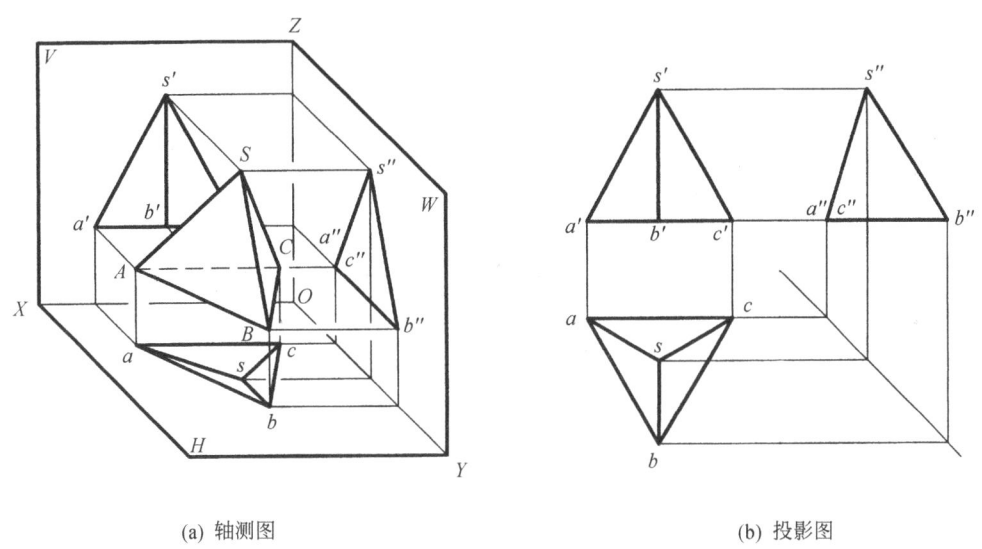

(a) 轴测图　　　　　　　　　　　　(b) 投影图

图4-4　三棱锥的投影

图4-5是五棱锥的轴测图和投影图，其投影特性及作图过程如图4-5b、c所示。

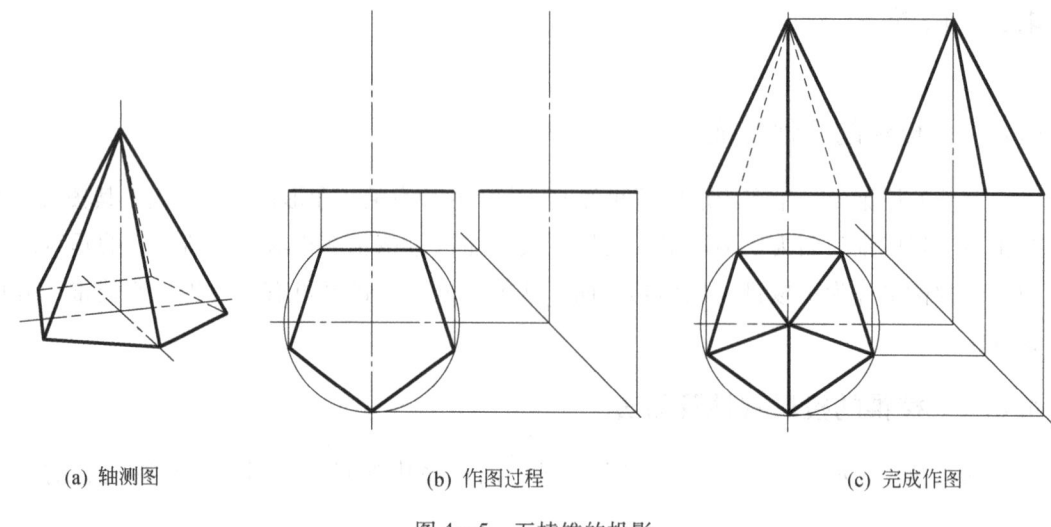

(a) 轴测图　　　　　　　(b) 作图过程　　　　　　　(c) 完成作图

图 4-5　五棱锥的投影

例 4-2　设有一四棱台如图 4-6a 所示，试画出它的三面投影。

分析：棱台是指棱锥被平行于其底面的平面截去锥顶后的剩余部分。因此，画棱台的投影宜先按完整的棱锥作图，然后再画出上底面的投影。

作图：如图 4-6b 所示。

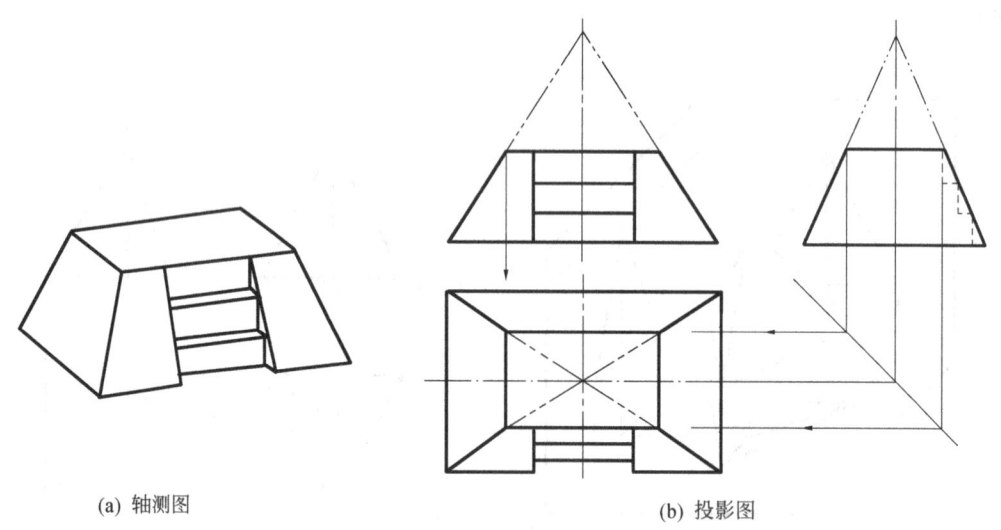

(a) 轴测图　　　　　　　　　　　　(b) 投影图

图 4-6　四棱台的投影

4.4　平面与平面形体相交

平面与平面形体相交，也称平面形体被平面截割。这个截割形体的平面称为截平面，截平面与形体表面的交线称为截交线，截交线围成的平面图形称为截断面。

从图4-7可以看出，截交线有下列两个基本性质：

①闭合性。因为被截割的形体占有一定的空间，所以截交线必定是闭合的平面折线；

②共有性。截交线是截平面与形体表面共有点的集合，它既属于截平面，又属于形体表面，故求截交线可归结为求形体表面上一系列的线对截平面的交点，然后把这些点依次连接起来。

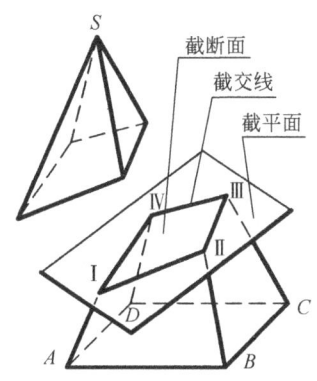

图4-7 平面与形体相交的作图分析

本教材仅研究截平面为特殊位置平面时截交线或截断面的求法。

平面与平面形体相交，其截断面是一个平面多边形，它的边数取决于平面形体的几何性质和截平面与形体的相对位置，即截平面所截割到的棱面数。多边形的每一条边是截平面与相应棱面（包括底面）的交线，多边形的各个顶点是截平面与棱线（包括底面的边）的交点。

当截平面为特殊位置平面时，它在所垂直的投影面上的投影具有积聚性。因此，截交线在该投影面上的投影被积聚在截平面的积聚投影上。

如图4-8b所示，当截平面P为正垂面时，它与正四棱锥的四个棱面都相交，截交线围成一个四边形；四棱锥各条棱线的正面投影$s'a'$、$s'b'$、$s'c'$、$s'd'$分别与P_V的交点$1'$、$2'$、$3'$、$(4')$即为截交线围成的四边形的四个顶点的正面投影，它们都积聚在P_V上。

因此，求这种情况下的截交线的投影，实际上是先利用积聚性直接得出截交线的一个投影，然后根据从属关系和投影关系求出截交线的其他投影。于是，在图4-8b中，通过直接得出的$1'$、$2'$、$3'$、$(4')$，再按投影关系作投影连线，即可分别在相应棱线的水平投影和侧面投影上得出对应的投影1、2、3、4和$1''$、$2''$、$3''$、$4''$（当求水平投影2、4时，由于它们所从属的棱线SB、SD为侧平线，故应先求出它们的侧面投影$2''$、$4''$，然后再据此求出2、4）。最后，按照在同一表面上的两个点才能相连的原则，依次把各个点的同面投影连接起来，从而得到截交线的水平投影和侧面投影。四棱锥被截割去除部分的投影应去掉（也可用双点画线表示原貌），最后区分可见性，便得到四棱锥被平面P截割后剩余部分的投影。

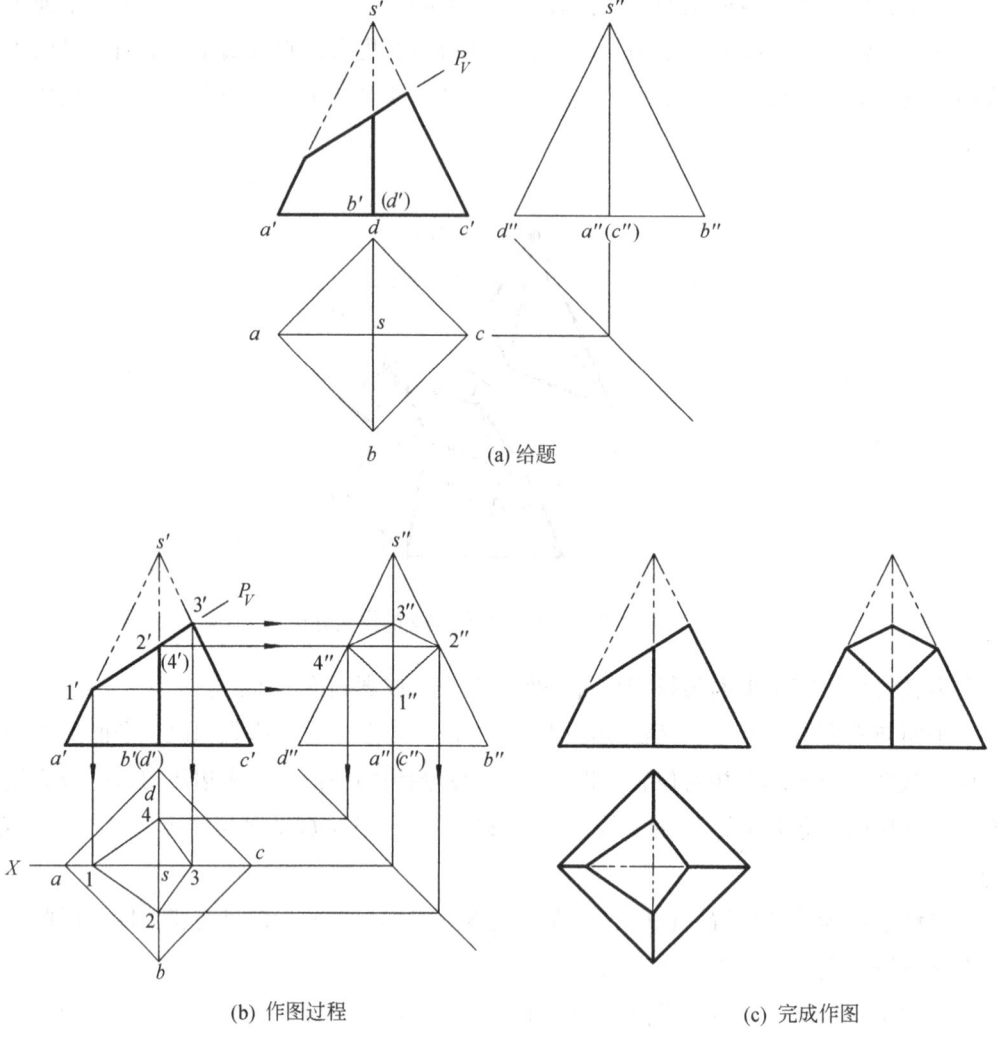

图 4-8 求作正四棱锥被截割后的投影

例 4-3 已知被截割后的正五棱柱的正面投影（图 4-9a），试完成其水平投影并求作侧面投影。

分析：图 4-9 所示五棱柱的棱线均为铅垂线，其左前、左后、右前、右后的四个棱面均为铅垂面，后棱面为正平面，上、下底面为水平面。截平面 P 为正垂面，它截割五棱柱的部位为上底面（截交线为一条正垂线）和四个棱面（截断了三条棱线），所以截断面的空间形状为五边形。该五边形的正面投影积聚在 P_V 上，其水平投影和侧面投影均为类似的五边形。

作图：如图 4-9b 所示，因截断面的正面投影积聚在 P_V 上，所以可直接得出标记为 a'、b'、c'、(d')、e'、a' 的五个点；又因五棱柱各个棱面的水平投影有积聚性，所以截断面的水平投影 $abcdea$ 也可以直接得出；然后根据投影关系求出五棱柱的侧面投影，由于

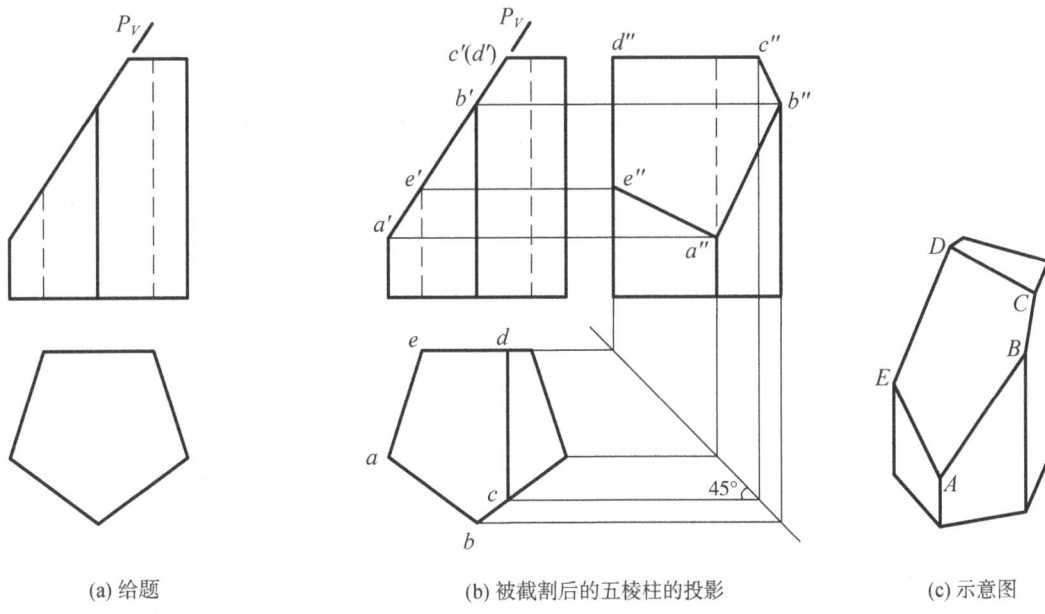

(a) 给题　　(b) 被截割后的五棱柱的投影　　(c) 示意图

图 4-9　求作正五棱柱被截割后的投影

截平面 P 截断三条棱线于点 A、B、E（参阅图 4-9c），故根据 a'、b'、e'利用水平的投影连线就可对应求得其侧面投影 a″、b″、e″，再利用 45°辅助线由水平投影 cd 求得截平面 P 与顶面相交的截交线 CD 的侧面投影 c″d″，再将所求得的各个点相连并加粗即为截断面的侧面投影 a″b″c″d″e″a″。最后整理全图，区分可见性，完成作图。

*例 4-4　已知一个带切口的三棱锥的正面投影（图 4-10a），试完成其水平投影并求作其侧面投影。

分析：据所给出的正面投影可知，该切口是由一个正垂面和一个水平面截割三棱锥而形成的。如前例一样，只要逐个求出各个截平面与三棱锥的截断面之后，再画出这两个截平面的交线，即可获解。

作图：首先，作出未被截割的三棱锥的侧面投影（图 4-10b）。然后根据水平的截平面、正垂的截平面与三棱锥各棱线的交点 Ⅰ、Ⅱ、M 和 Ⅴ、Ⅵ 的正面投影 1'、2'、m'、5'、6'，求出它们的侧面投影 1″、2″、m″、5″、6″。由于两截平面均垂直于 V 面，故其交线 ⅢⅣ 的正面投影 3'4'积聚为一点，据此即可按投影关系求出 3、4 和 3″、4″，再依次连接各点的同面投影。连线时应注意，只有位于同一棱面上的各点才能顺序相连。三棱锥被截去的部分是相交两截割平面之间的部分，因此截断面 ⅠⅡⅢⅣ 和 ⅢⅣⅤⅥ 之间的棱线 ⅠⅣ、ⅡⅥ 段不复存在。ⅢⅣ 是两截平面的交线，且贯穿于形体之中，其水平投影是不可见的（图 4-10c）。

最后，按规定加粗图线，完成作图（图 4-10d）。

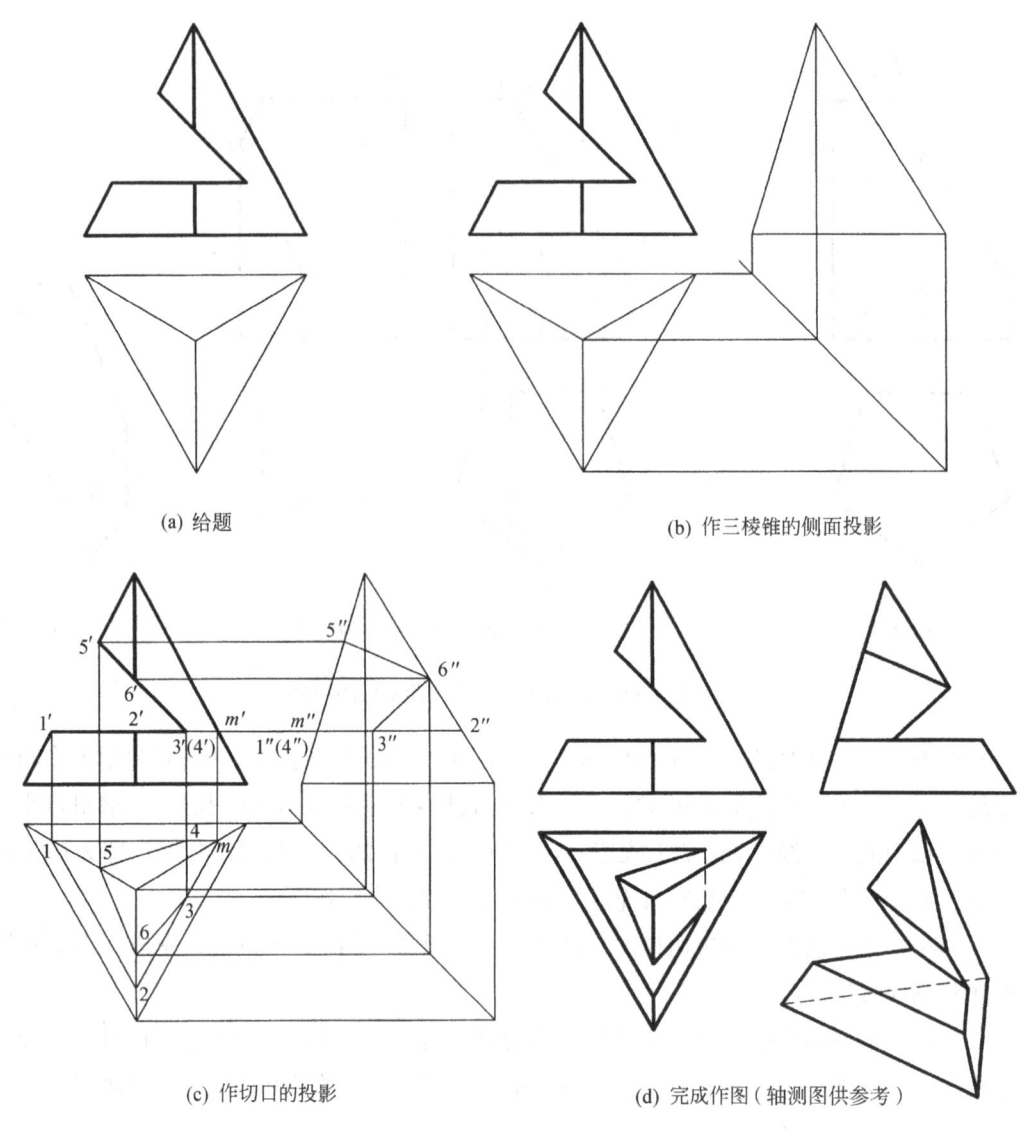

图 4-10 求作带切口三棱锥的水平投影和侧面投影

*4.5　两平面形体相交

两相交形体表面的交线称为相贯线。两平面形体的相贯线一般是闭合的空间折线,当参与相交的两平面形体的某处表面为共面时则属例外。图 4-11 所示是由两个五棱柱相交而成的类似某种建筑物的形体。由于这两个参与相交的五棱柱不是前后贯穿的,所以只有在大五棱柱的前方有一组相贯线;同时又因这两个五棱柱具有一个共同的水平棱面(水平底面),故在此底面上不存在相贯线,即是说该相贯线是一组非封闭的空间折线。从图中还可以看出,这两个五棱柱的棱面还分别垂直于 V 面和 W 面,所以利用积聚性即可得出相贯线的正面投影和侧面投影,故本题只需求出相贯线的水平投影。

作图：具体过程请读者自行分析，作图结果如图4-11c所示。

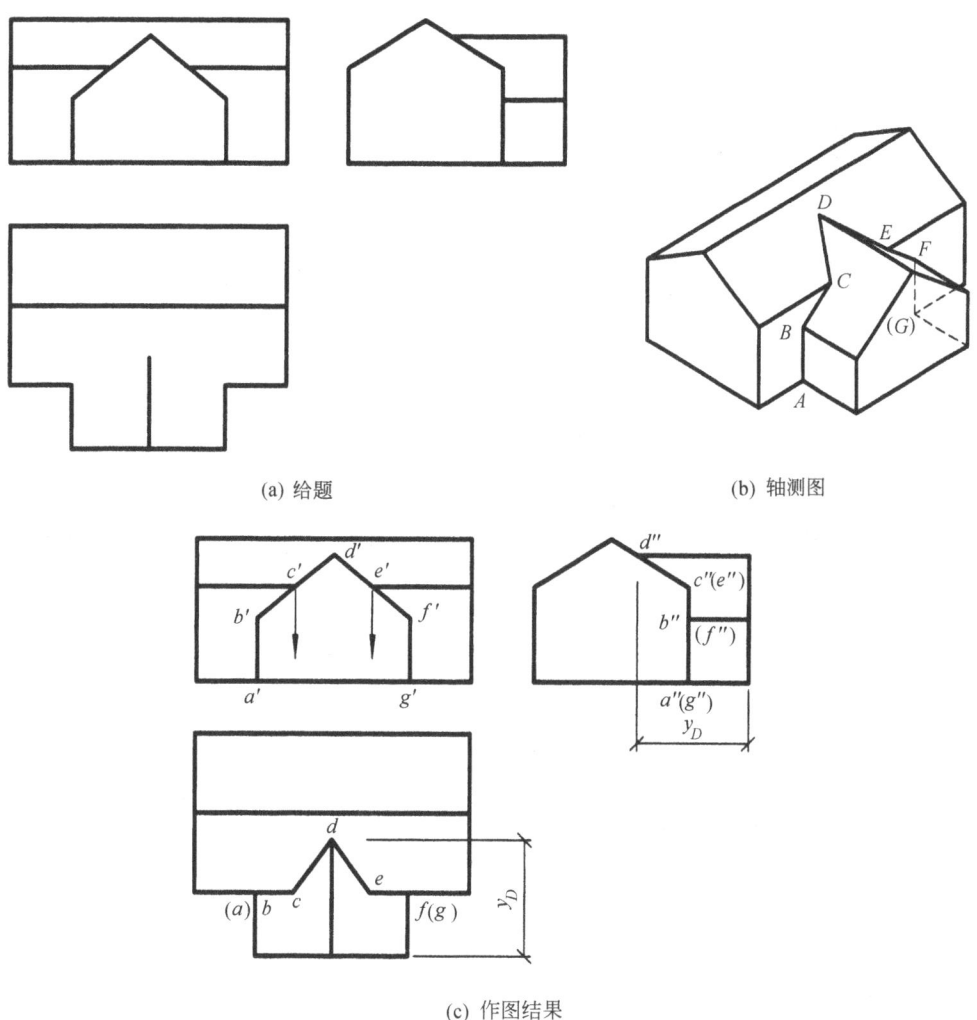

(a) 给题　　(b) 轴测图

(c) 作图结果

图4-11　两个五棱柱的相贯线

第 5 章 曲面形体

5.1 概述

由曲面或曲面与它的底面围成的形体统称曲面形体。常见的曲面形体有圆柱、圆锥、圆球、圆环等，如图 5-1 所示。这些形体通常亦称为基本形体。

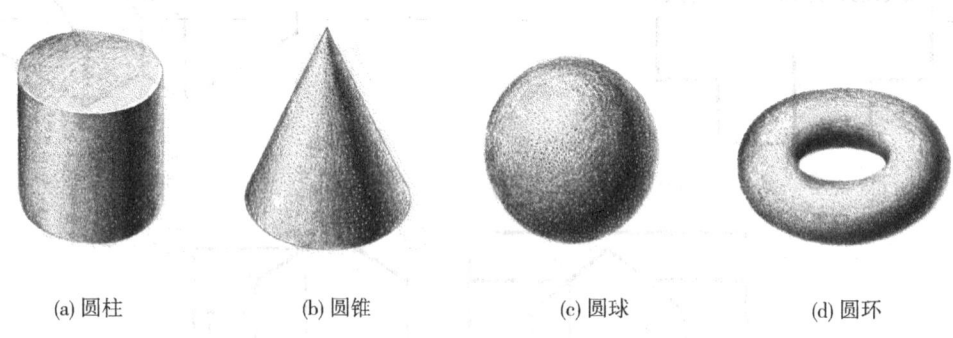

(a) 圆柱　　　　(b) 圆锥　　　　(c) 圆球　　　　(d) 圆环

图 5-1　常见的曲面形体

作曲面形体的投影，归根结蒂也就是作组成其表面的曲面或曲面与它的底面的投影，并区分可见性；必要时，还要加画控制曲面形成规律的要素——中心线和轴线等。

前面第 3 章说过，曲面可看成是由直线或曲线在一定条件下运动而形成的。形成曲面的动线称为母线，母线在曲面上的任一瞬时位置称为素线。由一条母线（直线或曲线）绕一条固定的直线为轴线做回转运动而形成的曲面，称为回转面。图 5-2 表示一个曲纹回转面的形成，它的母线是一段平面曲线，且与轴线位于同一个平面内。母线上任意点的运动轨迹都是圆，这种圆称为纬圆。由纬圆确定的平面，必定垂直于回转轴线。由回转面与它的底面或完全由回转面所围成的形体，称为回转体。圆柱、圆锥、圆球、圆环是最常见的回转体。

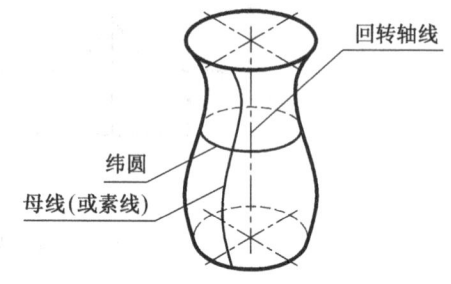

图 5-2　曲纹回转面的形成

5.2 圆柱

5.2.1 圆柱的几何特征

完整的圆柱由圆柱面和一对相互平行的上、下底面所围成。为了便于理解，圆柱面可看成是由一条直母线 MN，绕着与其平行的轴线 OO_1 做回转运动而成的（图5-3a）。圆柱面上任一条平行于轴线的直线都称为圆柱面的素线，它是母线的任一瞬时位置。

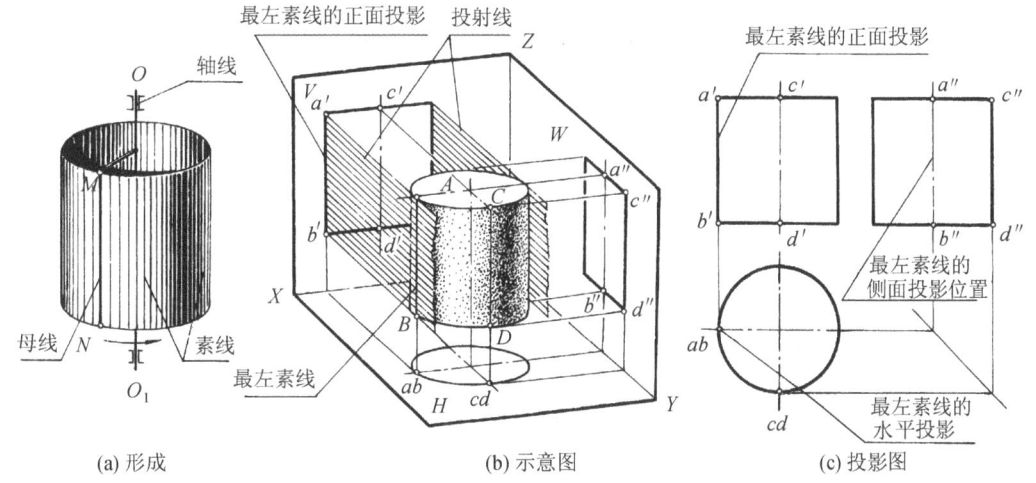

图 5-3 圆柱面的形成及圆柱的三面投影

5.2.2 圆柱的投影特性和画法

图 5-3b 所示为轴线垂直于 H 面的圆柱的三面投影画法示意图。它的水平投影是一个圆，这个圆形既是圆柱上、下底面重合在一起的投影，其圆周又是圆柱面的积聚投影。

图 5-3c 所示是圆柱的投影画法。画图时规定要用一对细点长画线作为圆周的中心线和用细点长画线表示圆柱轴线的正面投影与侧面投影。圆柱的正面投影和侧面投影都是矩形。但在正面投影中，左、右两外形线分别是圆柱面上最左和最右两条素线的投影；在侧面投影中，左、右两外形线则分别是最后和最前两条素线的投影。由于圆柱面是光滑的，所以上述最左和最右素线的侧面投影不必画出，它们的投影位置与圆柱轴线的投影重合；同理，最后和最前素线的正面投影也不必画出，其位置与轴线的投影重合。

5.2.3 在圆柱面上取点

在圆柱表面上取点，可以利用圆柱面的积聚投影来作图。

例 5-1 已知垂直于 H 面的圆柱表面上点 A 的正面投影 a'（图 5-4a），试求作其余两面投影。

分析与作图：由于 a' 为可见，故点 A 位于圆柱的前半部分，可利用圆柱面水平投影的积聚性，过 a' 作竖直的投影连线，与水平投影中的前半个圆周相交于 a，即得点 A 的水平投影，再利用已知点的两面投影求作其第三投影的方法，求得点 A 的侧面投影 a''，如图 5-4b 所示。

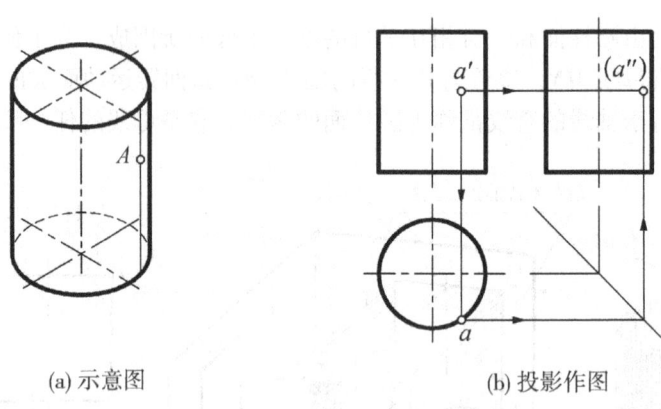

(a) 示意图　　　　　　　　(b) 投影作图

图 5-4　在圆柱面上取点

由 a' 在圆柱面正面投影的位置可知，点 A 属于右半圆柱面，该部分圆柱面的侧面投影不可见，故投影 a'' 为不可见。

这种利用圆柱面投影的积聚性来求取圆柱面上的点的方法是解决在圆柱面上取点等问题的基本方法。

5.3　圆锥

5.3.1　圆锥的几何特征

完整的圆锥由圆锥面和一个底面所围成。其中圆锥面可以看成是由一条直母线 SM 绕着与它相交的轴线 SO 做回转运动而成的（图 5-5a）。圆锥面上过锥顶 S 的任一条直线都称为圆锥面的素线；母线上任一点的回转运动的轨迹为圆，通称纬圆（图 5-5c），它所在的平面垂直于轴线（平行于圆锥底面），如图 5-5d 所示。

5.3.2　圆锥的投影特性和画法

图 5-5b 所示为轴线垂直于 H 面的圆锥的三面投影画法。它的水平投影是一个圆形，这个圆形既是圆锥底面的投影，又是没有积聚性的圆锥面的投影，圆锥顶点 S 的投影重合在这个圆形的一对中心线的交点上。

圆锥的正面投影和侧面投影都是等腰三角形。但在正面投影中，两腰 $s'a'$、$s'b'$ 分别是圆锥面最左和最右素线的投影；这两条素线的水平投影 sa、sb 与圆形的水平中心线重合，侧面投影 $s''a''$、$s''b''$ 与圆锥轴线的投影重合，其投影不必画出。

同理，在侧面投影中，三角形的两腰 $s''c''$、$s''d''$ 分别是圆锥面最前和最后素线的投影。

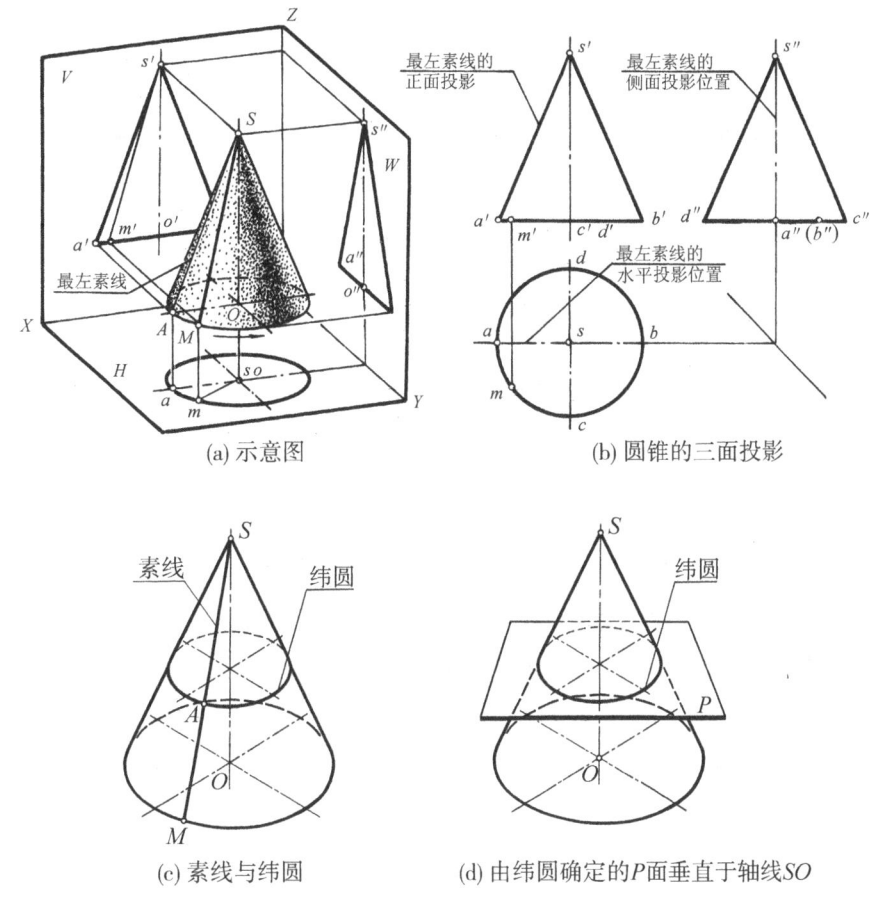

图 5-5 圆锥面的形成、圆锥的三面投影及其素线与纬圆

5.3.3 在圆锥面上取点

在圆锥表面上取点的方法有素线法和纬圆法两种。

例 5-2 设已知圆锥面上的点 M 的正面投影 m'，试求作其余两面投影。

分析与作图：

方法一：由于圆锥面的投影没有积聚性，且点 M 处于圆锥面上的一般位置，因此必须先过点 M 引一辅助素线 SA 才能把点 M 在圆锥面上的位置确定下来。因为 m' 可见，即点 M 属于圆锥面的前半部分，SA 也应属于圆锥面的前半部分。投影作图如图 5-6b 所示，将 m' 与 s' 相连并延长与底圆的投影相交于 a'，按投影关系先求出 sa，再由 m' 在其上求得 m，最后求得 m''。因圆锥面的水平投影可见，故 m 为可见；又从 m' 在圆锥面正面投影的位置可知，点 M 位于圆锥面的左半部分，故 m'' 可见。

这种通过圆锥面上的已知点引辅助素线来取点的方法，称为辅助素线法。

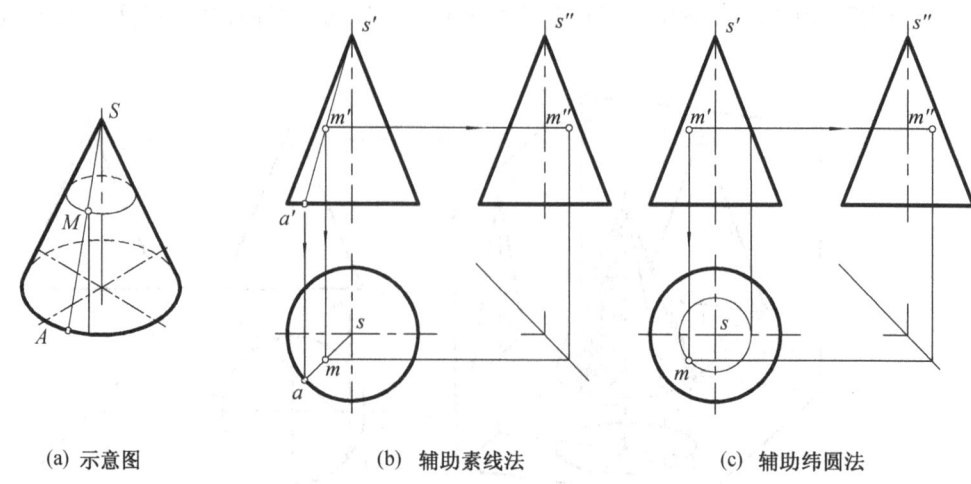

| (a) 示意图 | (b) 辅助素线法 | (c) 辅助纬圆法 |

图 5-6　用素线法或纬圆法在圆锥面上取点

方法二：过点 M 在圆锥面上作一个辅助纬圆来求解。过点 M 的正面投影 m'作纬圆的正面投影（这一投影重合为一条与圆锥面最左、最右素线投影相交的水平直线段，其长度等于该纬圆的直径），然后作出该纬圆的水平投影和侧面投影。因为 m'可见，所以点 M 一定位于圆锥的前半部分。因此，根据线上的点的从属关系和投影关系，先在纬圆的水平投影的前半部分求得 m，再由 m 和 m'按投影关系求得 m″，如图 5-6c 所示。

这种以纬圆为辅助线来求作圆锥面上点的投影的方法，称为辅助纬圆法。

5.4　圆球

5.4.1　圆球的几何特征

圆球由完整的圆球面围成。其圆球面可看成是由一个圆周以它的任一条直径为轴做回转运动而形成的（见第 3 章中的图 3-9a）。

5.4.2　圆球的投影分析

如图 5-7a 所示，在三面投影中，圆球的三个投影都是直径相等并等于圆球直径的圆，但这三个圆并不是圆球面上同一圆周的三个投影。

当圆球向 V 面投射时，其可见部分与不可见部分（即前半球与后半球）的分界线是球面上的最大正平圆 A，其投影是直径等于圆球直径的圆 a'，圆 A 的水平投影 a 和侧面投影 a″分别重合为一段长度等于圆球直径的直线段，且与中心线重合，不必另行画出，如图 5-7b 所示。

至于球面上其余两个方向上的最大圆 B 和 C 的三面投影分析，类似于上述的最大圆 A，不再赘述。

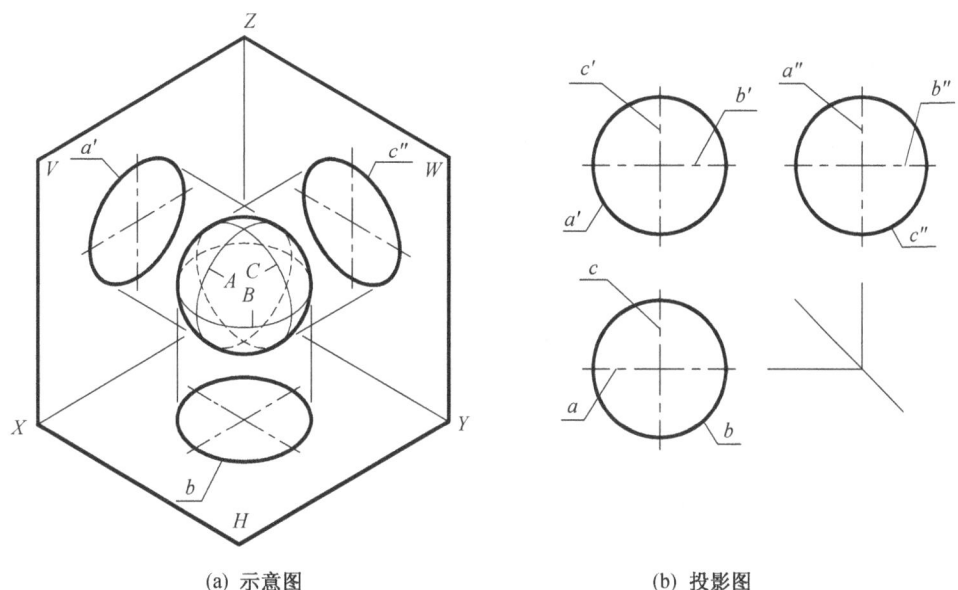

(a) 示意图　　　　　　　　　　　(b) 投影图

图 5-7　圆球的投影分析

5.4.3　在圆球面上取点

在圆球面上取点，可以用在球面上过该点作平行于投影面的辅助圆（即纬圆）的方法来求解。由于球面的轴线可认为是过球心的任意方向的直线，因此，球面上任何平行于投影面的圆都可认为是纬圆。

例 5-3　已知球面上点 M、N 的正面投影 m'、n'（图 5-8），求作其余两面投影。

分析与作图：如图 5-8 所示，m' 从属于球面上的最大正平圆，即点 M 处在前、后半球的分界线上，可直接根据线上的点的从属关系和投影关系，由 m' 在最大正平圆的其余两个投影上求得 m、m''。而点 N 属

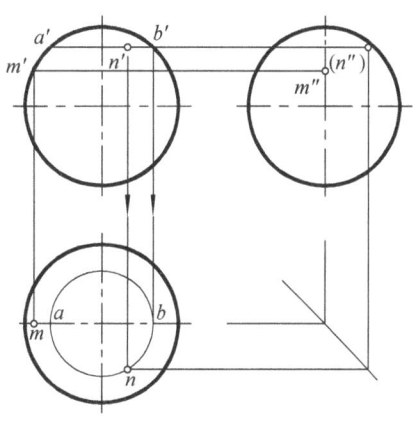

图 5-8　纬圆法作圆球表面上点的投影

于球面上的一般位置，所以，应先过点 N 在球面上作平行于水平面的辅助纬圆，然后再根据点在线上的从属关系来作图，即过 n' 作直线段 $a'b'$（水平纬圆的重合投影），并求得该纬圆的水平投影。由 n' 向下作竖直投影连线在该纬圆的水平投影的前半部分（因 n' 为可见，故 N 在球面前半部分）得 n，最后根据投影关系求得 n''。

判别可见性：由 m' 和 n' 在球面正面投影中的位置可知，点 M、N 处在上半球面上，所以 m、n 可见；点 M 处于左半球面上，故 m'' 为可见；点 N 处于右半球面上，故 n'' 为不可见。

本例中点 N 的水平投影 n、侧面投影 n'' 也可通过作正平的辅助纬圆或侧平的辅助纬圆来求得。具体请读者参照上述分析方法自行作图。

5.5 圆环

圆环由完整的圆环面围成。其圆环面的形成及几何特征、投影特性和画法，请读者参阅前面第 3 章中的图 3-9b 和图 3-10b，限于篇幅，在这里不赘述。

5.6 平面与曲面形体相交

平面与曲面形体相交实际上是指曲面形体被平面截割。截割曲面形体所得的截交线一般是一条闭合的平面曲线；求作曲面形体表面的截交线，实质上是求截平面与曲面形体表面一系列共有点的投影，然后用线段相连。

5.6.1 平面与圆柱相交

根据截平面与圆柱轴线的相对位置，圆柱面的截交线有三种不同的模式，其投影特性如表 5-1 所示。

表 5-1 圆柱面截交线的投影特性

截平面位置	垂直于圆柱轴线	倾斜于圆柱轴线	平行于圆柱轴线
截交线	圆	椭圆	平行两直线
轴测图	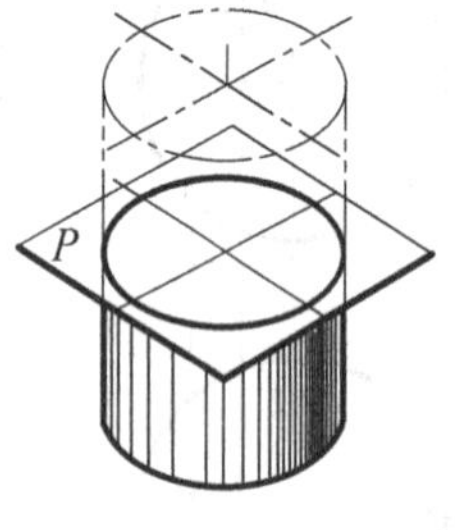	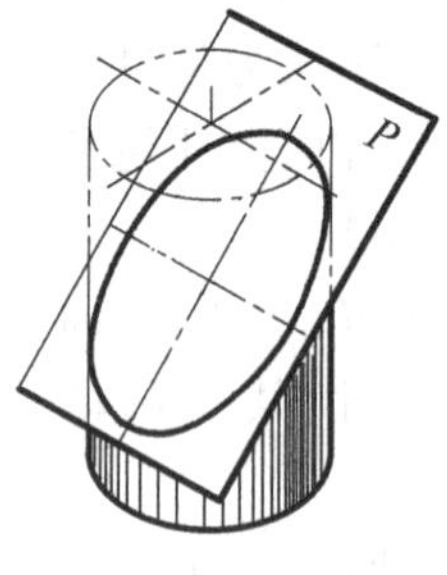	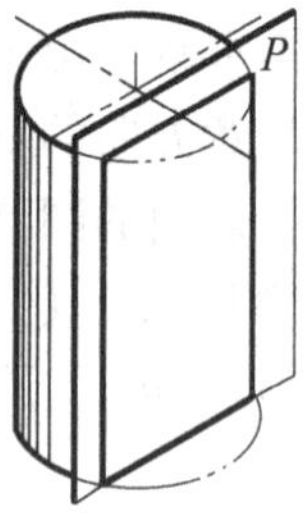
投影图	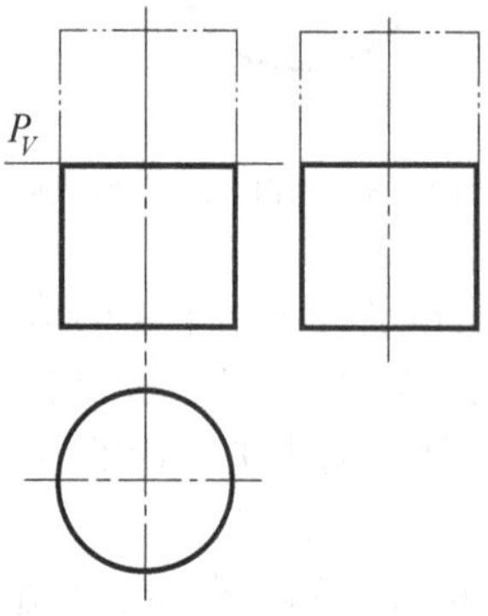	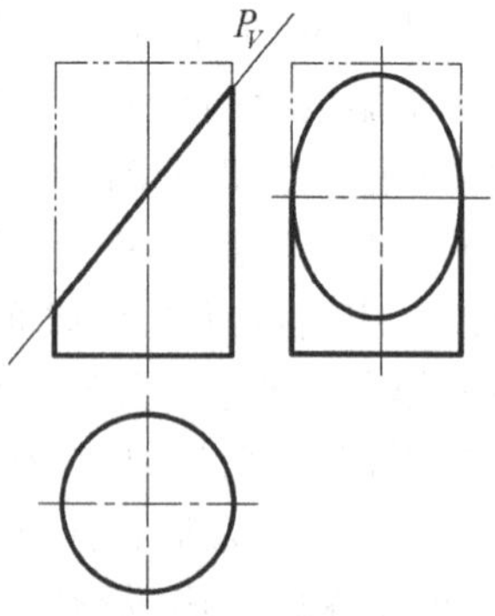	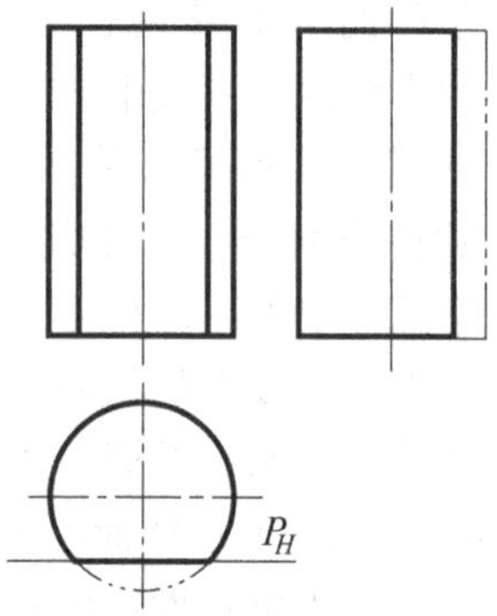

例 5-4 如图 5-9a 所示，设已知轴线垂直于 H 面的圆柱被倾斜于轴线的正垂面截割，试求其被截割后的三面投影。

分析：因截平面 P 倾斜于圆柱的轴线，故其截交线为椭圆。此椭圆位于正垂面上，故其正面投影重合为一条斜线（积聚在 P_V 上），此椭圆也位于圆柱面上，故其水平投影重合在（圆柱面的积聚投影）圆周上，侧面投影仍为椭圆。

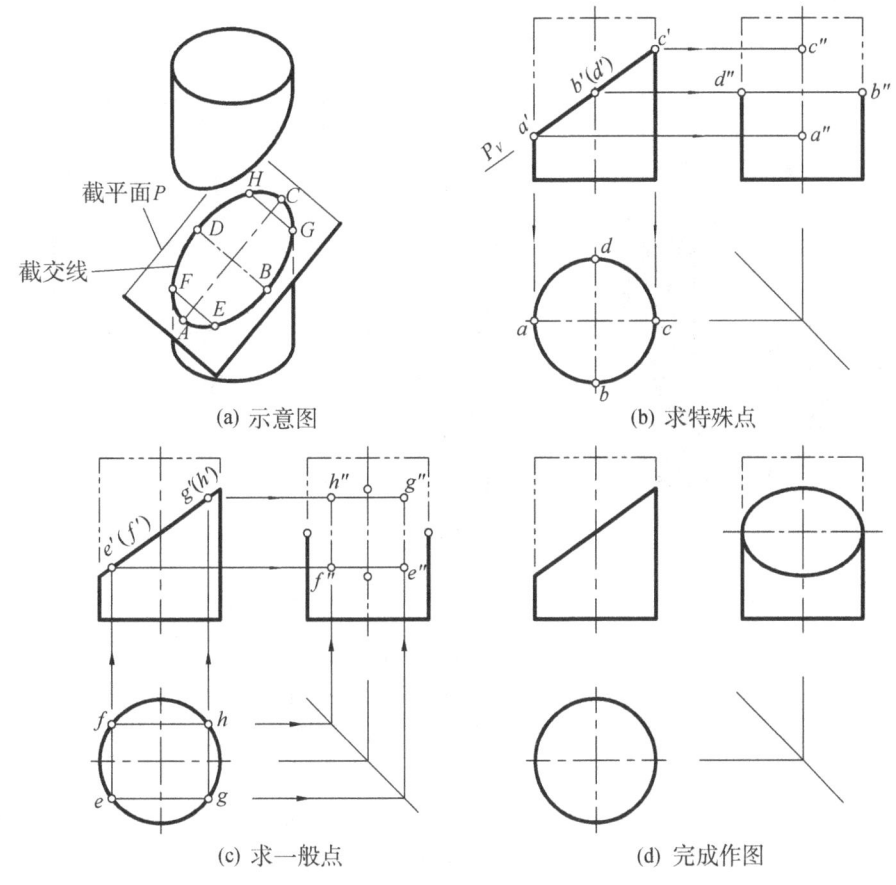

(a) 示意图　　(b) 求特殊点

(c) 求一般点　　(d) 完成作图

图 5-9　圆柱的截割

作图：首先画出该圆柱完整的三面投影，然后：

①求特殊点。由正面投影可知，椭圆的最低和最高点（也是最左、最右点）A、C 分别位于圆柱的最左、最右素线上，其投影为 a′、c′；最前、最后点 B、D 分别位于圆柱的最前、最后素线上，所以其投影为 b′、(d′)，重合在圆柱轴线的正面投影上。这种最左最右、最前最后、最高最低的曲面轮廓线上的点（通常也是可见性分界点），均为截交线上的特殊点。这些特殊点控制着截交线的形状和变化趋势，在一般情况下必须全部求出。确定正面投影 a′、c′、b′、(d′) 后，就可按投影关系和利用积聚性定出水平投影 a、c、b、d，最后求出侧面投影 a″、b″、c″、d″，如图 5-9b 所示。

②求一般位置的点。为了作图更准确，可再有选择地求出截交线上若干一般位置的点。本例由于圆柱面的水平投影具有积聚性，故先在水平投影中任意定出 e、f、g、h 4 个点，从而分别求得正面投影 e′、(f′)、g′、(h′) 和侧面投影 e″、f″、g″、h″，如图 5-9c 所示。

③再用曲线板依次光滑连接 a″、e″、b″、…各点，即得截交线的侧面投影；最后加工

整理，完成作图，如图 5-9d 所示。

例 5-5 设已知轴线垂直于 H 面的圆柱被水平面 R 和侧平面 P 截去了一部分，试求作其剩余部分的三面投影（图 5-10）。

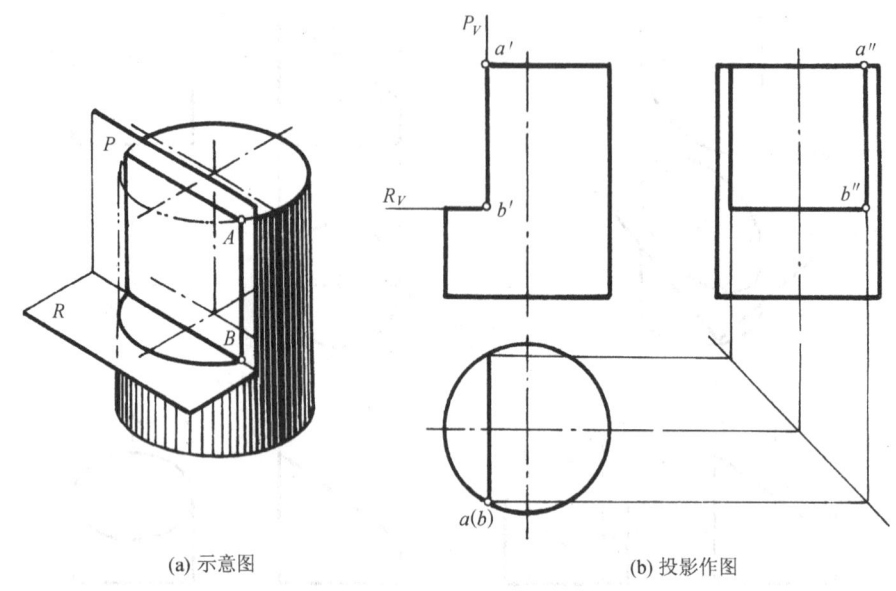

(a) 示意图　　　　　　　　　　　　　(b) 投影作图

图 5-10　带切口的圆柱的投影

分析：在题设的两个截平面截割圆柱所形成的切口上，截平面 R、P 与圆柱面的截交线分别是一段圆弧和平行两直线；此外，还有截平面 P 与圆柱上底的交线和两截平面自身的交线。

作图：解题过程如图 5-10 所示。在这里要特别指出的是，在侧面投影中，$a''b''$ 到轴线之间的水平距离，必须自水平投影通过作图才能准确求出。

5.6.2 平面与圆锥相交

根据截平面与圆锥轴线相对位置的不同，圆锥面的截交线有五种不同的情况，其投影特性如表 5-2 所示。

表 5-2　圆锥面截交线的投影特性

截平面位置	垂直于圆锥轴线 $\theta=90°$	与所有素线相交 $\theta>\alpha$	平行于任一条素线 $\theta=\alpha$	平行于任两条素线 $\theta<\alpha$	通过锥顶
截交线	圆	椭圆	抛物线	双曲线	相交两直线
轴测图				特例 $\theta=0°$	

续表 5-2

截平面位置	垂直于圆锥轴线 $\theta=90°$	与所有素线相交 $\theta>\alpha$	平行于任一条素线 $\theta=\alpha$	平行于任两条素线 $\theta<\alpha$	通过锥顶
投影图					

例 5-6 如图 5-11a 所示，设轴线垂直于 H 面的圆锥被一正平面 P 所截，试完成其截割后的三面投影。

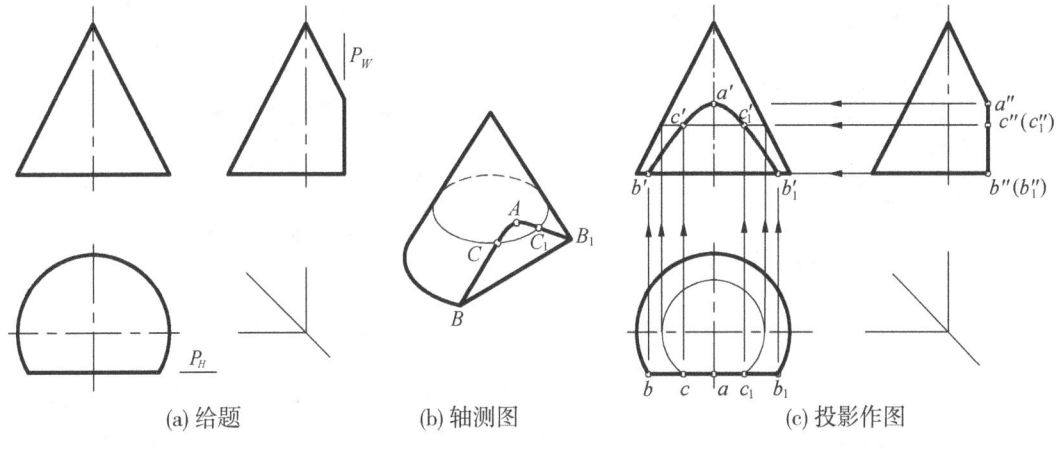

(a) 给题　　　　(b) 轴测图　　　　(c) 投影作图

图 5-11　圆锥的截割

分析：因为截平面 P 为正平面，它与圆锥的轴线平行，即平行于圆锥面的两条直素线，所以它与圆锥面的截交线为双曲线，其水平投影和侧面投影分别重合为直线段，故本例仅需求作截交线的正面投影。

作图：

① 求特殊点。由侧面投影可知，该截交线最高点 A（图 5-11b）的投影 a'' 位于圆锥最前素线的侧面投影上，故根据 a'' 可求出 a' 及 a。又由侧面投影并参照图 5-11b 可知，B、B_1 为截交线上的最低点也是最左、最右点，其水平投影为 b、b_1，侧面投影为 $b''(b_1'')$，据此便可求出 b'、b_1'。

② 求一般位置的点。先在水平投影中以适当的半径作一水平辅助纬圆的投影，它与截交线的重合投影相交于 c、c_1，然后作出该辅助纬圆的正面投影，再根据从属关系和投影关系便可求出 c'、c_1'。

③ 最后，依次将 b'、c'、a'、c_1'、b_1' 光滑连接，即得截交线的正面投影，如图 5-11c 所示。

5.6.3 平面与圆球相交

圆球被任意方向的平面截割，其截交线在空间都是圆。当截平面为投影面平行面时，截交线在它所平行的投影面上的投影为圆，其余两面投影均重合为直线段，该直线段的长度等于该圆的直径，其长度与截平面至球心的距离 h 有关，如图 5-12 所示。

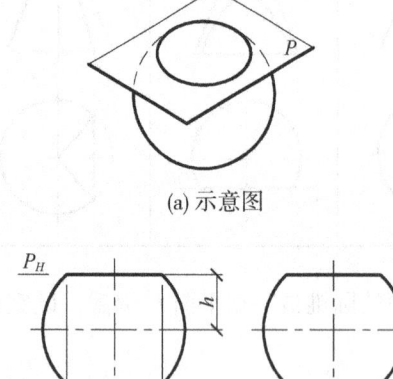

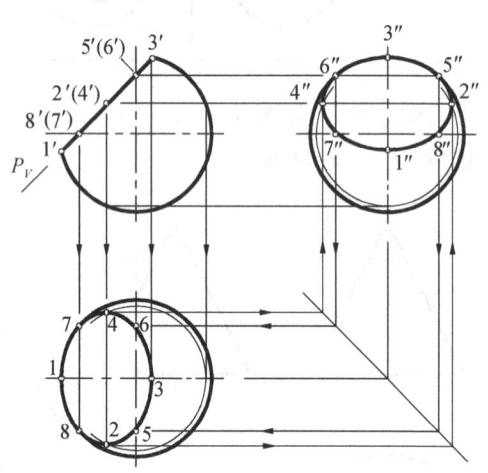

图 5-12　圆球被水平面截割

图 5-13　圆球被正垂面截割

当截平面为投影面垂直面时，截交线在所垂直的投影面上的投影重合为直线段，而其余两面投影均为椭圆，作图方法如图 5-13 所示（图中所有点均为特殊点，必须全部求出）。其中 2、4 和 2″、4″ 分别为水平投影中椭圆长轴的端点和侧面投影中椭圆长轴的端点，其正面投影 2′(4′) 则位于截交线重合投影的中点处。其余一般点的求法请读者自行分析。

例 5-7　试画出开槽半圆球的三面投影（图 5-14）。

分析：由于半圆球被左右对称的两个侧平面 P、Q 和一个水平面 S 所切割，所以两个侧平面与球面的截交线各为一段平行于侧面的圆弧，而水平面与球面的截交线则为两段水平的圆弧。

作图：

①首先在完整半圆球的投影图上，根据槽宽和槽深画出切槽的正面投影。

②在正面投影中，过槽底作 S_V 与圆球投影的外形线相交得截交线（圆）的半径 $o'a'$，然后以此半径在水平投影中以 o 为圆心画圆弧，该圆弧与 P_H、Q_H 相交，取其中间的两段圆弧，即完成该截交线水平投影的作图，如图 5-14b 所示。

③同理，在正面投影中取 P_V 或 Q_V 与半球投影的外形线相交所得的线段为截交线（圆弧）的半径，在侧面投影图中以球心为圆心画弧，S_W 以上的一段圆弧即为所求截交线

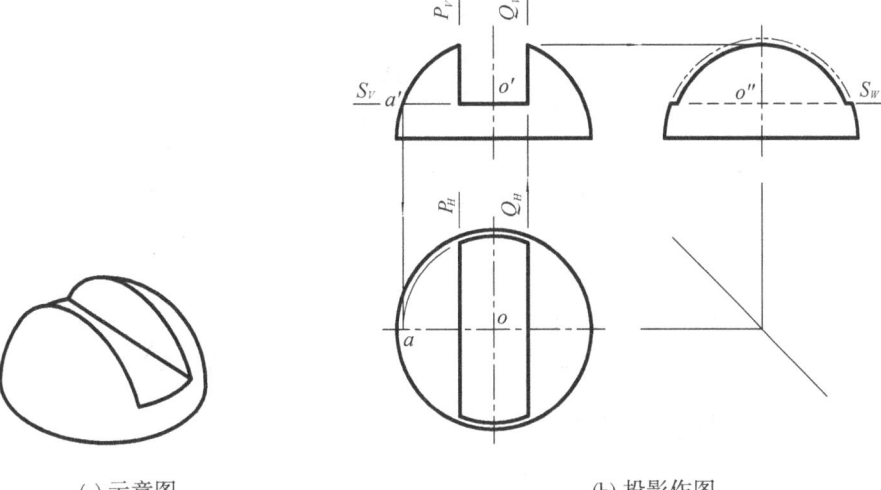

(a) 示意图　　　　　　　　　　(b) 投影作图

图 5-14　开槽半圆球的投影

的投影。

④由于半球被截平面 P、Q、S 切割开槽后，使得球面上的最大侧平圆被部分截除，故球面上有一部分侧面投影不再存在（图中用双点长画线表示原球面上最大侧平圆的部分投影）。再根据可见性，将表示槽底投影的不可见部分画成虚线，将两端外露的可见部分画成粗实线，从而完成作图，如图 5-14b 所示。

*5.7　平面形体与曲面形体相交

平面形体与曲面形体相交，其相贯线一般为由若干段平面曲线或平面曲线和直线段所围成的空间图形。实质上它们是平面形体上各表面截割曲面形体所得截交线的集合。因此，求作相贯线，只要作出各段截交线的投影，然后再判别可见性即可。

求曲面形体与平面形体的相贯线，也可用辅助平面法求解，即先选择一系列的辅助截平面，分别求出它们与两个形体的截交线（为解题简便起见，这些截交线的投影必须是圆或直线），所得两截交线的交点即为所求的两形体表面的共有点，然后将这些点依次光滑连接，并判断可见性即得所求。

例 5-8　试求图 5-15a 所示的三棱柱与圆柱的相贯线。

分析：从给题可知，该相贯体[①]左右、前后对称，三棱柱的三个棱面均参与相交，相贯线是由三段平面曲线围成的空间封闭图形，且左右对称。三棱柱的前后两棱面倾斜于圆柱轴线截割圆柱，得到两段前后对称分布的椭圆弧。三棱柱的底面垂直于圆柱轴线截割圆柱，得到两段圆弧。在水平投影和侧面投影中，相贯线都分别积聚在圆柱面或三棱柱棱面相应的有积聚性的投影上，而在正面投影中，三棱柱底面与圆柱面的交线积聚在三棱柱底面的有积聚性的投影上，故本例只需求作三棱柱前后棱面截割圆柱的截交线的正面投影。而且，本例可完全利用积聚性按投影关系求解。

注：① 泛指由两个或多个基本形体相交而成的形体。

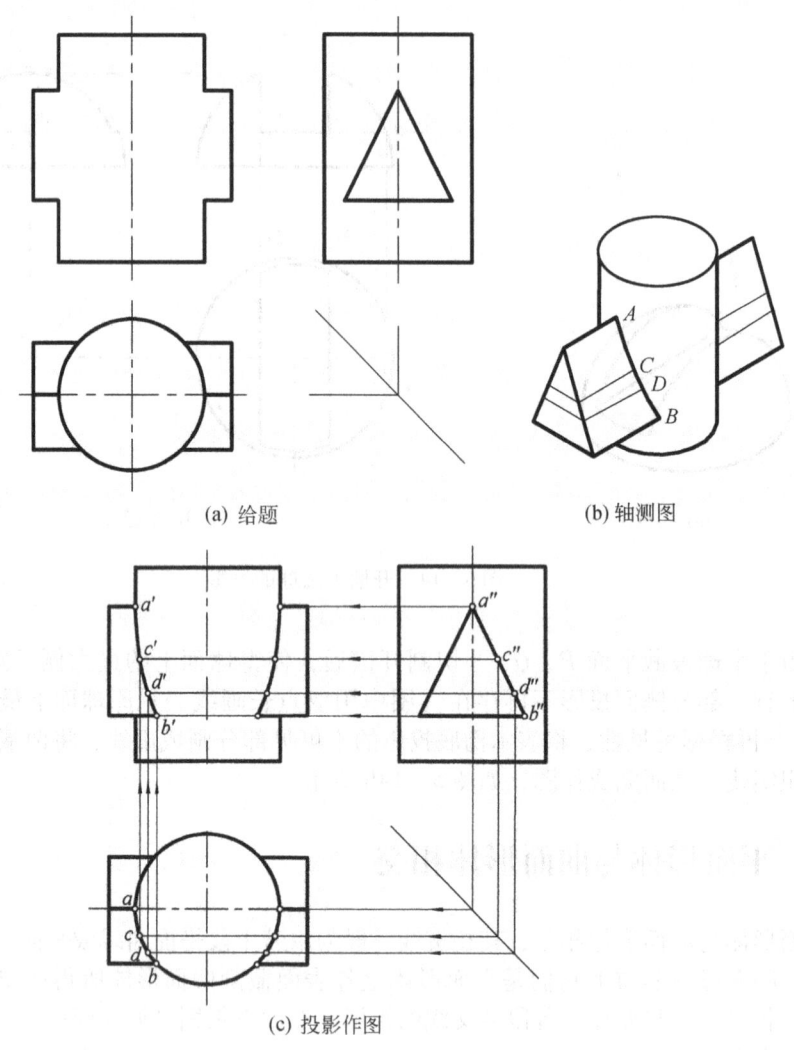

(a) 给题　　　　　　　　(b) 轴测图

(c) 投影作图

图 5-15　三棱柱与圆柱相贯

作图：

①求特殊点。利用相贯体前后对称的关系和圆柱面水平投影的积聚性，即可求出最高点的投影 a' 和最前最低点的投影 b'。

②求一般位置的点。在相贯线侧面投影的适当位置上取点 c''、d''，再在其水平投影上求出 c、d，从而可由投影对应关系求出 c'、d'。依次连接 a'、c'、d'、b'，即得该段相贯线的正面投影。

③按左右对称关系求出与之对称的另一条相贯线的正面投影，如图 5-15c 所示，完成作图。

*5.8　两曲面形体相交

两曲面形体的相贯线一般是封闭的空间曲线。相贯线上各点是两曲面形体表面的共有点。因此，求作两曲面形体的相贯线，一般是先求出一些共有点的投影，然后再连成光滑的曲线。其解题方法最常用的有表面取点法和辅助平面法两种。

5.8.1 表面取点法

两曲面形体相交,如果其中有一个形体是轴线垂直于某投影面的圆柱,则相贯线在该投影面上的投影就会重合在该圆柱面的积聚性投影上。因此,求这种圆柱和另一曲面形体的相贯问题,可看作是已知相贯线的一个投影求其余投影的问题。换句话说,也就可以在已知的相贯线的投影上任取一些点,再按在回转体表面上取点的方法作图,即采用表面取点法作出相贯线的其余投影。

例 5-9 求作如图 5-16 所示两圆柱的相贯线的投影。

分析:图中两圆柱的轴线垂直相交,且具有平行于 V 面的公共对称面,故它们正面投影的外形素线必相交。又由于小圆柱面的水平投影和大圆柱面的侧面投影都有积聚性,故相贯线的水平投影和侧面投影分别积聚在两圆柱面的积聚投影上。所以,问题可归结为已知相贯线的水平投影和侧面投影,求作它的正面投影。

作图:①求特殊点。所求相贯线最高点的正面投影为两圆柱面外形素线的交点 a'、b';从侧面投影可知,最低点的投影 c''、c_1'' 为小圆柱的外形素线与大圆柱面的积聚投影的交点,故再按投影关系即可求出 c'、c_1'。

②求一般位置的点。在相贯线水平投影的适当的位置上任取两点 d、d_1,由于大圆柱面的侧面投影也积聚为圆,故在小圆柱投影范围内的一段也是相贯线的侧面投影,根据投影关系作图,即可求出 d''、d_1'',从而求出 d'、d_1'。

③依次光滑地连接 a'、d'、c'、d_1'、b',即为所求相贯线的正面投影的可见部分,不可见部分与它重合。

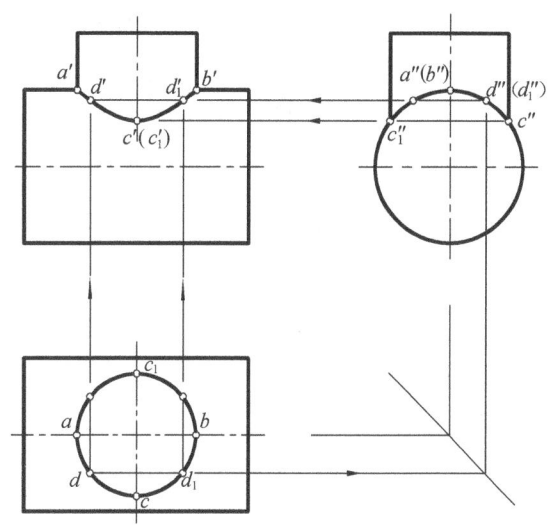

图 5-16 两圆柱的相贯线

5.8.2 辅助平面法

求作两曲面形体的相贯线,也可利用"三面共点"的原理求解。例如,当用一个辅助平面去同时截割两个曲面形体时,得两条截交线,这两条截交线的交点就是这个辅助平面和两曲面形体表面的"三面共点",亦即为相贯线上的点。这种求作相贯线的方法称为辅助平面法。

选择辅助平面时要注意:为了使作图简便,一定要使选用的辅助平面与两相交的曲面形体的截交线都分别是直线或圆,并且其投影也是直线或圆(如图 5-17 所示)。

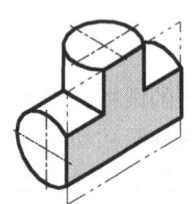
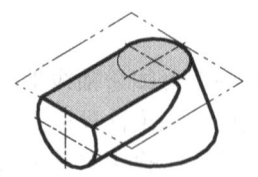
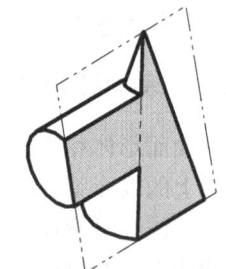

(a) 辅助平面为正平面，截交线为直线

(b) 辅助平面为水平面，截交线为直线与圆

(c) 辅助平面为过锥顶的侧垂面，截交线为直线

图 5-17　辅助平面的选择举例

例 5-10　已知圆柱和圆锥的三面投影如图 5-18a 所示，求作它们的相贯线的投影。

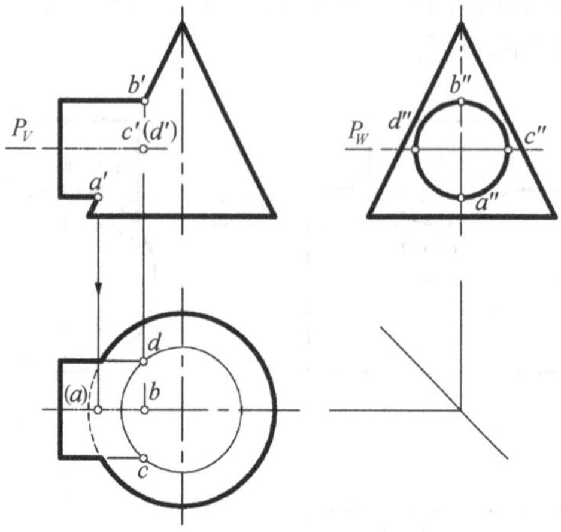

(a) 求最前、最后、最高、最低点

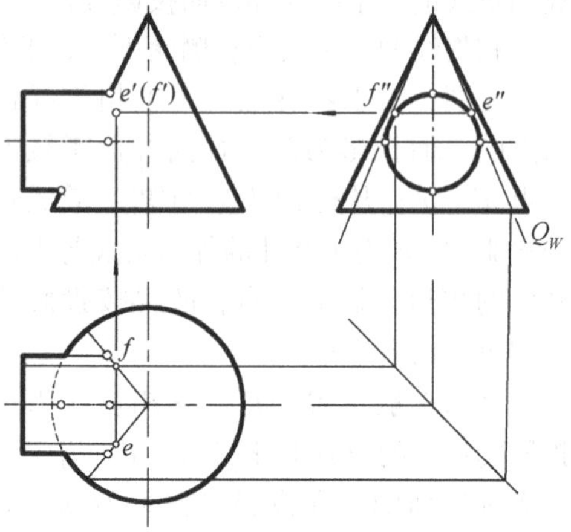

(b) 求最右点

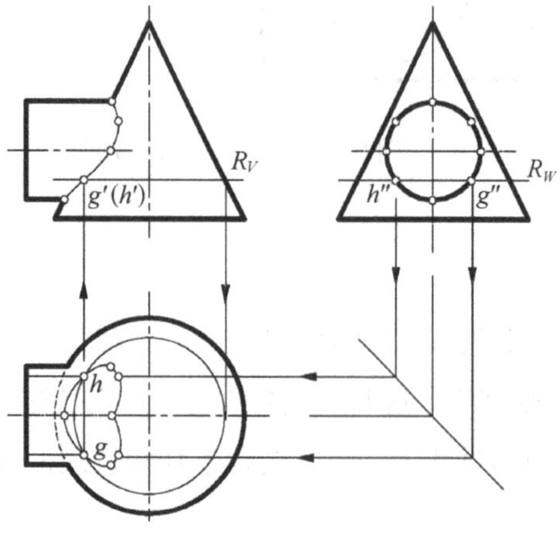

(c) 求一般点

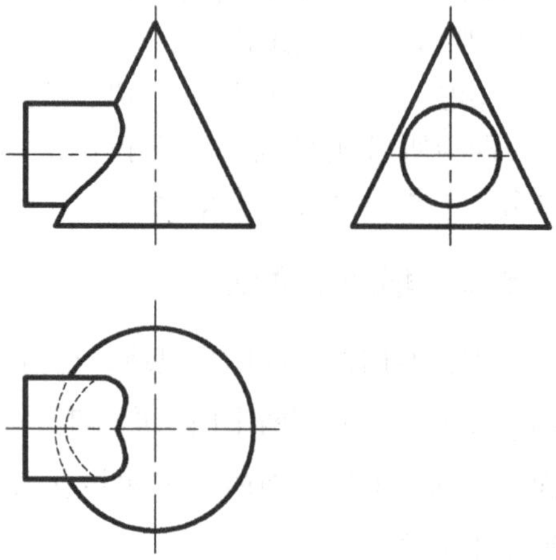

(d) 完成作图

图 5-18　圆柱与圆锥的相贯

分析：由给题中可以看出圆柱与圆锥前后对称，并在左半部相贯，相贯线是一条封闭的空间曲线。圆柱的侧面投影积聚为圆，所以，实际上相贯线的侧面投影为已知，只需求

作前后对称的水平投影,和前后重合的正面投影;根据圆柱和圆锥的几何形状及其空间相对位置的具体情况,可选用平行于柱轴且垂直于锥轴的水平面和过锥顶的侧垂面作为辅助平面。

作图:①求特殊点。

因为圆柱与圆锥的轴线垂直相交且平行于正平面,所以相贯线上的最高点 B 和最低点 A 就在圆柱与圆锥的正面投影外形素线的相交处,即 b'、a' 处,据此得出相对应的侧面投影 b''、a'' 和水平投影 b、(a)。

过圆柱轴线作一水平的辅助平面 P,与圆柱面相交得最前、最后两条素线,与圆锥面相交得水平圆,这些截交线的水平投影的相交处,便是相贯线上最前点 C 和最后点 D 的水平投影 c 和 d,再据此求出 c'、(d') 和 c''、d''(图 5-18a)。

通过锥顶作与圆柱面相切的侧垂辅助面 Q,Q_W 与圆柱面的侧面投影相切于 e'',据此作出 Q 面与圆柱面的切线和 Q 面与圆锥面的截交线的水平投影,这两条线的水平投影的交点即为相贯线最右点 E 的水平投影 e,最后由 e'' 和 e 求出 e'。同理,由对称关系可求出相贯线上后面的最右点 f''、f、f',如图 5-18b 所示。

②求一般位置的点。

再在适当位置处作一水平的辅助平面 R。它与圆柱的侧面投影交于 h''、g'',即在柱面上截得两条直素线,而与锥面截得一个圆,作出它们的水平投影,这些水平投影的交点即为相贯线上一般点的水平投影 h、g,从而根据长对正、高平齐,求得 h'、g'(图 5-18c)。

③连线并判别可见性。

因为该相贯体前后对称,故在正面投影中相贯线前后重叠,只画前面可见的实线。在水平投影中,以圆柱外形素线上的 c、d 点为分界点,右边的相贯线在圆柱的上半部分为可见,连成实线;左边的相贯线在圆柱面的下半部分为不可见,连成虚线(图 5-18d)。

5.8.3 两曲面形体相贯线的特殊情况

在一般情况下两曲面形体的相贯线为空间曲线。但在特殊情况下,当两曲面形体都是回转体时,其相贯线则有可能是平面曲线或直线。例如:

当两回转体轴线相交,且具有一个假想的公共内切球时,其相贯线则为平面曲线,如图 5-19 所示。

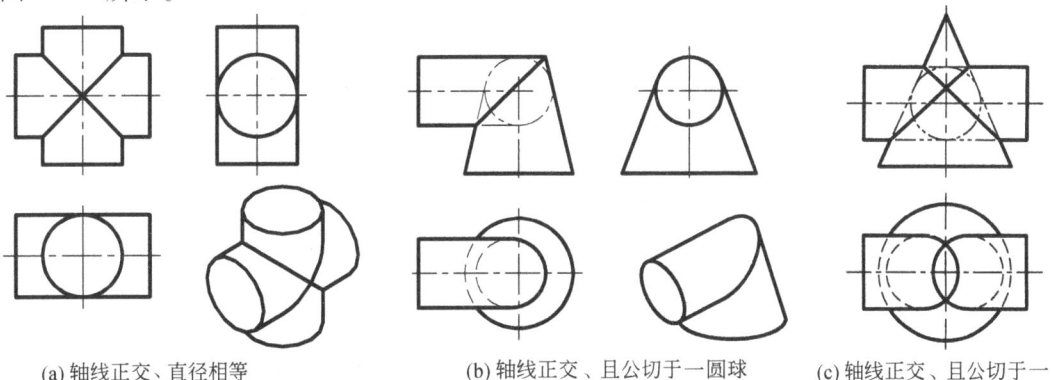

(a) 轴线正交、直径相等的两圆柱相贯
(b) 轴线正交、且公切于一圆球的圆柱与圆锥相贯
(c) 轴线正交、且公切于一圆球的圆柱与圆锥相贯

图 5-19 相贯线为平面曲线——椭圆

当两个回转体共轴线时，其相贯线为圆。该圆所确定的平面垂直于该轴线，如图5-20所示。

当两个圆柱的轴线平行或两圆锥共锥顶相贯时，两曲面之间的相贯线为直线（图5-21、图5-22）。在实际工程上也经常见到这种特殊的相贯线，如图5-23所示为美国芝加哥某医院的建筑标准层平面图及透视图，可见它的造型是由四个轴线互相平行的圆柱相交而成，它们之间的表面交线均为直线，显示出其与众不同的造型特色。

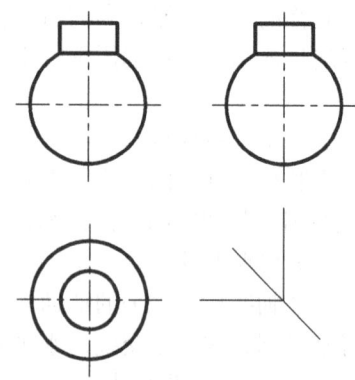

图5-20 共轴线的两回转体相贯，相贯线为平面曲线——圆

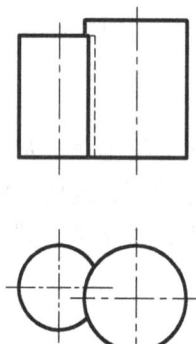

图5-21 轴线平行的两圆柱相贯，相贯线为直线

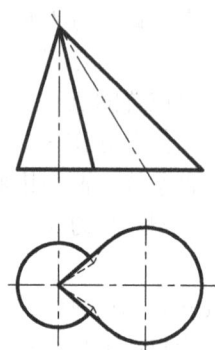

图5-22 共顶点的两圆锥相贯，相贯线为直线

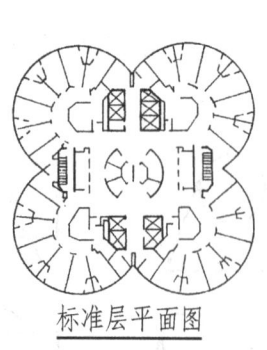

标准层平面图

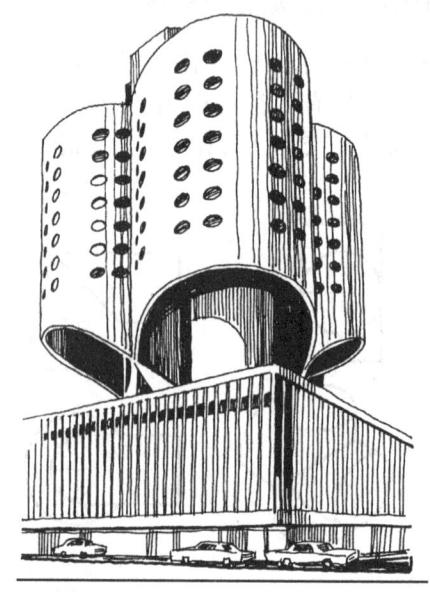

图5-23 显示出某种造型特色的建筑工程实例

第6章 组 合 体

6.1 组合体的形体分析

由若干个基本形体或"基本部分"经叠加、截割和相贯等方式组成的形体称为组合体。从广义上说，除基本形体外，日常见到的大多数形体都可以把它们看成是组合体。这里所说的"基本部分"是指组合体中构造相对规整、独立的一个组成部分，也许它还可以再分解为若干个完整的或不完整的基本形体。

假想将组合体分解成若干个基本形体或"基本部分"，逐一分析它们的形状大小与相对位置，从而得到和加深对该组合体的完整形象和几何属性的认识，这种方法称为形体分析法。例如图6-1a所示的形体，可以看成是由两个尺寸不同的大四棱柱和两个尺寸相同的小四棱柱组合而成的组合体。其中最大的四棱柱的下方被截割去了一个矩形切口；两侧的小四棱柱是与大四棱柱咬合（相贯的一种形式）的，因此也缺少了一个方角；前后两个大四棱柱则是互相叠加的。具体分析过程如图6-1b、c所示。

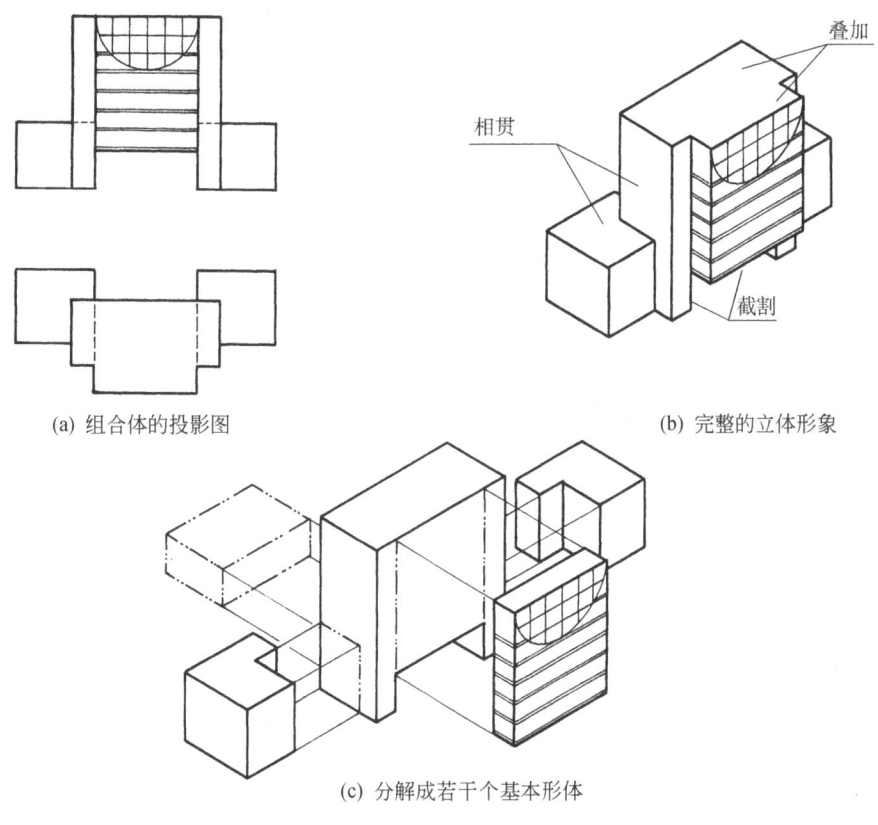

(a) 组合体的投影图 (b) 完整的立体形象

(c) 分解成若干个基本形体

图6-1 组合体的形体分析

6.2 组合体的组合方式

组合体的组合方式一般可有叠加、截割和相贯三种形式（参阅图 6-1）。但必须指出，在许多情况下，叠加与截割并无严格的界限，同一组合体中的某个部位既可按叠加方式去分析，也可按截割方式去理解。例如，图 6-2a 所示组合体的中部，既可看成是由一个（短）四棱柱和一个带 1/4 圆柱面而且宽度、高度相同的不完整的基本形体叠加而成（图中的双点长画线为两者之间的分界线）；也可看成是由一个（长）四棱柱被截割出一个 1/4 圆柱面而得。因此，分析组合体的组合方式时，应根据具体情况进行，以便于作图和便于理解为原则。

画组合体的投影图，当相邻两形体的表面位于同一平面上时，它们之间的分界线不必画出；同理，两相切表面之间的切线也不必画出。反之，如果相邻两表面不共面即属于相交时，就必须画出它们之间的交线了，如图 6-2b 所示。

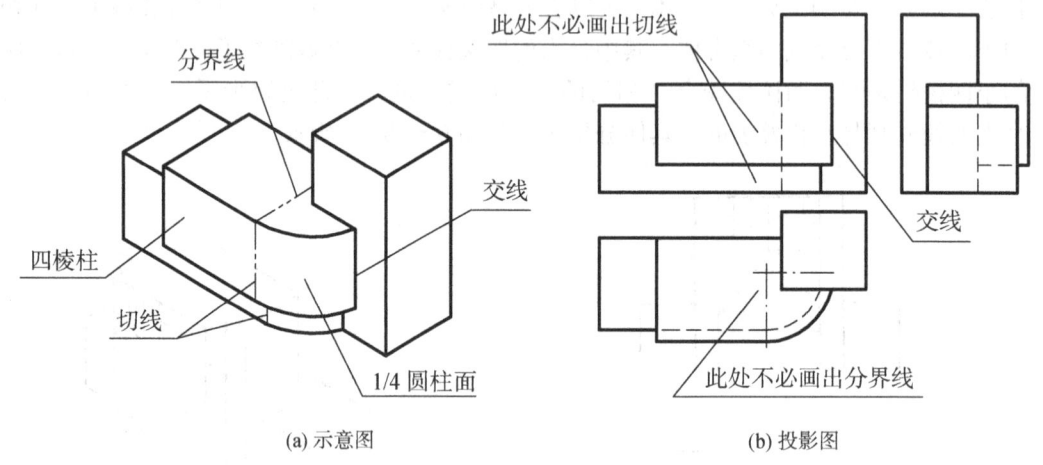

图 6-2 组合体的组合方式

6.3 组合体的投影作图

如图 6-3a 所示的形体（台阶）可以看成是一个既有叠加，又有截割、相贯的综合型的组合体。它由三个基本部分组成。右侧是垂直于 H 面的直角梯形护墙；左后侧为垂直于 V 面的五棱柱栏板；中间为两级台阶，每级台阶的左前端均为 1/4 圆柱面的圆角。

这三个基本部分组合时的相对位置是位于同一水平底面上，其后表面共面。因此，画该组合体的三面投影时，宜先分别画出表示水平底面和梯形护墙右侧面的正面投影，表示梯形护墙右侧面和后表面的水平投影，以及表示水平底面和后表面的侧面投影。这些投影分别被积聚成一对相互垂直的直线段，可作为画图时的基准线（图 6-3c）。

然后在这个基础上逐步画出各组成部分的投影，最后加深图线即得图 6-3d。

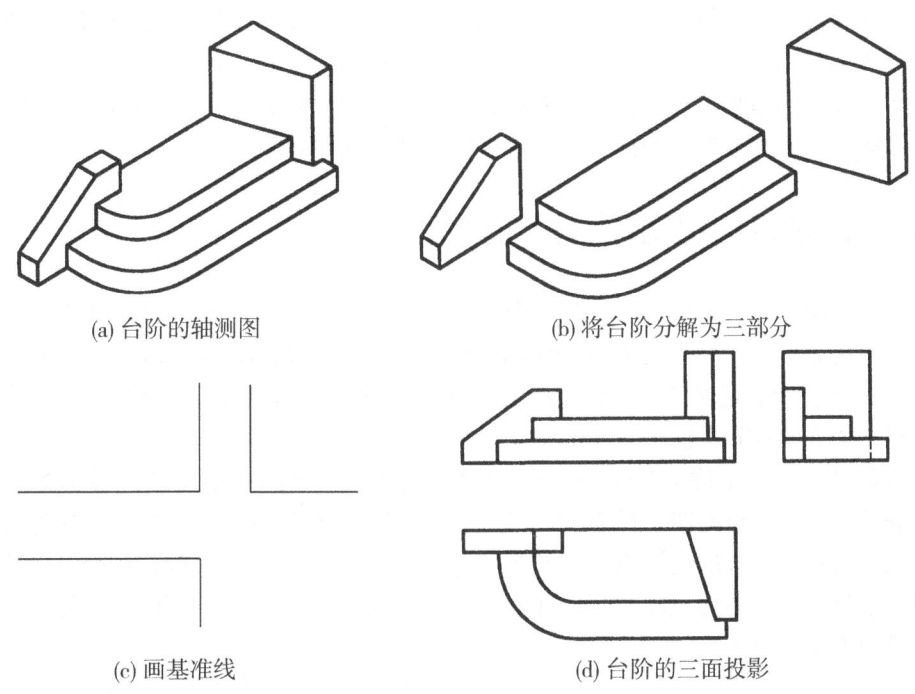

图 6-3 台阶的形体分析及其投影作图

例 6-1 已知某建筑形体[①]的造型如图 6-4a 所示，试画出它的三面投影。

分析：由图 6-4a 可知，该建筑形体的主楼为等腰直角三角形的三棱柱；电梯间呈 H 形，外凸在主楼的前表面上；裙楼为半圆柱；楼顶上有一个三棱柱形储物间。它们之间均为互相叠加。

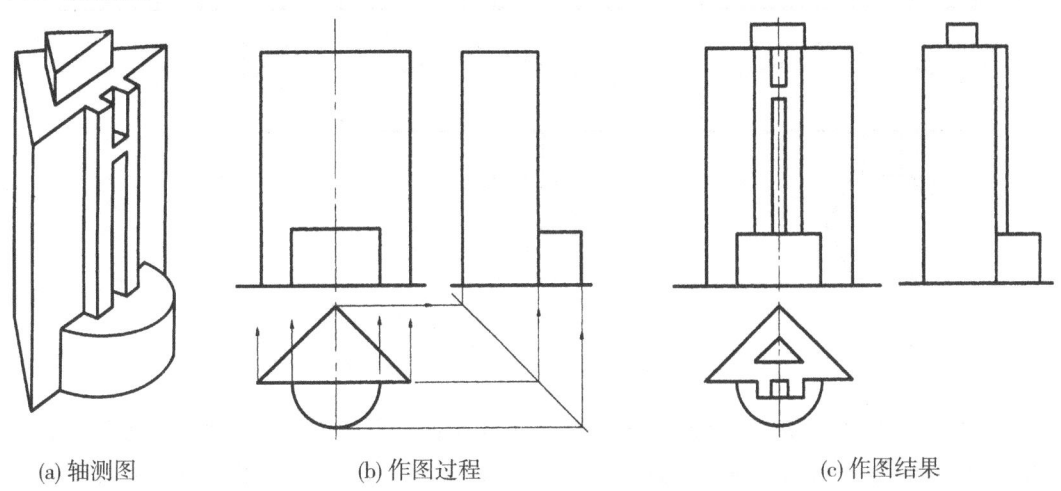

图 6-4 建筑形体的形体分析和作图

作图：由于该建筑形体的水平投影能较好地反映它的形状特征，故画图时宜从水平投影开始。

注：① 类似某种建筑造型的组合体，通常又称之为建筑形体。

①先画出等腰直角三角形棱柱和半圆柱的水平投影,然后画其正面投影和侧面投影(图6-4b);

②再画出电梯间的正面投影,然后画其水平投影和侧面投影;最后画出主楼顶上的三棱柱形储物间,并按规定加深图线,即得所求(图6-4c)。

6.4 根据两面投影求作第三面投影

一般来说,用两面投影就能把组合体的造型完全表达清楚了,但有时却不能。同时,从教学的观点出发,根据已知组合体的两面投影,求作它的第三面投影(通称"二求三"),或在已知的投影图中补画某些"遗漏"的线条,是培养初学者的投影作图能力和空间想象能力的有效方法。

例6-2 已知某建筑形体的正面投影和水平投影(图6-5a),试求作它的侧面投影。

分析:从所给出的两面投影,通过"长对正"找出它们之间的投影对应关系后可知:位于该建筑形体前方的是一座较小的六棱柱形的低层建筑,位于其后方的是一座五棱柱形的中高层建筑,两座建筑之间用稍低于六棱柱建筑的连廊相连。各部分之间的相对位置在水平投影中清晰可见。

作图:先在适当的地方画一条45°的辅助作图线,这样就可便于利用"高平齐""宽相等"的投影对应关系,逐步画出建筑形体各部分的侧面投影(图6-5b)。

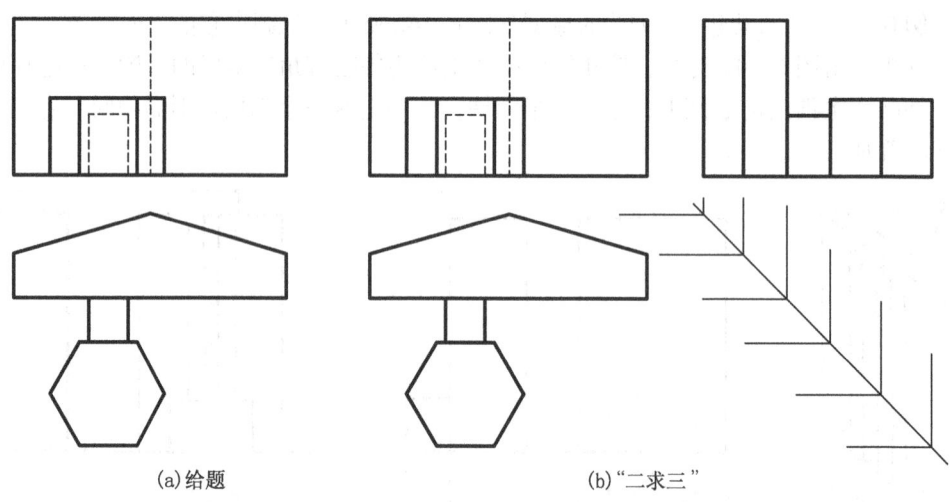

(a)给题　　　　　　　　　(b)"二求三"

图6-5 已知建筑形体的两面投影,求作第三面投影

图中,六棱柱形建筑的最前、最后棱面是正平面,它们的侧面投影分别被积聚成一条竖直线;而其余的四个棱面均为铅垂面,它们的侧面投影为大小相同并小于实形的类似形,且投影互相重合,即仅有左侧两个棱面的投影为可见的矩形,两个矩形之间的分界线为两个可见棱面的交线。

后方的中高层建筑,其侧面投影反映为两个矩形,其中有一个反映出它的左侧棱面的实形。至于中部的连廊,它夹在两座建筑的前、后表面之间,反映为高度较小的矩形。

例6-3 已知某建筑形体(酒店)的两面投影(图6-6a),试补画它的侧面投影。

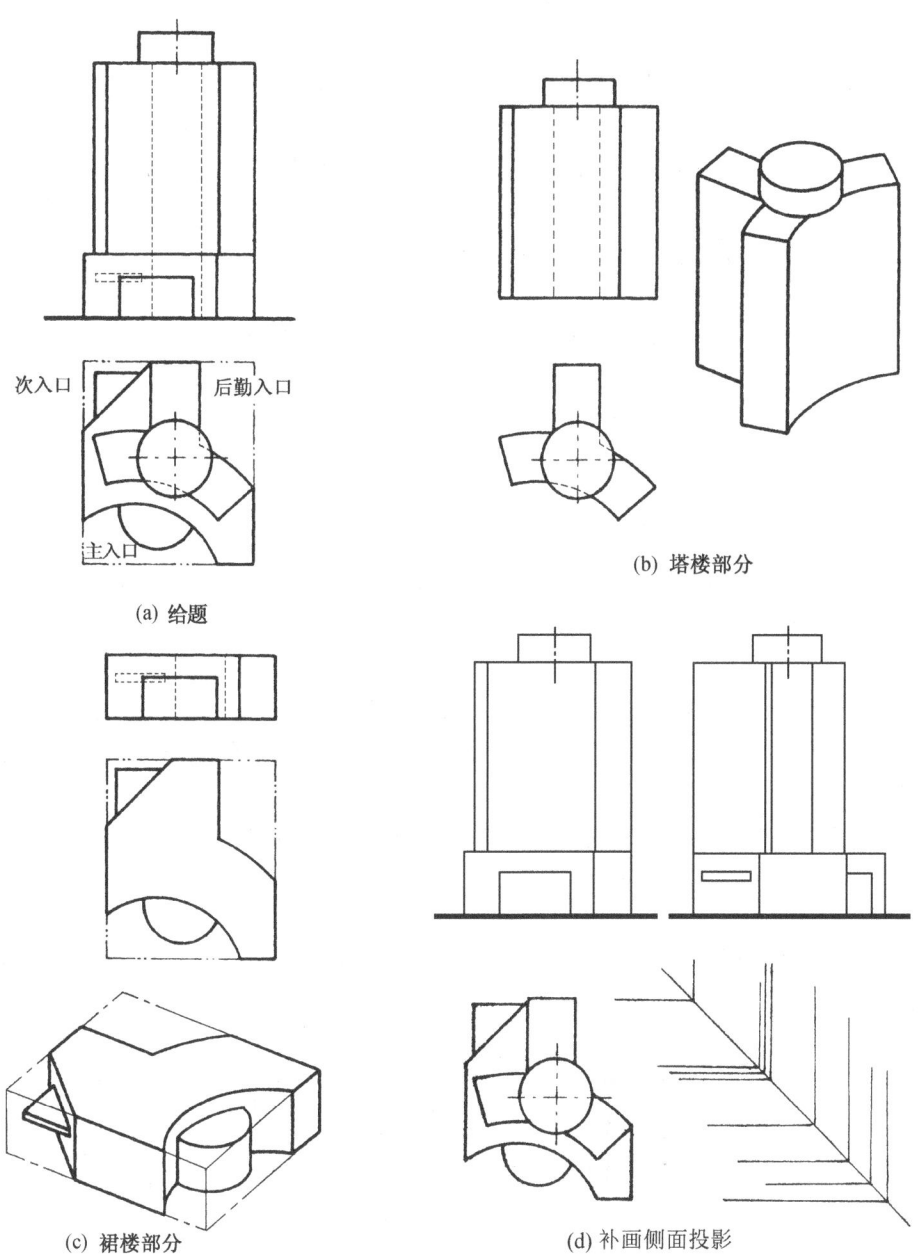

图6-6 根据两面投影补画第三面投影

分析：由已知的两面投影可知，该酒店在造型上既有截割又有叠加和相贯，即属于综合型的组合体。看图时，由于其水平投影能较好地反映出该酒店的造型特征，故可先从水平投影入手，然后按"长对正"的投影关系找出正面投影中与之对应的部位，逐个分析并想象出其立体形象。由此不难看出：

（1）塔楼部分为Y形造型，其顶部有一个圆柱形旋转餐厅（图6-6b）。

（2）裙楼部分为由一个四棱柱经截割并作一定叠加后形成的"复杂"形体。其中：

①左前方主入口处的立面为凹圆柱面,在该圆柱面外叠加一个"半"圆柱形门斗。②左后方被斜割成45°的立面,其上部叠加了一个45°等腰直角三棱柱的雨棚,为酒店的次入口。③右后方截割出的空地则作为停车场及后勤服务的出入口(图6-6c)。

作图:弄清楚了各组成部分的造型特征及其立体形象后,就可综合成整体,再按"高平齐""宽相等"的投影关系,逐步补画出它的侧面投影,如图6-6d所示。

*6.5 组合体的尺寸

组合体的投影只表达了组合体的形状,而组合体各个组成部分的真实大小及相对位置,则要通过尺寸来给定。尺寸是施工时的法定依据,与画图的准确度无关。当要根据尺寸绘画组合体的轴测图或透视图时,则要先弄清楚投影图形与尺寸的关系,才能便于作图。

6.5.1 组合体的三种尺寸

由于组合体是由若干个基本形体或"基本部分"组合而成的,所以组合体的尺寸可有三种:定形尺寸、定位尺寸和总体尺寸。

6.5.1.1 定形尺寸

定形尺寸是指确定组成组合体的各个组成部分的长、宽、高三个方向上的大小尺寸(对曲面形体来说则是径向、轴向上的大小尺寸)。图6-7所示为基本形体的定形尺寸。

6.5.1.2 定位尺寸

定位尺寸是指确定各个组成部分在组合体中相对位置的尺寸,一般也是坐标尺寸,如图6-8所示。

6.5.1.3 总体尺寸

总体尺寸则是指确定组合体形状大小的总长、总宽、总高的坐标尺寸(这种尺寸有时可以省略)。

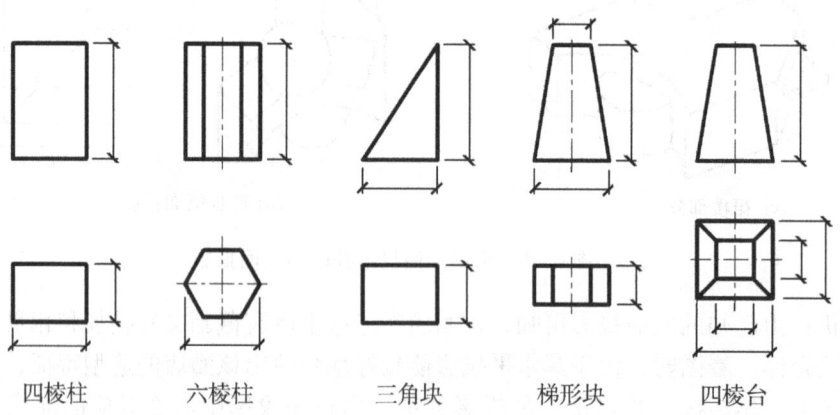

(a) 平面形体的定形尺寸

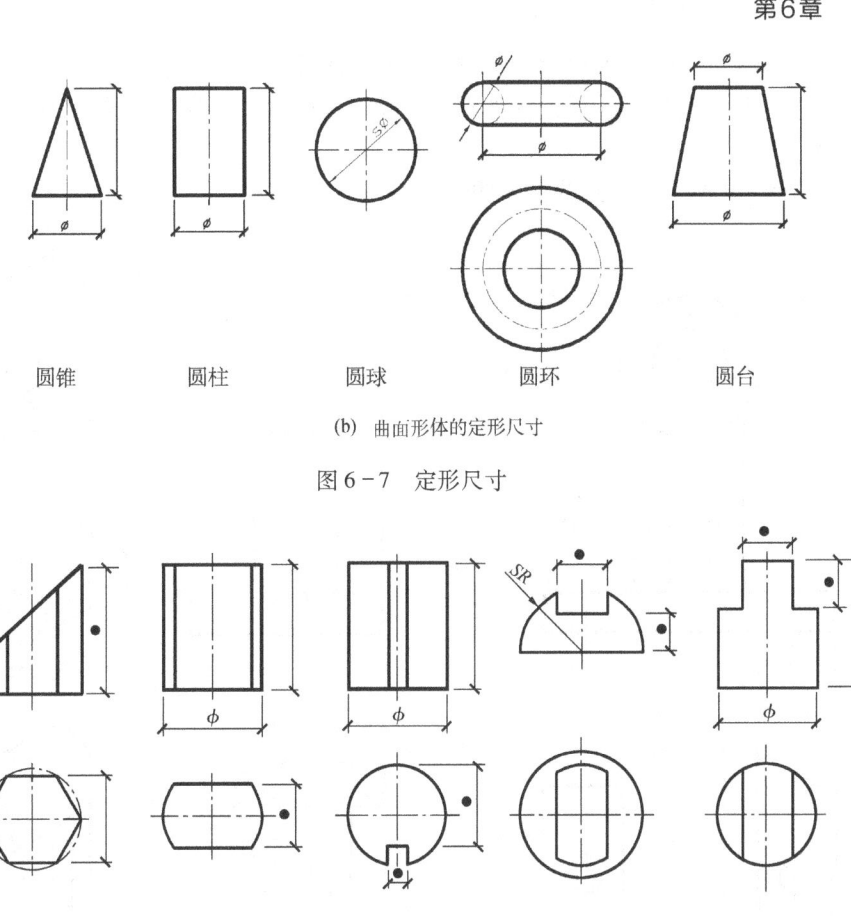

(b) 曲面形体的定形尺寸

图 6-7 定形尺寸

(a) 确定截平面的位置

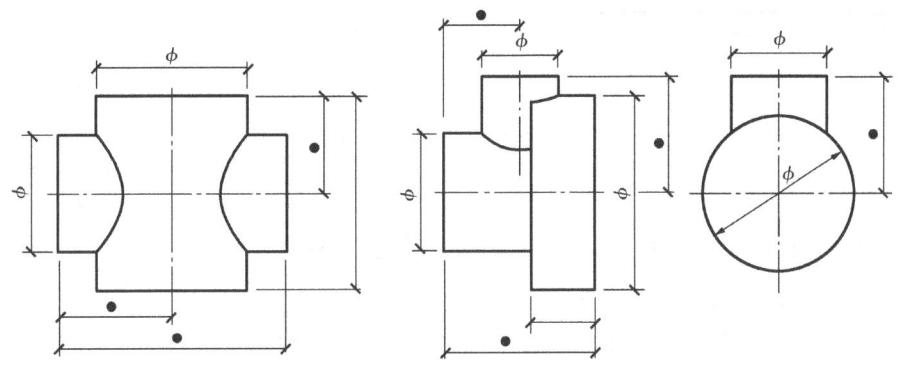

(b) 确定两基本形体之间的相对位置

图 6-8 定位尺寸（带"●"者）

6.5.2 组合体尺寸的识读

组合体尺寸标注的基本原则是首先设立直角坐标系，即选定长、宽、高三个方向上的某个坐标面作为尺寸标注的基准面，然后按制图标准的有关规定，逐一标注出确定该组合体所需的各个尺寸——定形尺寸、定位尺寸和总体尺寸。

反过来，识读时则是在识图的基础上，弄清楚该组合体各个组成部分的尺寸大小及其相对位置。

现以图6-9所示的支架为例说明一二。

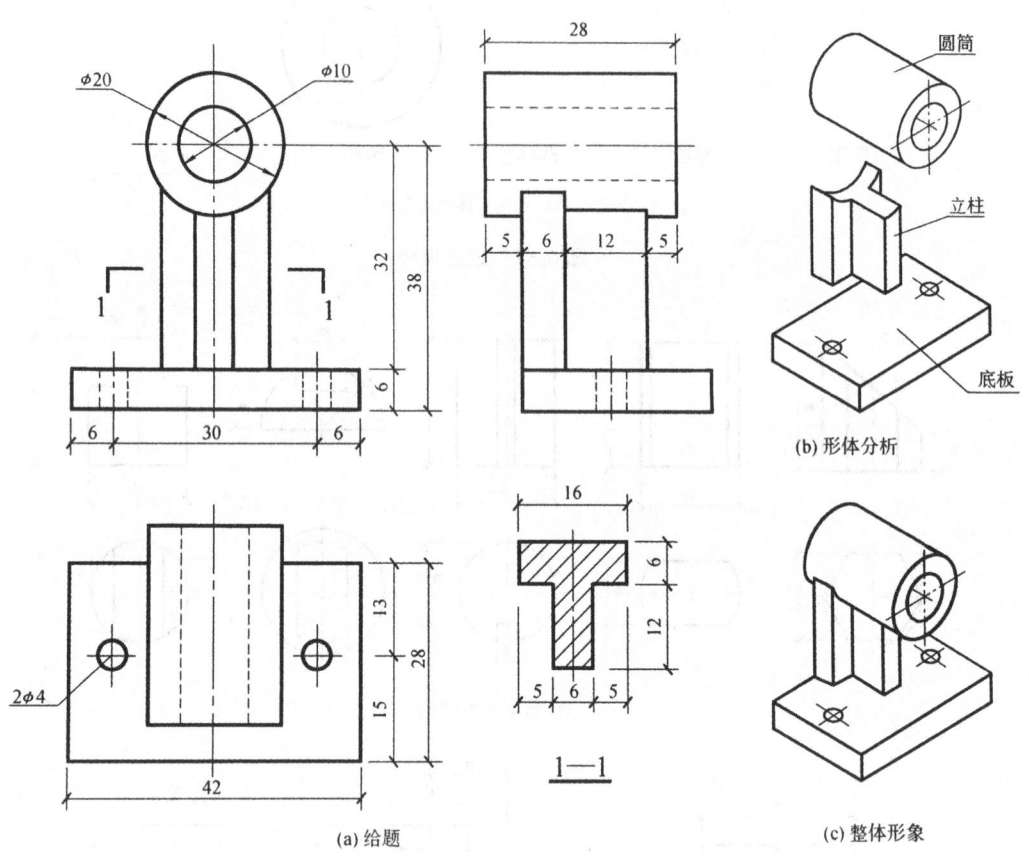

图6-9 支架尺寸的识读（单位：mm）

6.5.2.1 识图

首先通过形体分析（图6-9b），获得该支架的整体形象如图6-9c所示。

6.5.2.2 分别识读出各组成部分的定形尺寸

（1）底板的定形尺寸为长42、宽28、高6，其上还有两个直径φ4的圆孔。

（2）立柱的定形尺寸为横向16和5、6、5，竖向6、12（其"长度"因受支架高度和圆筒外径的制约，图中没有另行标注）。

（3）圆筒的定形尺寸为外径φ20、内径φ10、长度28。

6.5.2.3 再读出各组成部分之间的定位尺寸

（1）在长度方向上，由于该支架左右对称，即在标注其定位尺寸时，是以该对称面作为尺寸基准的，故底板、立柱、圆筒三者之间的相对定位尺寸为0，图中没有另行标注；但底板上的两个圆孔，图中则按对称关系直接注出了它们的定位尺寸（中心距）30。在这里顺便说明：由于在土建工程中对尺寸精度一般不要求很高，同时又为了便于度量，所以通常还将有关尺寸注成封闭的"尺寸链",亦即在上述尺寸 30 的两端再各加上一个尺寸 6,这样就形成了"6+30+6=42"的尺寸链。

(2)在宽度方向上,由于立柱与底板的后端面齐平,故图中只注出了圆筒的定位尺寸 5。并同样注成了封闭的尺寸链"5+6+12+5=28"。底板上两个小孔的定位尺寸亦照此办理,即注成了尺寸链"13+15=28"。

(3)在高度方向上,因立柱与底板的组合关系为叠加,故图中只标注了圆筒的定位尺寸 38(同样注成 6+32=38)。

注:在图 6-9 中为了使立柱断面的定形尺寸标注得清晰明显,采用了移出断面的画法,其作图原理请参见有关工程制图的书籍,例如拙著《土建工程制图》中的有关内容。

6.5.2.4 最后识读总体尺寸

在一般情况下图中还会注有总长、总宽、总高的尺寸。但本例由于各处的大小显而易见,而且标注出它的总体尺寸也无实际意义,故此图中没有标注这种尺寸。

图 6-10 所示为台阶的尺寸。其形体分析过程见图 6-3 所示,尺寸标注的具体情况请读者自行分析。

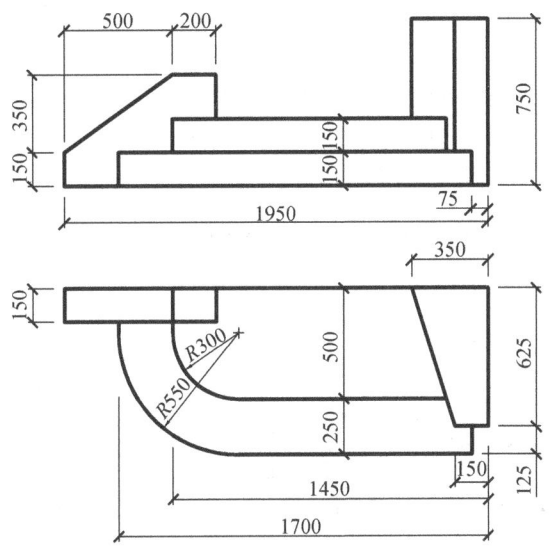

图 6-10 台阶的尺寸(单位:mm)

第7章 轴测图

7.1 轴测图概述

正投影图的优点是能够完整地、准确地表达出形体的形状和大小,而且作图简便。但它缺乏立体感,有关人员要经过一定的技术培训才能看懂。因此在工程上有时也采用一种仍然是用平行投影法绘制的,但能同时反映出形体长、宽、高三个方向上的形状即富有立体感的单面投影,作为辅助图样来表达设计人员的技术思想意图。由于绘制这种投影图时是沿着长、宽、高三个坐标轴的方向进行测量作图的,所以顺其意把这种图称之为轴测投影图简称轴测图。

7.1.1 轴测图的形成

在平行投影法中,要在一个投影面上能同时反映出空间形体长、宽、高三个方向上的形状,其方法有二:

(1) 将形体连同所选定的直角坐标轴 $O-XYZ$ 一起,向与之倾斜的轴测投影面 P 用正投影法进行投射(见图 7-1, S 垂直于轴测投影面 P),于是在 P 面上便获得能同时反映出轴测坐标轴 $O_1-X_1Y_1Z_1$ 的富有立体感的图形。

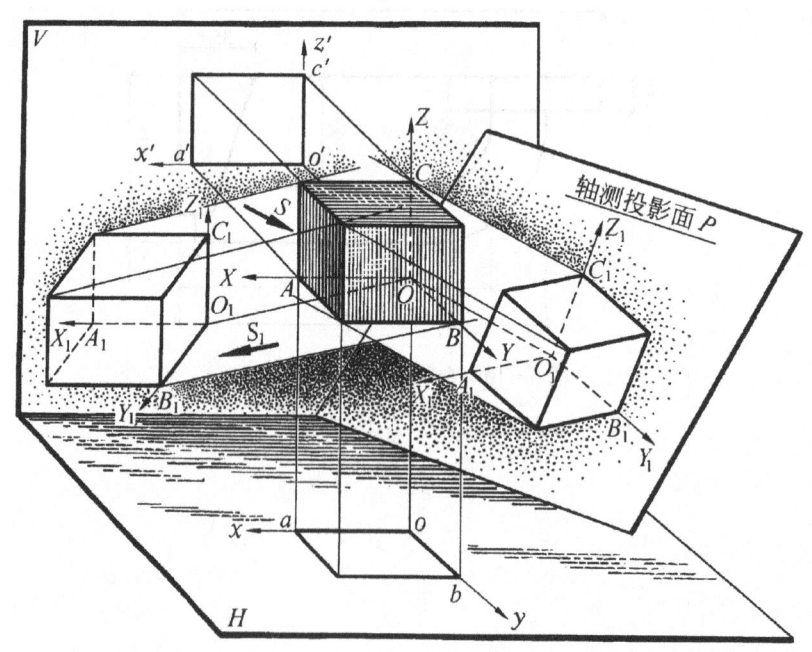

图 7-1 轴测图的形成

(2)将形体连同所选定的直角坐标轴 $O-XYZ$ 一起,向与形体任一坐标面平行的轴测投影面例如 V 面用斜投影法进行投射(见图 7-1,S_1 不垂直于轴测投影面 V),这样在 V 面上也可获得能同时反映出轴测坐标轴 $O_1-X_1Y_1Z_1$ 的富有立体感的图形。

7.1.2 轴向伸缩系数和轴间角

1. 轴向伸缩系数

从图 7-1 也可以看出,空间形体的直角坐标轴上任一单位长度,经投射到轴测投影面上相应的轴测坐标轴上之后,其长度发生了变化。我们把轴测坐标轴上的单位"投影长度"与相应直角坐标轴上的单位"实际长度"的比值,分别称之为 X、Y、Z 轴的轴向伸缩系数,并依次用 p、q、r 表示。于是有:

X 轴的轴向伸缩系数:$p = O_1A_1/OA$

Y 轴的轴向伸缩系数:$q = O_1B_1/OB$

Z 轴的轴向伸缩系数:$r = O_1C_1/OC$

2. 轴间角

从图 7-1 还可以看出,空间直角坐标轴投射到轴测投影面上所得的位于同一平面上的轴测坐标轴,它们两两之间的夹角大小也相应地形成了某个角度。我们把它们两两之间的夹角称为轴间角;三个轴间角的总和为 360°。

7.1.3 轴测图的分类

根据投射方向与轴测投影面的相对位置,以及轴向伸缩系数的不同,轴测图可有如下的分类:

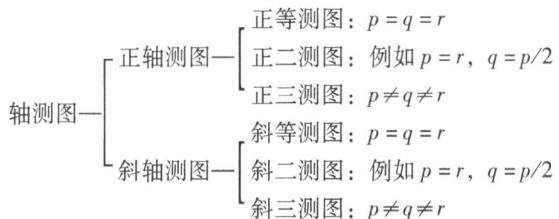

画轴测图时,不管是哪一类,形体上互相平行的轮廓线,它们在轴测图中必定仍然是互相平行的。

7.2 正轴测图

7.2.1 正等测图

正等测图是正轴测图中唯一的一种特殊情况。在这种情况下,形体上所选定的三根直角坐标轴亦即三个坐标面对轴测投影面的倾角都相等,此时通过数学运算可得出:

(1)轴向伸缩系数 $p = q = r = O_1A_1/OA = O_1B_1/OB = O_1C_1/OC = 0.82$

(2)轴间角 $\angle X_1O_1Z_1 = \angle X_1O_1Y_1 = \angle Y_1O_1Z_1 = 120°$

画正等测图时,通常将 O_1Z_1 轴处于竖直的位置,而将 O_1X_1、O_1Y_1 轴分别画成与水平线成30°角的斜线，如图7-2所示。

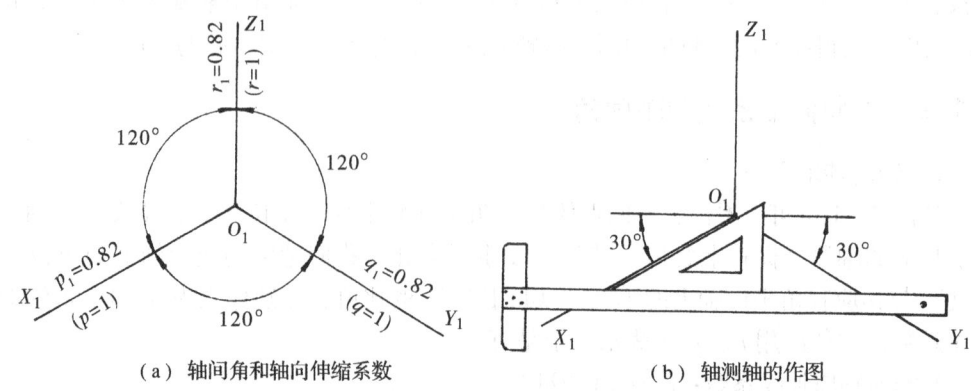

（a）轴间角和轴向伸缩系数　　　　（b）轴测轴的作图

图7-2　正等测图的轴测轴及其画法

具体画图时还有一个问题，即要将空间形体上每一条轴向轮廓线的长度或坐标尺寸都乘以轴向伸缩系数0.82之后才用以度量，这样会很不方便。若设想将轴向伸缩系数简化为 $p=q=r=1$，作图就方便多了。这样所获得的轴测图比没有简化的轴测图在每一个轴向尺寸上都放大了 $1/0.82=1.22$ 倍，但整个图形的形象没有变化，如图7-3所示。该图a、b、c、d为根据高低柜的两面投影和按简化系数 $p=q=r=1$ 画出它的正等测图的过程。而图7-3e则为按 $p=q=r=0.82$ 作图的结果。在实际工程中应用的轴测图一般都采用简化系数作图。

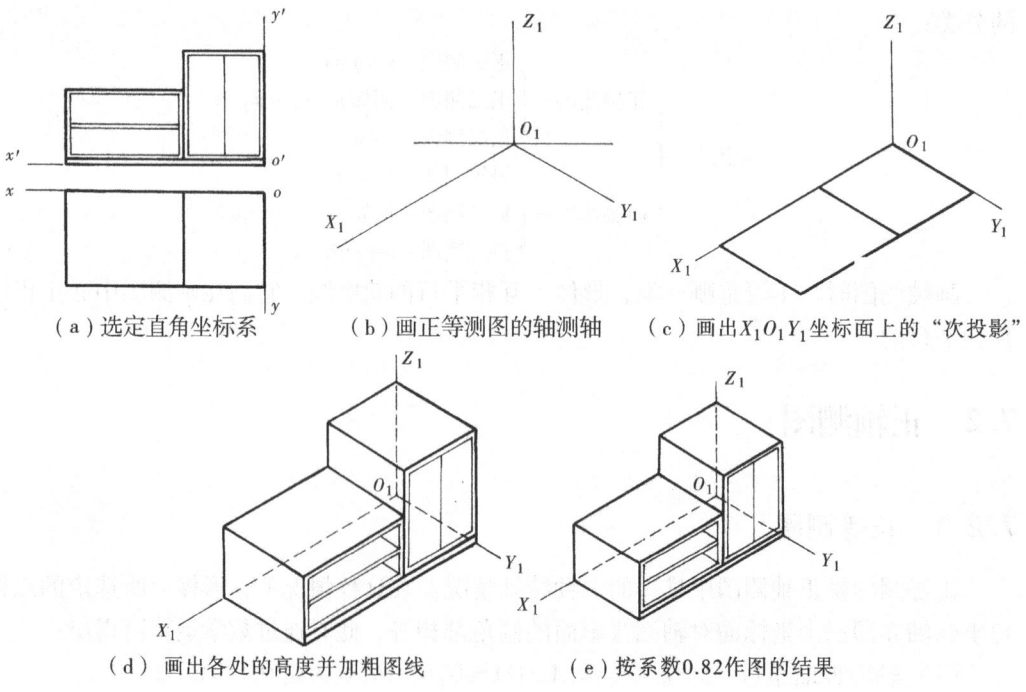

（a）选定直角坐标系　　（b）画正等测图的轴测轴　　（c）画出 $X_1O_1Y_1$ 坐标面上的"次投影"

（d）画出各处的高度并加粗图线　　（e）按系数0.82作图的结果

图7-3　高低柜的正等测图及简化与不简化的比较

7.2.2 平面形体的正等测图的画法

7.2.2.1 坐标法

根据形体的坐标尺寸或轴向轮廓线长度，按选定的比例，把它们分别移植到相应的轴测投影轴或其平行线上，即定出形体上各点、线、面的轴测投影，从而画出整个形体的轴测图，这种作图方法称为坐标法。

例 7-1 试根据六棱柱的两面投影（图7-4a），画出它的正等测图。

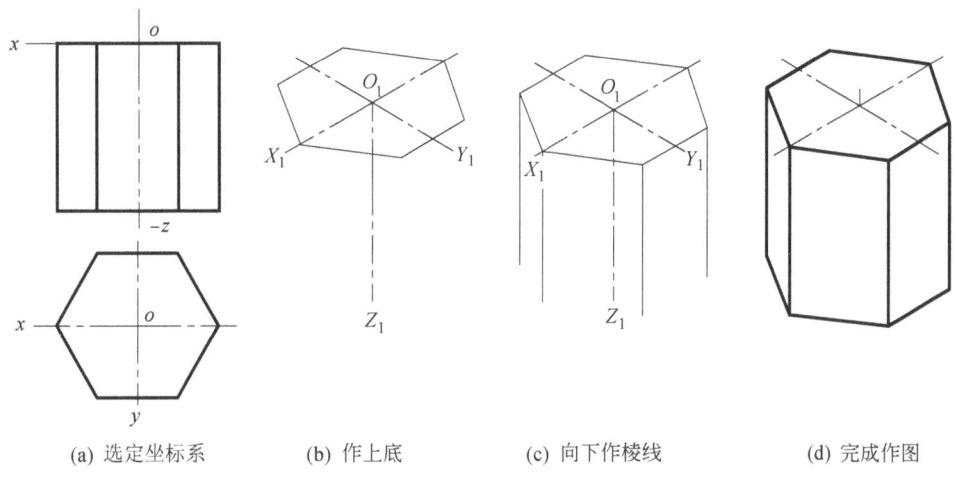

(a) 选定坐标系　　(b) 作上底　　(c) 向下作棱线　　(d) 完成作图

图 7-4　用坐标法画六棱柱的正等测图

分析：六棱柱的上、下底为正六边形，其前后、左右对称，故选定其直角坐标轴的位置如图7-4a所示，以便度量。画图步骤宜由上而下，以减少不必要的作图线。

作图：

①先画出确定上底的轴测轴 O_1X_1、O_1Y_1 及 O_1Z_1，然后量取正六边形外接圆半径在 O_1X_1 轴上以 O_1 为原点定出左、右两个顶点；再量取正六边形内切圆半径在 O_1Y_1 轴上同样以 O_1 为原点定出前、后边线的位置，并画出前、后边线，此前、后边线平行于 O_1X_1 轴，长度等于正六边形的边长；最后将所得的左、右两个顶点和前、后边线的顶点用直线依次连接，即得上底的正等测图（图7-4b）。

②从各顶点向下引 O_1Z_1 轴的平行线（只画可见部分即可），并截取各条棱线的实长，得下底各个顶点（图7-4c）。

③将下底各可见顶点依次用直线相连，加深图线，完成作图（图7-4d）。

坐标法是画轴测图的最基本的方法之一。

7.2.2.2 叠加法

把形体分解成若干个基本形体，依次将各基本形体准确地叠加在一起，形成整个形体的轴测图，这种作图方法称为叠加法。当形体明显由多个部分叠加而成时，一般采用叠加法。

例 7-2 试根据形体的正投影图（图7-5a），用叠加法画出其正等测图。

分析：从图7-5a中可看出，这是一个由四棱柱底板、四棱柱竖板（与底板共背面）和截去一角的四棱柱侧板（与底板共右侧面）上下叠加而成的形体，故选定它的直角坐标轴的位置如图7-5a所示。其作图步骤见图7-5中的有关说明。

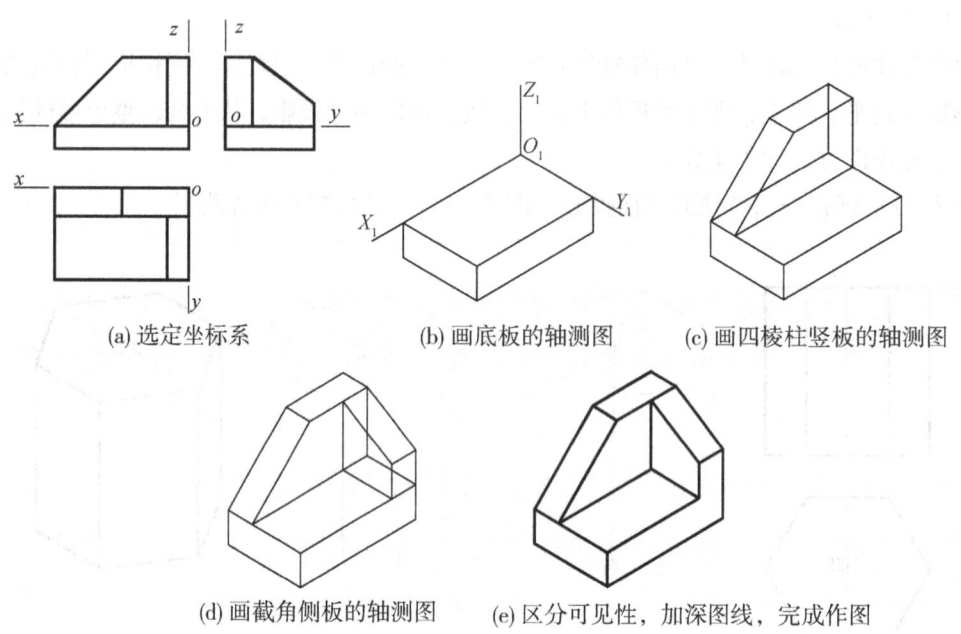

图7-5 用叠加法作形体的正等测图

7.2.2.3 截割法

根据形体的坐标尺寸或轴向轮廓线的长度，先画出该形体未截割前的原始外形，然后根据实际情况将其多余的部分截除，最后剩下所要求的立体形状，这种作图的方法称为截割法。它适用于绘制具有切口、开槽的简单形体的轴测图。

例7-3 试根据形体的正投影图（图7-6a），画出其正等测图。

分析：从图7-6a可知，它是由一个长方体被截去一个三棱柱和一个四棱柱后所形成的，这种形体适合用截割法作图，其作图步骤如图7-6所示。

7.2.2.4 综合法

当形体的造型由若干基本部分组成，有的组成部分还带有切口、开槽等结构时，综合使用叠加法和截割法，从而使作图简单化，这种画轴测图的方法称为综合法。

例7-4 试根据形体的正投影图（图7-7a），画出其正等测图。

分析：该形体大致分成两个部分：底板与竖板。在底板中间截去一个方槽，两侧各截去一个三棱柱；立板两侧也各截去一个三棱柱。其作图方法如图7-7所示。

7.2.2.5 次投影法

次投影是指将空间形体的某一面投影再投射到轴测坐标面上所派生出的"投影"。根据空间形体造型上的特点，先有选择地画出它的某一面投影例如水平投影的次投影，对轴测图的作图可能带来某些方便。

图7-8a所示为沙发的三面投影。画它的轴测图时，可选择沙发底面的左前角为其直角坐标原点O，这时画出的轴测轴如图7-8b所示。接着根据沙发的水平投影按X、Y轴

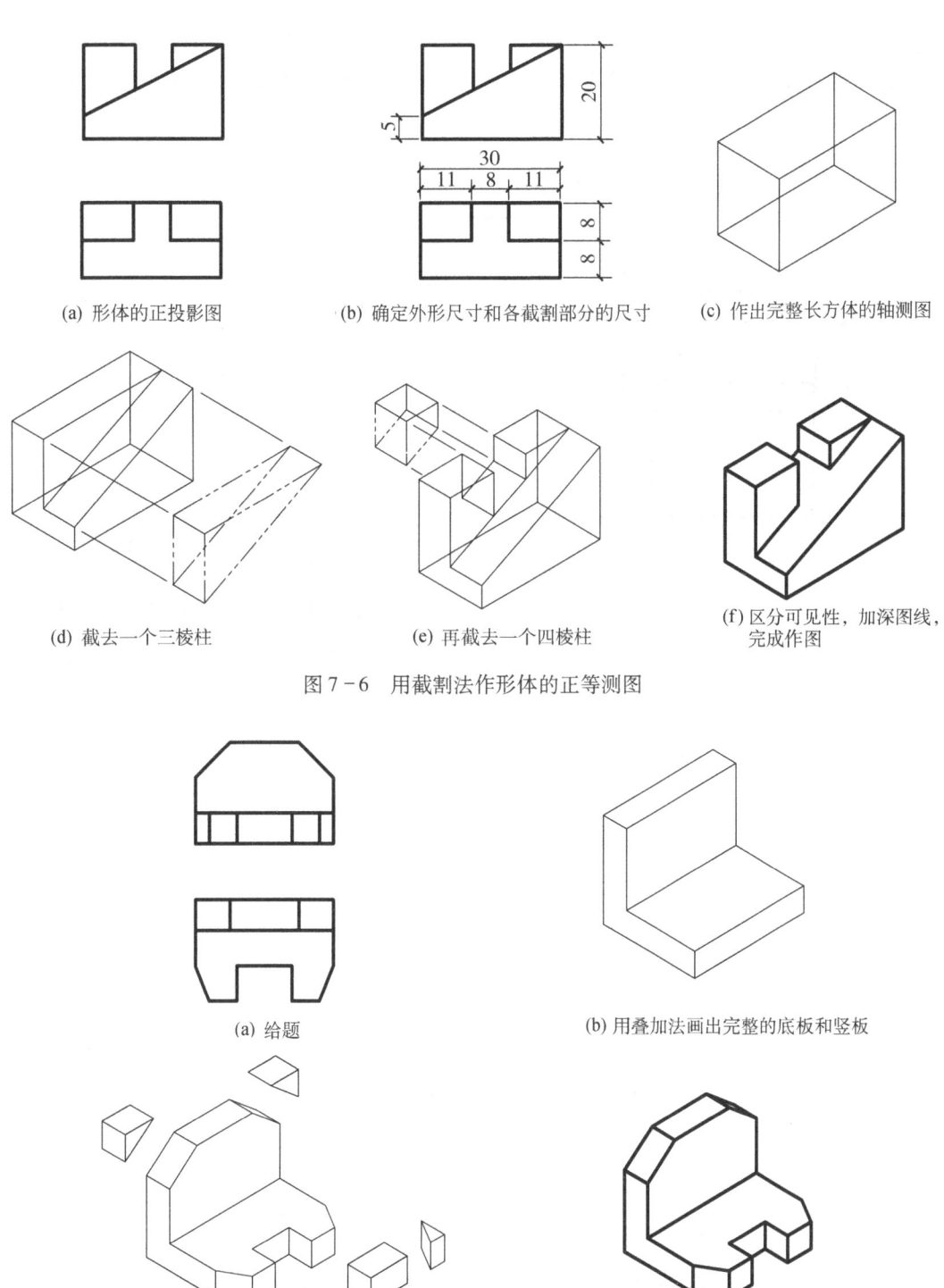

(a) 形体的正投影图　(b) 确定外形尺寸和各截割部分的尺寸　(c) 作出完整长方体的轴测图

(d) 截去一个三棱柱　(e) 再截去一个四棱柱　(f) 区分可见性，加深图线，完成作图

图 7-6　用截割法作形体的正等测图

(a) 给题　(b) 用叠加法画出完整的底板和竖板

(c) 用截割法截出底板的方槽，截去底板和竖板的顶角　(d) 区分可见性，加深图线，完成作图

图 7-7　用综合法作形体的正等测图

向轮廓线的长度，便可画出沙发在轴测坐标面 $X_1O_1Y_1$ 上的次投影（图7-8c）。最后有选择地过该次投影的某些顶点向上画竖线逐一确定出沙发各个部位的高度。加粗可见轮廓线，即得沙发的正等测图（图7-8d）。这种作轴测图的方法称为次投影法。

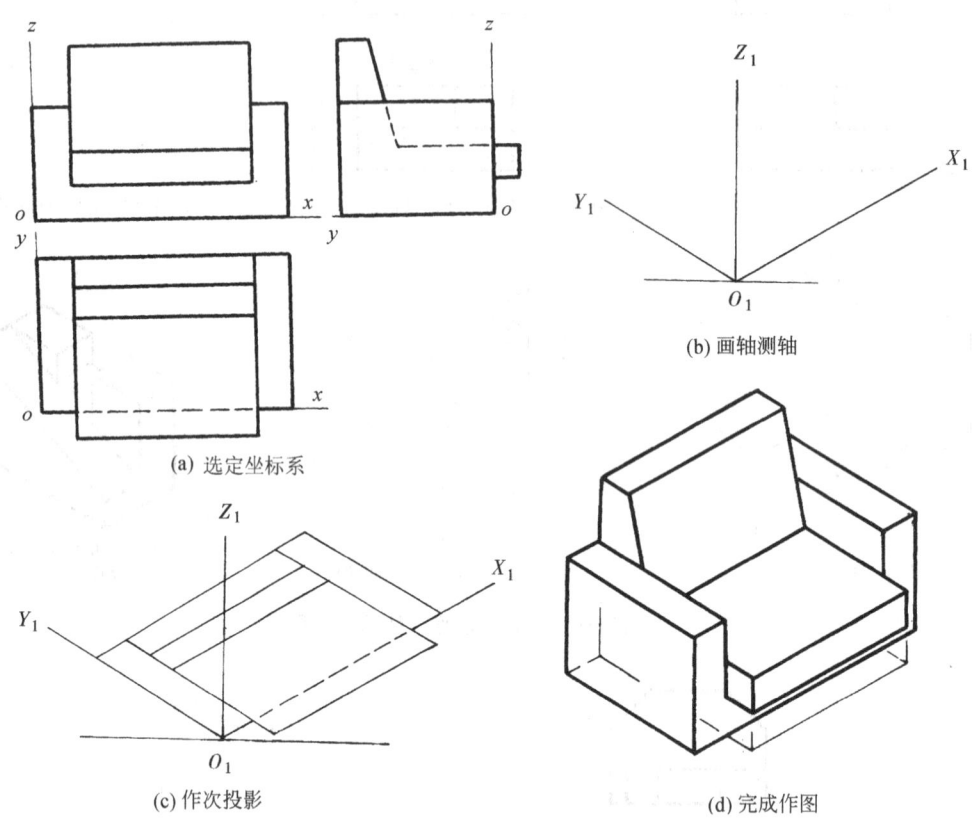

图7-8 用次投影法作沙发的正等测图

7.2.3 常见曲线和曲面形体正等测图的画法

7.2.3.1 平行于坐标面的圆的正等测图

平行于坐标面的圆的正等测图是椭圆。求作这种情况下的圆的正等测图最常用的方法是"以方求圆"，即先画出平行于坐标面的正方形的正等测图，然后再画出该正方形内切圆的正等测图（图7-9）。具体作图可通过"同心圆法"等几何作图的方法来完成。

由图7-9可见：

（1）位于三个坐标面上的直径相同的圆，它们的正等测图均为形状和大小完全相同的椭圆，但其长、短轴方向各不相同。

（2）各椭圆的长轴垂直于与该椭圆所在的坐标面相垂直的那根轴测轴，且重合在椭圆的外切菱形的长对角线上；椭圆的短轴垂直于长轴，且重合在菱形的短对角线上。

（3）按轴向伸缩系数0.82作图时，各椭圆的长轴等于圆的直径 d，短轴等于 $0.58d$，如图7-9a所示；若按简化轴向伸缩系数作图时，椭圆的长轴则等于 $1.22d$，短轴等于 $0.7d$，如图7-9b所示。

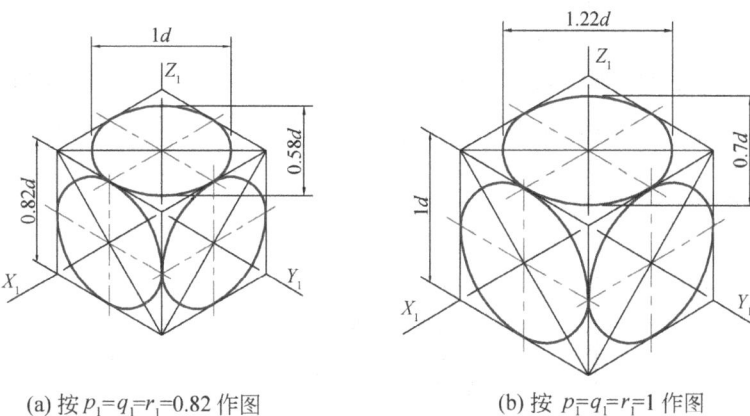

(a) 按 $p_1=q_1=r_1=0.82$ 作图　　(b) 按 $p_1=q_1=r_1=1$ 作图

图 7-9　平行于坐标面的圆的正等测图

7.2.3.2　圆的正等测图的近似画法

圆的正等测图常用的近似画法是四心圆弧法，现以水平圆的正等测图为例，说明其作图方法及过程，如图 7-10 所示。

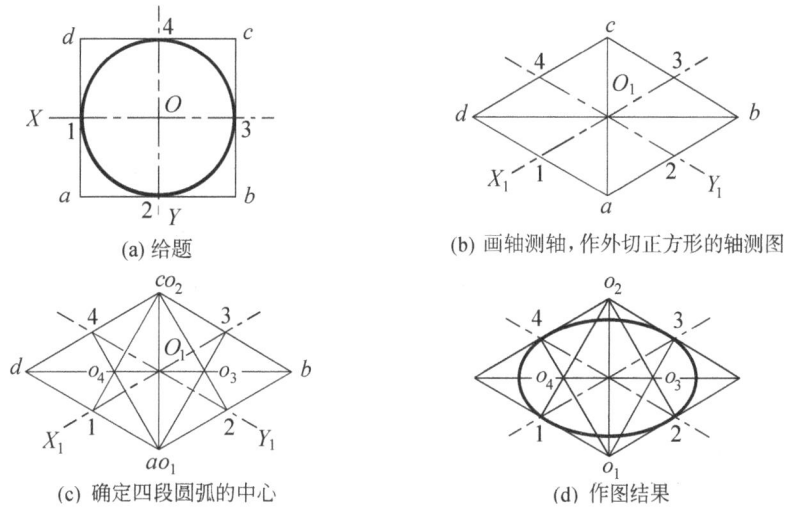

(a) 给题　　(b) 画轴测轴，作外切正方形的轴测图

(c) 确定四段圆弧的中心　　(d) 作图结果

图 7-10　用四心圆弧法画正等测椭圆

（1）在圆的水平投影中建立直角坐标系，并作圆的外切正方形 $abcd$（图 7-10a），得四个切点分别为 1、2、3、4。

（2）画轴测轴 O_1X_1、O_1Y_1 及与圆外切正方形的轴测投影——菱形 $abcd$（图 7-10b）。

（3）分别过切点 1、2、3、4 作各点所在菱形边的垂线，这四条垂线两两之间的交点 o_1、o_2、o_3、o_4 即为构成近似椭圆的四段圆弧的圆心。其中 o_1 与 a 重合，o_2 与 c 重合，o_3 和 o_4 在菱形的长对角线上（图 7-10c）。

（4）分别以 o_1、o_2 为圆心，$o_2 3$ 为半径画圆弧 $\overgroup{34}$ 和 $\overgroup{12}$；再以 o_3、o_4 为圆心，以 $o_3 3$ 为半径画圆弧 $\overgroup{23}$ 和 $\overgroup{14}$。这四段圆弧光滑连接即为所求的近似椭圆（图 7-10d）。

7.2.3.3 回转体正等测图的画法

（1）圆锥台的正等测图的画法。

图7-11a所示的圆锥台轴线横放，相当于图7-9中的O_1X_1轴，此时，轴测图中椭圆的长轴将与O_1X_1轴垂直。作图时可按图7-10所示的方法先后画出左、右两端面圆的正等测图，再画出它们的公切线，最后区分可见性，加深图线，便可完成作图。

作图步骤如图7-11所示。

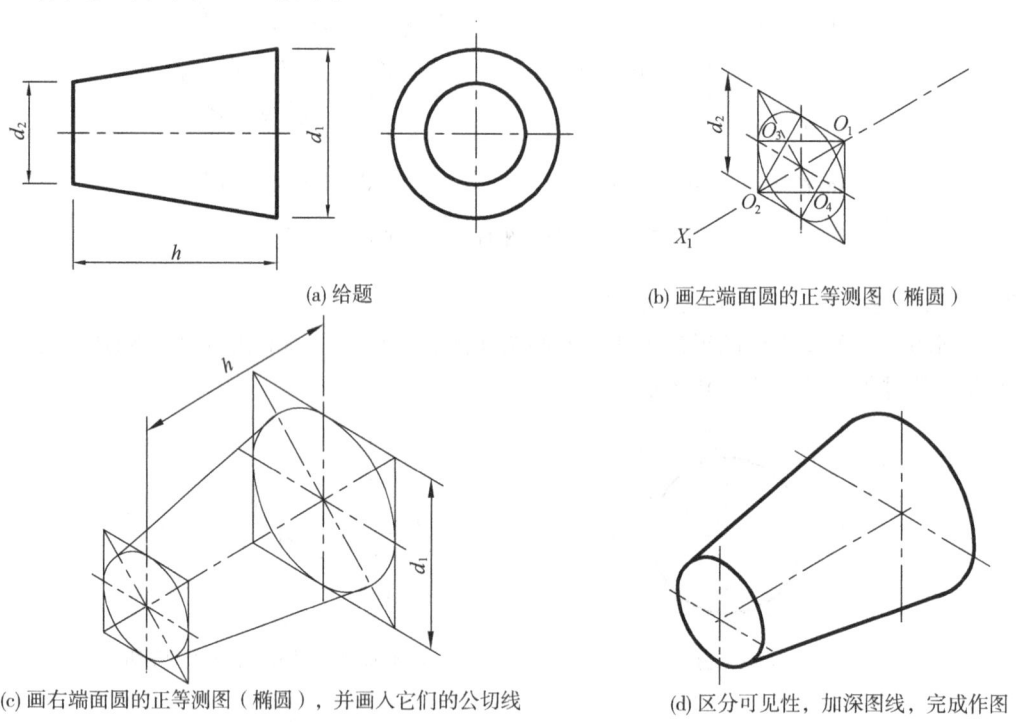

(a) 给题　　(b) 画左端面圆的正等测图（椭圆）

(c) 画右端面圆的正等测图（椭圆），并画入它们的公切线　　(d) 区分可见性，加深图线，完成作图

图7-11　圆锥台的正等测图的画法

（2）开槽圆柱的正等测图的画法。

图7-12a所示的圆柱体轴线垂直于H面，其开槽由两个侧平面和一个水平面组成。侧平面与圆柱面的截交线是与轴线平行的直线；水平面与圆柱面的截交线是一个与上、下底平行的圆周，其作图步骤如图7-12所示。

7.2.3.4 圆角的正等测图的画法

如图7-13a所示底板上的圆角，其正等测图的作图也可用四心圆弧法近似求作。具体画法如图7-13所示。

7.2.3.5 综合作图示例

例7-5 试画出图7-14a所示的支座的正等测图。

分析：从投影图中可以看出，该支座由底板（被截割出两个对称分布的圆柱孔和圆角的四棱柱）、竖板（上部被截割出一个圆柱孔和半圆柱的四棱柱）和肋板（三棱柱）叠加而成。因此，可采用叠加法和截割法作图。由于该支座上的多个表面（均为坐标面的平行面）有圆和圆角，故适宜选画正等测图。具体作图时，应先画出各个完整的基本形状，然后再逐一画出圆孔、圆角等细部。

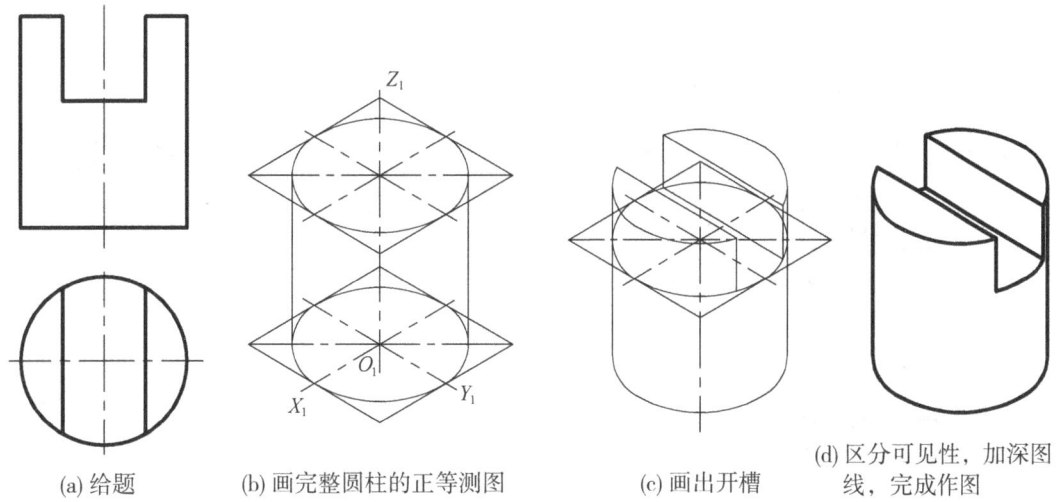

(a) 给题　(b) 画完整圆柱的正等测图　(c) 画出开槽　(d) 区分可见性，加深图线，完成作图

图 7-12　开槽圆柱的正等测图的画法

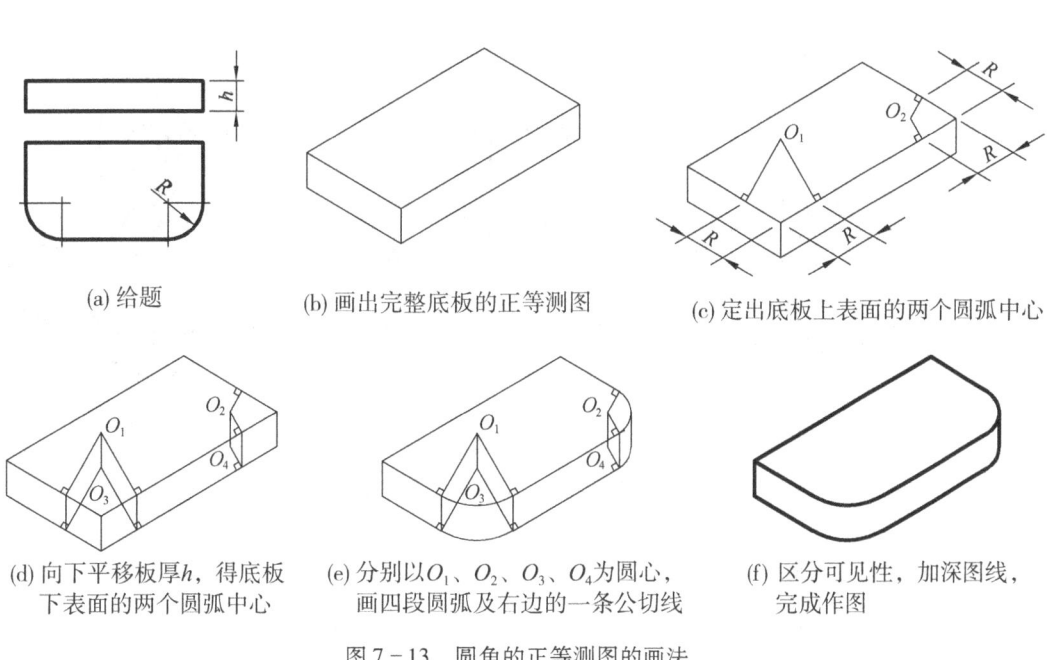

(a) 给题　(b) 画出完整底板的正等测图　(c) 定出底板上表面的两个圆弧中心

(d) 向下平移板厚h，得底板下表面的两个圆弧中心　(e) 分别以O_1、O_2、O_3、O_4为圆心，画四段圆弧及右边的一条公切线　(f) 区分可见性，加深图线，完成作图

图 7-13　圆角的正等测图的画法

作图：如图 7-14 所示。

①在正投影图中建立直角坐标系，画出相应的轴测轴，定出底板、竖板的位置（图 7-14b）；

②依次画出底板、竖板的完整形状（图 7-14c）；

③再叠加画出肋板，并分别在底板和竖板上画出圆角和半圆柱（图 7-14d）；

④依次画出底板和竖板上的圆柱孔。画图时要注意这些圆孔在轴测图中是否反映出穿通，如果是穿通则应画出通孔后面的可见部分（图 7-14e）；擦去多余作图线，加粗可见轮廓线，即得支座的正等测图（图 7-14f）。

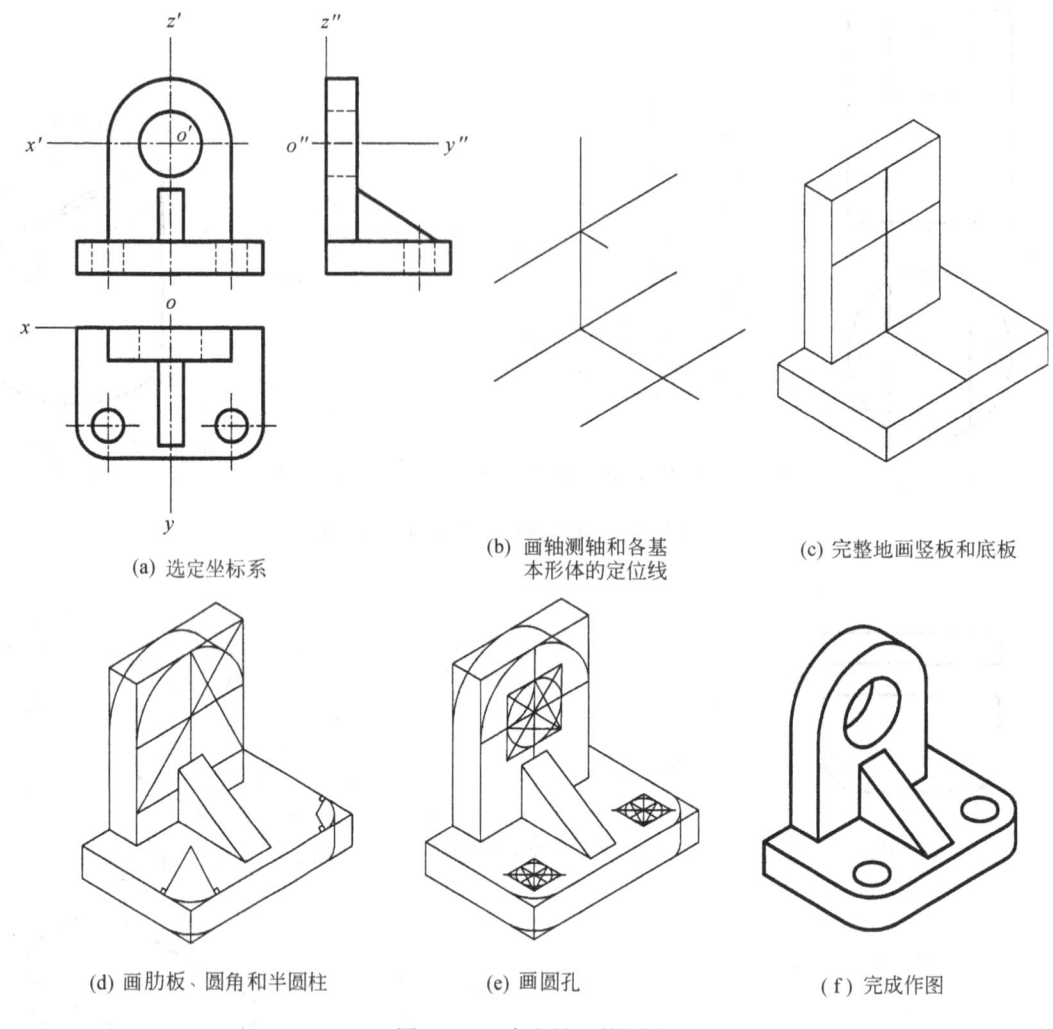

图 7-14 支座的正等测图

*7.2.4 正二测图

当形体上所选定的三根直角坐标轴中仅有两根对轴测投影面的倾角相等，而第三根轴的倾角不与之相等时，所形成的轴测图为正二测图。但可想而知，在这种情况下，如果对第三根轴的倾角不加限定，则所形成的正二测图的轴向伸缩系数可有无限多种。故从实用出发，常限定其中的一种，即令 $p=r$、$q=p/2$（或 $q=r$、$p=q/2$ 或 $p=q$、$r=q/2$）时为常用的正二测图。

此时再通过数学运算可得出该正二测图的轴间角及轴向伸缩系数如图 7-15 所示。如同正等测图那样，在实际工作中一般都采用简化系数作图，即令 $p=r=1$、$q=0.5$，此时所得的图形不过放大了一点而已。

又由于该正二测图的轴间角非特殊角，而且恰好 $\tan7°10'\approx1/8$、$\tan41°25'\approx7/8$，故该正二测图的轴测坐标轴常采用如图 7-15b 所示的方法绘画。

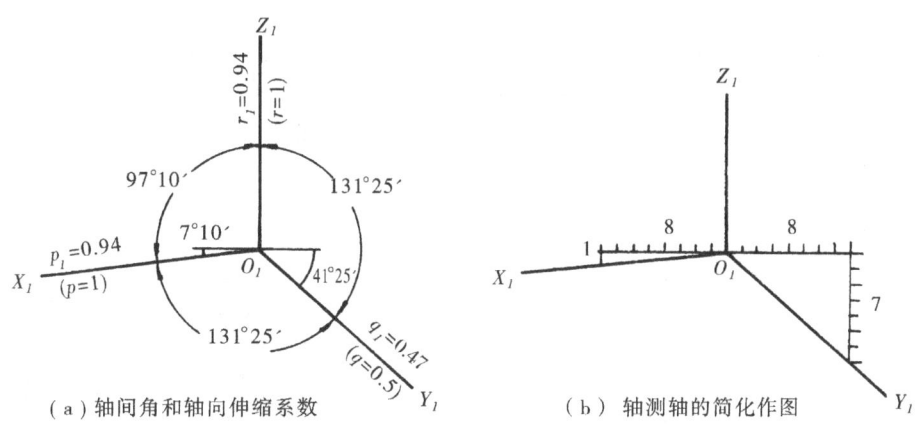

(a) 轴间角和轴向伸缩系数　　　　(b) 轴测轴的简化作图

图 7-15　常用正二测图的轴测轴及其画法

图 7-16 为以正立方体为例的五种不同投射方向的正二测图。其中，图 a、b 为一般情况下所采用。图 c 具有俯视效果，图 d、e 则具有仰视效果。

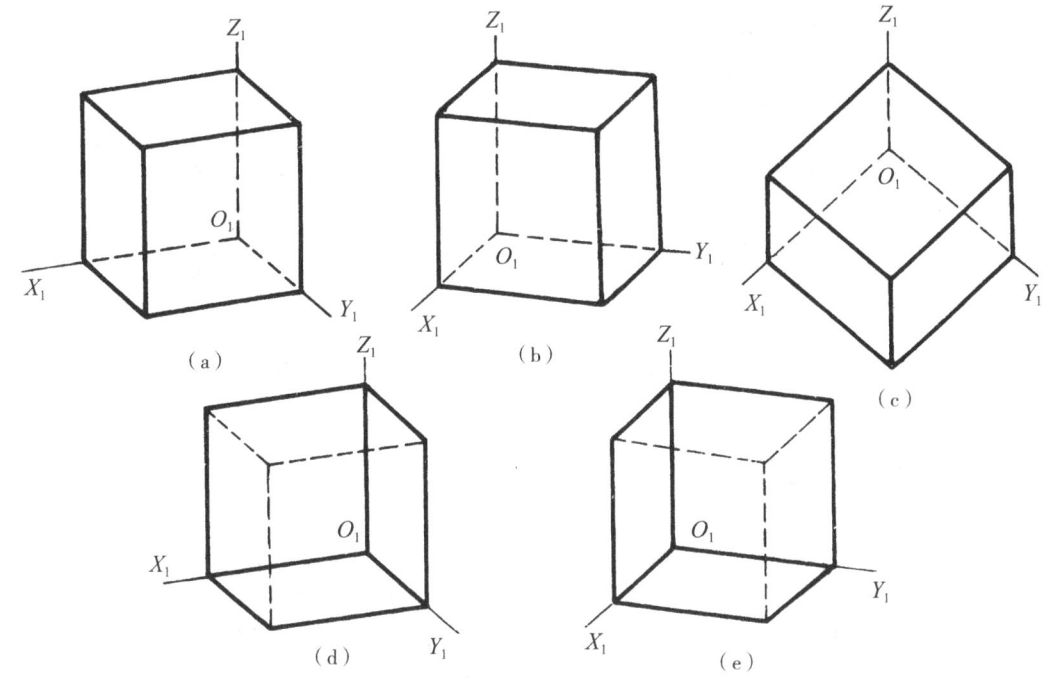

图 7-16　五种不同投射方向的正二测图

图 7-17 所示为根据托架的三面投影画正二测图的例子。图中设定矩形板的前左下角为坐标原点 O，这样可给作图带来某些方便。

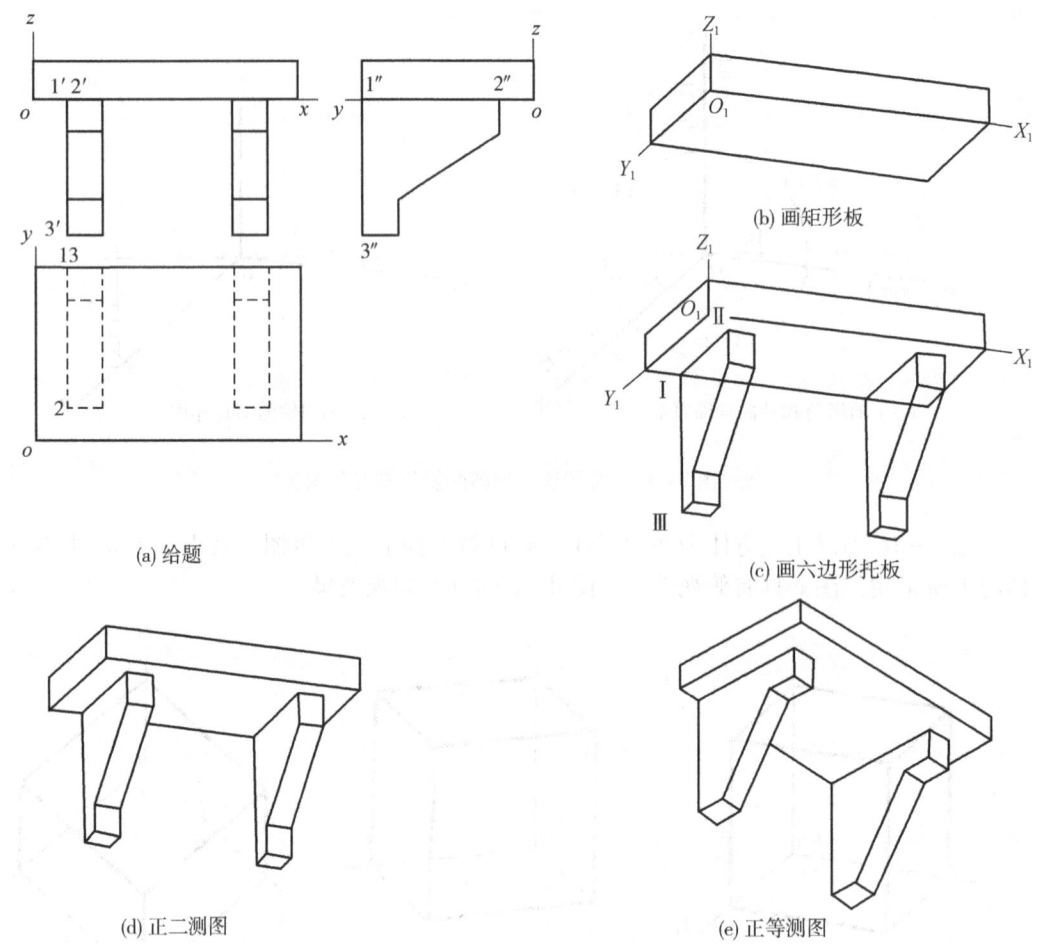

图 7－17 托架的正二测图（仰视）及与其正等测图的比较

7.3 正面斜二等测图

正面斜二等测图简称斜二测图，是一种用斜投影法画出的轴测图。

如图 7－18 所示，当坐标面 XOZ 平行于 P 面时，所得的形体的投影称为正面斜轴测图。此时，形体上位于或平行于该坐标面的表面，在 P 面上的平行投影形状不会改变。在这种轴测图中，通常也是将 O_1Z_1 轴置于竖直的位置，$\angle X_1O_1Z_1 = 90°$，O_1X_1 轴的轴向伸缩系数 p 及 O_1Z_1 轴的轴向伸缩系数 r 均为 1。这是正面斜二测图的特点之一。

从图 7－18 还可以看出，若投射线 S_1 的投射方向和对投影面的倾角不加限定，则轴测轴 O_1Y_1 在轴测投影面 P 上的倾斜角度 θ 可以是任意的，其轴向伸缩系数 q 也可有无穷多。因此，绘图时必须对 O_1Y_1 轴的倾斜角度 θ 及其轴向伸缩系数 q 加以限定（亦即对投射线的投射方向和对投影面的倾角加以限定）。从作图方便和形象逼真考虑，常令 θ 等于 45°（也可取 30°或 60°）、q 等于 0.5，这种情况下的轴测图为正面斜二测图。这是正面斜二测图的特点之二。

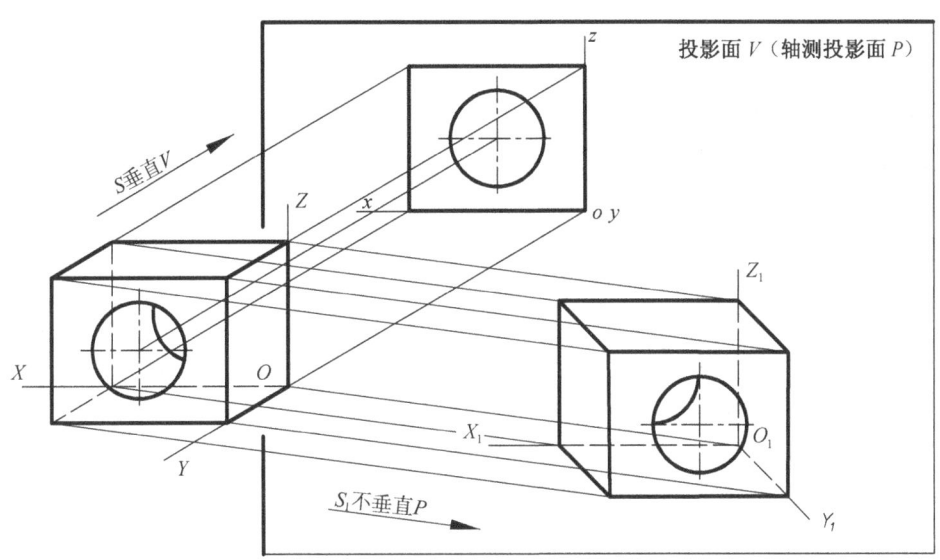

图 7-18 斜轴测图的形成及其特点

常用的正面斜二测图的轴测轴画法如图 7-19 所示。

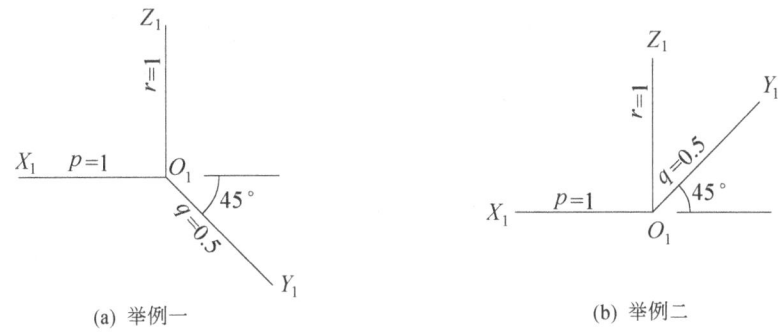

(a) 举例一   (b) 举例二

图 7-19 正面斜二测图的轴测轴画法

例 7-6 已知台阶的三面投影（图 7-20a），求作它的正面斜二测图。

分析：因台阶的侧面较能体现该形体的形状特征，根据上述斜轴测图的特点，宜选择这个面作为斜轴测图的正面，并考虑形体的具体情况选定坐标轴的位置及轴测轴，如图 7-20a、b 所示。

作图：第一步仍是先画出轴测轴 O_1X_1、O_1Y_1、O_1Z_1，然后在 $Y_1O_1Z_1$ 面上画出与三面投影图中的侧面投影形状完全相同的图形（图 7-20b）。第二步是沿 O_1X_1 轴方向画一系列平行线，并按 $p=0.5$ 截取台阶的长度（图 7-20c），最后画出台阶后表面的可见轮廓线，加深图线，完成作图（图 7-20d）。

由于斜轴测图有如此特点，所以对于只有一面形状比较复杂的形体常采用正面斜二测图去表现，这样画图既简便，效果也很好，如图 7-21 所示的预制混凝土花饰的斜二测图和图 7-22 所示的花窗的斜二测图便为实例。

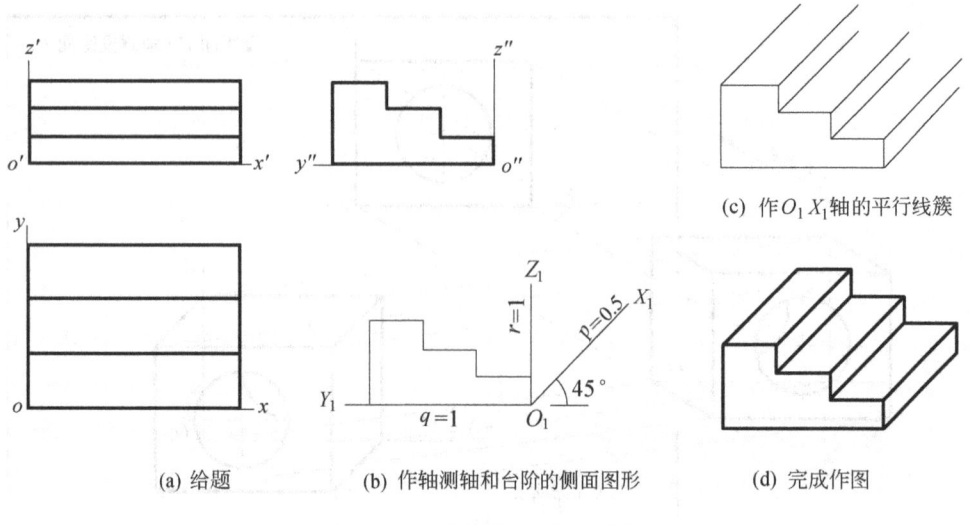

(a) 给题　　(b) 作轴测轴和台阶的侧面图形　　(c) 作O_1X_1轴的平行线簇　　(d) 完成作图

图 7-20　台阶的正面斜二测图

(a) 花饰一　　(b) 花饰二

图 7-21　花饰的正面斜二测图

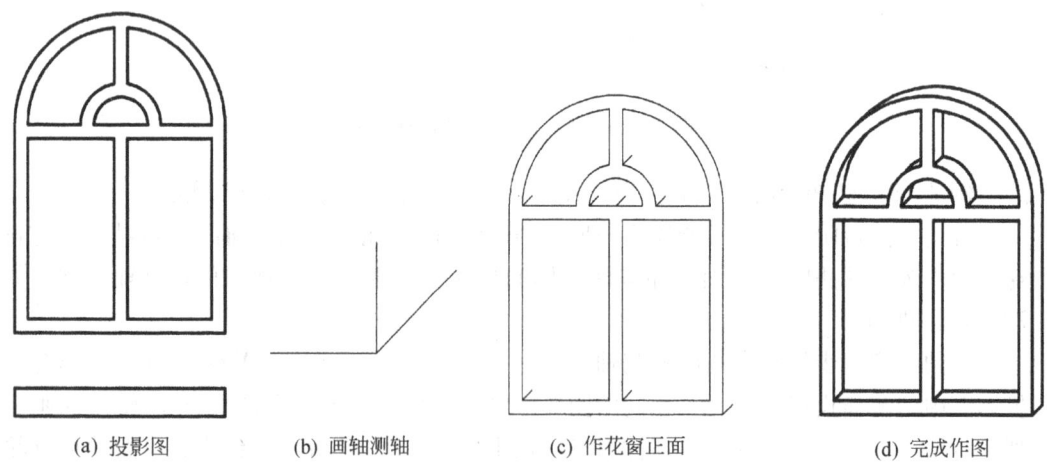

(a) 投影图　　(b) 画轴测轴　　(c) 作花窗正面　　(d) 完成作图

图 7-22　花窗的正面斜二测图

96

*7.4 水平斜轴测图

水平斜轴测图又称为鸟瞰轴测图。如图 7-23 所示，当形体上的坐标面 XOY 平行于轴测投影面 P，且采用斜投影法（S_1 不垂直于 P）进行投射时，在 P 面上所得的投影为水平斜轴测图。水平斜轴测图常用的轴间角及轴向伸缩系数见图 7-24。

当取 $p=q=r=1$ 时，所得的为水平斜等测图。

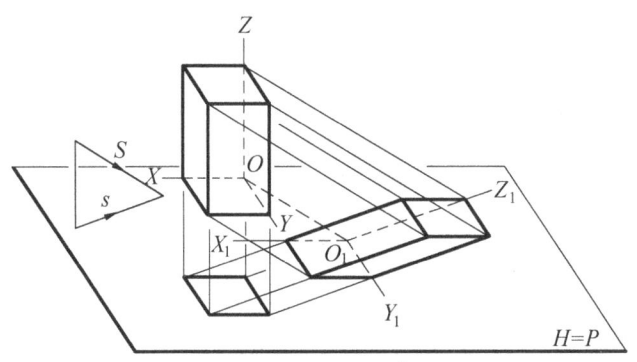 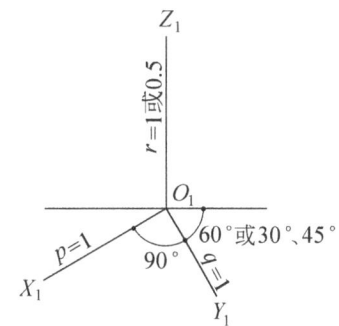

图 7-23　水平斜轴测图的形成　　　图 7-24　水平斜轴测图的轴间角及
　　　　　　　　　　　　　　　　　　　　　　　轴向伸缩系数

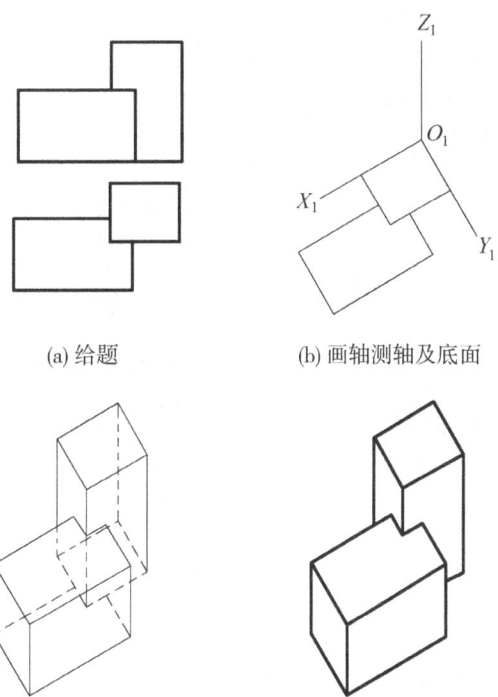

(a) 给题　　　　　　　(b) 画轴测轴及底面

(c) 画竖线及顶面　　(d) 区分可见性，加粗图线，完成作图

图 7-25　作建筑形体的水平斜等测图

例如要画图 7-25a 所示建筑形体的水平斜等测图。选定轴测轴后就可按图 7-25b、c、d 的过程逐步完成。

水平斜轴测图适用于水平面上具有较复杂图案的形体。因此，在工程上常用来表达建筑群体（小区）的总体布置以及建筑物与道路、绿化、管线的相对位置的总平面图。

如图 7-26 所示为广州西汉南越王博物馆的鸟瞰轴测图。图 7-27 为某餐厅的平面布置设计效果图。

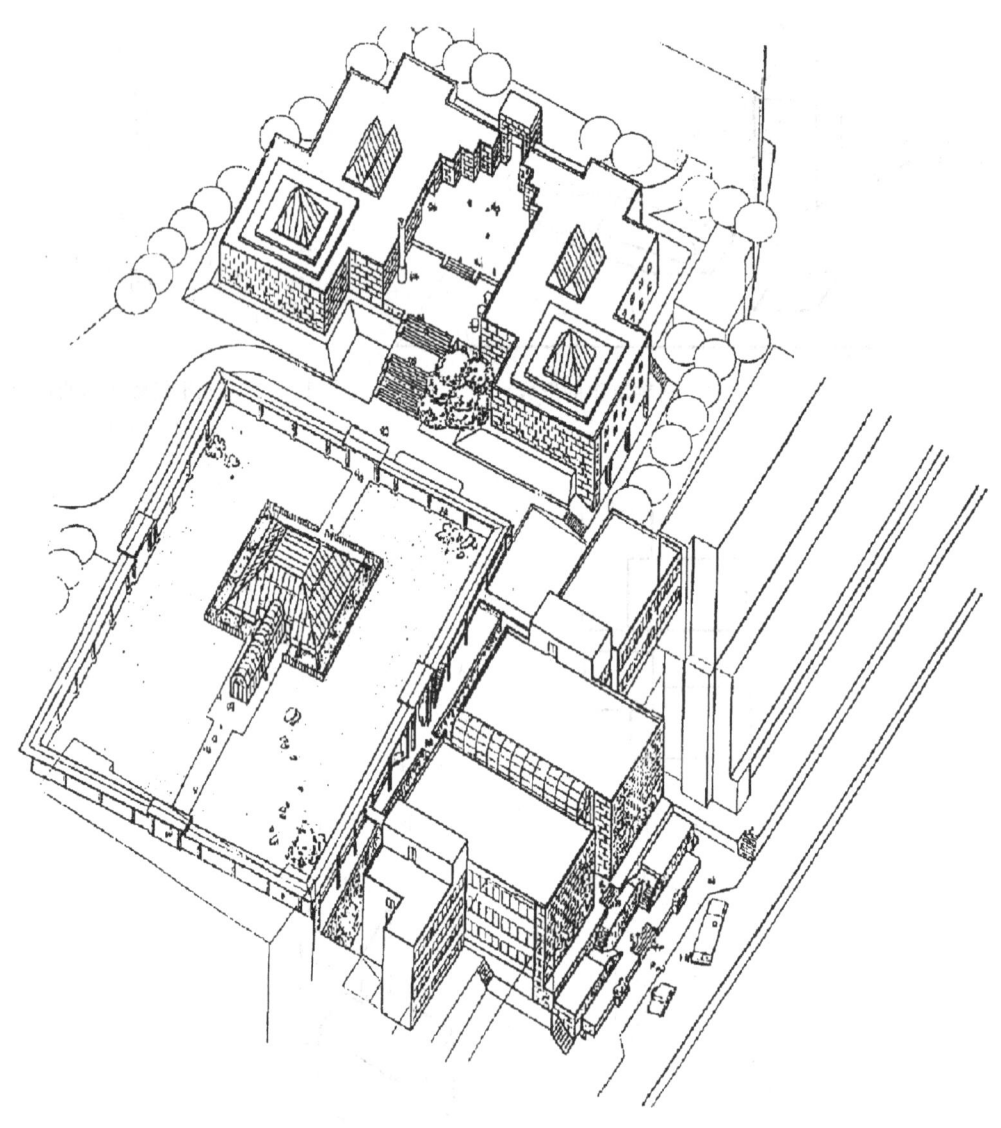

图 7-26　广州西汉南越王博物馆的鸟瞰轴测图

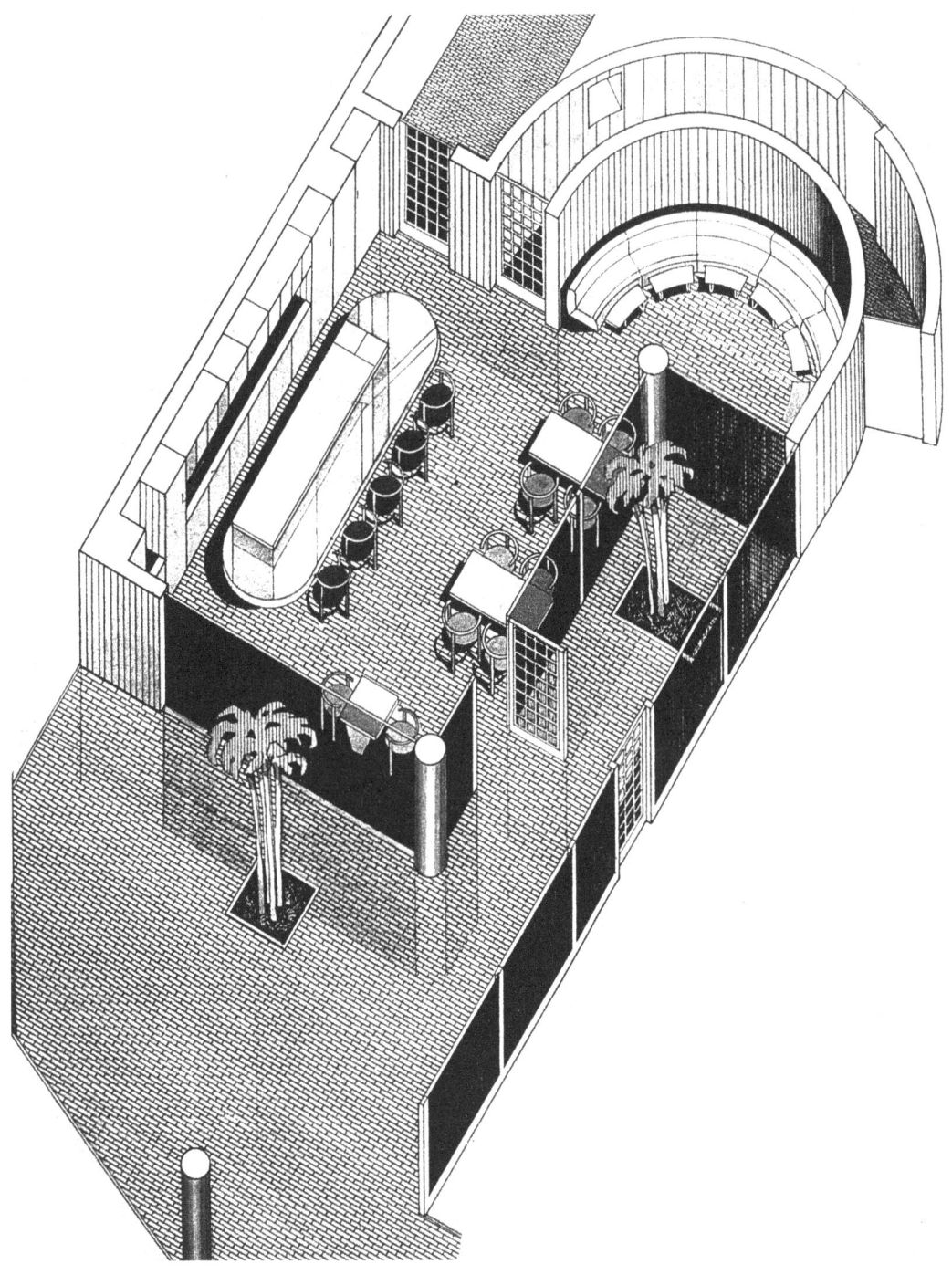

图 7-27 某餐厅的平面布置设计效果图

第 8 章　透视投影的基本原理[①]

8.1　透视投影的基本知识

透视投影是用中心投影法将空间几何元素或形体投射到一个投影面上，获得的能反映出其三维空间形象，具有近大远小等视觉效果的一种单面投影。透视投影的基本性质是立体感较强，度量性较差，学习时宜特别注意掌握好解决透视度量定位问题的各种方法。

8.1.1　透视投影的形成

透视投影是用中心投影法作出的投影。图 8-1 形象地表示了透视投影形成的直观模式。从投射中心（相当于人的眼睛）向形体引一系列投射线（相当于人的视线），投射线与投影面（画面）的交点的集合即为形体的透视投影（简称透视图或透视）。

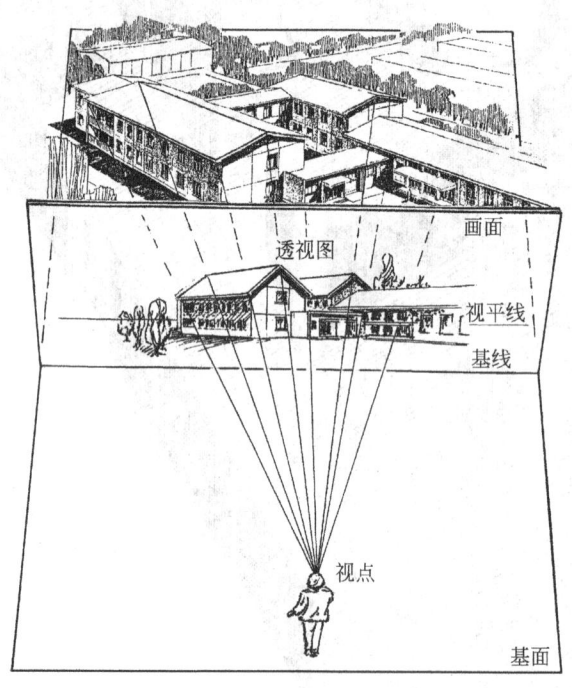

图 8-1　透视投影的形成

注：① 对本章内容的教学，宜特别注意引导学生把从前置课程——《美术》中学到的关于透视原理的感性知识，与这里的点、线、面的透视投影理论很好地结合起来；而不必过分地纠结于它们的抽象分析，只着重指出其结论即可，这样反而实在些。

8.1.2 术语和符号

为了便于说明和使读者易于理解和掌握透视投影的原理和画法，下面先介绍有关的术语和符号（图 8-2，声明者除外）。

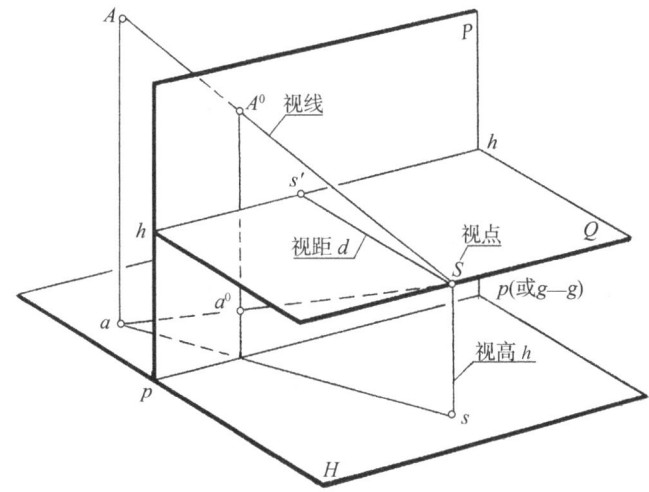

图 8-2 透视的基本术语和符号

(1) 基面 H——放置空间形体或建筑物的水平面（参阅图 8-1），相当于正投影图中的水平投影面。

(2) 画面 P——绘画透视图的平面，一般以垂直于基面的平面作为画面（参阅图 8-1）。也可用倾斜的平面作为画面（见第 9 章图 9-3）。

(3) 基线 p—p 或 g—g——画面与基面的交线。在平面图中用 p—p 表示画面的位置，在画面上则以 g—g 表示基线的位置。

(4) 视点 S——投射中心。相当于人的眼睛。

(5) 站点 s——视点 S 在基面上的正投影。相当于人站立的位置。

(6) 主点 s'——视点 S 在画面上的正投影，即过 S 所作的画面垂直线（主视线 Ss'）的垂足。

(7) 视高 h——视点到基面的距离即 Ss 之长，相当于人眼到地面的高度。

(8) 视距 d——视点到画面的距离，亦即主视线 Ss' 之长。

(9) 视平线 h—h——过视点 S 的水平面与画面的交线，即过主点 s' 在画面上所作的水平线。

(10) 视线（投射线）——过视点 S 与空间任意点的连线。

(11) 点的透视——通过空间点的视线与画面的交点，例如点 A 的透视为 A^0。这个视线与画面的交点又称为视线迹点。

(12) 点的基透视——空间点的水平投影的透视，例如水平投影 a 的基透视为 a^0。

(13) 灭点 F——直线上无穷远点的透视。其中，与画面相交的水平线的灭点在视平线上（图 8-5、图 8-6）。

*8.2 点的透视

8.2.1 空间任意点的透视

当视点 S 和空间点 A、B、C 的位置确定之后，它们在画面 P 上可有唯一确定的透视 A^0、B^0、C^0。一般来说，要确定 A^0、B^0、C^0 在画面 P 上的具体位置，通常需借助于它们的基透视 a^0、b^0、c^0 才能得出。如图 8 - 3 所示，先过站点 s 作视线的水平投影 sa 与 p—p 相交于 a_p，再过 a_p 向上引竖直线在 Sa 上定出 a^0，然后再利用 a^0 来求出 A^0。

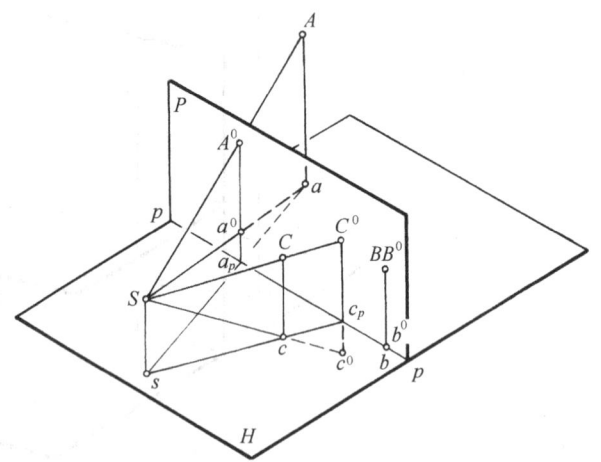

图 8 - 3 空间任意点的透视

位于画面 P 上的点 B，它的透视 B^0 与其本身重合；它的基透视 b^0 与水平投影 b 重合，并且落在基线 p—p 上。此时，点 B^0 到基线 p—p 的距离，直接反映了点 B 到 H 面的距离。

位于画面 P 前方的点 C，它的透视 C^0 的作法与上述基本相同。

8.2.2 透视投影的不可逆性

一个空间点 A 在画面上可有唯一确定的透视 A^0，但是反过来，仅据 A^0 却不能确定点 A 的空间位置（图 8 - 4）。因为视线 SA 上的所有点 A_1，A_2…的透视都重合于 A^0。不过，

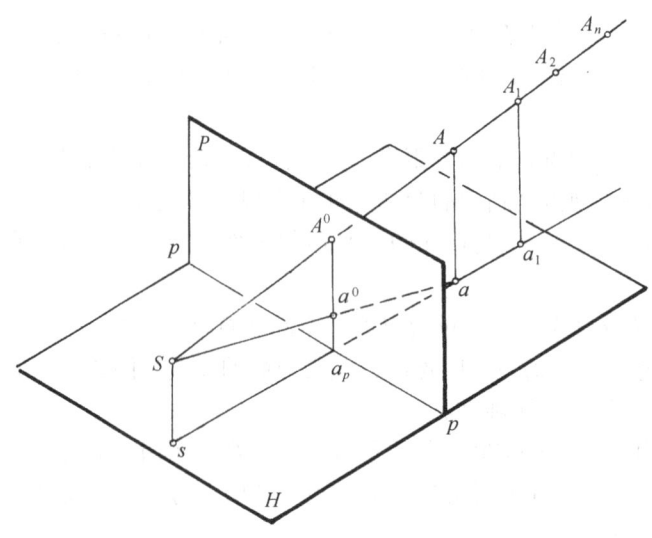

图 8 - 4 透视的不可逆性

当给定点 A 的基透视 a^0 之后，点 A 的空间位置就可唯一确定了。所以具体作图时，通常要先正确地定出解题所需的基透视。

*8.3　直线的透视

直线的透视在一般情况下仍是直线。当直线通过视点时，其透视积聚为一点；当直线位于画面上时，其透视与本身重合。这是各种直线共同的透视投影特性。但是，根据直线在空间位置的不同，又可有各自的透视投影特性。

8.3.1　画面相交线的透视

与画面相交的直线有一般位置直线、与画面相交的水平线、与画面垂直的直线三种。由于第一种在透视作图时一般不对它直接度量定位，所以在这里只阐述后两种的透视特性和画法。

8.3.1.1　与画面相交的水平线

（1）空间分析（图 8-5a）

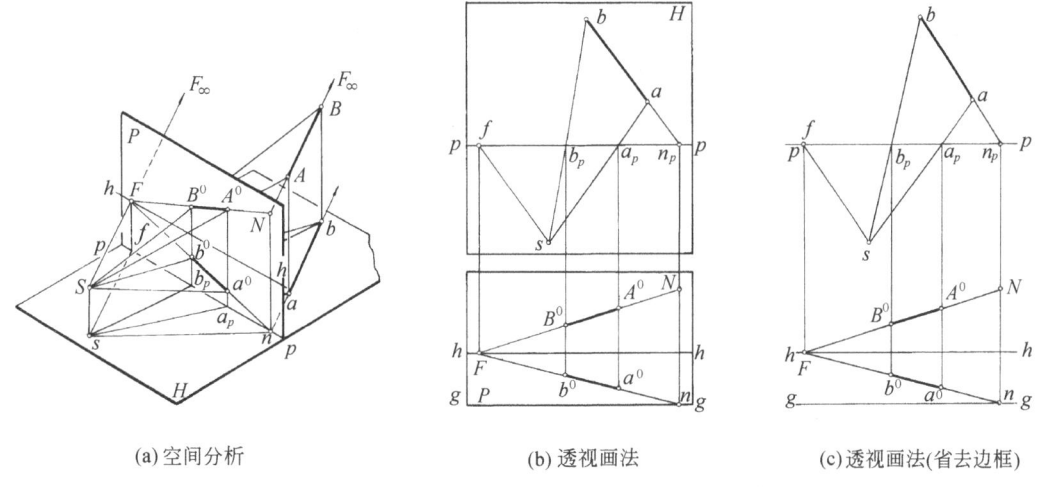

(a) 空间分析　　　　(b) 透视画法　　　　(c) 透视画法(省去边框)

图 8-5　与画面相交的水平线的透视

将直线 AB 延长与画面 P 相交于点 N，则点 N 的透视是它的本身，而且点 N 到基线的距离等于直线 AB 到基面的距离。又将水平投影 ab 延长与基线相交于 n，则点 n 的透视是它的本身，同时也是点 N 的基透视。

再将直线 AB 向后延长至无穷远处得点 F_∞，过视点 S 作视线 $SF_\infty/\!/NF_\infty$ 而与画面相交于点 F。于是得直线 AB 上无穷远点的透视 F。根据灭点的定义，我们把该点 F 称为该直线 AB 的灭点。从图中可见，由于 $SF/\!/AB/\!/H$，故该灭点 F 必在画面 P 的视平线 h—h 上。

从图中还可看出，空间直线 NF_∞ 是无限长的直线，但其透视 NF 却是有限长的线段。我们把这条有限长的线段称为该直线 AB 的全长透视，把 nF 称为该直线的全长基透视。

过视点 S 分别作视线 SA、SB 与画面（即与全长透视 NF）相交于 A^0、B^0，则 A^0B^0 为

直线 AB 的透视。同理，分别作视线 Sa、Sb 与画面（即与全长基透视 nF）相交于 a^0、b^0，则 $a^0 b^0$ 为直线 AB 的基透视。

(2) 透视作图

根据正投影图画透视图时，通常把基面 H 连同其上的投影放在图纸的上方，而把透视图所在的画面 P 放在基面 H 的正下方，如图 8-5b 所示。在基面 H 上过站点 s 作视线的投影 $sf // ab$，而与基线 $p—p$ 相交得点 f；再过点 f 向下引竖直线便可在画面 P 的视平线 $h—h$ 上得出灭点 F。

将水平投影 ab 延长与基线 $p—p$ 相交得点 n_p，过点 n_p 向下引竖直线在基线 $g—g$ 上定出点 n，再根据已知直线 AB 到基面的距离在该竖直线上定出点 N。于是，将点 N、F 相连得直线 AB 的全长透视 NF，将点 n、F 相连得直线 AB 的全长基透视 nF。

最后，过站点 s 分别作视线的投影 sa、sb 与 $p—p$ 相交得点 a_p、b_p，再分别过点 a_p、b_p 向下引竖直线，便可分别在全长透视 NF、全长基透视 nF 上得出直线 AB 的透视 $A^0 B^0$ 和基透视 $a^0 b^0$。

现在再审视图 8-5b，发现基面 H 和画面 P 的边框只起到象征性的意义，对求作透视图没有实际的作用，所以可把它省去不画，如图 8-5c 所示。以后求作透视图时通常都不要画出边框。只画出 $p—p$、$h—h$、$g—g$ 三条互相平行的直线即可。

通过上述分析与作图，可以得出以下结论：与画面相交的水平线的透视及基透视，其灭点必在视平线上并且为同一个点。其透视长度必小于空间直线的实长。

8.3.1.2 与画面垂直的直线

(1) 空间分析（图 8-6a）

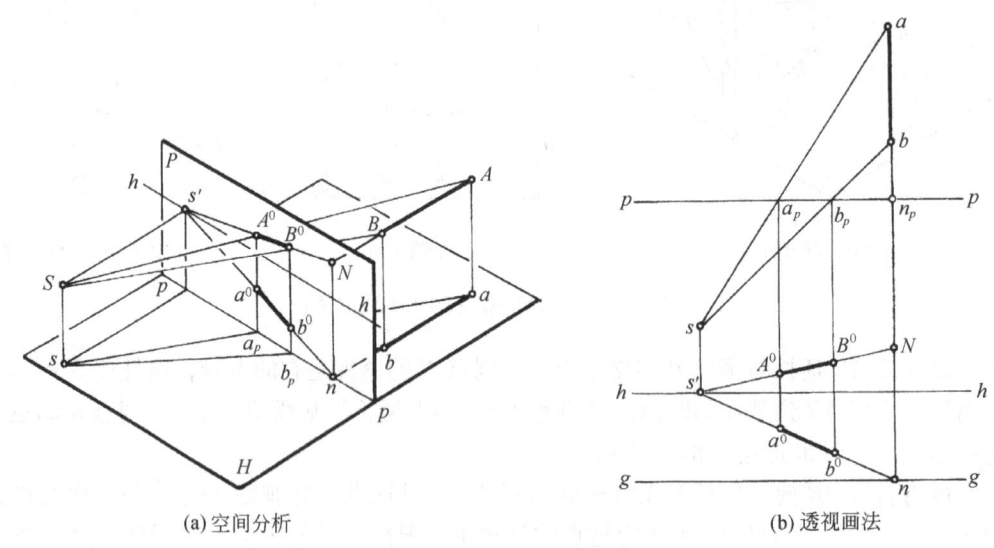

(a) 空间分析　　　　(b) 透视画法

图 8-6　画面垂直线的透视

与画面垂直的直线是与画面相交的水平线的特例。当过视点 S 作视线平行于画面垂直线 AB 时，该视线与画面的交点即灭点必与主点 s' 相重合。其余空间分析与上述基本相同，请读者自行分析。

(2) 透视作图（图 8-6b）

过站点 s 分别作视线的投影 sa、sb 与基线 $p—p$ 相交，再过交点分别向下引竖直线与全长透视 $s'N$ 和全长基透视 $s'n$ 相交，于是得直线的透视 A^0B^0 和基透视 a^0b^0。

通过上述分析与作图，也可以得出以下结论：画面垂直线的透视及其基透视均为指向主点 s' 的直线，亦即主点 s' 是画面垂直线的灭点。

8.3.2 画面平行线的透视

与画面平行的直线，又可有：基面垂直线、同时与基面和画面平行的直线、与基面相交的画面平行线三种。此三种直线，在透视图中均没有灭点，这是它们共同的透视特性。

8.3.2.1 基面垂直线

(1) 空间分析（图 8-7a）

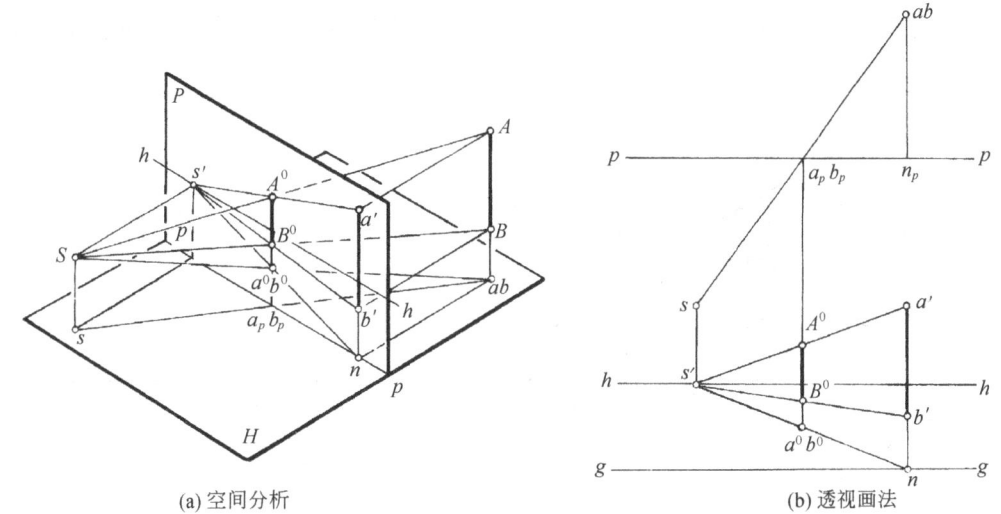

(a) 空间分析　　　　　　　　　　　(b) 透视画法

图 8-7　基面垂直线的透视

将基面垂直线 AB 及其垂足 ab 用垂直于画面 P 的辅助直线①引至画面上，得反映该基面垂直线真高的投影 $a'b'$ 及其足点 n。这些垂直于画面的辅助直线的灭点与主点 s' 重合。连接 $s'a'$、$s'b'$ 和 $s'n$，分别与视线 SA、SB、Sab 相交，其交点分别为视线迹点 A^0、B^0、a^0b^0，亦即求得直线 AB 的透视 A^0B^0 和基透视 a^0b^0。

(2) 透视作图（图 8-7b）

过站点 s 作视线的投影 sab 与基线 $p—p$ 相交于点 a_pb_p，并过该点向下引竖直线。

再过水平投影 ab 引垂直于画面 P 的辅助直线交基线 $g—g$ 于点 n，并过 n 作竖直线和在该竖直线上截取直线 AB 的真高得点 a'、b'；然后再在视平线 $h—h$ 上定出主点 s'，连接 $s'a'$、$s'b'$ 和 $s'n$，分别与上述过 a_pb_p 所作的竖直线相交，便可求得直线 AB 的透视 A^0B^0 和基透视 a^0b^0。

注：① 也可用任意方向的水平线作为辅助直线，此时该辅助直线的灭点则需另求。

于是又得出结论：基面垂直线的透视仍为垂（竖）直线，其基透视为一个点。至于求基面垂直线透视高度的方法，通常是先用辅助直线把它的真高引至画面上，然后通过透视作图求出。

8.3.2.2 同时与基面和画面平行的直线

(1) 空间分析（图8-8a）

先将空间直线 AB 及其投影 ab 分别用垂直于画面的辅助直线引至画面上，并在视平线上定出主点 s′ 之后，再分别求出各个视线迹点并连接之，于是得直线 AB 的透视 A^0B^0 及其基透视 a^0b^0。

(2) 透视作图（图8-8b）

过站点 s 分别作视线的投影 sa、sb 与基线 p—p 相交，过交点 a_p、b_p 分别向下引竖直线。再过主点 s′ 作视线的投影 s′a′、s′b′…分别与上述竖直线相交，于是可求得直线 AB 的透视 A^0B^0 及基透视 a^0b^0。

于是亦得出结论：此种直线的透视及基透视均与该直线本身平行，亦即平行于基线。

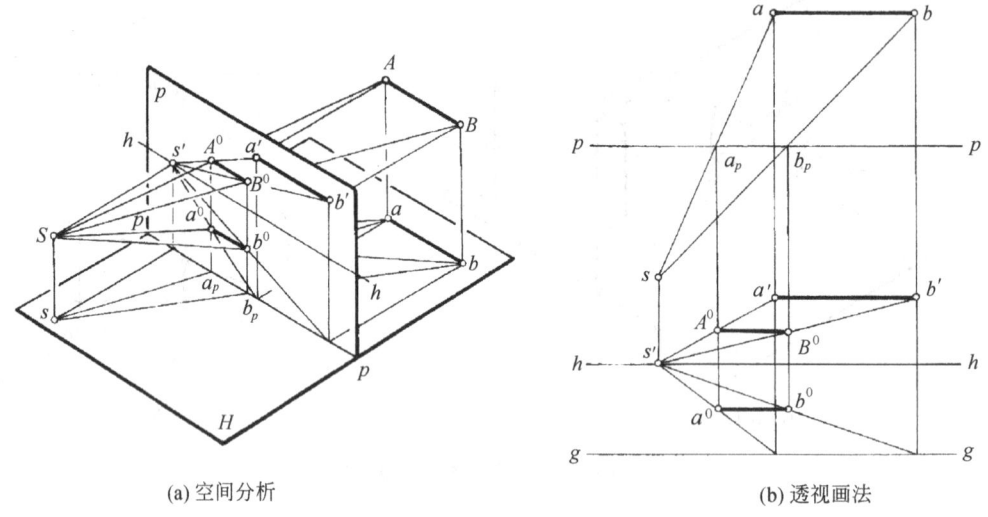

(a) 空间分析　　　　　　　　(b) 透视画法

图8-8　同时与基面和画面平行的直线的透视

8.3.2.3 与基面相交的画面平行线

(1) 空间分析（图8-9a）

先将空间直线 AB 及其投影 ab 用垂直于画面的辅助直线引至画面上，再在视平线上定出主点 s′ 之后，即可分别求出各个视线迹点，从而得出直线 AB 的透视 A^0B^0 及基透视 a^0b^0。

(2) 透视作图（图8-9b）

作图结果如图8-9b所示。

于是再得出结论：这种直线的透视与该直线本身平行，它与水平线之间的夹角反映该直线对基面的倾角。它的基透视则与基线平行。

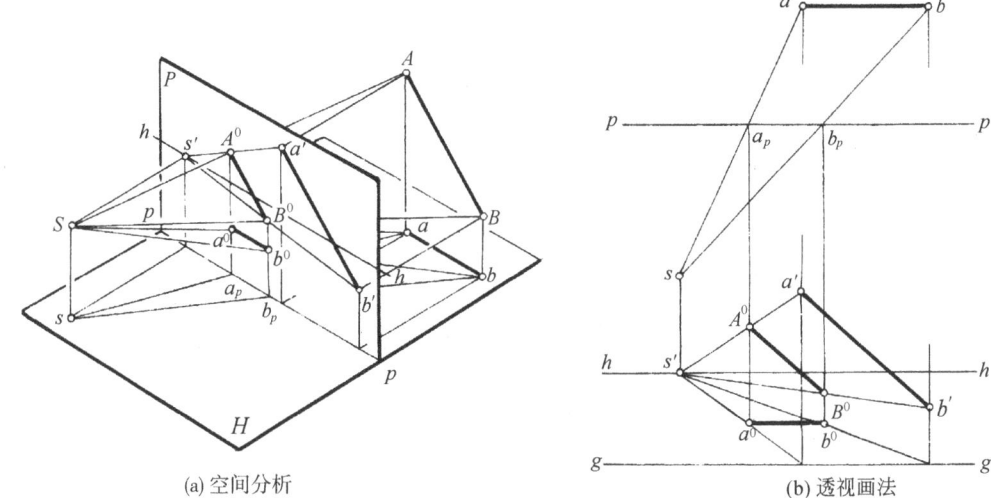

(a) 空间分析   (b) 透视画法

图 8-9　与基面相交的画面平行线的透视

*8.4　平面的透视

在透视图中，平面通常由用直线围成的多边形表示。在一般情况下多边形的透视仍为边数相等的多边形。只有当平面通过视点时，其透视才积聚为一条直线。因此，作平面图形的透视，归根到底就是作该平面图形轮廓线的透视。

如图 8-10a 所示，设有一矩形平面 $ABCD$ 位于基面上（图中用其水平投影 $abcd$ 标记，为了作图简便又设顶点 a 在基线 p—p 上，即令透视 A^0 与 a 重合），过视点 S 分别作视线平行于矩形的两组平行边而与视平线 h—h 相交，于是求得两个灭点 F_X、F_Y。显然，利用这两个灭点即可分别作出矩形两条边 AD、AB 的全长透视 A^0F_X、A^0F_Y，然后过站点 s 作视线的水平投影 sb、sd 与基线 p—p 相交，再过交点 b_p、d_p 分别引竖直线求出两条全长透视上的点 B^0、D^0，最后，再分别过 B^0、D^0 作透视线，这样就可完成矩形透视 $A^0B^0C^0D^0$ 的作图。

在这个透视中，原来相互平行的轮廓线不再相互平行，原来长度相等的轮廓线也不再相等，而产生了近大远小的变化。此外，由于边长 AD、AB 分别为矩形的长度（主向 X 的边长）和宽度（主向 Y 的边长），故其灭点分别用 F_X、F_Y 表示，并称之为主向灭点，简称灭点。

该矩形平面的透视画法如图 8-10b 所示：

①在图纸的上方画出基面 H 上所有的投影，包括基线 p—p 和其后方的矩形 $abcd$，以及其前方的站点 s。

②在基面 H 的正下方根据给定的条件和要求在适当的位置上画出画面 P 上的基线 g—g 和视平线 h—h。

③过站点 s 作 sf_x // ad、sf_y // ab 分别与 p—p 相交于 f_x、f_y，据此，向下引竖直线，可求得位于视平线 h—h 上的两个灭点 F_X、F_Y。

④由于点 a 在基面 H 的 p—p 上，所以其透视 A^0 必在画面 P 的 g—g 上；在画面 P 上连接 A^0F_X、A^0F_Y 得矩形两直线边 AD、AB 的全长透视。

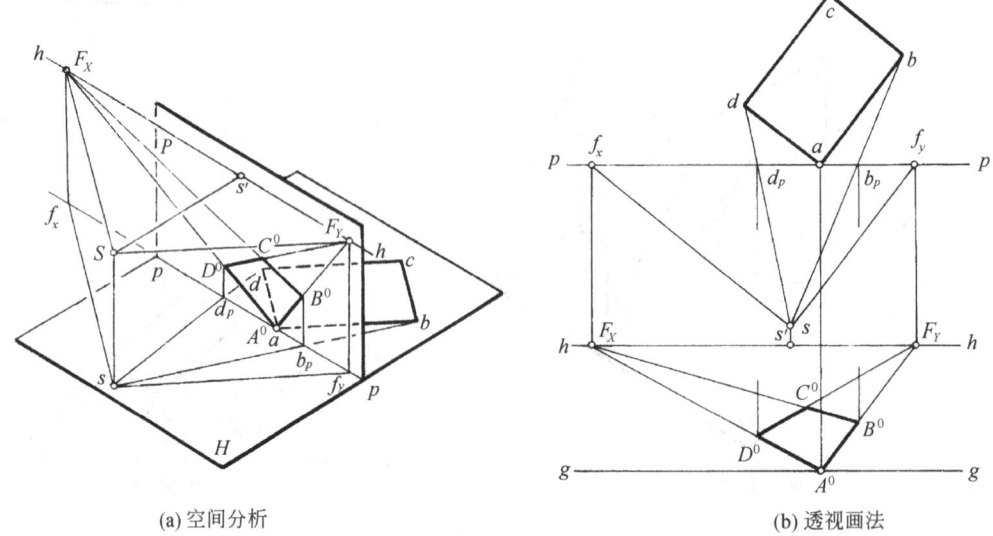

(a) 空间分析 (b) 透视画法

图 8-10 矩形平面的透视特征及画法

⑤在基面 H 上画出视线的投影 sd、sb 分别与基线 p—p 相交于 d_p、b_p，再分别过 d_p、b_p 向下引竖直线与画面 P 上的全长透视 A^0F_X、A^0F_Y 相交于 D^0、B^0，于是 A^0D^0、A^0B^0 分别为两直线边 AD、AB 的透视。

⑥最后在画面 P 上分别作透视线 B^0F_X、D^0F_Y 相交于 C^0，于是得四边形 $A^0B^0C^0D^0$；此四边形即为所求的透视（这个位于基面上的平面图形的透视实际上也是基透视）。

例 8-1 已知位于基面上的某平面图形，并给定 p—p 和站点 s 的位置如图 8-11a 所示，设视高为 h，试画出该平面图形的透视。

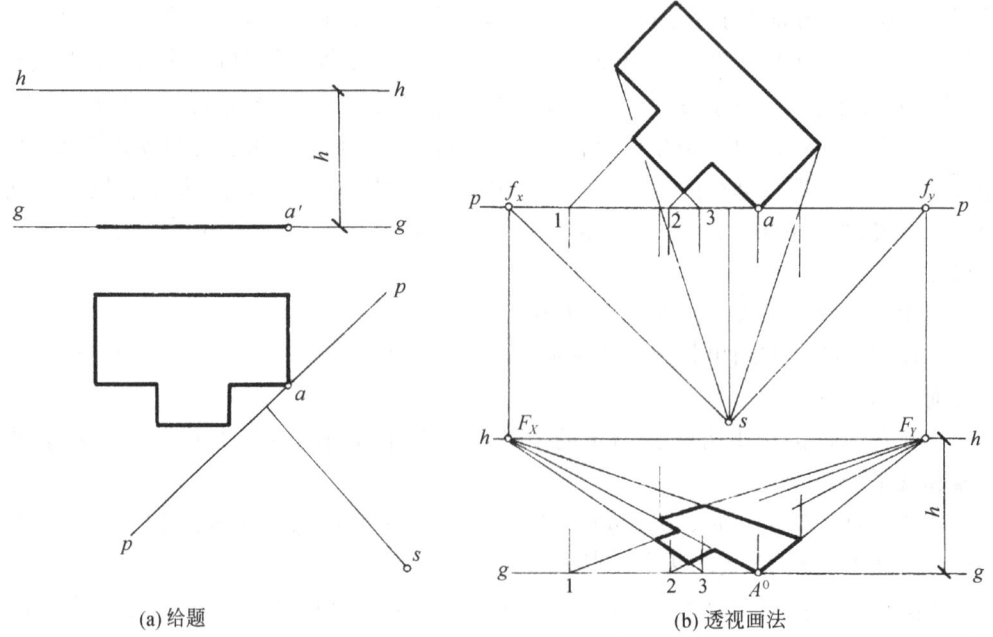

(a) 给题 (b) 透视画法

图 8-11 某平面图形的透视

分析：该平面图形亦为位于基面上的平面图形，所以该平面图形的透视亦为基透视。其作图方法与上述基本相同。

作图：

①在图纸的上方画出一条水平的基线 p—p，再按图 8 - 11a 给定的相对位置画出该平面图形及站点 s，并求出 f_x、f_y。

②在图纸下方的适当位置画出一条水平的基线 g—g，在 g—g 上对应于该平面图形的顶点 a 定出一点 A^0；然后据视高 h 画入视平线 h—h，并根据所求出的 f_x、f_y 定出两个灭点 F_X、F_Y。

③进一步画出该平面图形主向轮廓的全长透视 A^0F_X、A^0F_Y；对该平面图形中部凸出的部位，可顺其方向用直线引至基线上得点 1、2、3，于是就可依次画出凸出部位的全长透视 $1F_Y$、$2F_Y$、$3F_X$。它们彼此相交，取其有效部分就可得到该平面图形的透视。

例 8 - 2 已知矩形铅垂面 ABCD 的两面投影，并设定基线 p—p、视平线 h—h、站点 s 的相对位置如图 8 - 12a 所示，试画出它的透视图。

分析：从题目所给出的两面投影可知，该矩形铅垂面的底边 BC 在基面上（因 b'c' 在 g—g 上），但不与画面相交（因 bc 不与 p—p 相交）。为了解决该铅垂面透视高度的度量问题，可将该铅垂面向前延伸，借助它与画面 P 的交线——真高线去解决。

作图：如图 8 - 12b 所示，将该矩形铅垂面的积聚投影 abcd 向前延伸与 p—p 相交，过交点引竖直线，于是可得出反映该矩形铅垂面高度的真高线 $a_p b_p$；再作 sf_y // abcd 而与 p—p 相交于 f_y，据此可在视平线 h—h 上定出灭点 F_Y。最后通过作图不难得出该矩形铅垂面的透视 $A^0 B^0 C^0 D^0$。其基透视 $a^0 b^0 c^0 d^0$ 与 $B^0 C^0$ 重合。

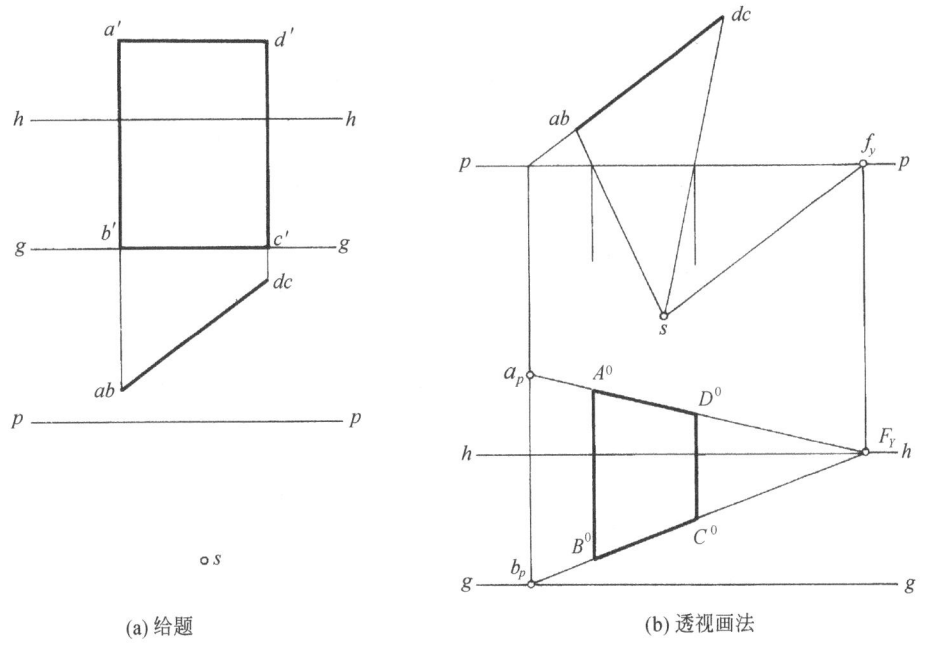

(a) 给题　　　　　　　　(b) 透视画法

图 8 - 12　矩形铅垂面的透视

8.5 形体的透视

求作形体的透视时,为了获得满意的视觉效果,应根据形体的造型特点和对透视形象的要求,选择好画面相对于形体的倾斜角度和视点的位置,然后按一定的方法和步骤画出

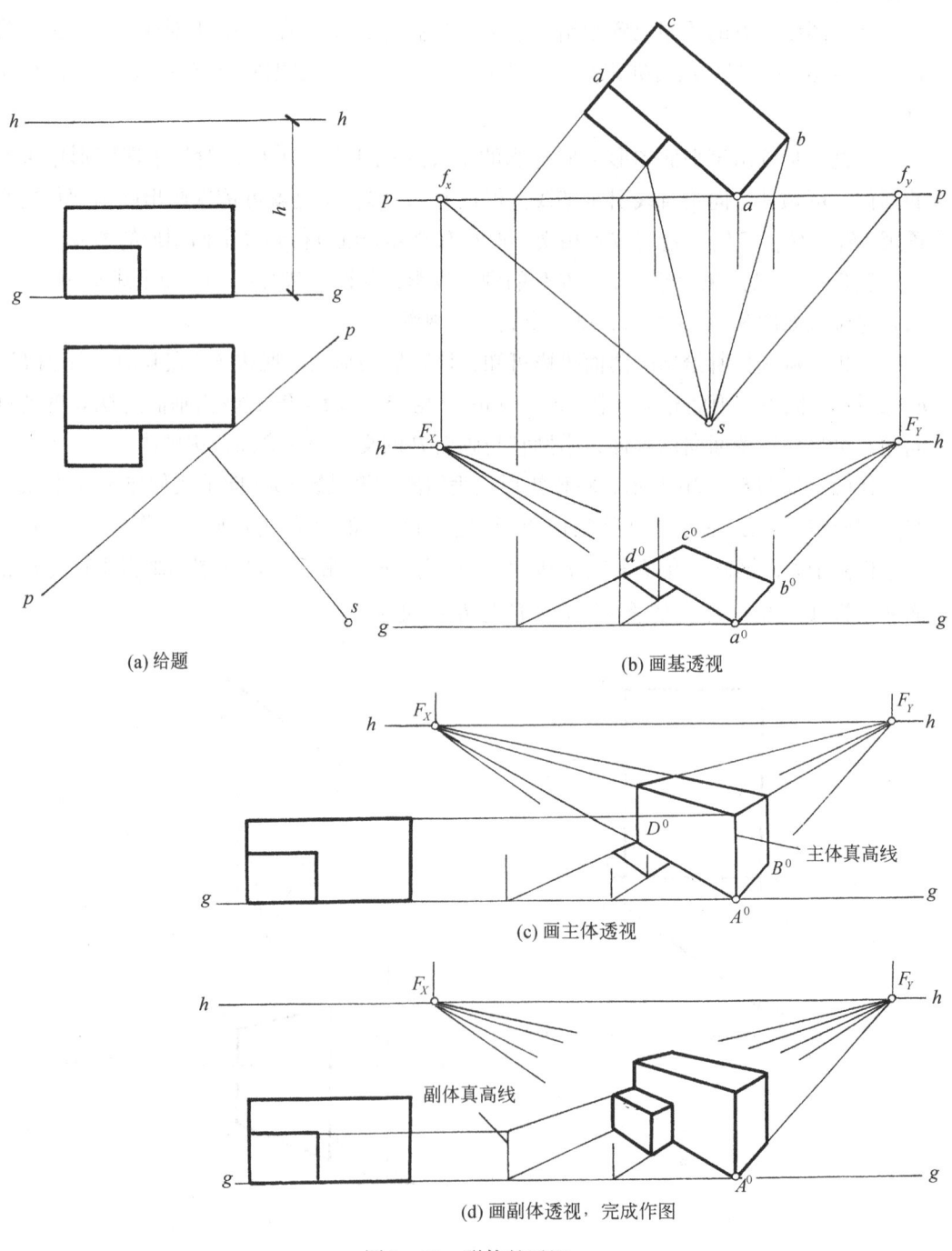

图 8-13 形体的透视

它的透视图。

例如图8-13a所示,当画面相对于形体的倾斜角度(表现为 p—p 相对于平面图中主向轮廓线的倾斜角度)、视点的位置(表现为站点 s 相对于 p—p 和视平线 h—h 相对于 g—g 的位置)选定之后,就可以按下列步骤画出它的透视图。

①先画形体的基透视,即画其水平投影的透视,解决形体的长度和宽度两个方向上的度量问题(图8-13b)。

②进行形体高度的透视作图,即解决高度方向上的度量问题。如图8-13c所示,利用正面投影中给出的主体高度定出顶点 A^0 处的真高线,据此真高线便可逐步画出主体部分的透视。

③再将副体基透视的任一条边线延长,并过它与基线的交点竖真高线,亦可据此逐步画出副体部分的透视(图8-13d)。

④最后区分可见性并加深图线,完成作图。

由该例可知,如果画面 p—p 相对于平面图中主向轮廓线的倾斜角度不同,或者站点的位置或视高不同,所得的透视形象就会有所不同,亦即其表现效果就会不同。对于这些问题,将在下一章中进行探讨。

8.6 小结

综上所述,如图8-8、图8-9所示,运用过视点 S(s、s')有选择地作一系列视线的水平投影和正面投影,分别求出它们与画面的交点(即视线迹点),然后按实际情况依次用线条把所求出的点连接起来,从而获得透视图的方法,通称视线法。这是直接根据透视投影原理而得到的一种原始的作图方法。它比较直观,容易理解。但在实用上由于每次操作只能获得一个点的透视,作图比较烦琐,条理性欠佳。

为了优化作图程序,从图8-10至图8-13可以看出,这些图仅沿用了上述视线法中的"作一系列视线的水平投影"这一步,而另一步则是改为"运用主向轮廓线的灭点并直接画出主向轮廓线的全长透视"……显然,用这样的方法,其作图过程比原始的视线法,有条有理了许多。

是以在实际工作中,通常不把视线法作为一种基本画法单独使用,但不是说视线法一无用处,必要时可把它作为一种辅助手段,去解决用其他方法不方便解决的某些独特的问题。

第9章 建筑透视图的分类和基本画法

9.1 建筑透视图的分类

应用于表现建筑物及其环境三维空间形象的透视图，通称建筑透视图。在实际工作中，由于视点、画面与建筑物三者之间相对位置的不同，所产生的透视形象就会有所不同。其主要表现为建筑物的长、宽、高三组主向轮廓线在透视图中有没有灭点。根据灭点的多少（或上述三者之间的相对位置关系）来分，建筑透视图大致上可分为一点透视、两点透视、三点透视（或平行透视、成角透视、斜透视）三类。

9.1.1 一点透视

当画面垂直于基面，视点位于前方，建筑物有一个主立面，即有两组主向轮廓线平行于画面时，这两组主向轮廓线在透视图中没有灭点，而只有垂直于画面的第三组主向轮廓线有一个灭点。这样的透视称为一点透视（或平行透视），如图9-1所示。在此情况下，垂直于画面的轮廓线的灭点与主点s'重合。

一点透视的特点是建筑物主立面不变形，作图相对简易，适用于表现只有一个主立面的形状较复杂的建筑物。由于它能同时显示出室内正面及其上、下、左、右共五个界面（参阅图11-7），纵深感强，所以在室内设计中广泛地获得应用。缺点是比较呆板，不太符合人的一般视觉习惯。

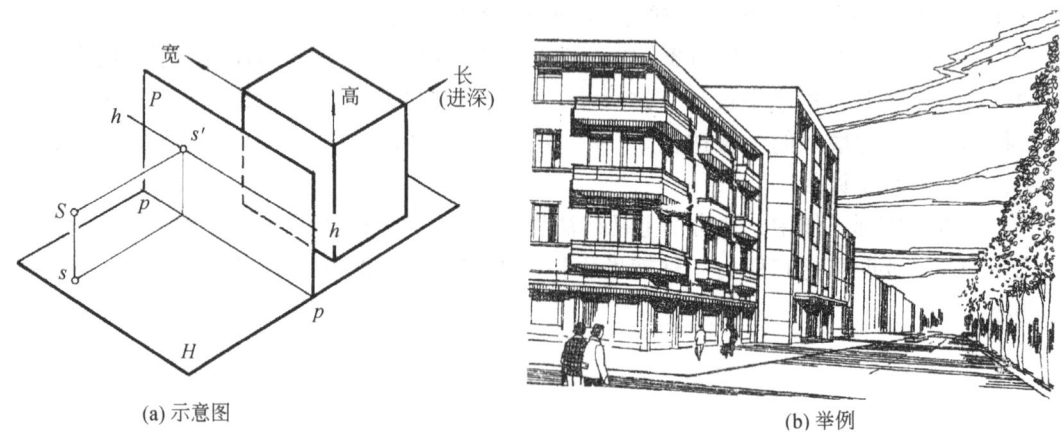

(a) 示意图　　　　　　　　　　　　(b) 举例

图9-1　一点透视

9.1.2 两点透视

当画面垂直于基面，视点位于画面的前方，建筑物有两个相邻的主立面倾斜于画面，即建筑物有两组水平的主向轮廓线与画面相交，而第三组铅垂的主向轮廓线平行于画面时，在透视图的视平线上可有长度和宽度方向上的两个灭点 F_X、F_Y，而高度方向上没有灭点。这样的透视称之为两点透视（或成角透视），如图 9-2 所示。

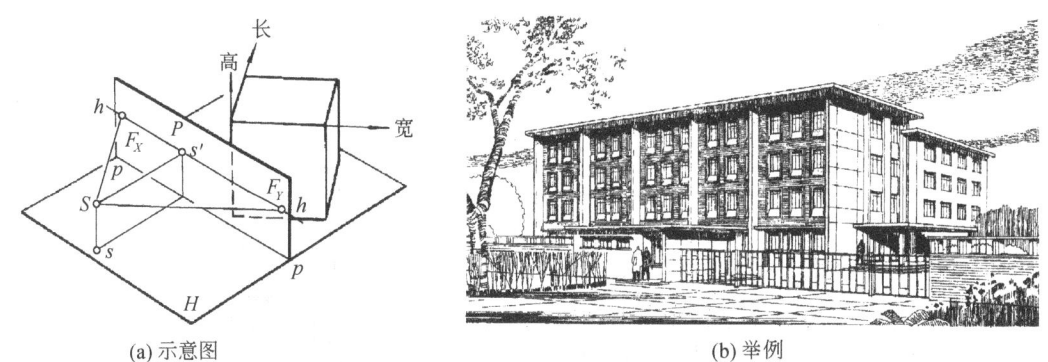

(a) 示意图　　　　　　　　　　　　　(b) 举例

图 9-2　两点透视

两点透视的特点是可以同时着重表现建筑物的两个相邻主立面，表现效果比较活泼和接近人眼的观察习惯，但作图相对一点透视麻烦些。这种图在建筑设计中常用来表现建筑物的外观造型或室内一角的透视。

9.1.3　三点透视

当画面倾斜于基面，视点位于画面的前方，建筑物的三个主要面，亦即长、宽、高三组主向轮廓线都与画面倾斜时，由于在所得的透视图中，其长、宽、高三组主向轮廓线都各有一个灭点 F_X、F_Y、F_Z，所以称之为三点透视（或斜透视），其中，F_X、F_Y 仍在视平线上，如图 9-3 所示。当视点高于建筑物时，第三个灭点 F_Z 落在视平线之下，所得图像具有"俯视"效果，通称"鸟瞰图"。相反，则具有"仰视"效果。

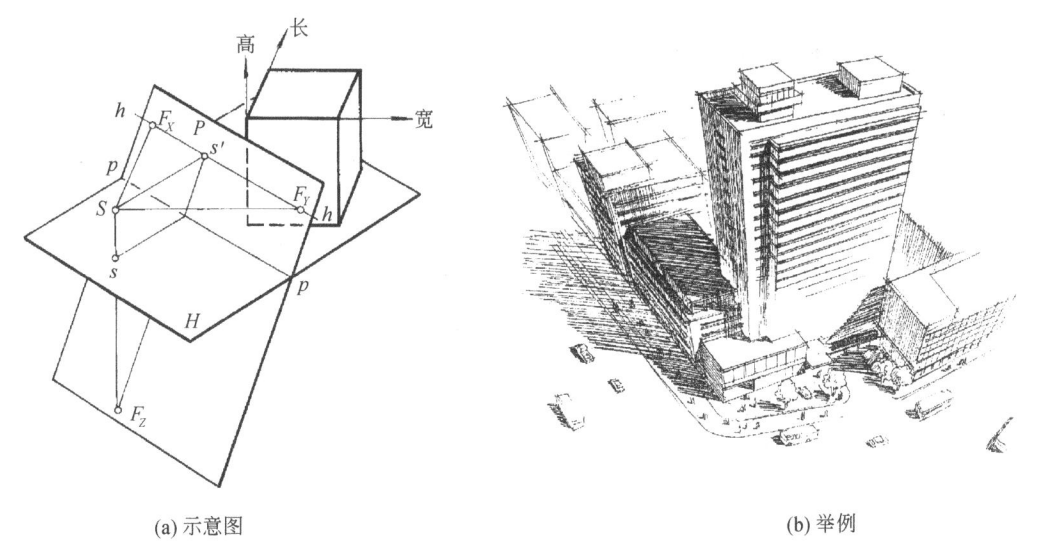

(a) 示意图　　　　　　　　　　　　　(b) 举例

图 9-3　三点透视

当画面倾斜于基面，视点位于画面的前方，建筑物有一个主立面与基线平行，即有一组水平的主向轮廓线与画面平行时，所得的透视图仅在进深和高度方向上各有一个灭点，即仅有一个主点 s' 和一个灭点 F_z，如图 9-4 所示。在此情况下的透视虽然只有两个灭点，但是它具有三点透视的显著特征，故通常将它归于三点透视的范畴。

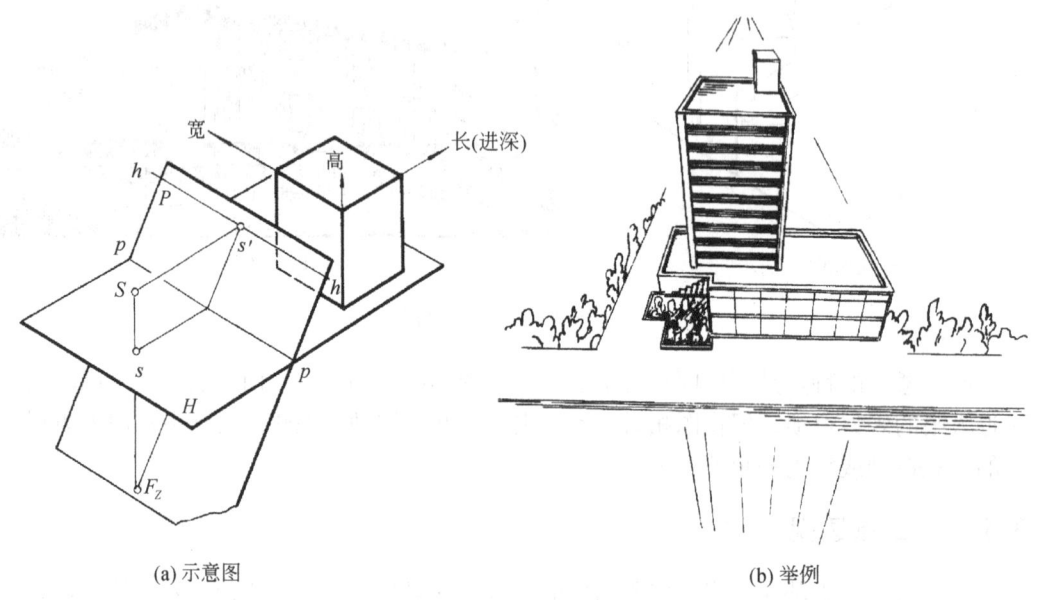

(a) 示意图　　　　　　　　　　　　　(b) 举例

图 9-4　具有三点透视特征的"两点"透视

三点透视适用于表现高耸建筑物的外观、建筑群体的鸟瞰或多层通高的室内大堂，其效果更符合人眼的观感实际，但作图更复杂些。

本教材除专设一章探讨三点透视的作图问题外，其余完全针对一点透视和两点透视。

9.2　透视参数的合理选择

前面说过，根据视点、画面与建筑物三者之间相对位置的不同，所产生的透视形象就会有所不同。为了获得表现效果满意的透视图，在动笔之前必须先根据建筑物造型特点和对透视形象的要求，选择好视点、画面与建筑物之间的相对位置。我们把视点、画面与建筑物之间的相对位置的选择统称为透视参数的选择。

要合理地选择好透视参数，应着重考虑下列几个问题。

9.2.1　人眼的视野范围

根据人体工程学可知，当人以一只眼睛凝视前方景物时，其视野范围是有限的。故视点位置的确定，必须使观察对象置于正常的视野范围之内。只有这样，画出的透视图才会与人的视觉印象一致，而不至于失真。

如图 9-5 所示，人眼的视野范围大致上是以长轴为 b、短轴为 h 的一个椭圆。我们把由人眼及其视野范围确定的空间称为视锥，视锥的顶角称为视角。经测定：与长轴 b 相对

应的水平视角 α 为 120°～148°；与短轴 h 相对应的垂直视角 δ 则为 110°～125°。然而观察的清晰范围实际上均在 60°以内，而且还要综合考虑绘图方便等因素。因此，绘画透视图时，视角的大小一般对室外透视以 37°～54°为宜；而对室内透视，视角常用的则是 54°～60°。

9.2.2 视点的选择

视点的选择在透视作图过程中实际上体现为站点位置的选择和视高的选择。

9.2.2.1 站点位置的选择

站点位置的选择包括视距的选择和站位的选择两个问题。

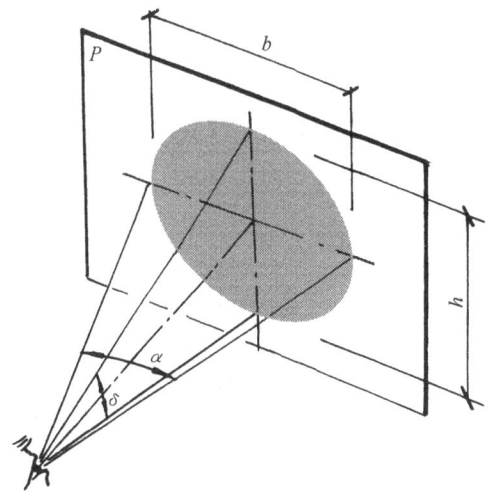

图 9-5 视锥及其视野范围

①视距的选择。视距的选择通常在平面图中进行，其原则是要保证水平视角的大小适宜。为了便于操作，常令视距为拟画透视图水平方向上的大小即图形宽度的函数。如图 9-6a 所示，设过站点 s 作两条外围视线，它们与基线相交得两个交点，这两个交点之间的距离 K 即为拟画透视图的图形宽度。当取视距 $d=1.5K$ 时，所对应的水平视角 α 约为 37°；当取视距 $d=K$ 时，所对应的水平视角 α 约为 54°。所以在一般情况下，对室外透视来说，选取视距 $d=(1～1.5)K$ 是适宜的。但对室内透视，则取 $d≈K$ 为宜。

②站位的选择。站位的选择原则是使站点的位置最好处于画面中部的正前方，即令过站点所作画面垂线的垂足最好落在图形宽度 K 的中段 1/3 范围内。

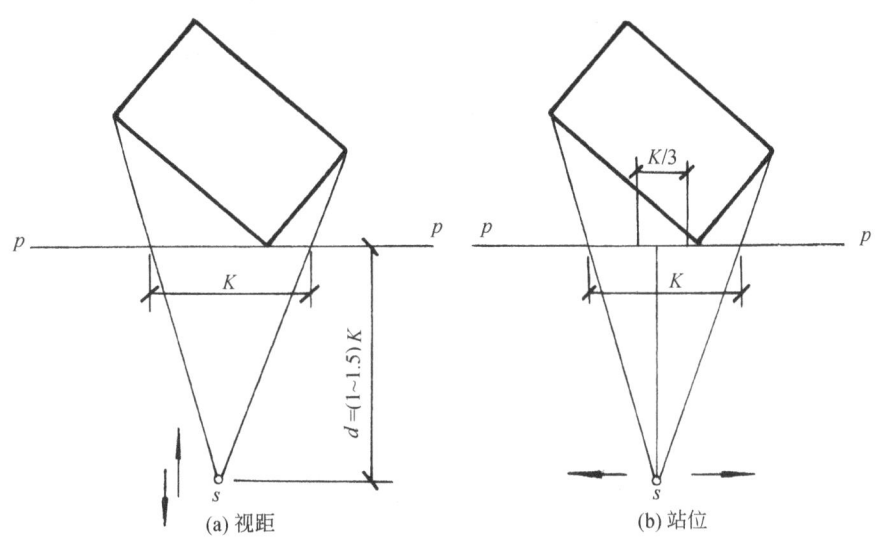

(a) 视距 (b) 站位

图 9-6 站点位置的选择

以上是站点位置选择的一般原则。如果为了获得某种特殊效果，也可以突破这些原则。事实上，对于视距 d 大小的选择，亦即对图形宽度 K 的大小的估算，也不必要求十分严格。

9.2.2.2 视高的选择

视高的选择即视平线相对于基线高度的选择。对一般低层建筑和室内透视来说,以人的身高1.6～1.8m来确定视平线的高度为宜。对于中高层建筑一般取在第二、三层之间;但为了使透视图取得某种特殊效果,有时也可将视平线适当提高或降低。图9-7中的三个图,为分别按一般视平线、降低视平线、提高视平线画出的透视图的效果实例,供选择视高时参考。

(a) 一般视平线效果

(b) 降低视平线效果

(c) 提高视平线效果

图9-7 三种不同高度视平线的透视图

9.2.3 画面与建筑物相对位置的选择

画面与建筑物相对位置的选择主要视建筑物的外观特征和对画透视图的要求而定（见图9-8）。前面说过，对只有一个主立面形状较复杂的建筑物（包括室外和室内），适宜选用一点透视。对两相邻主立面的形状都比较复杂的建筑物，则适宜选用两点透视；若其中还有主次之分，可令更主要的主立面对画面的倾角相对小一些，从绘画透视图度量方便的因素来考虑，不妨将倾角分别定为45°或30°—60°，详见第10章的有关论述。

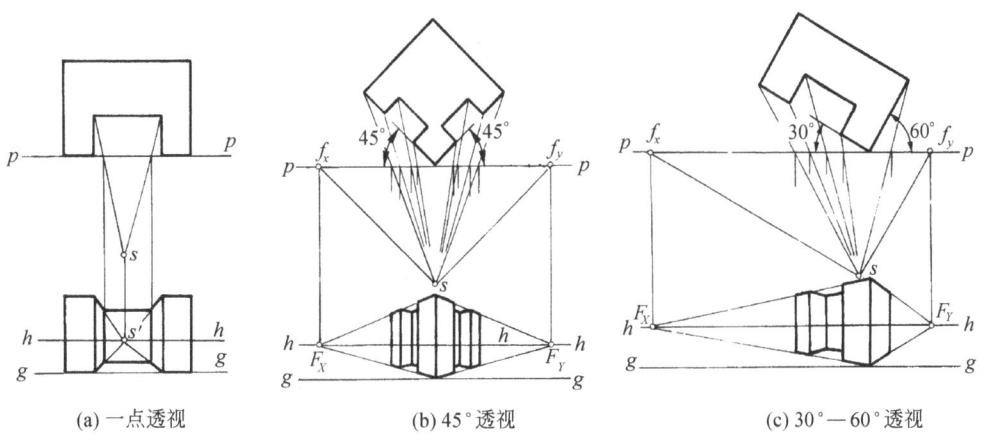

(a) 一点透视　　　　　　(b) 45°透视　　　　　　(c) 30°—60°透视

图9-8　画面与建筑物相对位置的选择

9.3　透视图的基本画法

9.3.1　建筑师法

运用一系列视线的水平投影与基线 $p-p$ 的交点和建筑物主向轮廓线的灭点，根据建筑物的正投影图求作透视图的方法，通称建筑师法。建筑师法比较直观易懂，常作为学习绘画透视图入门的一种画法。

如图9-9a所示，画透视图时为了作图方便，通常令建筑物的一条棱线（例如 OC）位于画面上，于是这条棱线的透视就是它本身，我们把这条透视等于本身实长的直线称为真高线。

具体作图则如图9-9b所示。先将基面 H 与画面 P 分开，画成基面在上、画面在下并互相对齐的形式（此时基面上的基线即画面位置线 $p-p$、画面上的视平线 $h-h$ 和基线 $g-g$ 三者互相平行），然后选定站点 s 的位置并求出主向轮廓线的灭点 F_X、F_Y。于是便可通过站点 s 作一系列视线的投影与 $p-p$ 相交、运用灭点 F_X、F_Y 来作图，其过程是：

（1）过站点 s 作 $sf_y // ob$ 与 $p-p$ 相交于 f_y，再过 f_y 向下引竖直线与 $h-h$ 相交得灭点 F_Y；同理可得另一个灭点 F_X。

（2）过站点 s 作视线的水平投影 sb 与 $p-p$ 相交于 b_p，再过 b_p 向下引竖直线与透视线 $O^0 F_Y$ 相交于点 B^0。于是得顶点 B 的透视 B^0。同理可得另一顶点 A 的透视 A^0。

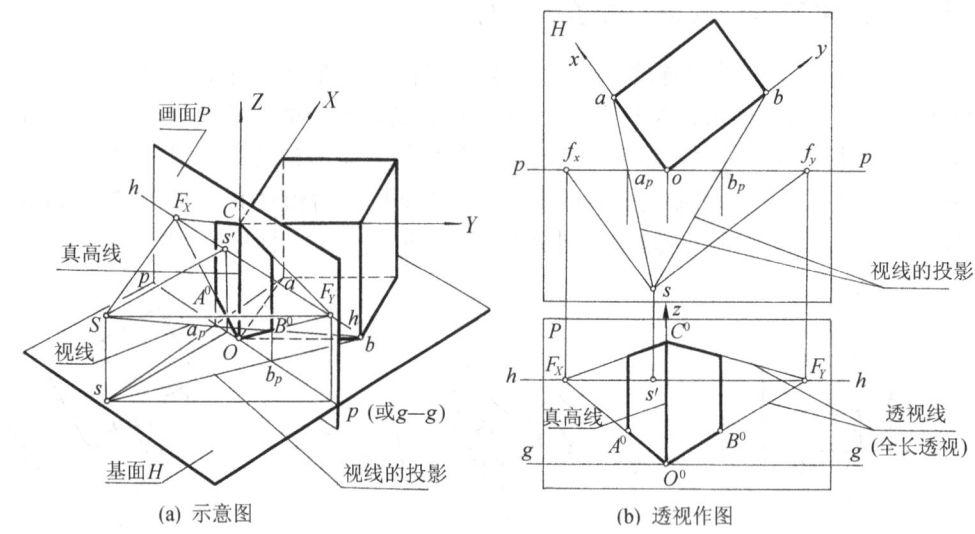

图 9-9 建筑师法

(3) 由于题设建筑物的 OC 棱位于画面上，OC 棱的透视 O^0C^0 与它本身重合，即 O^0C^0 为真高线。再过 C^0 分别作透视线 C^0F_Y、C^0F_X，它们分别与过 B^0、A^0 的竖直线相交，于是分别得 B 棱、A 棱的透视。

(4) 用粗实线加粗所求得的建筑物的透视轮廓，完成作图。

从上述作图过程中可见，如同前面图 8-5 所示的那样，基面 H 和画面 P 的边框，只起到象征性意义，对实际作图没有任何作用，故以后求作透视图时均不画边框，仅画出 $p—p$、$h—h$、$g—g$ 三条互相平行的直线即可。

例 9-1 已知建筑物的两面投影（图 9-10a），试用建筑师法画出它的两点透视。

分析：该建筑物的平面形状呈「形，其上下底平行，即各处棱线的高度相等。

作图：选定画面和站点以及视平线、基线的位置后，即可进行作图（图 9-10b）。

①分别求出两个主向轮廓线的灭点 F_X、F_Y。

②作视线的投影 sa 与 $p—p$ 相交得点 a_p，于是通过 a_p 便可在全长透视 O^0F_X 上定出点 A 的透视 A^0。

③用同样的方法定出点 C 的透视 C^0。图中把 bc 先顺其方向延长与 $p—p$ 相交于 c_1，再据 C_1 在 $g—g$ 上定出 C_1，于是便可在全长透视 C_1F_X 上得出点 C 的透视 C^0。同理可得出透视 D^0。而透视 B^0 则是利用 C_1F_X 与 O^0F_Y 相交的方法求得的。

④由于点 O 在画面上，故通过 O^0 点的棱线为真高线，据此就可运用 F_X、F_Y 逐步求出各处的透视高度。

例 9-2 已知两坡顶房屋的两面投影（图 9-11a），试用建筑师法画出它的两点透视。

分析：该房屋由堂屋和侧屋两部分组成，它的各个坡屋面的屋檐等高，但两屋脊不等高。画两点透视时若令房屋的某个墙角与画面相接触，则该处的墙角线便为真高线，可利用它来解决高度方向上的度量问题。

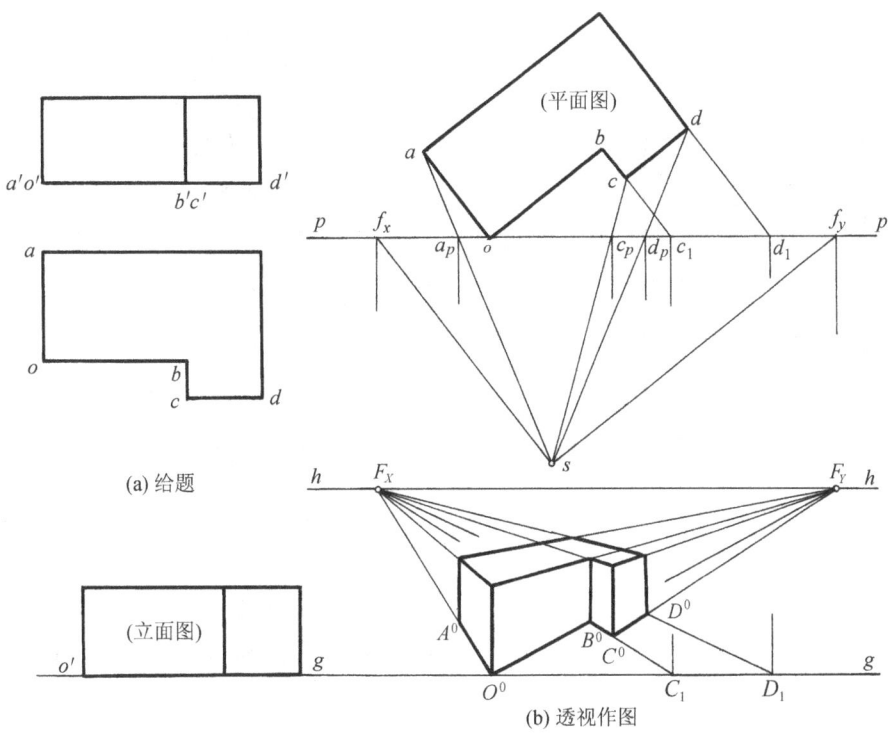

图 9-10 用建筑师法画形体的两点透视

作图:
① 选择基线 $p—p$、站点 s 相对于房屋平面图的位置如图 9-11b 的上方所示,并通过站点 s 有选择地作一系列视线的水平投影与基线 $p—p$ 相交得一系列的点。再在该图的下方画出作透视图用的基线 $g—g$ 和视平线 $h—h$,同时又将房屋平面图中的屋脊等三条线顺其方向引至基线 $p—p$ 上得三个点,并把这三个点向下引至基线 $g—g$ 上。然后再据站点 s 求出视平线 $h—h$ 上的两个灭点 F_X、F_Y,于是通过作图便得该房屋的基透视如图 9-11b 的下方所示。

② 以所画出的基透视为基础,竖堂屋墙角的真高和堂屋屋脊的真高,于是通过作图可画出堂屋部分的透视(图 9-11c)。

③ 再竖右边侧屋的墙角和屋脊的真高。于是通过作图又可画出侧屋部分的透视。至于侧屋屋脊与堂屋屋面的交点,则是利用在堂屋屋面上作一条通过 A^0 的水平辅助线求出来的(图 9-11d)。

例 9-3 已知门楼的平面图和立面图(图 9-12a),设画面、视平线及站点的位置为已知,试用建筑师法放大一倍画出它的一点透视。

分析:该门楼由左右两座相同的和中部一座架空的矩形楼房组成。由于画面设在门楼的前方,若按投影图形原有的大小作图所得的透视图形将会较小,所以最好作放大处理。

作图:
① 在平面图下方适当的位置画出基线 $g—g$、视平线 $h—h$,并定出主点 s'(图 9-12b)。
② 由于 m、n 在 $p—p$ 上,故 m^0、n^0 在 $g—g$ 上;同理,把 a、d 引至 $p—p$ 上,于是可

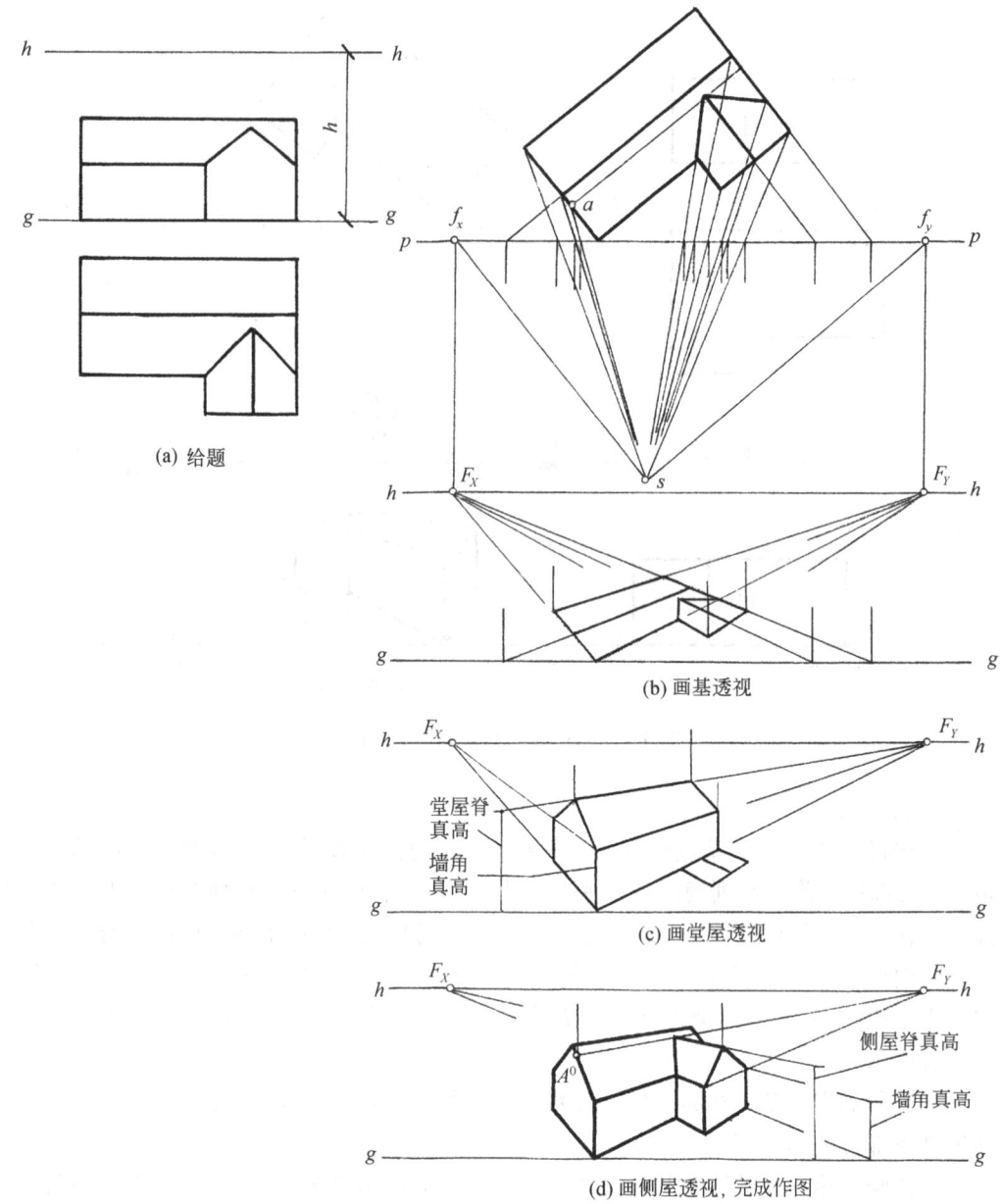

图 9-11 用建筑师法画房屋的两点透视

在 g—g 上得出 a_1、d_1。接着作全长透视 a_1s'、m^0s'、n^0s'、d_1s'。

③过站点 s 作视线的水平投影 sa、sb、sc 分别与 p—p 相交于 a_p、b_p、c_p；再过 a_p、b_p、c_p 分别作竖直线与相应的全长透视线相交于 a^0、b^0、c^0；于是可作出门楼的基透视如图 9-12b 所示。

④在图纸的适当位置上画入基线 g—g，按题意将视高放大一倍画入视平线 h—h，并同样放大一倍依次定出 s'、a_1、a_p、m^0 等点的位置，再作全长透视 a_1s'、m^0s'、n^0s'、d_1s'，并分别在其上定出 a^0、b^0、c^0 等点（图 9-12c）。

⑤过 a_1 竖真高线，于是可求出 a^0A^0 的透视高度；再过 m^0 竖真高线，则可直接得出透视 M^0。如此类推，即可作出放大一倍后的门楼一点透视，如图 9-12c 所示。

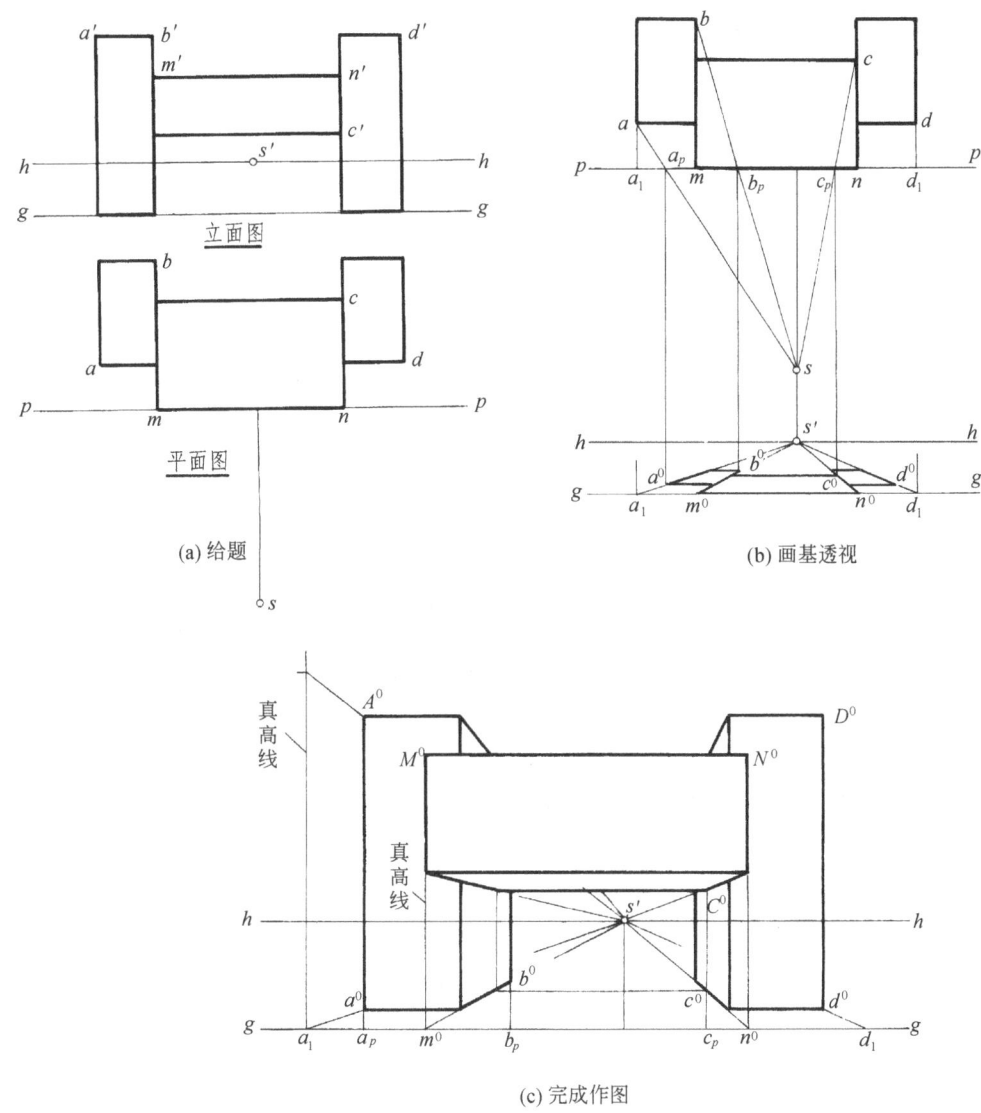

图 9-12 用建筑师法画门楼的一点透视

***例 9-4** 已知建筑物的平面图和右侧立面图，试用建筑师法画出它的两点透视（图 9-13）。

分析：该建筑物由裙楼和塔楼两部分组成。其裙楼内凹处的两个侧立面的上下轮廓线虽然仍是水平的，但不与 X、Y 主向平行，故其灭点必须另求。又因塔楼的顶面不是水平的，故其两侧斜线的灭点不在视平线上。

作图（图 9-13）：

其中非主向水平轮廓线的灭点 F_1、F_2 是在分别过视点作与之平行的视线而另行求出的。例如：作 $sf_1 /\!/ bc$ 与 $p—p$ 相交于 f_1，据 f_1 便可在 $h—h$ 上定出 F_1。图中再据 b_p 在 A^0F_X

上定出 B^0，连接 B^0F_1，于是就能据 c_p 在 B^0F_1 上求得 C^0，等等。此外，塔楼顶面的透视高度则是通过延长到画面上的真高线来求出的。

又由于塔楼顶面两侧的斜线是相互平行的，所以它们有公共的灭点 F_T，且灭点 F_T 应位于 F_Y 的正上方。其作图原理见第 11 章图 11 − 12。

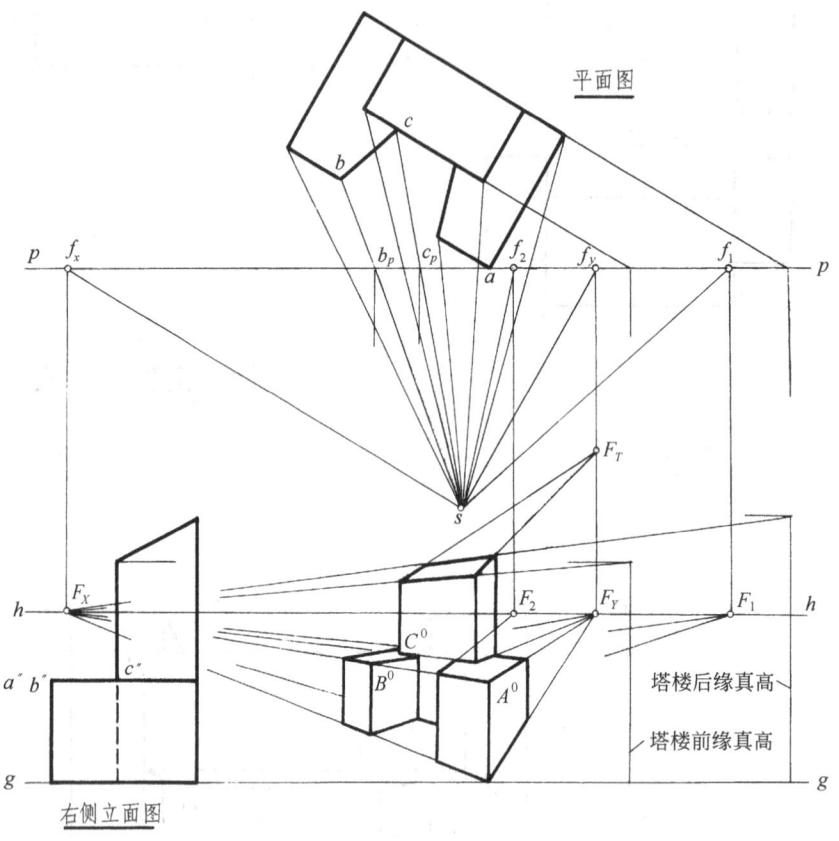

图 9 − 13　带非主向轮廓线的建筑物的两点透视

9.3.2　量点法

运用建筑物的长度、宽度两个主向上轮廓线的灭点和用以解决这两个方向上的度量问题的辅助直线的灭点，根据建筑物的坐标尺寸或主向轮廓线的长度，来求作透视图的方法，通称量点法。用量点法可以采用不同的"比例"[①]画出大小合适的透视图形。

9.3.2.1　量点的概念

所谓量点，实质上是一个专门用来解决透视图中长度或宽度方向上度量问题的辅助直线的灭点，用 M 来标记，如图 9 − 14a 所示。

设在基面上有一直线 AB，点 T 是它与画面的交点，位于基线上；F 是它的灭点，位于视平线上。因此该直线 AB 的透视 A^0B^0 必在其全长透视 TF 上。

注：① 透视图中的"比例"，是指作图过程中对有关尺寸或线段所采用的度量关系。

为了在 TF 上定出点 A 的透视 A^0，可在基线上点 T 的一侧按 $TA_1 = TA$ 定出一点 A_1，连接辅助直线 A_1A，于是得以 A_1A 为底边的等腰三角形 $\triangle ATA_1$。过视点 S 作平行于 A_1A 的视线 SM 与画面相交，在视平线上得该辅助直线 AA_1 的灭点 M，连接 A_1M，于是得辅助直线 A_1A 的全长透视。

由于在基面上点 A 是 TA 与 A_1A 的交点，所以上述两全长透视 TF 与 A_1M 的交点就是点 A 的透视 A^0。

同理，在基线上再按 $TB_1 = TB$ 定出一点 B_1，于是又得以 B_1B 为底边的等腰三角形 $\triangle BTB_1$。由于 $\triangle ATA_1$ 与 $\triangle BTB_1$ 是两腰互相重合的相似三角形，所以两辅助直线 A_1A、B_1B 是互相平行的，亦即 B_1B 的"灭点"仍是点 M，两全长透视 B_1M 与 TF 的交点就是点 B 的透视 B^0。于是求得直线 AB 的透视 A^0B^0。

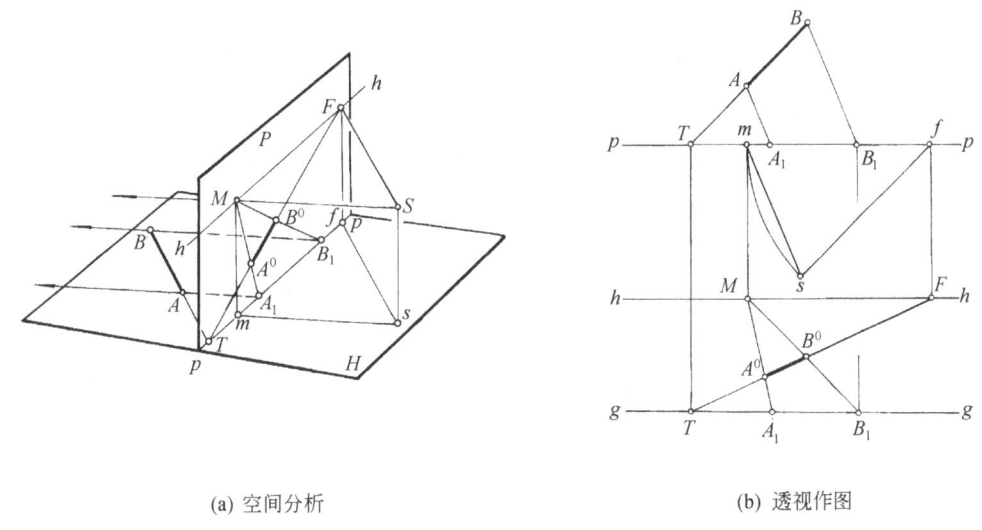

(a) 空间分析　　　　　　　　　　　(b) 透视作图

图 9-14　量点的概念

图 9-14b 所示为透视作图时量点的求法和用量点法求作直线透视的过程。从图中可见，在平面图中，由于 $\triangle BTB_1$ 和 $\triangle ATA_1$ 是等腰三角形，所以由视线的水平投影和基线构成的 $\triangle sfm$ 也是等腰三角形。因此，可以得出"量点到灭点的距离等于站点到同一灭点的距离"的结论（故在实际作图时，可以以 f 为圆心，fs 为半径画弧与 $p—p$ 相交便可得点 m，而不必再在平面图中具体地将辅助线 A_1A、B_1B 和视线的水平投影 sm 画出）。然后再过 m 向下作竖直线与画面 P 上的视平线 $h—h$ 相交，即得解决透视度量问题用的量点 M。图中 A_1M、B_1M 为辅助直线的全长透视，它们与已知直线 AB 的全长透视 TF 分别相交于 A^0、B^0。于是求得直线 AB 的透视 A^0B^0。

在这里再强调一次，以后用量点法求作透视图时，由于"量点到灭点的距离等于站点到同一灭点的距离"，所以，就可直接利用这个规律在视平线上定出量点的位置，而不必具体地将有关的辅助线一一画出。

9.3.2.2　量点法的运用

例 9-5　设在基面上有一个长 × 宽 = $AB \times AD$ 的矩形，其顶点 A 在基线上，即 A^0 与 A

重合。试求作该矩形的两点透视（图9-15）。

分析（图9-15a）：由于在两点透视中有两个主向轮廓线的灭点，因此也必须有两个解决主向轮廓线透视度量问题用的量点。

过视点 S 作视线 $SM_X // B_1B$ 而与视平线相交于 M_X。这个点 M_X 即为辅助直线 B_1B 的"灭点"也就是量点。连接全长透视 A^0F_X 和 B_1M_X，它们的交点 B^0 即为点 B 的透视，亦即解决了矩形 AB 边的透视长度的度量问题。

同理，过视点 S 作视线 $SM_Y // D_1D$ 而与视平线相交于 M_Y。这个点 M_Y 即为辅助直线 D_1D 的量点。连接 A^0F_Y 和 D_1M_Y，它们的交点 D^0 便是点 D 的透视 D^0。于是，再通过作图即得矩形的透视 $A^0B^0C^0D^0$。

作图（图9-15b）：过 s 作 $sf // AB$ 与 $p-p$ 相交得点 f_x；再以 f_x 为圆心、f_xs 为半径画圆弧与 $p-p$ 相交得点 m_x。分别过 f_x、m_x 向下作竖直线与 $h-h$ 相交得灭点 F_X、量点 M_X。连接全长透视 A^0F_X、B_1M_X，它们的交点 B^0 即为点 B 的透视。

同理，连接 A^0F_Y 与 D_1M_Y，它们相交得点 D^0。于是便可完成矩形的透视 $A^0B^0C^0D^0$。

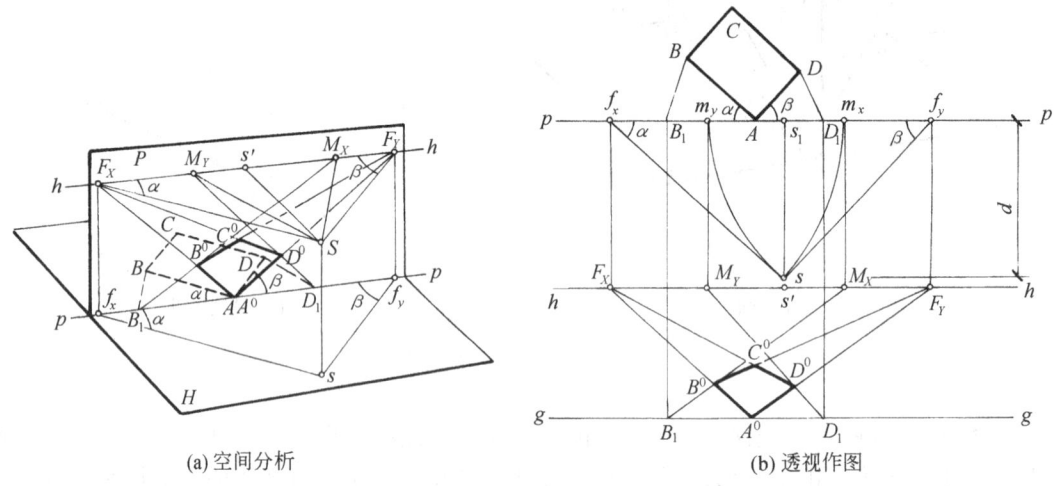

(a) 空间分析　　　　　　　(b) 透视作图

图9-15　量点法的运用

例9-6　已知建筑物的两面投影和基线 $p-p$、站点 s 的相对位置，设视高为 h（图9-16a），试用量点法放大一倍画出它的两点透视。

分析：从给题的两面投影可知，该建筑物由两个大小不同的四棱柱组成，大四棱柱为主体，画面通过其前方的顶点 A（图中用小写字母标记）。

作图（图9-16b、c）：

①在图纸上画入基线 $g-g$，并按题意将视高 h 放大一倍画入视平线 $h-h$。

②在视平线 $h-h$ 上，根据图9-16a所求得的 f_x、f_y、m_x、m_y 和 s_1 五个点的相对位置，同样放大一倍定位得 F_X、F_Y、M_X、M_Y 和 s' 五个点。

③在基线 $g-g$ 上主点 s' 的下方，参照图9-16a中点 a 相对于 s_1 的距离，同样放大一倍将 a^0 的位置定出。

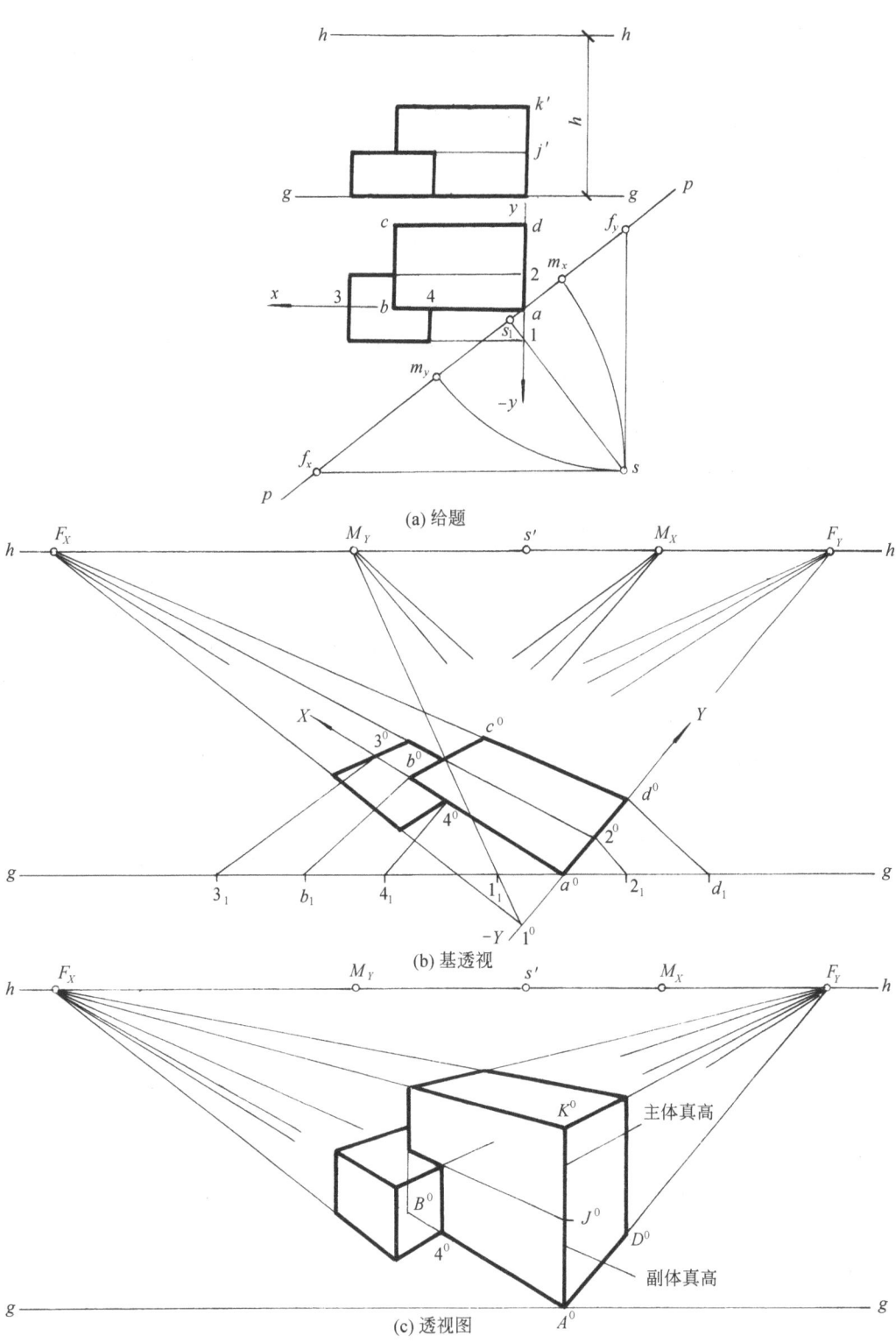

图 9-16 用量点法作建筑物的两点透视

④在图 9-16a 中以 a 为原点建立坐标系，ab 为建筑物主体 x 方向的边长，ad 为 $+y$ 方向的边长。于是便可在图 9-16b 中以点 a^0 为原点，在基线 p—p 上向左截取 $a^0b_1=2ab$，向右截取 $a^0d_1=2ad$，先后得出 b_1、d_1 两点。分别作全长透视 a^0F_X、b_1M_Y 和 a^0F_Y、d_1M_Y，它们两两相交得点 b^0、d^0；再分别过 b^0、d^0 向 F_Y、F_X 作透视线相交于 c^0，于是得建筑物主体的基透视。

⑤由于用量点法作透视图是以坐标尺寸（或主向轮廓线的长度）来度量定位的，亦即所建立的坐标系是唯一的，因此，在求作副体部分的基透视时，必须找出它与原有坐标系的关系。如图 9-16a 所示，它的四条边分别以 1、2、3、4 四个点在 Y 轴、X 轴上定位，其中点 1 在 $-Y$ 的方向上。于是在图 9-16b 的基线 g—g 上分别按照 1、2、3、4 四个点的坐标值，同样放大一倍依次定出 1_1、2_1、3_1、4_1 四个点，将这四个点分别与各自的量点相连，便可在 X 轴上求得 3^0、4^0，在 $-Y$ 轴上求得 1^0、$+Y$ 轴上求得 2^0。然后再分别过 1^0、2^0、3^0、4^0 各点作透视线，就可得副体部分的基透视。

⑥最后画出建筑物的透视高度。其中 A^0K^0 为主体建筑的真高线，A^0J^0 为副体建筑的真高线。具体作图见图 9-16c，不再赘述。

例 9-7　已知台阶的三面投影和尺寸如图 9-17a 所示，试用量点法画出它的两点透视。

分析：从该台阶的造型特点和尺寸大小来看，宜使其长、宽、高三个方向的形状都能得到适当表达。为此，可将画面 P 通过它第一级台阶前面的一条侧棱，令 α 角略小于 β 角，即所画的透视图将是正面形状的表达略为占优的两点透视。同时任取视高 $h=1000$，略高于整个台阶的高度，使台阶顶面也获得适当的表达。至于站点 s 的位置，根据前述站点位置选择的原则，令视距 $d\approx1.5K$，且处于偏离点 a 右侧少许的前方。

作图：

①在已知平面图（图 9-17a）中，过点 a 画入基线 p—p，令 α 角略小于 β 角，再在点 a 右侧选取一点 s_1，并在 s_1 正前方 $d\approx1.5K$ 的距离处定出站点 s（因对图形宽度 K 的估算不需很严格，为了便于作图，改用如图所示的方法估算，也是可以的）。

②利用站点 s 求出基线 p—p 上的五个点 f_x、f_y、m_x、m_y 和 s_1 的相对位置如图 9-17a，并把它们移植到画透视图用的视平线 h—h 上，得 F_X、F_Y、M_X、M_Y 和 s' 五个点（图 9-17b）。

③参照图 9-17a 所示的点 a 与 s_1 之间的距离，在给定的基线 g—g 上定出台阶顶点 A 的透视 A^0（图 9-17c），并在点 A^0 的左侧按台阶宽度方向上的尺寸定出一系列的点，过这些点分别用直线与量点 M_X 相连，分割全长透视 A^0F_X 便可得台阶后表面、三个踏面及拦板前表面在基透视中的位置。同理，在点 A^0 的右侧按台阶长度方向上的两个尺寸定出两个点，便可利用 M_Y 分别得出台阶的右端、拦板右侧面在基透视中的位置。

④过点 A^0 竖真高线，并按台阶高度方向上的尺寸在其上定出若干点（图 9-17c）。于是过这些点用直线与 F_X 相连，便可分别得出台阶各个踢面的透视高度和拦板顶面的透视高度，如图 9-17d 所示。

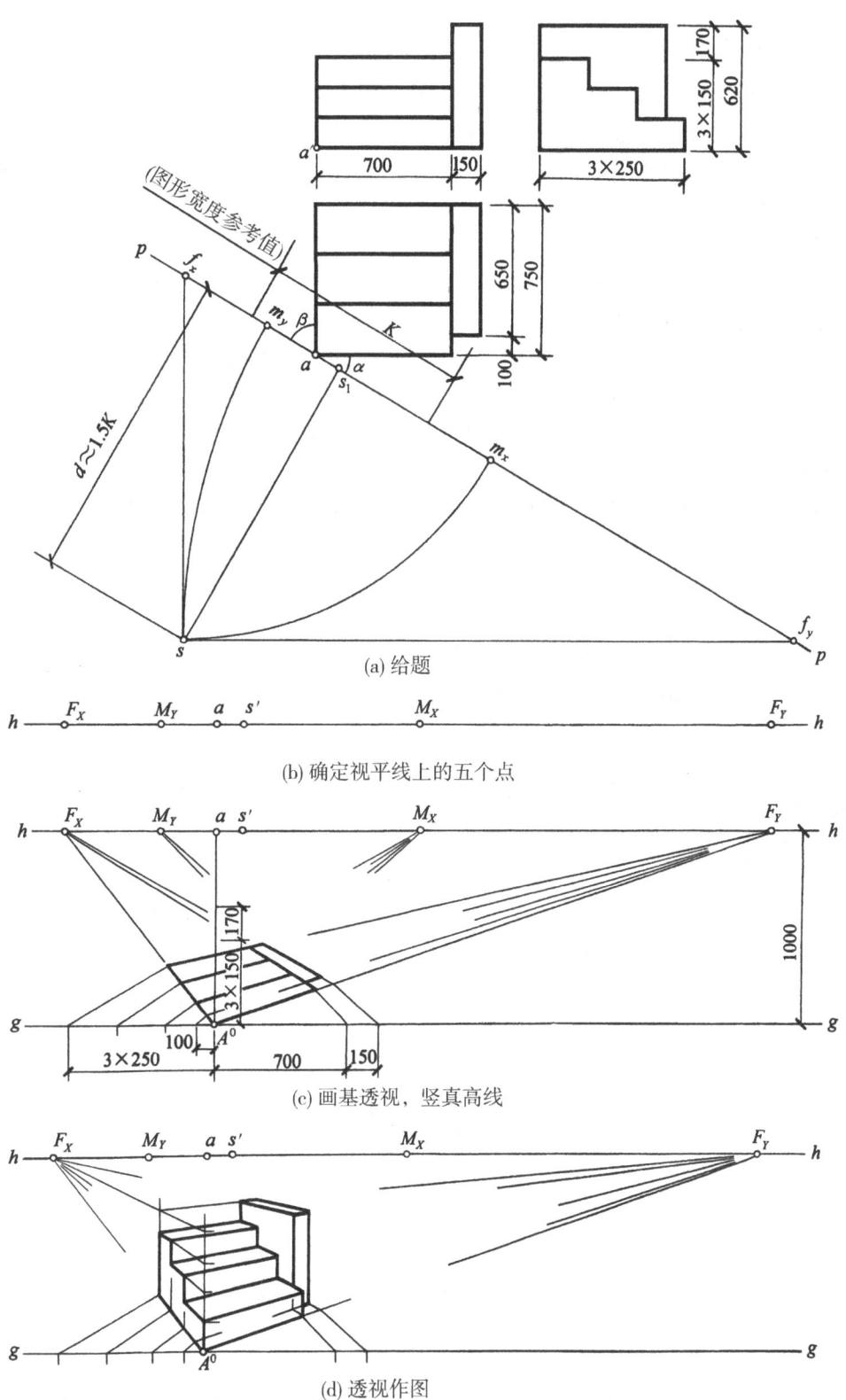

图 9-17 用量点法作台阶的两点透视（单位：mm）

9.3.3 距点法

运用建筑物上垂直于画面的主向轮廓线的灭点（即主点）s' 和与画面成 $45°$ 角的水平辅助直线的灭点 D，根据建筑物的坐标尺寸或主向轮廓线的长度，来求作透视图的方法通称距点法。用距点法也可以选择不同的比例画出大小合适的透视图形。

9.3.3.1 距点的概念

距点实质上也是"量点"，如图 9-18a 所示，设 AB 位于基面上，且垂直于画面，为了在画面 P 上截取该画面垂直线 AB 的透视 A^0B^0，先将 AB 延长与画面相交得点 T，于是 Ts' 为 AB 的全长透视。然后在 T 右侧量取 $TA_1=TA$、$TB_1=TB$ 得点 A_1、B_1，分别连接 A_1A、B_1B；再过视点 S 作视线 $SD/\!/A_1A/\!/B_1B$，于是在视平线上求得"量点"D。最后过点 D 分别连接 DA_1、DB_1，便可在 Ts' 上截取 AB 的透视 A^0B^0。在这里，由于 $\triangle Ss'D$ 为 $45°$ 等腰直角三角形，所以有"$Ds'=Ss'=$视距"的结论。故此把一点透视中的量点改称为距点，用符号 D 标记。

图 9-18b 所示为通过作视线平面图求取距点 D 和利用 D 截取透视 A^0B^0 的作图过程。

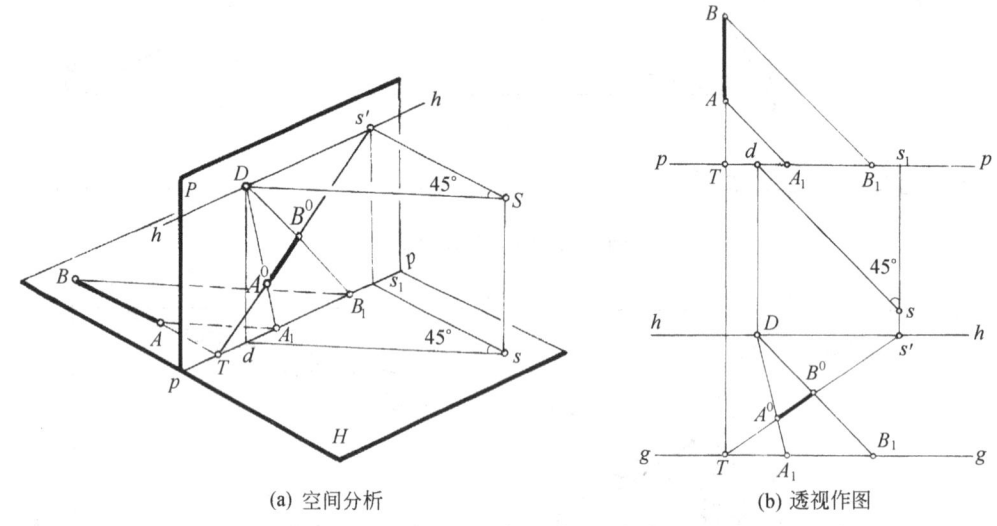

(a) 空间分析　　　　　　　(b) 透视作图

图 9-18　距点的概念

9.3.3.2 距点法的运用

例 9-8　已知小屋的两面投影（图 9-19a），试用距点法根据投影图画出它的一点透视。

分析：根据该小屋的造型特点，设画面 P 通过它的屋盖的前侧面，并任设视高即视平线的位置如图 9-19b 所示，再设视距大致上等于拟画透视图形的宽度即略大于小屋盖的长度，且令站位偏出左边一个适当的距离，以便能较好地表现出该小屋宽度方向上的形象。

作图：

①在已知的平面图中通过屋盖的前表面画入画面位置线 $p—p$，再在其左下方按上述分析提出的要点定出站点 s，并通过 s 向右作 $45°$ 线在 $p—p$ 上定出距点的投影 d。

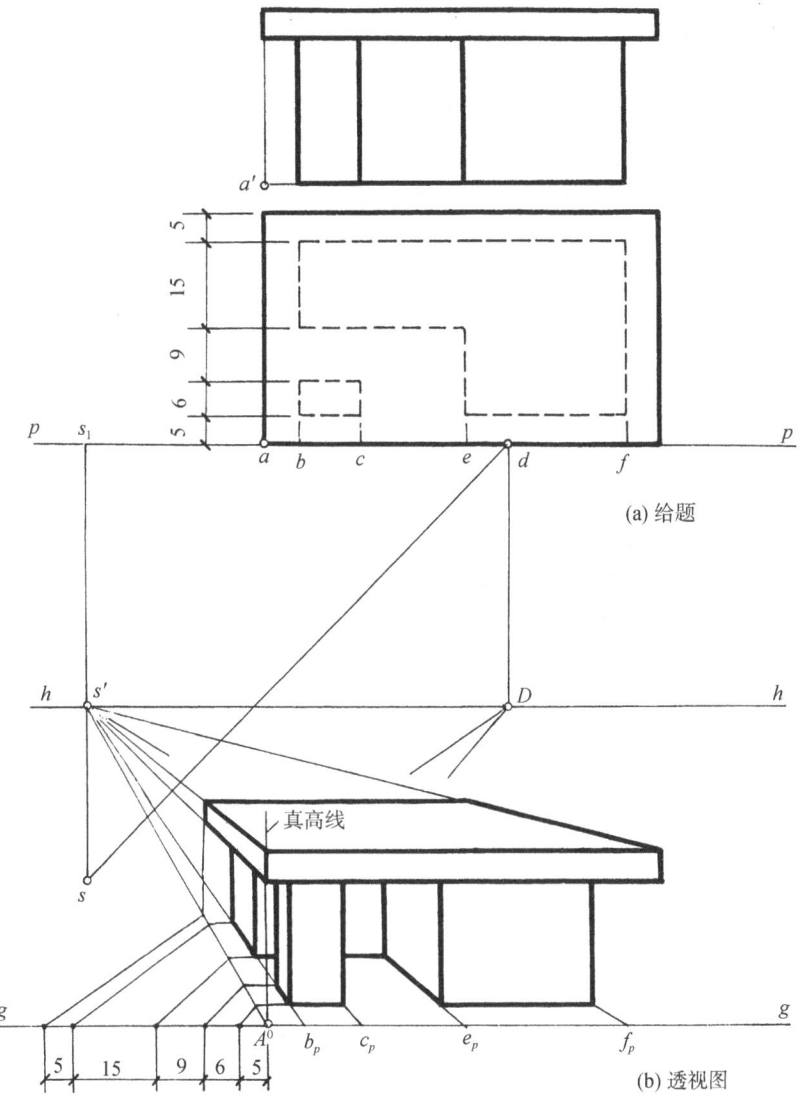

图 9-19 用距点法作"小屋"的一点透视

②按上述分析在图纸上画入基线 g—g、视平线 h—h，并在 h—h 上相应地定出主点 s' 和距点 D。

③在 g—g 上相应地定出点 A 的透视 A^0 和 b_p、c_p、e_p、f_p 等点，并过 A^0 竖真高线，且在点 A^0 的左侧按小屋的宽度定出一系列的点。

④利用距点 D 便可通过上述一系列的点将全长透视 A^0s 分割出一系列的点。

⑤再过上述一系列分割点向右作水平直线，它们分别与过 b_p、c_p、e_p、f_p 的全长透视线相交，便得小屋各个部位在基透视中的一个端点的位置。

⑥最后利用过 A^0 所竖的真高线和上述所求得的各个部位的基透视，便可完成作图。

例 9-9 已知建筑物的平面图和立面图（图 9-20a），试放大一倍画出它的一点透视。

分析：该建筑物由 A、B 两座主楼和一处连廊组成。作它的一点透视时，可令任一座例如 A 座的前立面与画面重合；为了能观察到连廊和 B 座的顶面及体现出该建筑物的整体性，本例选择视平线 h—h 的高度和站点 s 的位置如图 9-20a 所示。

作图：

①依题意画入基线 g—g、视平线 h—h，并在 h—h 上定出主点 s' 和距点 D。再按既定的相对位置在 g—g 上定出 A 座前立面上的两个点 A^0、B^0；同样，也定出 B 座延伸到 g—g 上的两个点 c_1、d_1。于是，便可通过主点 s'、距点 D 和各处的"进深" 1、2、3、4 画出该建筑物的基透视（图 9-20b）。

②然后，按各部位的高度通过 g—g 上的点 A^0、B^0、d_1 竖真高线，分别在各条真高线上截取真高 h_1、h_2、h_3。于是，便可利用这些真高逐步求出各个组成部分的透视高度。最

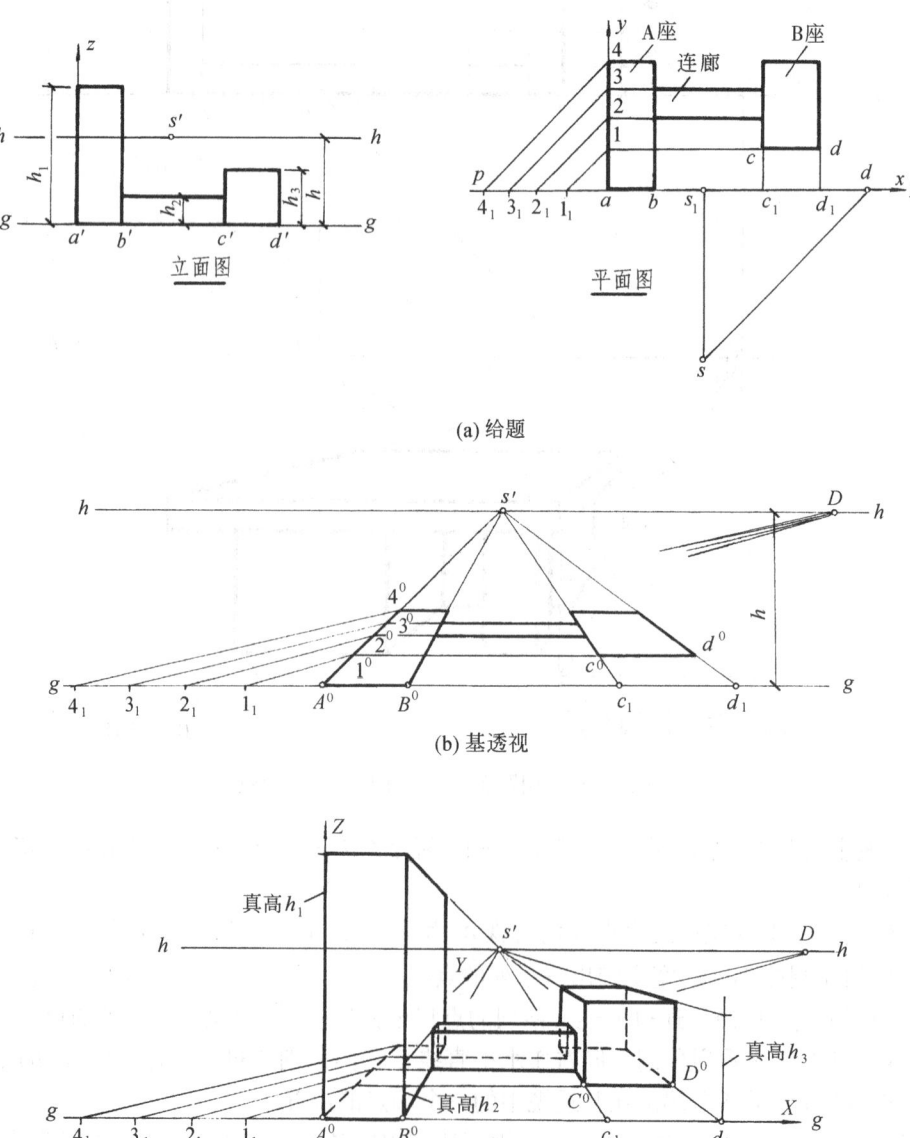

(a) 给题

(b) 基透视

(c) 透视图

图 9-20 用距点法画建筑物的一点透视

后完成全图，如图9-20c所示。

9.3.4 网格法

首先在基面（绘有平面图的水平投影面）上画入以某一单位长度为边长的方格网，然后画出该方格网的透视，将平面图中的图形"对号入座"画入该透视网格中，再进一步确定出各处的透视高度，完成透视作图。这种求作透视图的方法，通称网格法。

网格法特别适用于绘画建筑群体、室外环境和室内平面布置的透视图等。

如图9-21a（比例1:100）所示，在庭院一角的地面上，有弯曲的道路、圆形的石凳（高0.4m）和灯柱（高2m）等。现采用网格法放大一倍（即按比例1:50）画出它的一点透视。

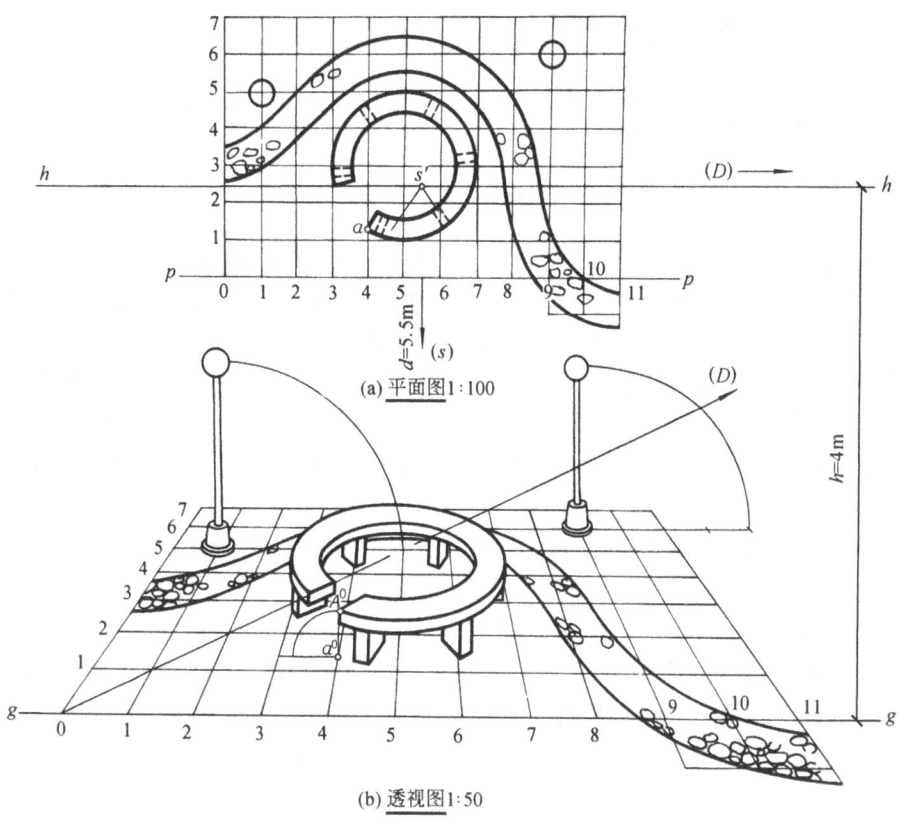

图9-21 网格法及其应用

（1）在平面图上画入以某一单位长度（该图取0.5m）为边长的方格网，并设定站点 s 的位置（设在点5、6中点的正前方，视距 $d=5.5$m）并对方格网进行编号。

（2）在图纸上画入基线 $g—g$，任设视高 $h=4$m 画入视平线 $h—h$，并在其上站点 s 的正上方定出主点 s'，按 $s'D=d=5.5$m 定出距点 D（D 在图纸之外，也应准确定位），于是利用 OD 与过主点 s' 的一系列线束的交点画得一点透视网格。

（3）"对号入座"，画入道路、石凳和灯柱的基透视（图中已省去石凳的基透视，只留下一个点 a^0）。

（4）最后用"截距法"确定石凳和灯柱的透视高度，再经整理，例如省去石凳的基透视和加画一些细部后，便得该庭院一角的透视，如图9-21b所示。

这里所说"截距法"中的"截距"，是指用任一水平直线去与透视网格中同一方向上的两条网格线相交所得的两个交点之间的距离，如图9-22所示。

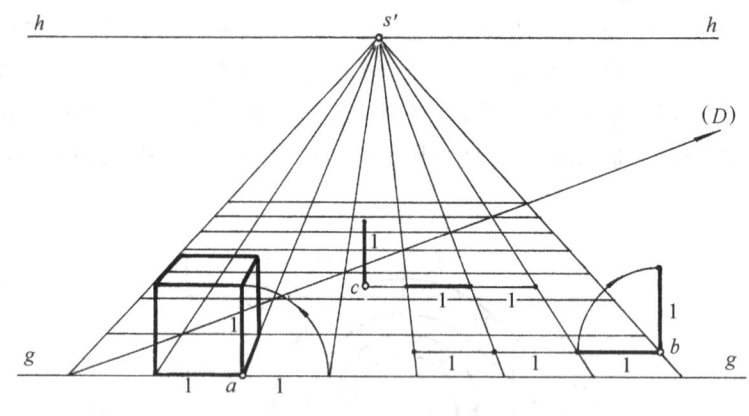

图9-22 一点透视网格的截距

从该图中可以看出，对以单位边长为1的一点透视网格来说，无论是过点 a 还是过点 b、c 所作的水平直线，所得的截距都是1。若把所得的截距就地竖起来，就可求得当地1个单位的透视高度或画得以1为边长的单位立方体的透视。

实际画图时，对方格网的边长赋以一定的数值，于是就可用它来求出具体景物的透视高度。图9-21b中石凳和灯柱的透视高度也就是用这个方法求出来的。其中石凳高0.4m，取略小于1格（即取 $4/5 \times 0.5$m）的长度；灯柱高2m，则取4格的长度。

例9-10 已知某中学校区的总平面图（图9-23a），图中的建筑物用每格边长为10m的方格网定位。设建筑物A座高10m，B座高20m，C座高25m。试用网格法画出它的一点透视。

分析：如图9-23b所示，在图纸上先画入一条基线 $g—g$，并在其上参照总平面图的分格数选用某一合适的比例定出一系列的点。然后设定视高 h 画入视平线 $h—h$，和在其上的适当位置定出主点 s'；再根据"视距 $d = (1 \sim 1.5) K$"的原则在主点 s' 的某一侧定出距点 D（本例定在右侧并令视距略大于 K）。于是根据这些条件就可画出该一点透视网格。

作图：

①透视网格画出来之后，就可将总平面图中的建筑物"对号入座"，逐一绘画在透视网格中（本例设画面 P 与A座的前立面重合，并以其左前角的顶点 O 为原点），所得即为校区总平面图的基透视（图9-23b）。

②量取透视高度。由于本方格网是以单位长度为10m来绘制的，故此在透视网格中，每一格的任一边长都代表10m。所以当求作A座的透视高度时，只要把它所处位置的一格水平边长竖起来，就等于高10m，据此就可画出A座高度的透视（图9-23c）。同理，把B座所处位置的两格水平边长竖起来，也可确定B座的透视高度；但从图中可见，因B座前表面的位置不是刚好位于已知的水平网格线上，故图中需要重新画一条水平线才能解决这个问题。

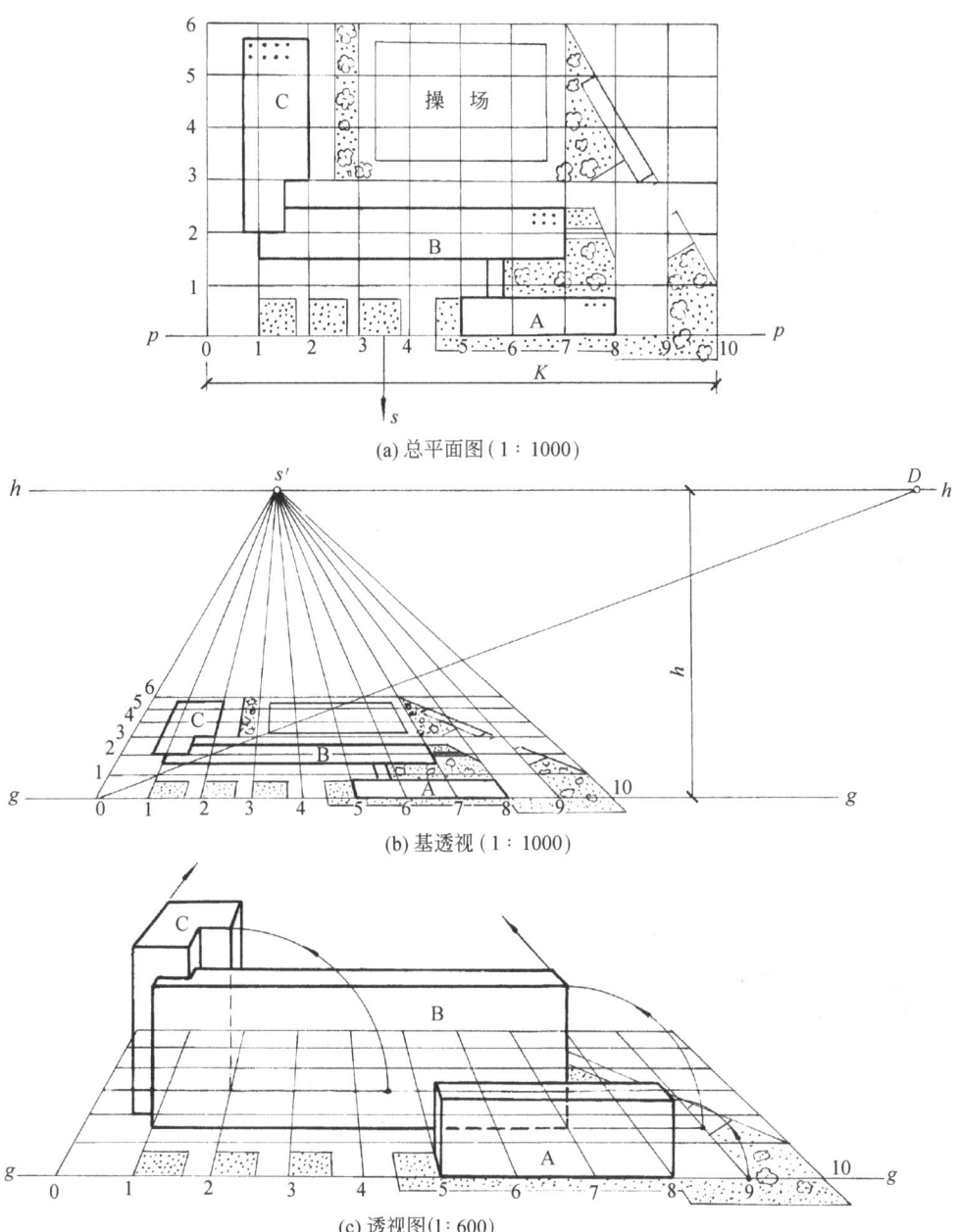

(a) 总平面图(1∶1000)

(b) 基透视(1∶1000)

(c) 透视图(1∶600)

图 9-23 用网格法画某校区的一点透视

一点透视网格也可以用来画景物的两点透视。此外，也可把方格网画成两点透视网格，运用"对号入座"同样可画出景物的基透视。但此时透视高度的度量要麻烦一些，因为两点透视网格的截距不再是1。关于这个问题，将在稍后的"9.4.2 截距法"中作进一步探讨。

9.4 确定透视高度的几种方法

除了如前面图 9-11 所示的，当形体上某一竖直边处在画面上，即处在自基线 g—g 画起的竖直线上时，该竖直线段即为该形体竖直边的透视高度；以及通过辅助作图进而分别求出不是处在画面上的竖直边的透视高度。除这种最基本的方法外，还可根据实际情况，采用下列三种方法之一求解。

9.4.1 集中真高线法

如图 9-24 所示，设建筑物 A、B、C 分别高 10、30、20，已按给定的比例画出它们处在基面任一位置上的基透视。量取它们的透视高度时，可在基线 g—g 上任取一点 o，竖真高线并在其上按同一比例定出高度为 10、30、20 的三个点；然后在视平线上任取一点 F，过 F 与真高线上各点相连，于是就可利用这些连线通过作图逐一求出各个建筑物的透视高度。这种方法称为集中真高线法。

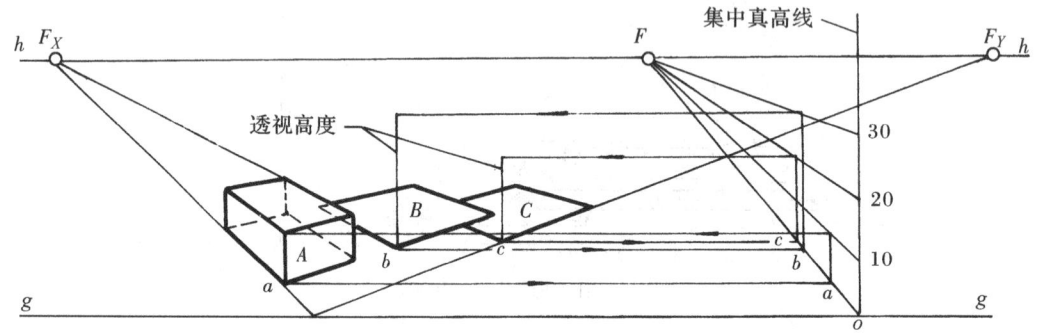

图 9-24 集中真高线法

图 9-25 是集中真高线法的应用实例。其具体作法是：在视平线 h—h 上任取一点 F，再在建筑物尺度明显的地方（图中附在 2.4m 高的门扇上）定出一条相当于人体高度（通常取 1.7m）的"集中真高线"AB。连接 FA、FB 并延长之。现要在地平面上的点 C 处画一个身高为 1.7m 男子，于是过点 C 作水平直线与 FA 相交，该相交处所反映的 FA、FB 两线之间的竖直距离，即为所要画的男子的透视高度。如此类推，如果要画的是妇女或小孩，适当地画低些即可。

9.4.2 截距法

采用网格法画透视图时，利用透视网格的"截距"来求取建筑物各个不同部位的透视高度的方法，称为截距法。前面说过，所谓截距，是指任一水平直线与透视网格中同一方向上两条相邻网格线的交点之间的距离，如前面的图 9-22 所示。这个距离与方格网的网格线对画面的倾斜角度 θ 有关，即等于该角度的正弦函数（$\sin\theta$）的倒数。例如，对一点透视来说，由于垂直于画面的网格线的倾角 $\theta = 90°$，$1/\sin 90° = 1$，所以，一点透视的截距为 1。

但对两点透视的网格线来说，如果倾角 θ 为任意角，则截距 $1/\sin\theta$ 为任意值，这样对

图 9-25　集中真高线法的应用

透视高度的确定就比较麻烦了。这时，若设定倾角 θ 为某个特殊角，例如设定为 45°或 30°、60°，如图 9-26a、b 所示，此时通过事前计算，得出 45°透视网格的截距为 $1/\sin 45° \approx 1.4$，30°、60°透视网格的截距分别为 $1/\sin 30° = 2$、$1/\sin 60° \approx 1.2$。于是，利用这个既定的关系就可在这种透视网格的任一位置上画出边长为 1 的单位立方体，或按每格边长所代表的实际长度，计算出所截得的截距值，就可用来确定出建筑物各个不同部位在所处位置上的透视高度了。

图 9-27 所示是在一点透视中用截距法求家具的透视高度的例子。设图中方格网每一格的边长为 20cm，所画家具的尺寸大小如图 9-27a 所示。在画出各件家具的基透视之后，就可通过各件家具基透视的某些顶点，作水平直线与相邻的透视网格线相交，再根据各件家具的已知高度，按截距=1 乘以每格边长所代表的实长，截取所需的长度，并就地竖起来，就得所画家具的透视高度，如图 9-27b 所示（由于原有的透视网格范围有限，在求取家具各处的透视高度时，图中采用了将水平直线上的"截距"等距离地加长的方

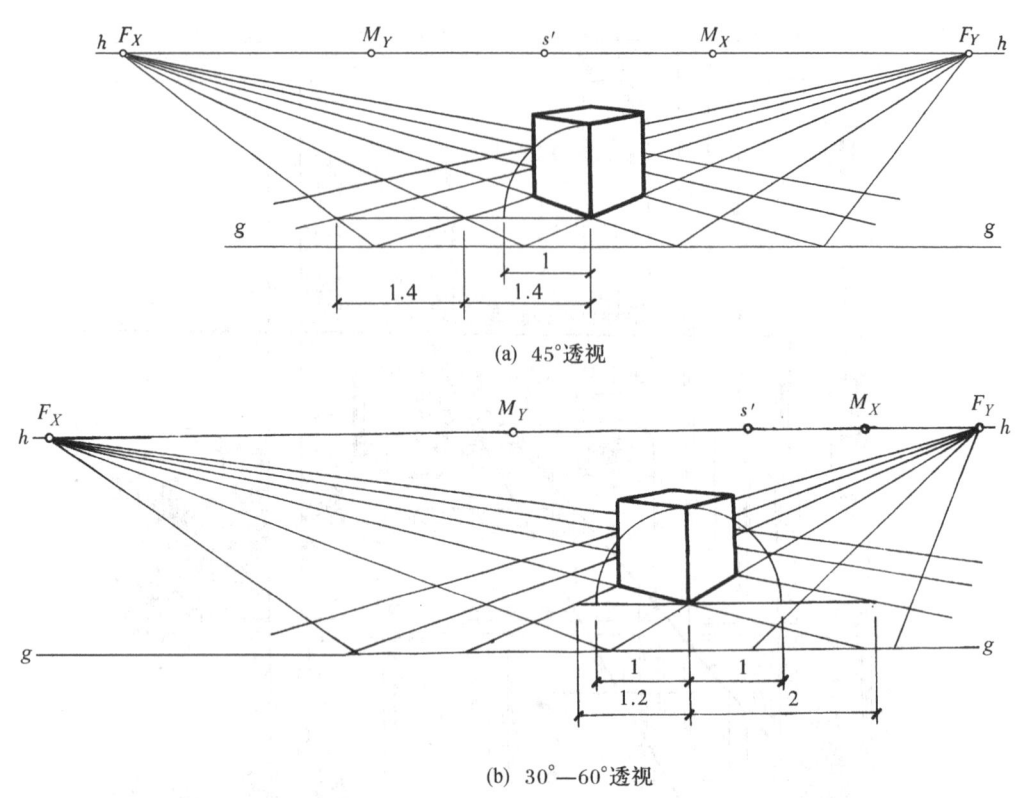

(a) 45°透视

(b) 30°—60°透视

图 9-26 两种特殊角度透视网格的截距

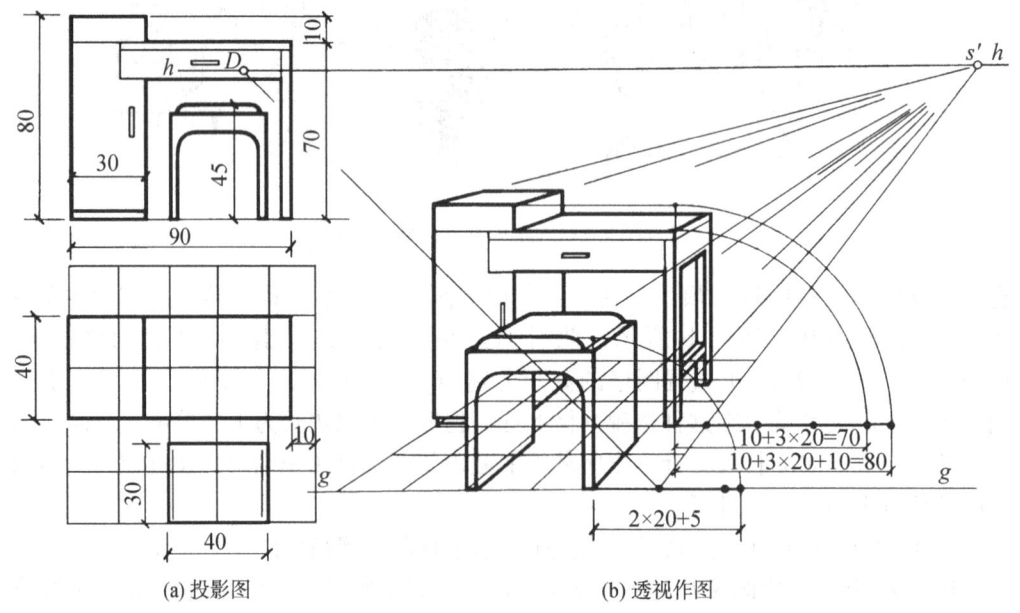

(a) 投影图　　(b) 透视作图

图 9-27 截距法的应用（一）（单位：cm）

法求解，例如坐凳的透视高度 45cm，取原有的一格再加长一格并按目测再多取一点，即在图中取 "$2 \times 20 + 5$" 便可。这样做实质上是用此法扩大了透视网格的范围）。

例 9 – 11 已知某家具的形状大小及尺寸同图 9 – 27a，并且已画出每格边长为 20cm 的 30°—60°透视网格和该家具的基透视，试确定该家具的透视高度（图 9 – 28）。

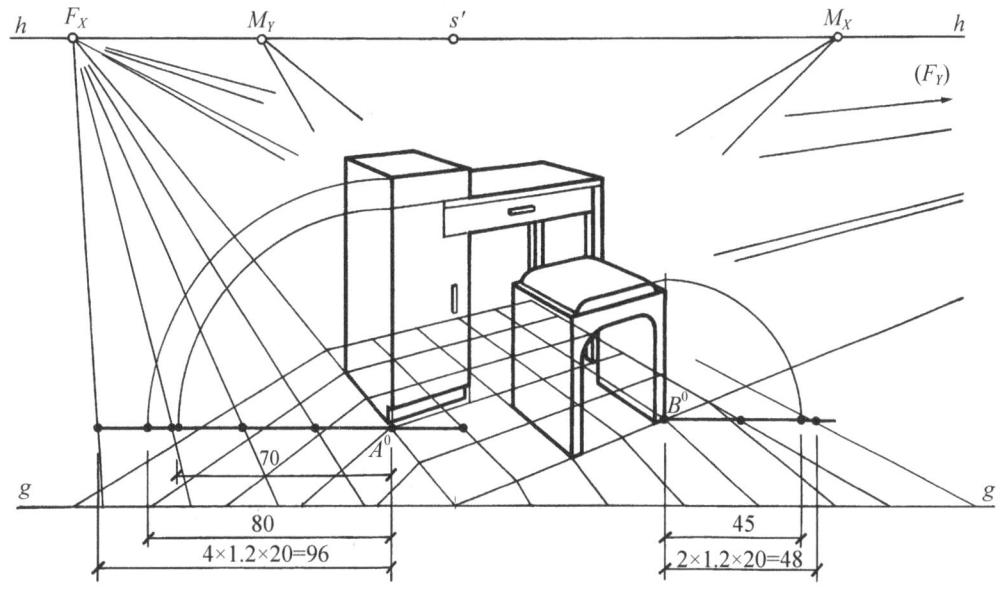

图 9 – 28 截距法的应用（二）（单位：cm）

作图：

① 过顶点 A^0 作水平直线与 60°方向的 4 条相邻网格线相交，得截距值 $4 \times 1.2 \times 20 = 96$cm，按目测比例取其中的 80cm，即为桌子左侧竖直轮廓线的透视高度。若再取略小于三格的长度，即得右侧桌面的透视高度 70cm。

② 同理，过顶点 B^0 作水平直线亦可截得 $2 \times 1.2 \times 20 = 48$cm，按目测比例取其中的 45cm，即得坐凳的透视高度。

9.4.3 比例控制法

以视平线作为基准线，当图中明确地知道视高的尺寸大小时，就可利用该视平线来控制配景人物的比例高度，这种方法称为比例控制法。

例如，当视高为 1.7m 时（图 9 – 29a），只要将人头画得接近于视平线，而脚部又落在地面上时，其身高都会视为 1.7m。即所配人物的高度与视高之比为 1.7:1.7 = 1:1。

如果视平线高度低于或高于 1.7m，或者人物的位置不在地面上时，则可按人物所在地点的实际情况，利用比例关系控制人物的高度，如图 9 – 29b、c 所示。

9.4.4 小结

在实际工作中，当建筑物的透视图画好之后，还要经过配景、润饰等工序，才能将透视图升格为"效果图"。配置在效果图中的人物，其作用除了点缀环境，使画面更显生动之外，更主要的是可借助于配景中人物的高低、大小来烘托出建筑物的尺度。反过来说，如果配景时操作失当，出现如图 9 – 30 中所示的情况，就会导致整幅效果图失败。

为此，若遵循本节所介绍的确定透视高度的几种方法中的某一种，便能很好地解决透视图配景中的人物透视高度的问题。

(a) 视高为1.7m时人物的配置

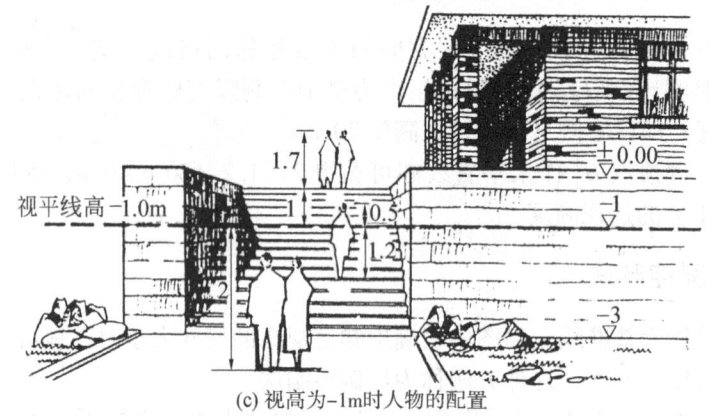

(b) 视高为1m时人物的配置

(c) 视高为-1m时人物的配置

图9-29 比例控制法及其应用举例

图9-30 配景人物尺度失调的例子

第10章 建筑透视图的实用画法

10.1 概述

前面第8、9章相对系统地阐述了透视图的基本原理与画法,为学习好透视图打下了必要的基础。然而在实际工作中,仅拘泥于这些基本知识是很不够的。建筑业界人士对绘画透视图都希望能总结出一些更加简捷、实用和易于掌握的方法,以便能够把透视图画得又快又好。

从上述各章的图例中可以得到启迪:绘图时,如果能"因地制宜",事先直截了当地在视平线上定出主点 s'、灭点 F、量点 M 或距点 D 的位置,同时,又能恰当地根据给题的实际情况选择好画图用的"透视参数",这样,无论是绘画哪一种类型的透视图,还是采用哪一种绘图的方法,操作起来,都会更加省时省事,得心应手。

要达到如此目的,其要点是:一方面要善于灵活运用"透视参数的合理选择"的基本原则;另一方面则要根据实际情况,恰当地选择好建筑物主立面对画面的相对位置。即恰当地选择好相应的最佳表达方法。

下面对这些问题分别用具体的例子进行探讨。

10.2 一点透视

10.2.1 用距点法画一点透视

例10-1 已知某校门的两面投影和尺寸如图10-1所示。试按比例1:100画出它的一点透视。

分析:从图10-1a可知,该校门体量较大,其正立面图能较明显地反映出该校门的形状特征,人员通常正对着门口出入,故选画一点透视较为适宜。画图时还宜将画面 P 与该校门屋面板的前表面重合,并将站点 s 设定在校门中部前方视距约等于校门总宽(即图形宽度 $K = 8000\text{mm}$)的距离处。至于视高 h,本例则按人的平均身高1.7m选取。

作图:

(1) 若按基本画法,得首先做好如下的准备工作,才能正式作图,即首先要设定透视参数,在平面图中画出一条适于作图用的重合于屋面板前表面的基线 $p—p$(图10-1a),并大致上在其中部的正前方按 $d = 8000\text{mm}$ 定出站点 s。再设点 a 为坐标原点,在它的左边量5000mm得点 b_1,于是 b_1b 为截取校门进深透视用的辅助直线;又再过 s 作 $sd // b_1b$,便可在 $p—p$ 上得出距点的投影 d。然后再按投影关系返回到立面图中去,才得视高为1700mm的视平线 $h—h$ 上的主点 s' 和距点 D。

(2) 若按实用画法,就可省去上述(1)所说的准备工作,而可直接在图纸上作图。其步骤是:

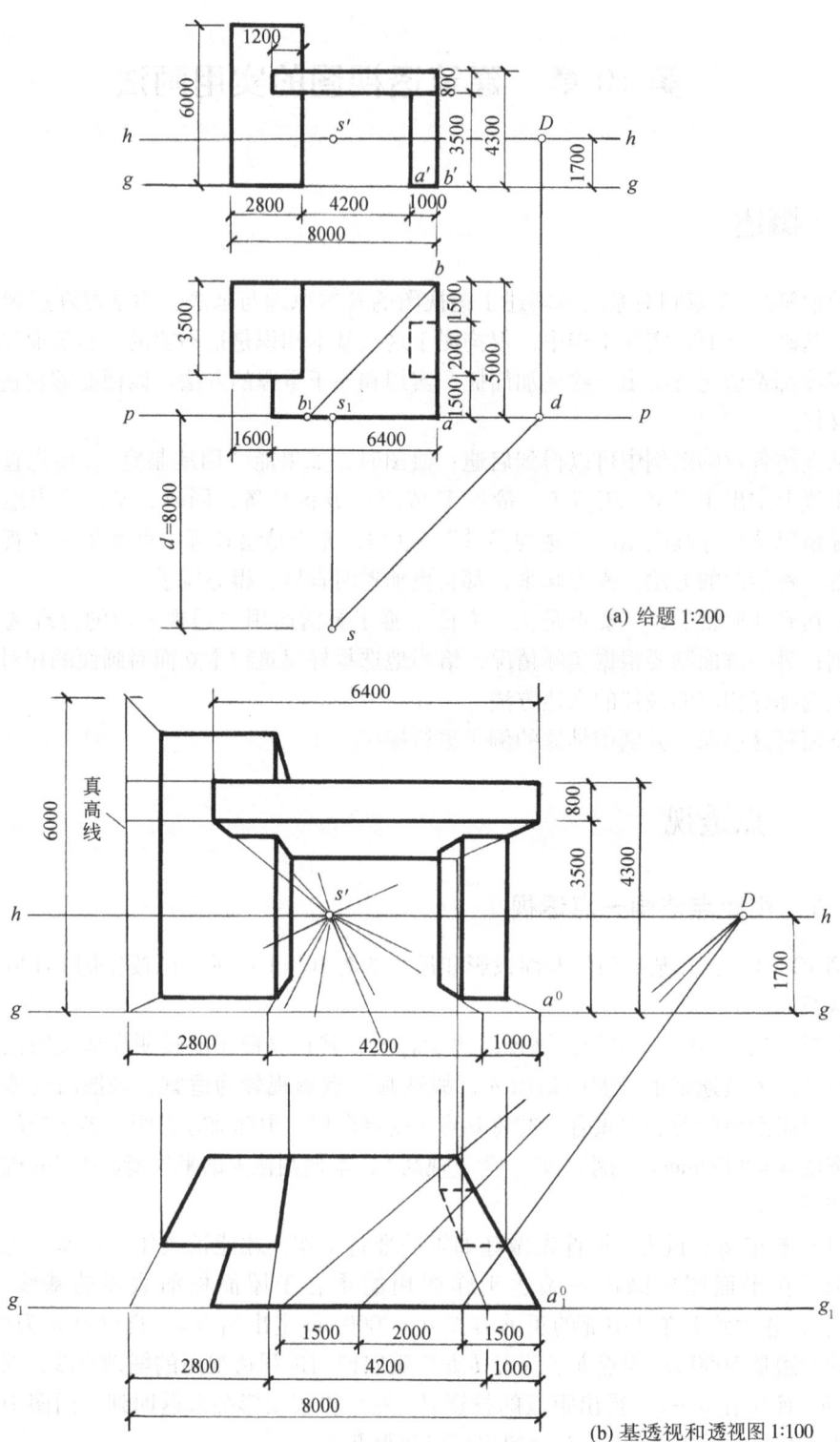

(a) 给题 1:200

(b) 基透视和透视图 1:100

图 10-1 某校门的一点透视（单位：mm）

①按比例1:100 直接在图纸上画入基线 $g—g$、视平线 $h—h$，并在 $h—h$ 上定出主点 s' 和按 $s'D \approx K$ 定出距点 D，以及在 $g—g$ 上参照投影图中的相对位置定出原点 a^0（图10-1 b）。

②为了作图准确和清晰，在图纸的下方另画一条"降低基线 $g_1—g_1$"（降低的距离可以是任意的）。在 $g_1—g_1$ 上同样定出原点 a_1^0，在 a_1^0 的左侧按宽度尺寸 1000mm、4200mm、2800mm 依次定出一系列的点，分别过这些点作直线与主点 s' 相连得一系列进深方向上的透视线。再在 a_1^0 的左侧按进深尺寸 1500mm、2000mm、1500mm 依次定出三个点，分别过这三个点作直线与距点 D 相连并与 $a_1^0 s'$ 线相交，于是就可得校门各处进深的透视位置，亦即可画出该校门降低基线后的基透视，如图 10-1b 的下部所示。

③将降低基线后所求得的各处进深的透视，返回到原基线 $g—g$ 的上方，就得到实际作图用的基透视。最后，竖真高线 6000mm 和按 3500mm、800mm 定出屋面板的高度位置，就可逐步画出整个校门的透视。

例 10-2 已知某建筑的室内平面图和剖面图。试放大一倍画出它的一点透视，设选定画面和视平线等参数如图 10-2a 所示。

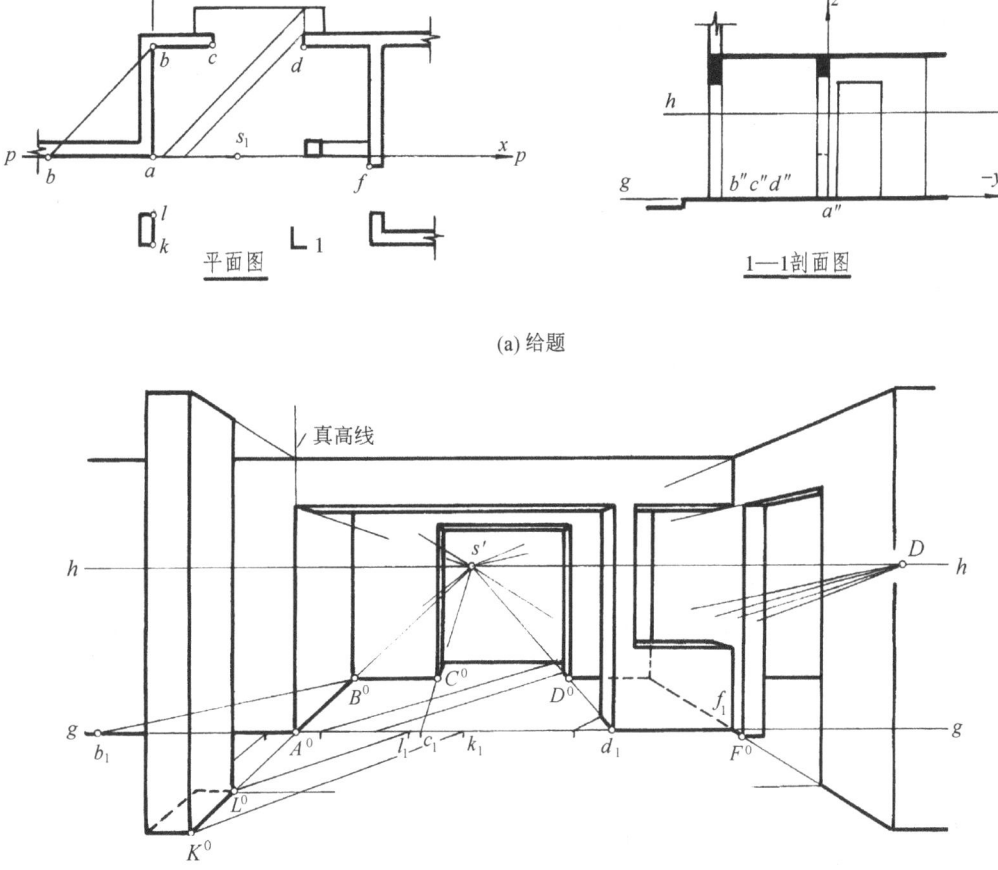

图 10-2 室内的一点透视

分析：此室内为房屋北入口的局部。从门外上一级台阶即可进入门厅，门厅的左边为有一条矩形立柱的回廊，右边为一堵带窗洞的隔墙，绕过隔墙可通过房门进入另一处室内。隔壁上方的横梁是跨过整个门厅的。

作图（按图形放大一倍）：

①按题意画入基线 g—g、视平线 h—h，并参照透视参数的合理选择等原则，直接在 h—h 上定出主点 s' 和距点 D。再在 g—g 恰当的位置上定出原点 A^0，在 A^0 的右侧依次按平面图中点 c、d、f 的 x 坐标值定出 c_1、d_1、f_1 等点，并通过这些点作全长透视 A^0s'，c_1s'，d_1s'，f_1s'，…

②在 A^0 的左侧按平面图中点 b 的 y 坐标值定出 b_1，连接 b_1D，再过 b_1D 与 A^0s' 的交点 B^0 作水平直线，于是得反映门厅进深的基透视；此水平直线与 c_1s'、d_1s' 的交点 C^0、D^0 则反映了大门宽度的透视。

③由于平面图中点 k、l 的 y 坐标为负值，故在透视图中将 k_1、l_1 定在 A^0 的右侧；连接 k_1D、l_1D 并延长之，便可与全长透视 A^0s' 的延长线相交而得出柱脚 K^0、L^0。

④某些细部例如右边带窗洞的那堵隔墙的厚度，其透视可直接在 d_1 的左侧按墙厚取一个点并与距点 D 相连，其连线与 d_1s' 的交点便反映了墙厚的透视。其他一些细部可在作图过程中自然得出，有些则可凭目测给定。

⑤最后，利用真高线逐步画出各处的透视高度，详细过程请读者自行分析。

* **例 10-3** 已知某办公楼门厅的平面图和剖面图（图 10-3a）。试画出它的一点透视。

分析：该门厅的天花倾斜于地面，入口雨棚的上方有一列固定窗。为了能根据投影图按图形 1:1 画出较大幅面的透视图，故将画面设在厅内较远处的墙面上，如平面图中的 p—p 所示。

作图（按图形 1:1）：

①画基线 g—g、视平线 h—h 和直接在 h—h 恰当的位置上定出主点 s' 和距点 D（图 10-3b）。再以适当距离画入降低的基线 g_1—g_1，在 g_1—g_1 上以 O_1 为原点分别按平面图中的点 a、b、c、d 的 $-y$ 坐标值和点 e 的 y 坐标值，在左边定出点 a_1、b_1、c_1、d_1，在右边定出点 e_1；并同样以 r_1 为辅助原点在左边定出 1_1、2_1、3_1、4_1 四个点。

②过距点 D 分别用直线与上述各点相连并延长之，依次与过主点 s' 所作的两条 $-y$ 方向的透视线相交，于是得柱脚、门洞等各处的降低基透视。

③再将降低基透视返回到所求的透视图上，定出柱脚、门洞等各处的位置。最后利用过原点 O^0 所竖的真高线，就可逐步求出各处的高度。对门窗分格的细节，可凭经验或参考后面第 11 章的 11.2 节的各种方法去完成。

10.2.2 用网格法画一点透视

例 10-4 已知某宾馆的总体规划平面图（图 10-4a），设公寓高 50m、宾馆高 30m、商场高 15m、水池高 1m。试画出它的一点透视。

分析：对建筑群体较适宜用网格法画它的鸟瞰图。设画面位于方格网的前沿，方格的边长为 10m，视距等于图形宽度，视高稍小于公寓高度的两倍。

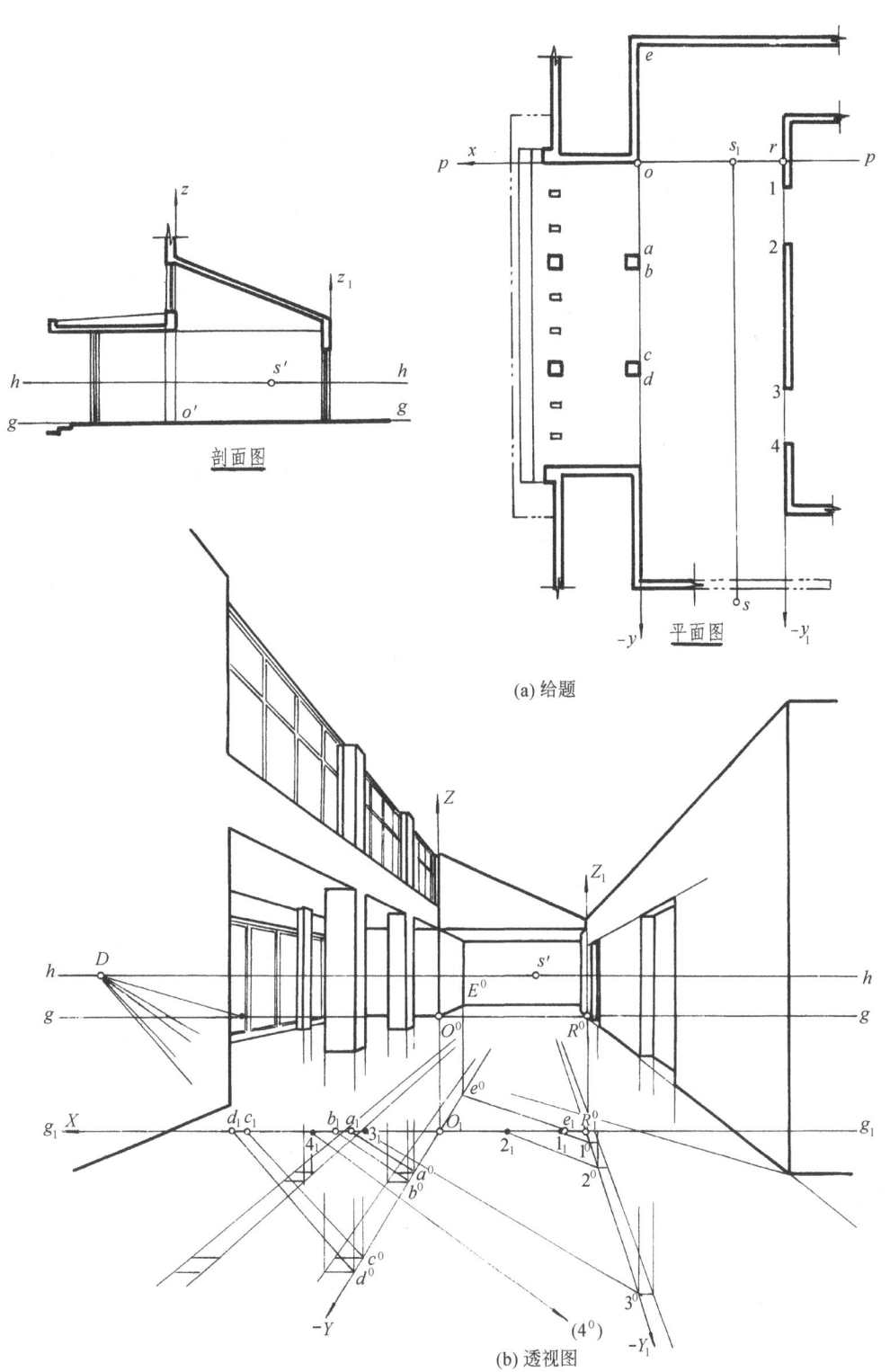

图 10-3 门厅的一点透视

作图：
① 按原图比例以 10m 为单位边长在平面图中画入方格网，并进行编号（图 10-4 a）。
② 选定画图比例在图纸上画入基线 g—g、视平线 h—h，并在 h—h 上定出主点 s' 和距点 D；同时在 g—g 的适当位置上定出 0，1，2，…，10 各点。于是画得透视网格，然后"对号入座"画出建筑群体的基透视（图 10-4b）。
③ 画各建筑物的透视高度。据立面图可知，该建筑群体中公寓高 50m、宾馆高 30m、商场高 15m、水池高 1m。由于一点透视的截距为 1，因此可得出各建筑物的高度分别相当于方格网的 5 格、3 格、1.5 格和 0.1 格边长的结论。于是画得该建筑群体的透视图如图 10-4c 所示。

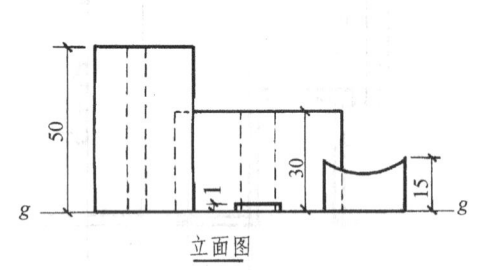
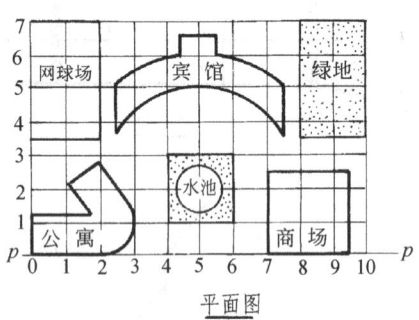

(a) 给题（方格边长10m）

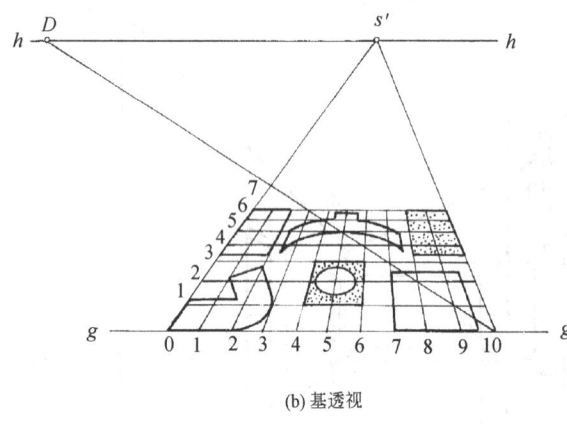
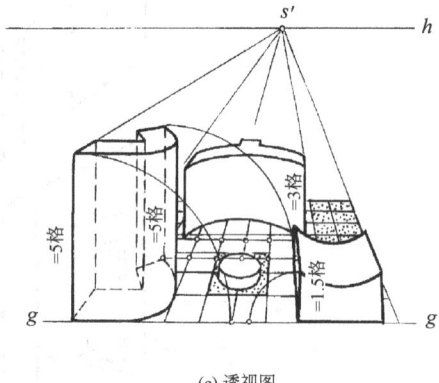

(b) 基透视　　　　　　　　　　　　(c) 透视图

图 10-4　某宾馆总体规划鸟瞰图

例 10-5　已知某起居室的平面布置如图 10-5a 所示。试画出它的一点透视。设室内净高 2.8m。

分析：该室内布置有组合柜、沙发、茶几等家具。用网格法画透视图时，由于该室内尺寸为 4m×5m，故宜设方格网的单位边长为 1m。为了较好地体现起居室后部的布置情况，所以本例将画面 P 设定在距后墙面的 4m 处。

作图：
① 根据表现要求，在平面布置图中定出画面 P（即基线 p—p）的位置（图 10-5a）。
② 设视高 h=1.7m、视距 d 略小于 4m，在图纸上画入基线 g—g 和视平线 h—h，并在 h—h 上定出主点 s' 和距点 D。于是根据室宽 4m、高 2.8m、进深 4m 便可画得该室内的

一点透视网格及空间的透视(图10-5b)。

③根据平面布置图画出各件家具的基透视。确定了各件家具在室内地面上的位置,亦即确定了它们在透视图中的长度和宽度(图10-5c)。

④画出窗洞,并以各件家具的基透视为基础,按它们的高度尺寸画出它们的"箱形"透视轮廓(图10-5d,确定透视高度的方法参阅上例,常用家具的高度可按适用范围自定)。

⑤按照各件家具的造型,准确地描绘到画面上,再添画出一些室内陈设的细节,便可完成作图(图10-5e)。

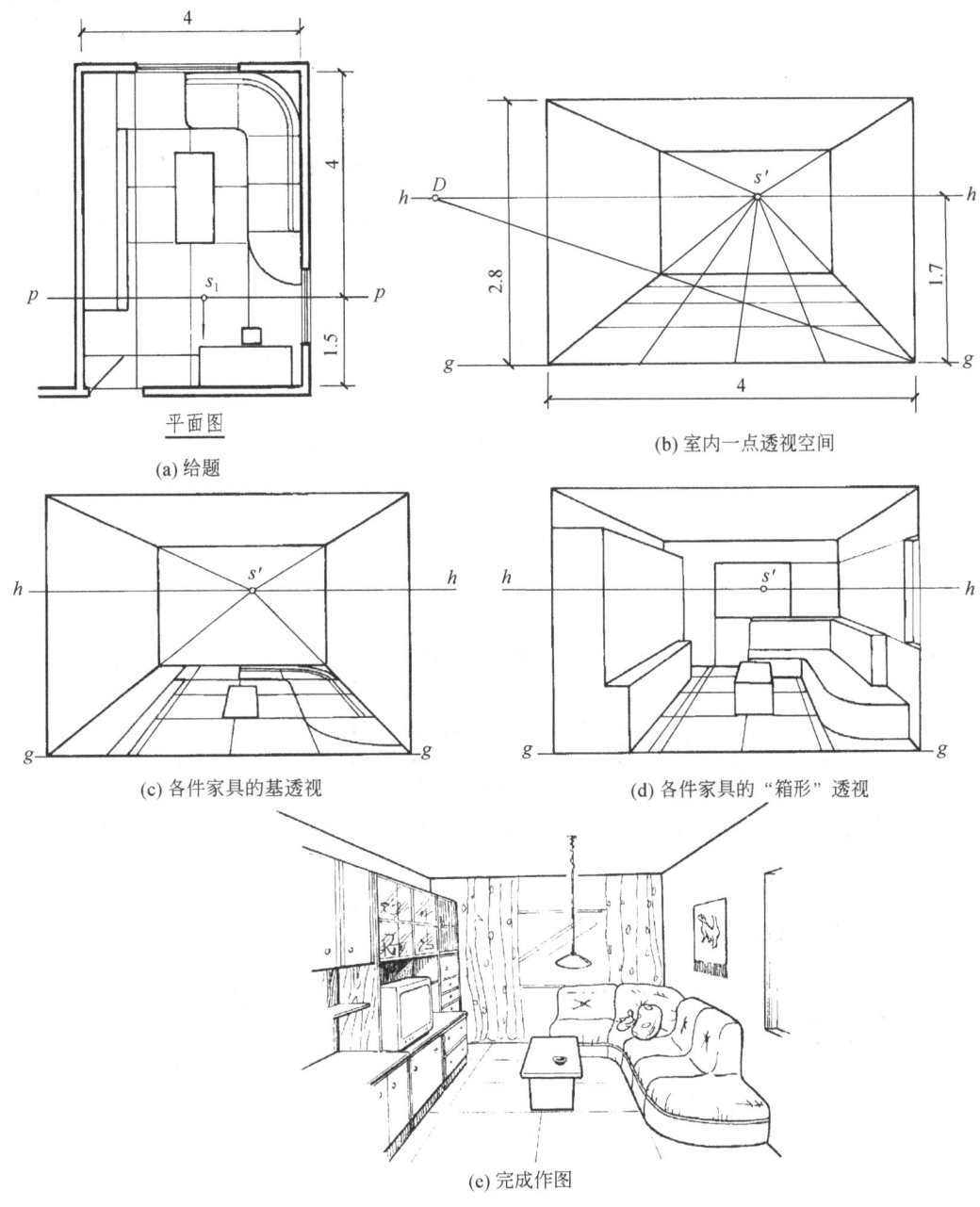

图10-5 某起居室的一点透视(单位:m)

图 10-6、图 10-7 分别是室外、室内一点透视实例。

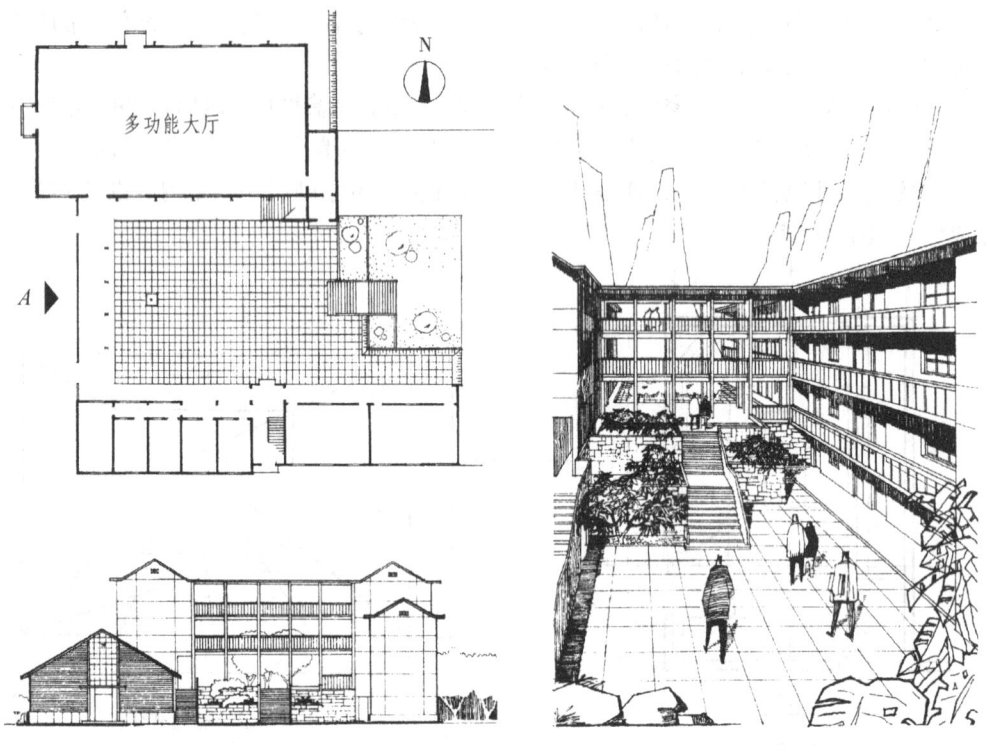

(a) 设计方案　　　　　　　　　　(b) 一点透视（A 向）

图 10-6　某中学校舍的一点透视

图 10-7　某宴会厅的一点透视

10.3 特殊角度的两点透视

用量点法或网格法绘制建筑物的两点透视时,若倾角 α、β 的大小为任意值角,视平线上五个点 F_X、M_Y、s'、M_X、F_Y 的相对位置必须通过作图才能求得。这样相对来说麻烦了一些。可想而知,若将夹角 α、β 给定为某个特殊角,并将视距 d 参照"9.2 透视参数的合理选择"等原则限定为某种定约时,则视平线上的两个灭点之间的距离以及主点和两个量点的相对位置就可按一定的规律事先约定。这样,对简化两点透视的作图将带来很多方便。

10.3.1 45°透视

当建筑物两相邻主立面对画面的倾斜角度都是45°时,所得的两点透视称45°透视。在这种情况下,如图10-8所示,设 $d = (1 \sim 1.5)K$,于是有:

$$F_X F_Y = F_X s' + s' F_Y = 2(1 \sim 1.5)K \cdot \cot 45° = (2 \sim 3)K \tag{10-1}$$

$$F_X s' = s' F_Y = 0.5 F_X F_Y \tag{10-2}$$

$$M_X F_X = M_Y F_Y = sf_x = sf_y = F_X F_Y \cdot \cos 45° \approx 0.7 F_X F_Y \tag{10-3}$$

$$s' M_X : M_X F_Y = s' M_Y : M_Y F_X = 2 : 3 \tag{10-4}$$

即是说,画建筑物的45°透视时,只要估算出拟画透视图形的宽度 K,就可在视平线 h—h 上直接定出 F_X、F_Y、s'、M_X、M_Y 五个点,而无须再通过作视线平面图去逐一求出这些点的位置了。

确定45°透视视平线上五个点相对位置的具体作图方法和步骤如下(图10-9):

① 按 $F_X F_Y = (2 \sim 3)K$ 在视平线上一左一右定出两个灭点 F_X、F_Y。
② 取 $F_X F_Y$ 的中点即为主点 s'。
③ 再分别按 $s' M_X : M_X F_Y = s' M_Y : M_Y F_X = 2:3$ 即可得出量点 M_X、M_Y。

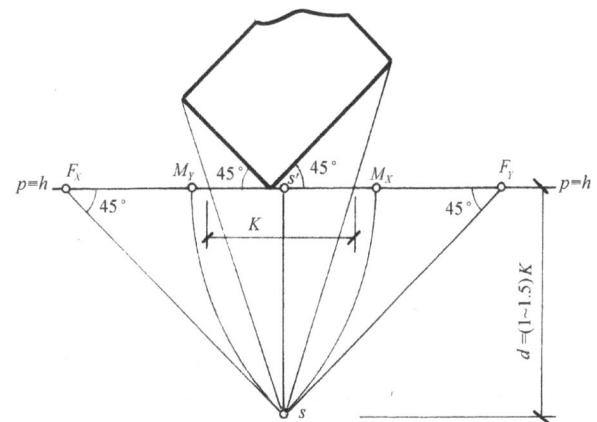

图 10-8 45°透视中灭点、主点、量点的相对位置

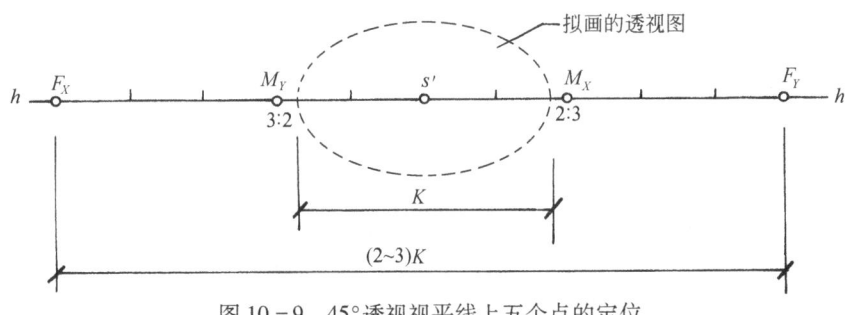

图 10-9 45°透视视平线上五个点的定位

10.3.1.1 用量点法画45°透视

例10-6 已知某商厦的平面图和立面图(图10-10a),试放大一倍画出它的45°透视。

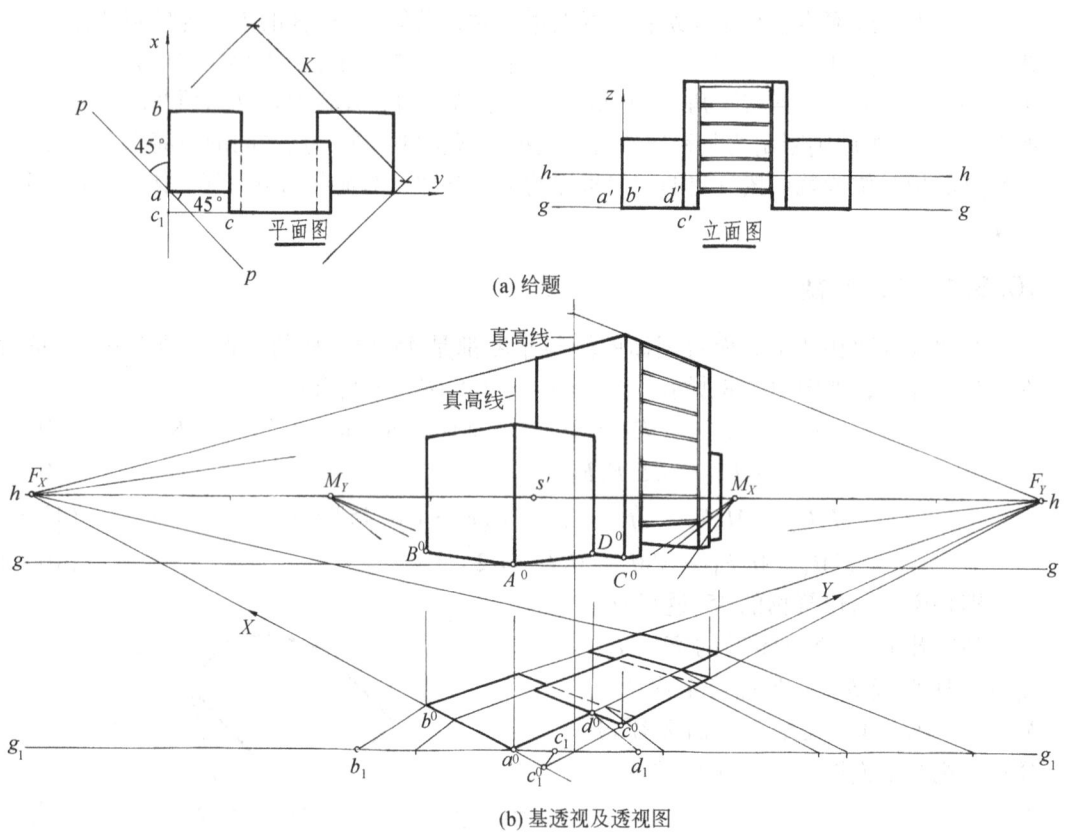

图 10-10 某商厦的45°透视

分析:该建筑物由一个大四棱柱和尺寸相同的两个小四棱柱组成。其中大四棱柱下方被截割去了一个矩形切口;而两侧的小四棱柱则是与大四棱柱相咬合的。画45°透视时,设画面通过左侧小四棱柱的左前角,并取视平线的高度约等于小四棱柱高度的一半。

作图:①画入视平线 $h—h$,并按上述式(10-1)和式(10-2)、式(10-4)的要求依次在其上定出 F_X、F_Y、s'、M_X、M_Y 五个点(按题意将 F_X、F_Y 的间距放大一倍。本例估算画幅宽度 K 的方法与图10-8有所不同,因为对 K 值的大小不必要求很严格,该图大约令 $F_X F_Y = 2 \times 2.3K$)。

②在视平线 $h—h$ 的下方按所设视高同样放大一倍画入基线 $g—g$ 和一条降低基线 $g_1—g_1$,并在这两条基线上分别恰当地定出原点 A^0 和 a^0。

③在 a^0 的左侧按 ab 之长(同样放大一倍)定出点 b_1,连接 $b_1 M_X$ 与 $a^0 F_X$ 相交,于是得点 b 的基透视 b^0。图中由于点 c 的 x 坐标是负值,所以点 c_1 必须定在 a^0 的右侧;连接 $M_X c_1$ 并延长之,于是在 $F_X a^0$ 的延长线上得点 c_1 的基透视 c_1^0。至于 Y 方向的各个点的求法,请读者自行分析。

④过 A^0 竖真高线,便可画出两个小四棱柱的透视。再过 $c_1^0 F_Y$ 与 $g_1—g_1$ 的交点 c_1 竖

真高线,又可画出大四棱柱的透视。最后,区分可见性,完成作图,如图10-10b。

例 10-7 已知传达室的平面图和立面图(图10-11a),试画出它的45°透视。

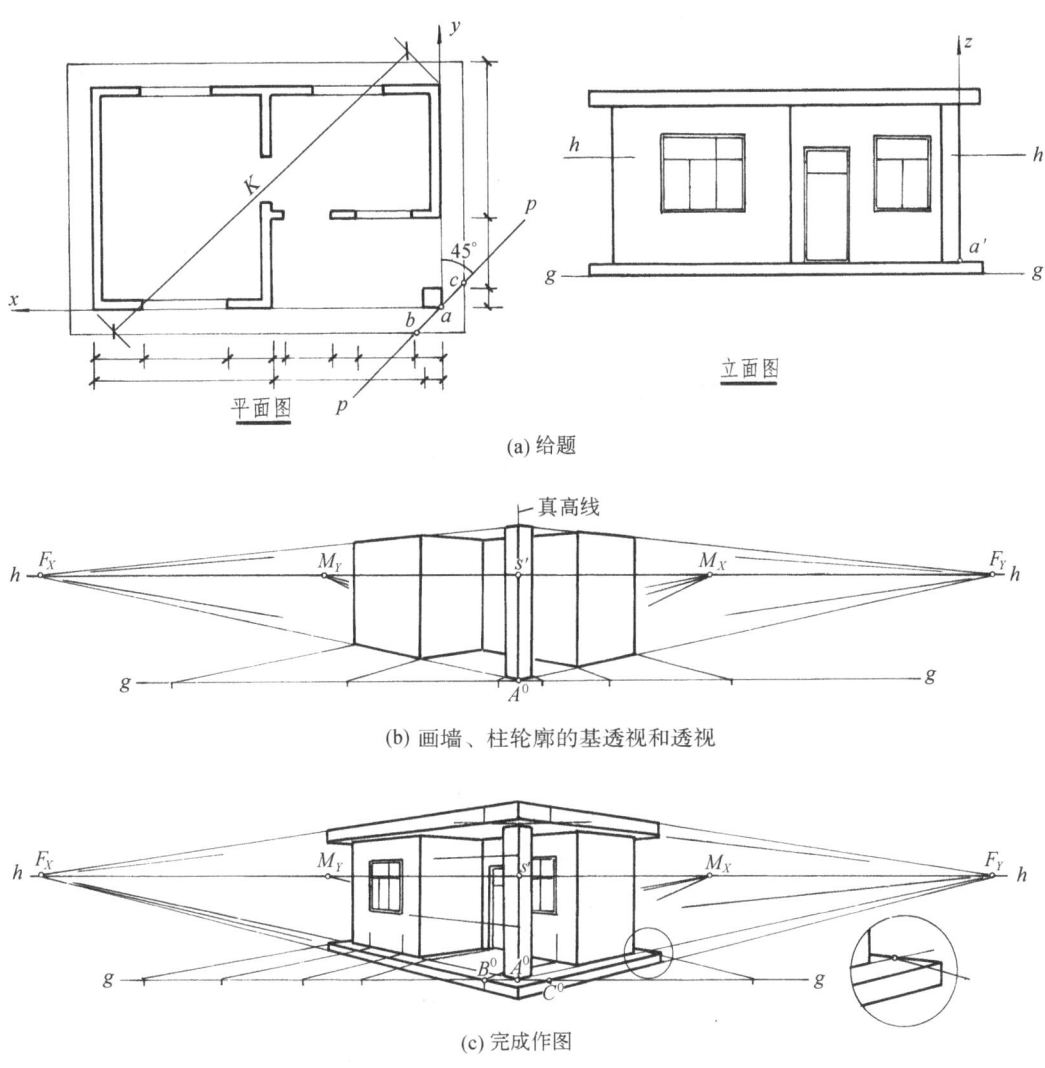

图10-11 传达室的45°透视

分析:这是一座屋盖和台基长、宽相同的平房,建筑构造以墙体和柱为主,故作透视图时选择台基上表面的柱脚顶点 a 为坐标原点,作图较为方便。

作图:(按投影图1:1)

①画入视平线 h—h,估算出画幅宽度 K 后,任设 $F_X F_Y \approx 2.4K$,于是即可用前述的方法在 h—h 上定出 F_X、F_Y 两个灭点,再依次定出 s'、M_X、M_Y(图10-11b)。

②根据视高画入基线 g—g,并在其上定出原点 A^0;再过 A^0 作全长透视 $A^0 F_X$、$A^0 F_Y$ 和竖真高线。于是就可利用量点和墙、柱的坐标尺寸作出它们的基透视和透视(图10-11b)。

③再根据门窗的细部尺寸同样利用量点和真高线画出它们的透视。至于屋盖和台基,从图10-11a可知,它们与 p—p 相交于 b、c,故亦可利用通过 B^0、C^0 两点的真高线定出它们的高度,从而画出它们的透视。图中圆圈内的局部放大图清楚地表示了墙脚与台基处

的透视作法(图10-11c)。

例10-8 已知由天井采光和带浴厕的厨房套间的平面图如图10-12a所示。设餐桌高800mm、橱柜高750mm、视高5000mm,试画出能较好地显示出它的平面布置的45°透视。

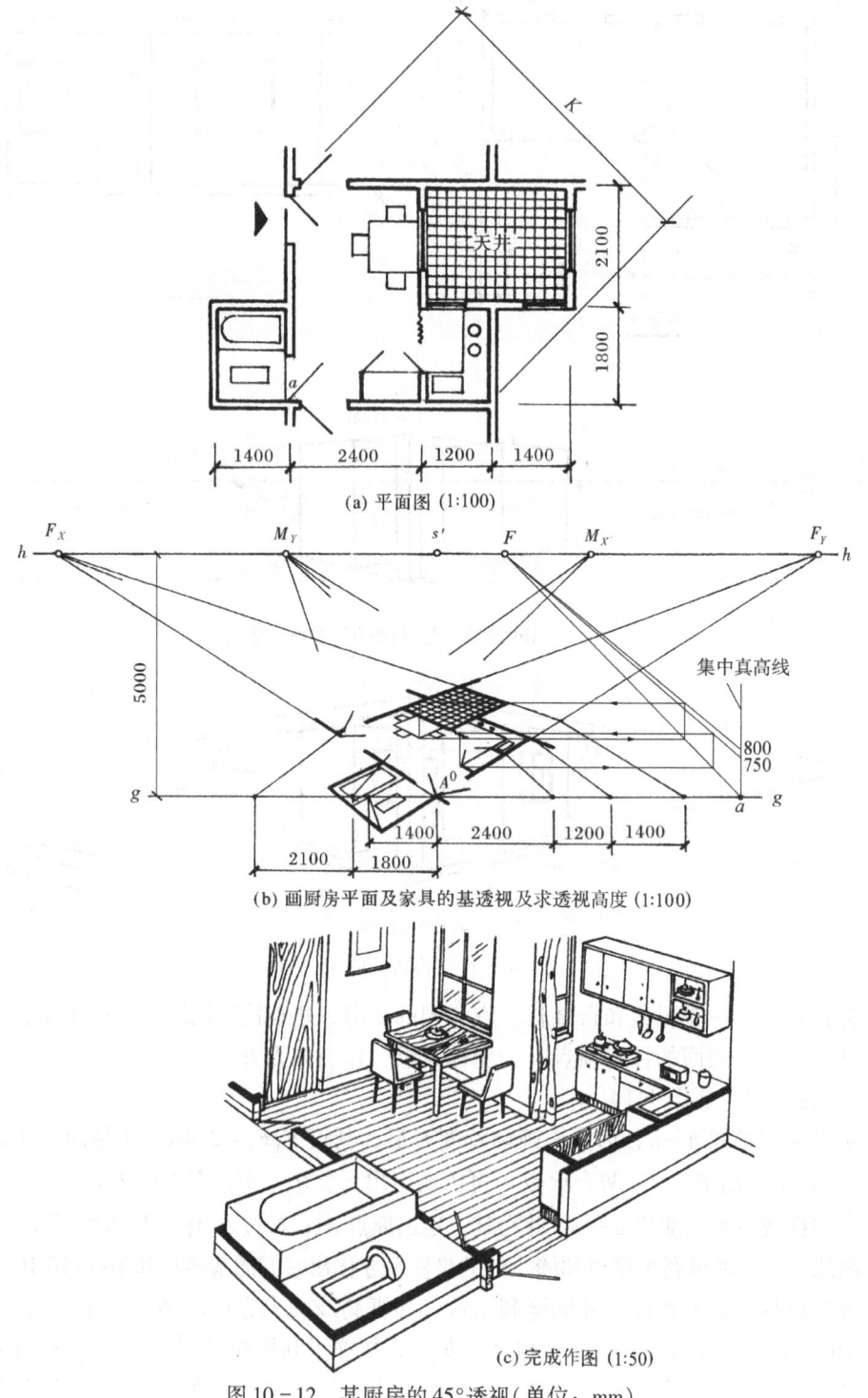

(a) 平面图 (1:100)

(b) 画厨房平面及家具的基透视及求透视高度 (1:100)

(c) 完成作图 (1:50)

图10-12 某厨房的45°透视(单位:mm)

分析：为了清晰地表现出该厨房及浴厕的平面布置，本例采取将房间作水平剖切后，并按题设要求采用较高的视高来绘制。

作图：

①画视平线 h—h，估算出拟画透视图的图形宽度 K 之后，就可按前述的方法和步骤在 h—h 上定出 F_X、F_Y、s'、M_X、M_Y 五个点。

②按设定的视高 h＝5000mm 画出基线 g—g，并以厨房的一个顶点 A^0 为原点，再利用各个开间的宽度和进深尺寸，通过灭点和量点就可画出该建筑物的基透视如图 10-12b 所示。

③最后按各件家具、设备的高度尺寸和样式，运用前面"9.4 确定透视高度的几种方法"中的集中真高线法求取它们的透视高度，并画出它们的透视，经整理后得图 10-12c，即为所求。

例 10-9 已知某公共食堂的平、立、剖面图（图 10-13a），试画出它的 45°透视。

分析：这是一座单层的建筑物，其长、宽、高三个方向的主要尺寸从图中均可找到。由于对该低层建筑宜表现出其构成总貌及周围环境，故选择视高等于建筑物高度的若干倍，即拟画的透视图将是鸟瞰图。

作图：

①设坐标原点 a 在建筑物左、前外墙的交汇处，并按原图比例估算出拟画透视图的图形宽度 K。

②画入视平线 h—h 并定出上述 45°透视的五个点；再画出基线 g—g，并在 s' 的下方定出 A^0，于是在此基础上就可用量点法根据坐标尺寸按照原图比例画出建筑物的主要轮廓，如图 10-13b 所示（此图取 $F_XF_Y=5K$，为了能在图纸范围内表示出两个灭点及量点的位置，将该图缩小后画出）。

③在基线上再按比例取一些细部尺寸，进一步画出细部；有些更细小的地方可凭目测按比例插入（图 10-13c）。

④最后修饰全图及配景等，完成作图（图 10-13d）。

10.3.1.2 用网格法画 45°透视

网格法中两点透视网格的画法，通常建立在量点法的基础之上。在这里只要将视平线上 F_X、F_Y、s'、M_X、M_Y 五个点的相对位置按 45°透视的规律定位，所画得的即为 45°透视网格。图 10-14 是一个长宽边长之比为 5:4 的矩形平面的 45°透视，其中图 10-14a 所示的为以矩形前方的顶点 A 为原点时的作法。此时 X 方向上的四个单位长度取在点 A^0 的左侧，将各等分点与 M_X 相连，分割 A^0F_X 得四个单位的透视长度；同理，在点 A^0 的右侧取 Y 方向上的五个单位长度，将各等分点与 M_Y 相连，也分割 A^0F_Y 得五个单位的透视长度。于是再通过这些分割点分别作透视线就可得该矩形平面及其网格的 45°透视。

作该矩形平面的透视也可将原点设定在其后方的顶点 A^0 上，但这时因各等分点的坐标值变为负值，故在 X 方向上的四个点应取在原点 A^0 的右侧；Y 方向上的五个点则应取在点 A^0 的左侧。具体作图见图 10-14b 所示。两种作法都是可以的。

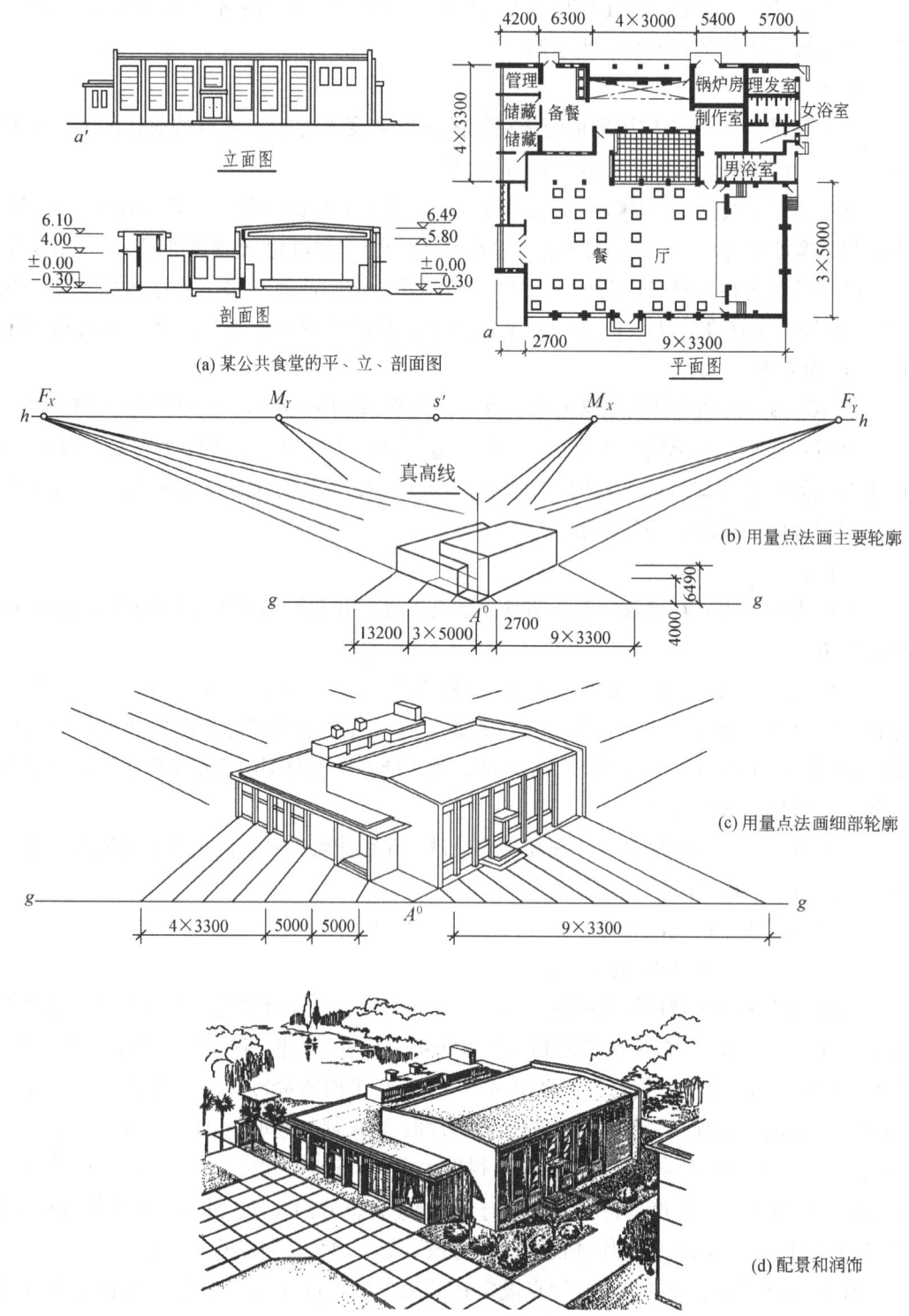

图 10-13 某公共食堂的 45°透视(单位：mm)

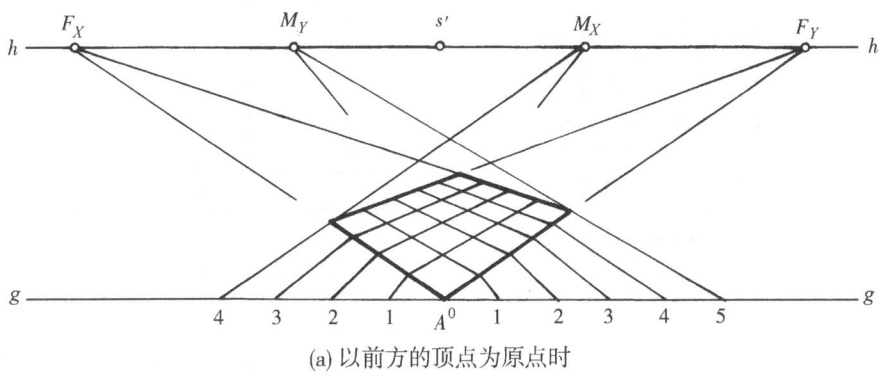

(a) 以前方的顶点为原点时

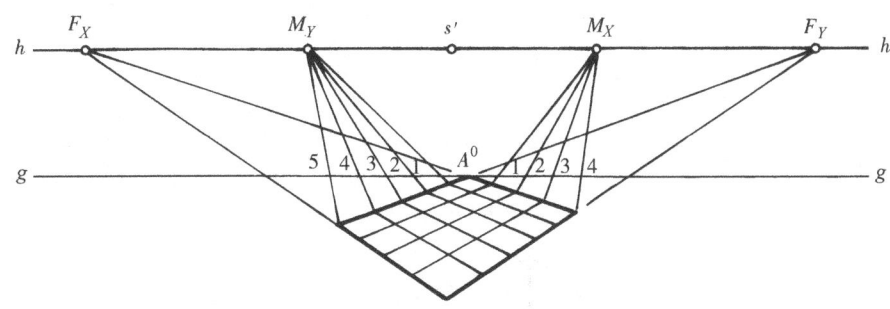

(b) 以后方的顶点为原点时

图 10-14 矩形平面的 45°透视

例 10-10 已知纪念碑的两面投影及尺寸(单位: m)如图 10-15a 所示,设视高 $h=3m$,试画出它的 45°透视。

分析:该纪念碑由两个四棱柱叠加,作 45°透视时,设画面通过纪念碑底座左前角。

作图 (1:100):

①画入视平线 $h-h$,估算出图形宽度 $K=5m$ 后,设 $F_X F_Y = 3K = 15m$,便可按比例在 $h-h$ 上定出两个灭点 F_X、F_Y,再按前述 45°透视的规律依次定出主点 s' 和量点 M_X、M_Y。同时按视高 $h=3m$ 画出基线 $g-g$,并在 $g-g$ 上恰当地定出原点 O,再在 O 的两侧按间隔 1m 取若干点。于是通过这些点以及量点和灭点,就能画出边长为 1m 的 45°透视网格(图 10-15b)。

②过已知网格的任一顶点作一水平线与 Y 向上两条相邻的网格线相交,得截距为 1.4 的一段长度,若将该水平线上的截距向右延伸再定出若干点,并通过这些点与灭点 F_Y 相连,则可将该 45°透视网格的 Y 向网格线向右扩大(图 10-15b)。然后再过这些 Y 向网格线与基线 $g-g$ 的交点,用直线与 F_X 相连,便可得向右扩展的完整的透视网格(图 10-15c)。

③设以 A^0 为顶点将纪念碑的平面图按透视法则画入透视网格中,于是得纪念碑的基透视(图中碑身的基透视用虚线表示)。

④最后,再利用"截距法"分别在点 A^0 处按比例取 1.4 中的 1 单位之长,在点 b^0 处取 $4 \times 1.4 + 0.4 = 6$ 单位之长,再把它们竖起来,就解决了纪念碑的透视高度的作图问题(图 10-15c)。

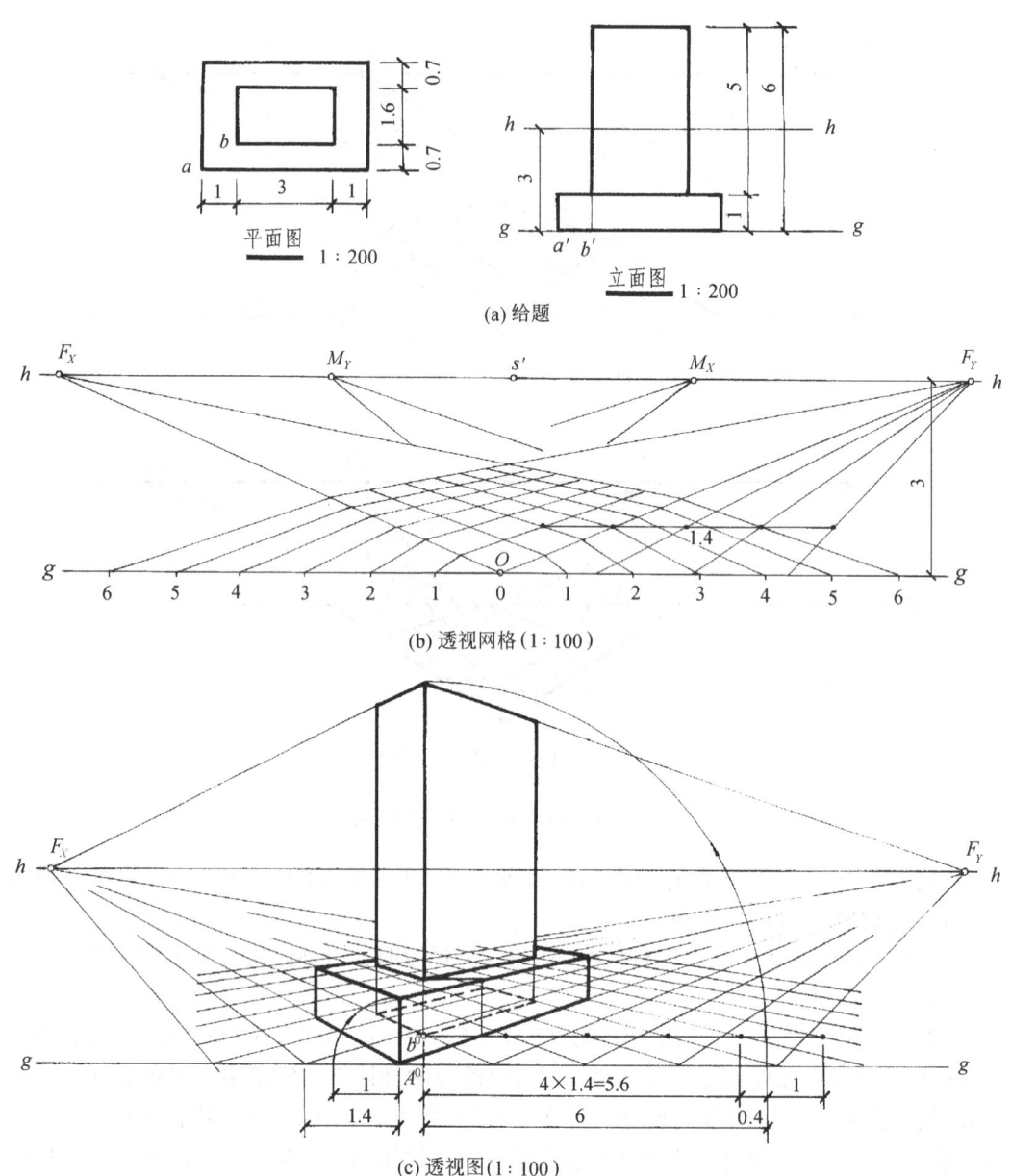

图 10-15 纪念碑的 45°透视（单位：mm）

例 10-11 已知带吧台的起居室长、宽均为 4m，净高 2.8m，在地面上摆放有沙发（靠背高 1.0m）、酒柜（高 0.8m）、方桌（高 0.4m）等家具。它们的位置和尺寸大小可参照地面上的边长为 1m 的方格网来确定（图 10-16a）。设视高 $h = 1.8m$，试画出它的 45°透视。

分析：画室内透视网格时，若设基线 g—g 通过室内后方的顶点 A，如前面的图 10-14b 所示，其作图的过程往往还显得简单些。此外，对透视高度的度量，本例仍然用"截距法"求解。

作图：

① 画入视平线 h—h，估算出图形宽度 K 后，适当地在 h—h 上定出 45°透视的灭点、

主点和量点。又按视高 $h=1.8$m 画出基线 $g—g$ 和在其上定出室内后方的顶点 A^0；并在 A^0 的左、右两侧每隔 1m 取若干点，再利用灭点和量点过这些点作出边长为 1m 的 45°透视网格。然后参照图 10-16a 给题的平面图"对号入座"，便得该起居室平面布置图的基透视（图 10-16b）。

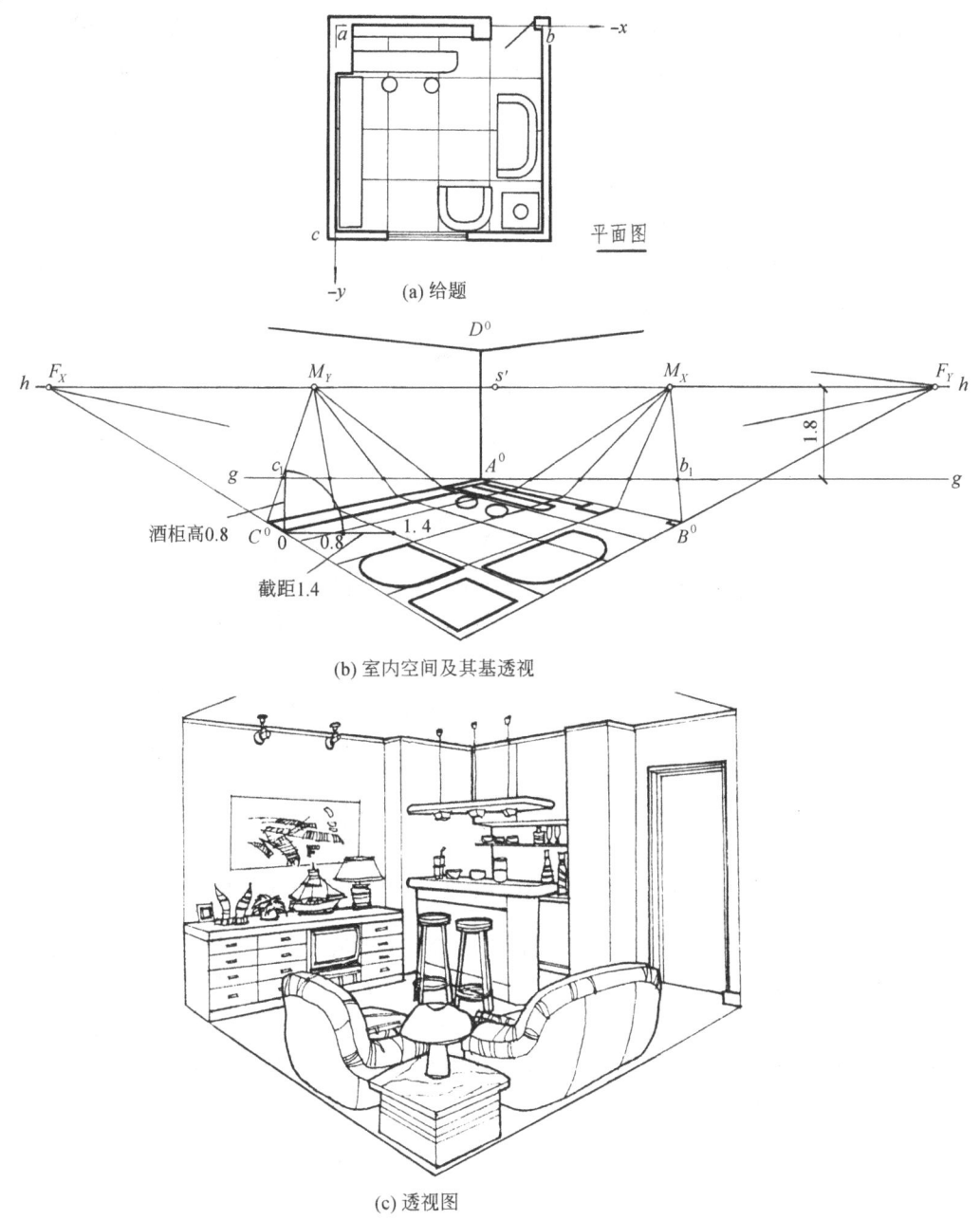

图 10-16　某起居室的 45°透视

②采用"截距法"画出各件家具的透视高度。例如左后方的酒柜，因它高 0.8m，故取略大于该处截距 1.4 的一半，即为其透视高度。再按室内净高取 $A^0B^0=2.8$m 定出点 B^0，于是可画出室内透视空间（图 10-16b）。

③在图10-16b的基础上,再通过创意,凭目测和参照各件家具的式样,徒手或适当地运用绘图器具,画入各个细部,便可完成作图(图10-16c)。

10.3.2　30°—60°透视

当建筑物两相邻主立面对画面的倾斜角度 α、β 分别是30°、60°(或60°、30°)时,所得的两点透视称30°—60°透视。在这种情况下,设视距 $d = (1\sim1.5)K$,如图10-17所示,于是有:

$$F_XF_Y = F_Xs' + s'F_Y = (1\sim1.5)K \cdot \cot 30° + (1\sim1.5)K \cdot \cot 60°$$
$$\approx (2.3\sim3.5)K \tag{10-5}$$
$$F_XM_X = F_XF_Y \cdot \cos 30° = 0.86 F_XF_Y \tag{10-6}$$
$$F_YM_Y = F_XF_Y \cdot \cos 60° = 0.5 F_XF_Y \tag{10-7}$$
$$F_Ys' = F_Ys \cdot \cos 60° = 0.5 F_YM_Y \tag{10-8}$$

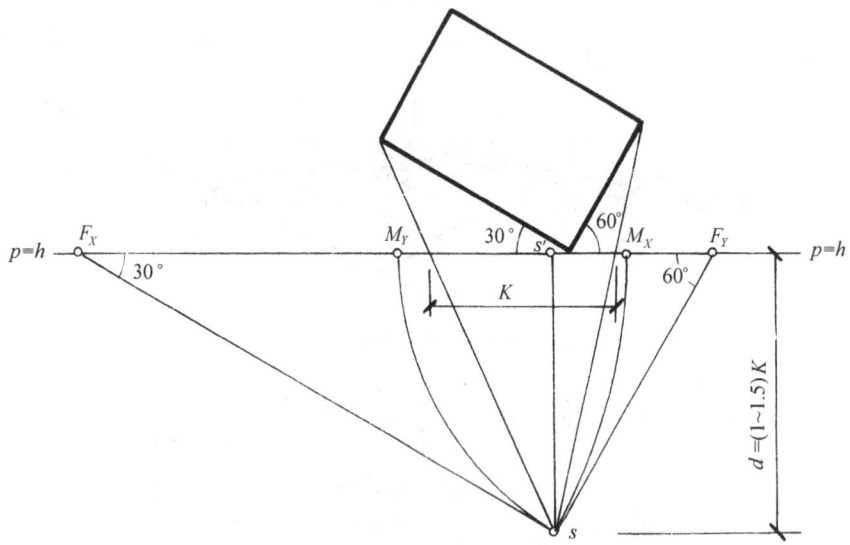

图10-17　30°—60°透视中灭点、主点、量点的相对位置

为了便于记忆,作30°—60°透视时,视平线上五个点可按图10-18所示的方法定位。即按 $(2.3\sim3.5)K$ 确定 F_X、F_Y 两灭点之后,相继取 F_XF_Y、F_YM_Y 和 F_Ys' 的中点便可依次得 M_Y、s' 和 M_X 三个点。按这个方法定位,点 M_Y 和 s' 的位置是符合上述(10-7)、式(10-8)的要求的,但 M_X 存在有一定的位置误差,误差值约为 $0.01 F_XF_Y$,这对绘制透视图的准确度来说,其影响是微不足道的。

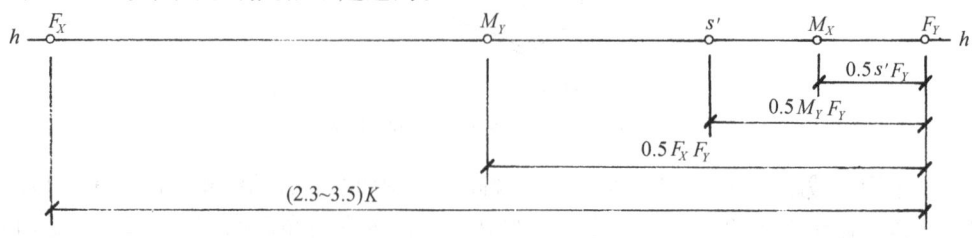

图10-18　30°—60°透视视平线上五个点的定位

10.3.2.1 用量点法画30°—60°透视

例10-12 已知某写字楼的两面投影及尺寸(比例1∶100,单位:m)如图10-19a所示,试按比例1∶60画出它的30°—60°透视。

分析:设以该建筑物的前立面左下角的点 A 为原点建立坐标系,并令建筑物前立面与画面的倾角为30°,此时前立面水平轮廓线的灭点为距主点 s' 较远的那个灭点 F_Y。

作图(1∶60):

① 画入视平线 $h—h$,估算出图形宽度 K 并按 $F_X F_Y \approx 3K$ 的距离在 $h—h$ 上定出 F_X、F_Y,再相继取其中点得 M_X、s'、M_Y。

② 按视高 h 画入基线 $g—g$ 和降低基线 $g_1—g_1$,并在主点 s' 的下方分别定出原点 A^0 和 a^0。再在 a^0 的左、右侧分别按所给的坐标尺寸定出若干点,于是分别利用灭点和量点画得建筑物的基透视(图10-19b的下方)。

③ 再过 A^0 竖真高线,分别取高度为6、16、38三个点。通过这三个点即可求出各处的透视高度,如图10-19b所示。

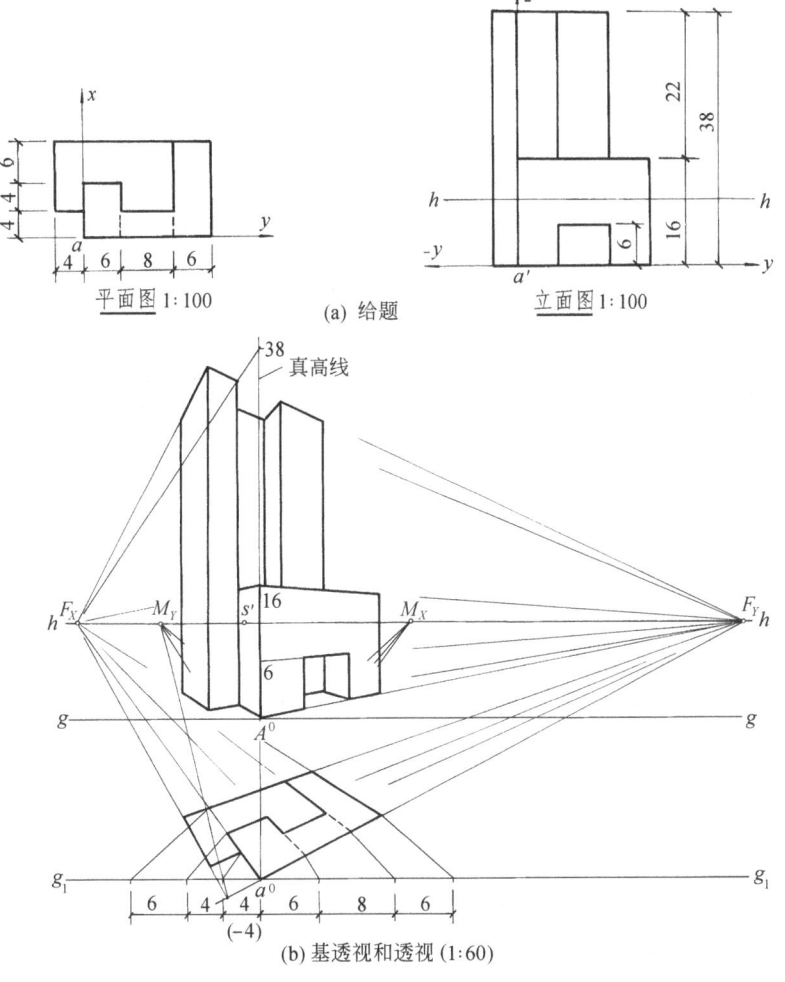

图10-19 用量点法画某写字楼的30°—60°透视(单位:m)

例10-13 已知房屋入口处的平面图、立面图(图10-20a),试画出它的30°—60°透视。

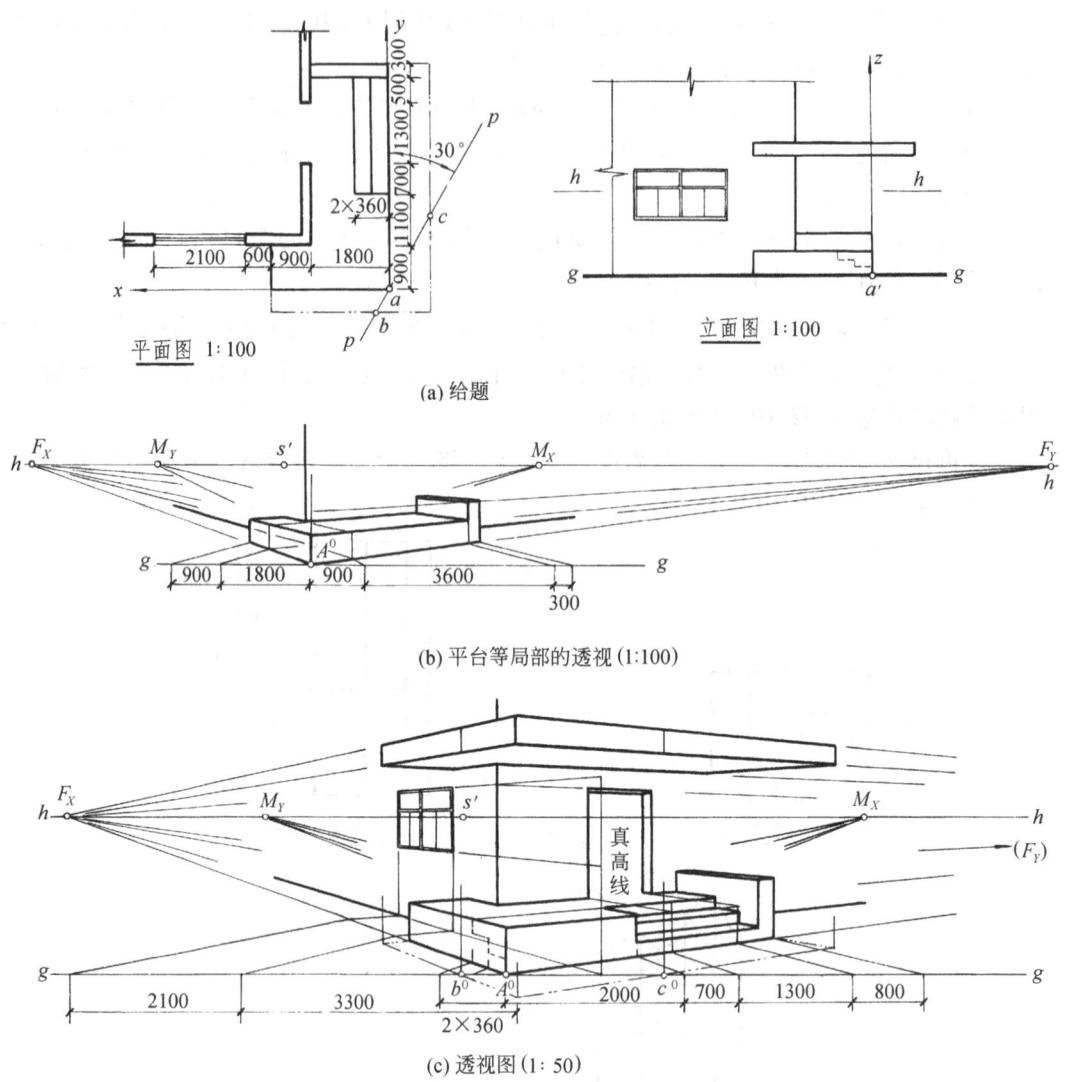

(a) 给题

(b) 平台等局部的透视(1:100)

(c) 透视图(1:50)

图10-20 用量点法画房屋入口处的30°—60°透视(单位:mm)

分析:该房屋入口处为带3级台阶的平台,入口的上方为与墙角咬合的雨棚。作图时宜以平台底面的顶点为原点,令入口的正面与画面的倾角为30°,并建立坐标系,此时入口正面水平轮廓线的灭点为距主点 s' 较远的那个灭点 F_Y。

作图:

①画入视平线 $h—h$,估算出图形宽度 K 后按上述的相对位置,在 $h—h$ 上定出 F_X、F_Y、s'、M_X、M_Y 五个点。再按视高 h 画出基线 $g—g$,并在 $g—g$ 的适当位置上定出原点 A^0 和画出全长透视 A^0F_X、A^0F_Y。再在基线 $g—g$ 上点 A^0 的左、右两侧分别按外墙的定位尺寸、护墙的定位尺寸,以及平台的宽度和长度尺寸定出一系列的点,于是就可利用真高线以及量点、灭点,画出平台、护墙和外墙墙脚的透视(图10-20b)。

②画平台上的步级时，先根据步级的踏面宽度和踢面高度，分别在点 A^0 的左侧和真高线上各定出两个点，于是就可利用量点 M_X 和灭点 F_X 在平台的左侧面上画出步级侧面投影的"基透视"（见虚线所示）。然后再自这个"基透视"向灭点 F_Y 引透视线，并在点 A^0 的右侧定出步级长度的定位尺寸，于是可利用量点 M_Y 等逐步画出步级的透视（图 10-20c）。

③门窗透视高度的求法是：首先将门窗所在墙面的墙脚向前延伸与 g—g 相交，再过交点竖真高线并定出门窗真高，于是可求得门头、窗头和窗台的透视高度。最后画雨棚的透视，图中先过 b^0、c^0 两点画出雨棚的基透视，并过 b^0、c^0 竖真高线，分别定出雨棚板底面和顶面的真高，就可逐步完成雨棚的透视作图（图 10-20c）。

例 10-14 已知某影剧院外形的平面图、立面图（图 10-21a）。试按图形放大一倍画出它的 30°—60°透视。

分析： 该建筑物由首层、前厅、后厅、后座等部分组成。设画面通过前厅前立面与后座侧面（均为扩大后）的交线，并以此交线在基面上的点 O 为原点。建立坐标系后，在 X、Y、Z 三坐标轴上定出一系列的点如图 10-21a 所示。为了清晰地显示该建筑物的造型特点，作图时令影剧院的前立面与画面的倾角为 30°，并设视高约等于两倍建筑物的总高。

作图：

①画入视平线 h—h，估算出图形宽度 K 后，在 h—h 上定出左、右两个灭点 F_X、F_Y 及主点 s'、量点 M_X、M_Y（因幅面有限，灭点 F_Y 在图纸外，请将 h—h 延长后按 $F_X M_X = M_X F_Y$ 定出 F_Y）。再在适当位置上画入一条基线 g—g 和一条降低基线 g_1—g_1。在降低基线 g_1—g_1 上按平面图所示的相对位置定出原点 o 和 m、n 两点，以及 X、Y 轴上的一系列的点 a，b，c，…及 1，2，3，…于是利用这些点再通过灭点和量点，就可画出该建筑物降低基线后的基透视（图 10-21b 的下部）。

②在基线 g—g 上同样定出原点 O 和两点 M、N，过点 O 竖真高线并在其上定出 Z 轴上的一系列的点 p，q，r，…过 M、N 及 Z 轴上的点分别向 F_X、F_Y 作一系列透视线，再把降低基透视中各轮廓线之间的交点返回到基线 g—g 的上方，分别与上述一系列的透视线相交，即可解决透视图中相应部位的长度、宽度的度量问题（图 10-21b 的上部）。

③图中所有 X、Y 两个主向上的轮廓线的透视都不难作出。反过来说，不是主向的轮廓线，特别是一般位置的轮廓线，其透视作法就会困难些。在这种情况下，通常的作法是先设法求出该一般位置直线的两个端点，然后用直线相连。图中前厅顶面上一左一右两条一般位置直线就是这样画出来的。其具体作法是：过真高线上的点 s 向右作 sF_Y，与前厅两条已求出的竖直轮廓线相交，便可分别得出两个端点。又过两直线 CM_X 与 OF_X 的交点 k 引竖直线，再过真高线上的点 r 向左作 rF_X 与该竖直线相交得点 r_1，于是过点 r_1 作 r_1F_Y 与前后厅交界处的竖直轮廓线相交，便可分别得出上述两条一般位置直线的另外两个端点。至于后厅顶面上的轮廓线，因为它们是水平线故其灭点仍在视平线上。例如左边的那条水平线，图中在求出与该水平线平行的位于首层上表面的那条轮廓线的透视之后，利用它们在视平线上共有的灭点 F，就可以再通过前面已求出的一般位置直线的一个端点完成该水平轮廓线的透视作图。而右边的水平轮廓线后方的那个端点，则是通过基透视求

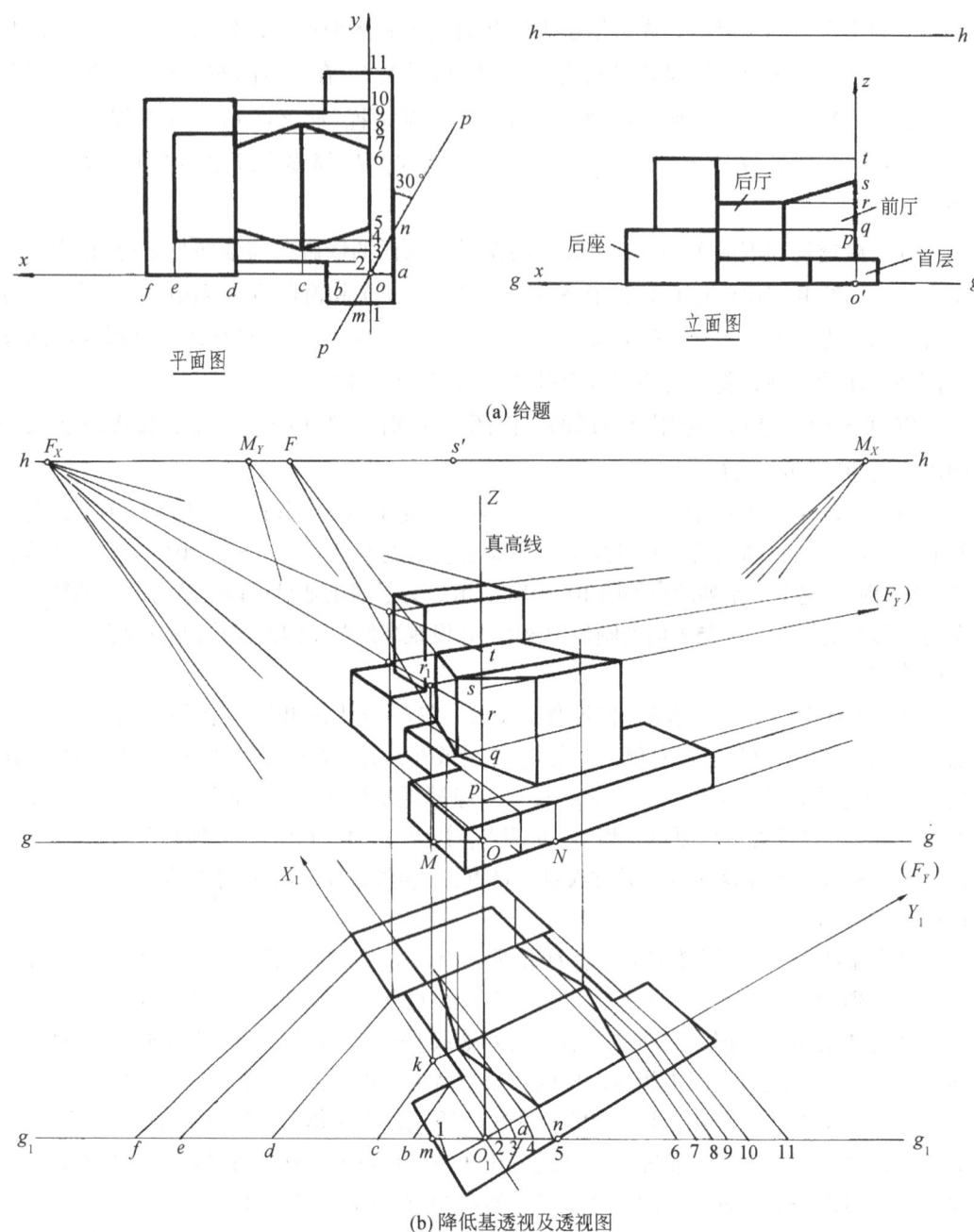

(a) 给题

(b) 降低基透视及透视图

图 10-21 用量点法画某影剧院的 30°—60° 透视

出的。

10.3.2.2 用网格法画 30°—60° 透视

30°—60° 透视网格的画法，通常也是建立在量点法的基础之上。图 10-22 所示是一个以前方的顶点 A 为原点的 30°—60° 透视网格作法的例子。任设方格网的边长为 1，分别在点 A^0 的两侧各取间隔相同的若干个点，把它们分别与各自的量点用直线相连，分割 A^0F_X、A^0F_Y 得一系列相应的点，再过这些相应的点分别向两侧作透视线，于是就可得该

160

边长为 1 的 30°—60°透视网格。

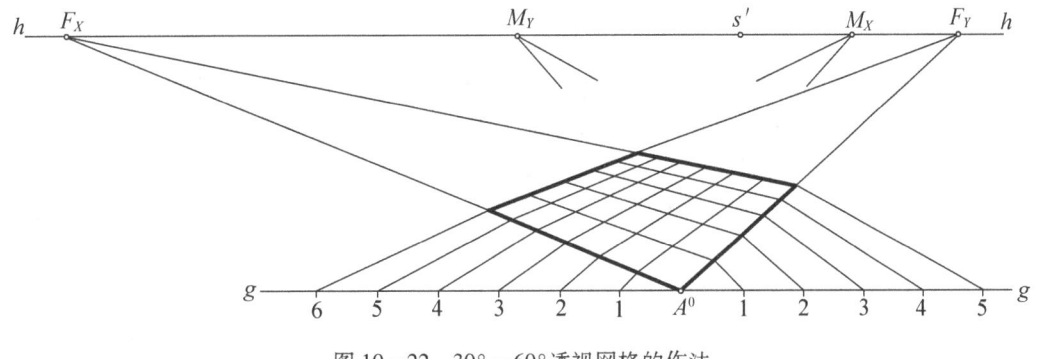

图 10-22 30°—60°透视网格的作法

例 10-15 已知广州花园酒店主体建筑的两面投影(图 10-23a)，试画出它的 30°—60°透视。

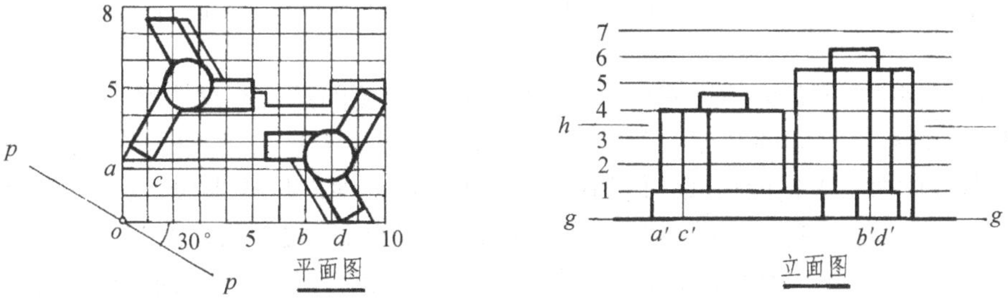

(a) 给题

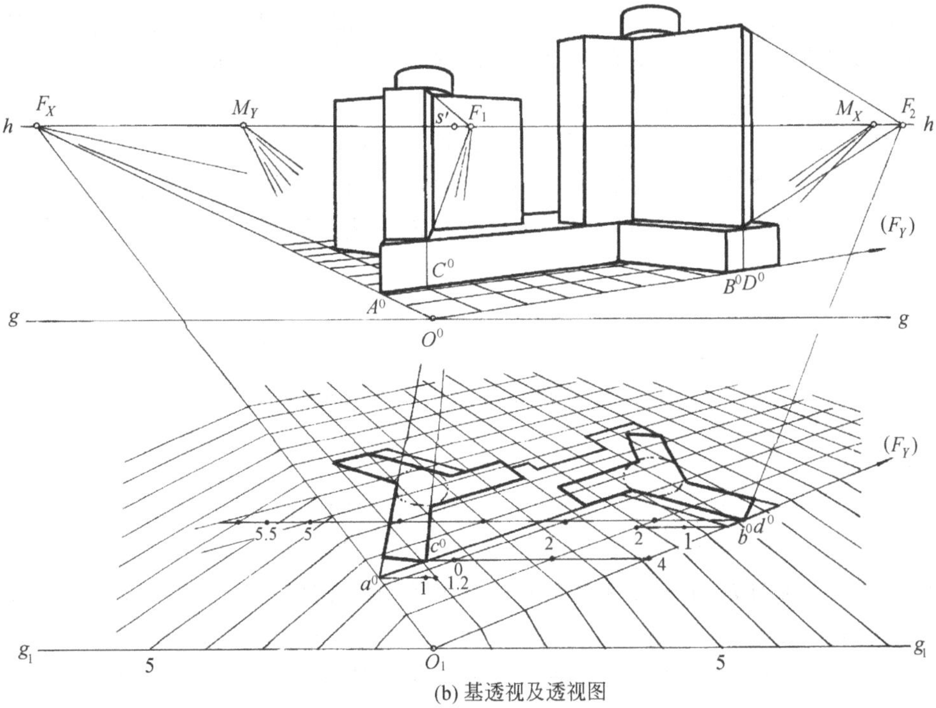

(b) 基透视及透视图

图 10-23 用网格法画广州花园酒店的 30°—60°透视

分析：该酒店主体建筑由裙楼和两座Y形塔楼组成。由于其平面形状多变，故适宜采用网格法画它的透视图。

作图：

①按比例选择合适的尺寸间距，在平面图中画入方格网并编号；再用同样的尺寸间距画入一系列水平线表示出该建筑立面的相对高度(图10-23a)，图中裙楼的高度相当于1格。

②设定拟画透视图相对于原图的放大倍数(本例为放大2.4倍)，在图纸上画入视平线 $h—h$、基线 $g—g$ 以及降低基线 $g_1—g_1$（图10-23b）。

③在 $h—h$ 上按30°—60°透视的规律恰当地定出五个点 F_X、F_Y、M_X、M_Y、s'（本例设 $F_XF_Y \approx 3.5K$，又因幅面有限，F_Y 落在图纸之外，也应按 $F_XM_X = M_XF_Y$ 在 $h—h$ 上确定出 F_Y 的位置）。

④在 $g—g$、$g_1—g_1$ 上恰当地分别定出原点 O^0、O_1，再按既定的放大倍数2.4将图10-23a设定的间距在 $g_1—g_1$ 定出一系列的点，于是画得放大后的30°—60°透视网格。

⑤"对号入座"，画出该酒店降低基线后的基透视，并把其中可见的一部分返回到原基线 $g—g$ 的上方。作图时要注意非主向水平轮廓线的灭点也应落在视平线 $h—h$ 上，如 F_1、F_2。

⑥用"截距法"求各处的透视高度。例如：裙楼 A 棱的透视高度为略小于过 a^0 所截得的两条 X 向网格线之间的截距1.2（因裙楼的高度相当于1格）；同理，B 棱的透视高度为过 b^0 所截得的两条 Y 向网格线之间的截距"2"的一半。对左塔楼来说，它的高度相当于4格，故其 C 棱的透视高度为过 c^0 所截得的两个 Y 向网格线之间的截距"$2×2=4$"；同理，右塔楼高5.5格，故其 D 棱的透视高度则为过 d^0 所截得的5.5个 Y 向网格线之间的截距的一半。其余类推。

⑦逐步绘画各处水平轮廓线的透视。要注意塔楼部分水平轮廓线的灭点也应在视平线上，而且互相平行的轮廓线必有共同的灭点例如 F_1、F_2。最后整理全图，便得所求的透视图如图10-23b的上半部所示。

例10-16 已知某住宅单元饭厅的净面积为 $2\text{ m} \times 3\text{ m}$，净高2.7 m，饭厅上方用带储物柜的玻璃隔断与厨房分开（图10-24a）。设餐桌高0.8 m，沙发(坐面)高0.4 m，储物柜宽0.5 m、高0.54 m，视高 $h = 1.5$ m，试用网格法并以后方的顶点 A 为原点画出它的30°—60°透视。

分析：

按给题的具体情况，选择并采用以玻璃隔断为主立面的30°—60°透视为宜。此时，该主立面与画面之间的夹角为30°，即该立面上水平轮廓线的灭点为距离主点 s' 较远的那个灭点。

作图：

①先在饭厅平面图中画入以0.5 m为边长的方格网，再按题意和上述规律定出30°—60°透视的视平线 $h—h$ 上的五个点（其中 F_X 落在图纸之外并远在主点 s' 的左边）。然后选取合适的比例，按视高 $h = 1.5$ m画入基线 $g—g$ 并恰当地在其上定出一个顶点 A^0。于是参照图10-14b的画法便可画出30°—60°透视网格及进一步画出各件家具的基透视（图10-24b）。

②再用截距法定出各件家具的透视高度，如图10-24b所示，过餐桌的某一顶点作水平线与 Y 方向上的相邻两网格线相交得截距值 $1.2 \times 0.5\text{ m} = 0.6\text{ m}$，取该0.6 m的 $1\frac{1}{3}$ 便

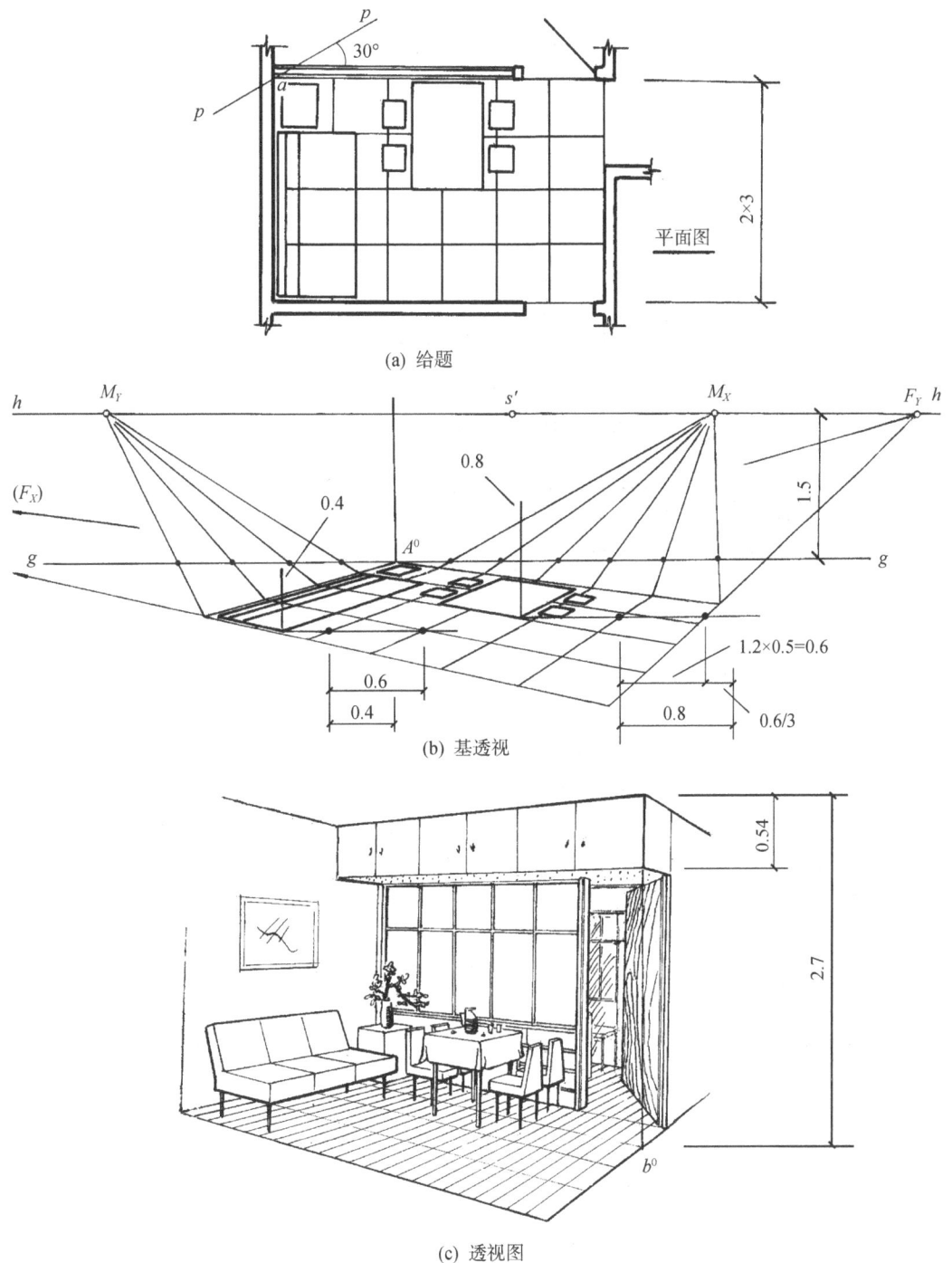

(a) 给题

(b) 基透视

(c) 透视图

图 10-24 某住宅饭厅的 30°—60° 透视（单位：m）

得餐桌的透视高度。同理，取过沙发某一顶点所求得的截距值 0.6 m 的 $\frac{2}{3}$，便为沙发（坐面）的透视高度。

③过顶点 A^0 竖真高线并按同一比例截取真高 2.7 m，于是画得该饭厅的透视空间。

再根据储物柜的宽度 0.5 m，定出它在顶棚上的基透视（图中表现为过点 b^0 向上引竖直线与顶棚相交）。截取它的透视高度时，图中采用了"比例控制法"。因为该室内任一位置上的高度都为 2.7 m，故取其 $\frac{1}{5}$（即 $\frac{2.7}{5}=0.54\mathrm{m}$）便为储物柜的透视高度，如图 10-24c 所示。

图 10-25 为某商业楼的 30°—60° 透视实例。

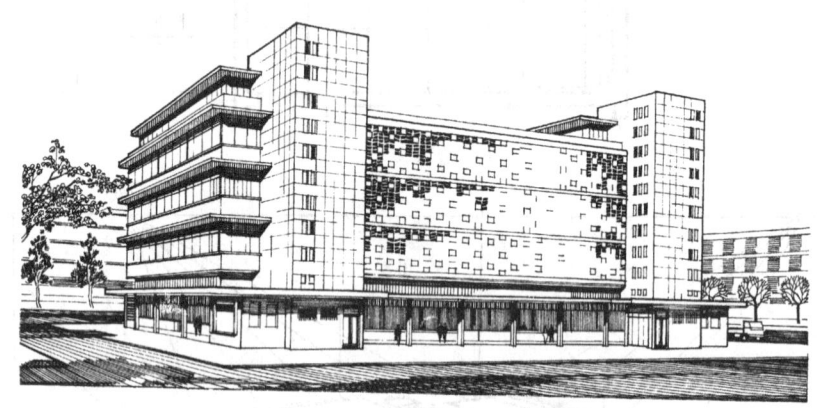

图 10-25　某商业楼的 30°—60° 透视

10.4　超视角透视

在第 9 章中探讨"透视参数的合理选择"原则时，曾说过在一般情况下，视距 d 的大小以 $(1\sim1.5)K$ 为宜，这是因为与这个视距范围对应的水平视角 α 为 37°～54°，比较符合人眼视觉的生理功能和观察习惯；也就是说，按照这个视角范围绘画所得的透视图比较符合人眼日常观察得到的视觉印象。

然而，在绘画透视图时，特别是在绘画室内设计效果图时，设计师为了取得某种特殊效果，例如有意使所表现的室内空间显得比实际更深邃、广阔和富有吸引力，往往采用增大视角即缩小视距的手法，使成图的透视感比人眼日常的观感实际强烈许多，从而使人获得一种新奇、变异与夸张的感受。

这种超出人眼生理极限的视角在本教材中称之为"超视角"；运用这个手法绘画所得的透视图则称之为"超视角透视"。至于"超视角"的角度究竟应为多大，不便一概而论，一般在 90° 左右或更大一些。下面举几个例子。

10.4.1　超视角一点透视

图 10-26a 所示为由平面图和 1—1 剖面图给出的一处室内空间。它的后墙上有一个窗洞，左边为带一矩形立柱的回廊，右边通过门洞可进入另一个房间；室内的平面形状为矩形，进深 3500mm 比开间宽度 4000mm 略小一些。

图 10-26b 为按常规视距 $d=K=4000\mathrm{mm}$，即 $\alpha\approx54°$ 时绘画所得的一点透视。从该图可见，其透视感比较平缓，心目中觉得该图所反映的室内空间，其进深与宽度之比比较符合实际。

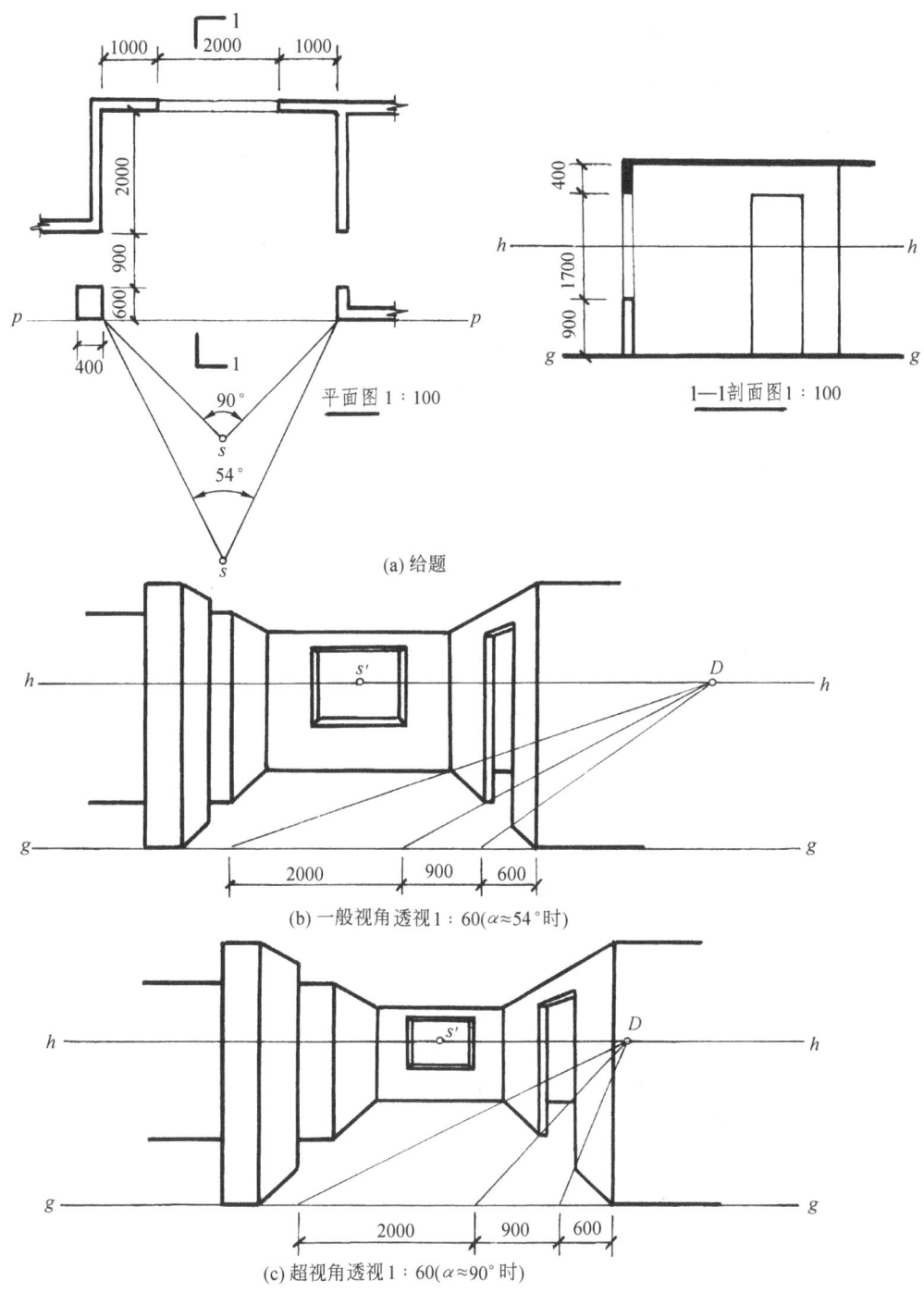

图 10-26 超视角与一般视角透视的比较

图 10-26c 为缩小视距,即增大视角令 α 约为 90°时绘画所得的同一室内的超视角一点透视。从该图可见,其"进深"感觉比实际要"深邃"了许多。

10.4.2 超视角两点透视

在按常规视距绘画所得的室内两点透视中，通常表现的仅为室内的一角，即只能显示出室内的四个界面，如前面图 10-16 等所示。

为了获得像一点透视那样纵深感强、能显示出室内五个界面的透视图，可采用超视角两点透视的画法。

图 10-27 所示是一个范例。设某居室净高 3m，窗台高 0.9m，窗头和门头高 2.6m；已知其平面形状和尺寸如图 10-27a 所示。画它的超视角两点透视时，令 $p—p$ 通过内墙角 a，并与相邻两墙面分别成任意角 α、β；再令站点 s 位于室内离 $p—p$ 不很远的位置上，设视高为 1.7m，于是运用量点法（也可用其他方法）即可画得该居室的超视角两点透视如图 10-27b 所示。从图 10-27a 中过站点 s 的由两条虚线所表示的夹角可见，此时的水平视角超过了 90°。

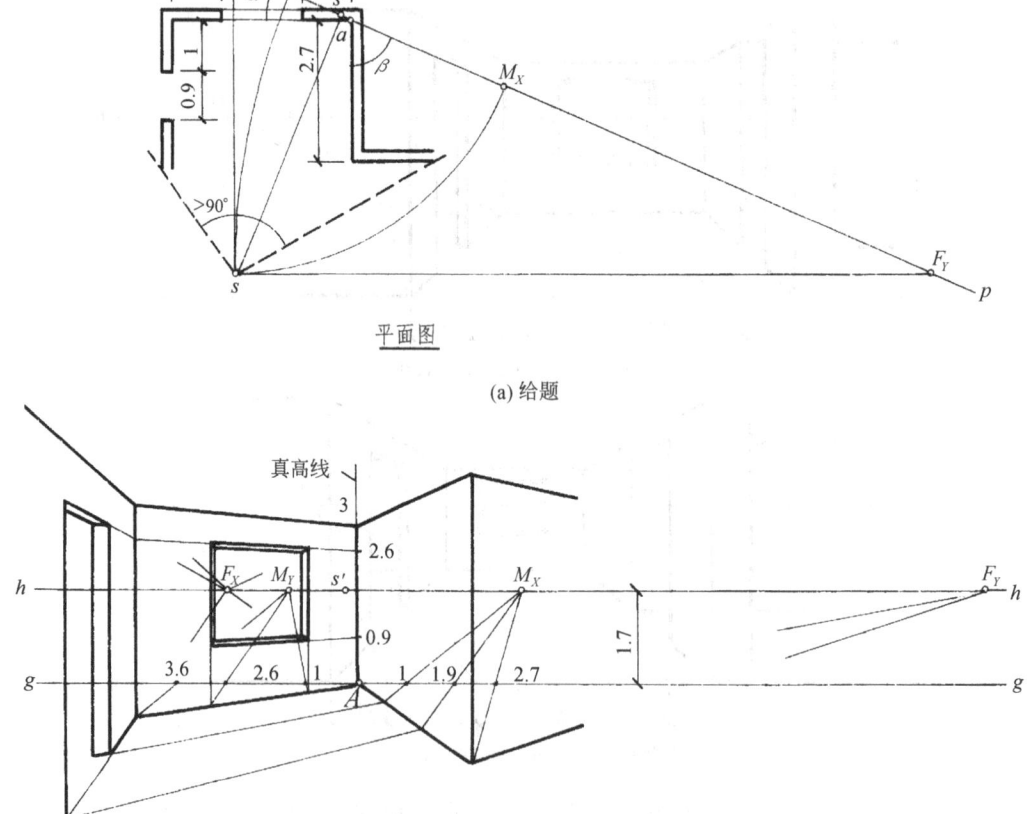

(a) 给题

(b) 透视图

图 10-27 超视角两点透视

10.4.3 超视角 30°—60°透视

从图 10-27 可以看出，本来面积不大的居室，由于采用了超视角来绘画，结果看起来，它所表现的室内空间要比实际的广阔了许多。因此，这种画法很受一些室内设计师的欢迎。但从该图可见，当角度 α、β 为任意角时作图似乎比较麻烦。下面介绍一种具有相同效果的建立在 30°—60°透视基础上的简易画法。

设已知某居室高 3m、宽 6m、进深(长)5m，视高 1.7m。试画出它的 30°—60°超视角透视。

其作图步骤如下：

(1) 在大小合适的图纸上画入视平线 h—h，并在 h—h 上按 30°—60°透视的规律(相继取其中点)定出 F_X、F_Y、M_X、s'、M_Y 五个点，如图 10-28a 所示。注意：F_X 之外要留有余地；F_Y 落在图纸之外，也应准确定位。

(2) 过主点 s' 或在其附近竖真高线，并选取合适的比例按已知条件 3m 在真高线上定出点 A、B，再过点 A 画出基线 g—g。然后按同一比例在 g—g 上点 A 的左侧取宽 6m 得六个点(表示宽 6m 的一方应为远离 F_Y 的一方)，在右侧取进深 5m 得五个点。在这里务必使左侧点 6 位于 F_X 界限之外侧的一小段距离线上，以便获得超视角效果，否则要重新选取合适的比例或调整真高线的位置(图 10-28b)。

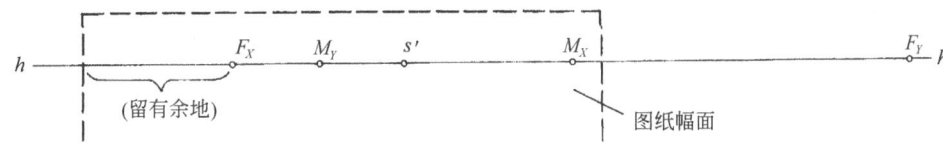

(a) 定出视平线上五个点

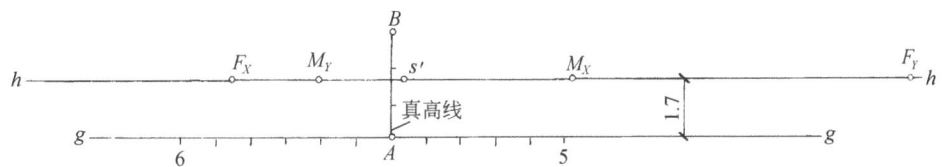

(b) 选取合适比例，确定 A、B、6、5 等点

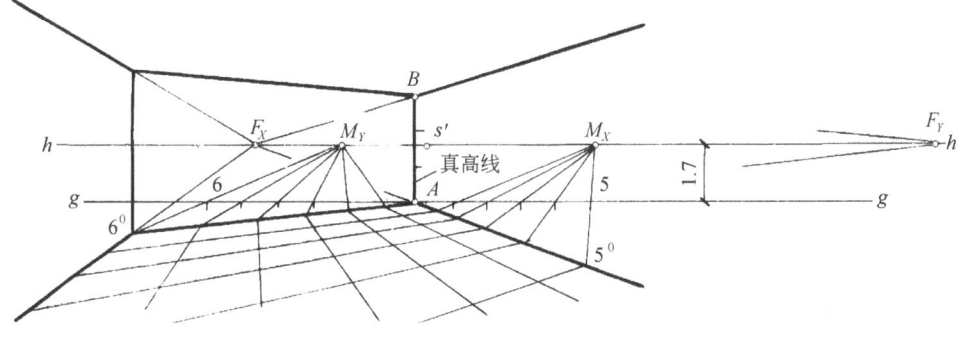

(c) 能显示出五个界面的两点透视空间

图 10-28 30°—60°超视角透视

(3)连接F_XA、F_YA、F_XB、F_YB并延长之,再利用M_Y6的延长线在F_YA的延长线上定出点6^0,于是便可逐步画出能显示该居室五个界面的透视空间。最后,若再利用F_X、F_Y,分别通过$A5^0$、$A6^0$线上一系列的点用直线相连,就可画出该居室平面上的透视网格,如图10-28c所示。在该透视网格中,其截距仍分别为1.2和2.0。

图10-29是一个30°—60°超视角两点透视实例。

图10-29 超视角两点透视实例——室内游泳池设计效果图

第 11 章 建筑透视图的辅助画法

11.1 灭点不可达时的辅助画法

在两点透视中，当建筑物有一个主立面对画面的倾角较小，即该主立面水平轮廓线的灭点 F 落在图纸甚至图板之外时，该灭点不可达，不能直接利用该灭点进行作图。此时，为求作该主立面的透视，可有如下两种辅助画法。

11.1.1 辅助灭点法

可有两种不同的作法。

11.1.1.1 利用主点 s' 为辅助灭点

如图 11-1a 所示，过点 d 作一条辅助直线 dd_1 垂直于画面，则该直线的全长透视为 d_1s'。再过 sd 与 $p—p$ 的交点 d_p 作竖直线与 d_1s' 相交，于是得点 d 的基透视 d^0。至于点 d^0 处的透视高度，显然，当在 d_1 处竖一条真高线之后，就可利用主点 s' 求出 D^0，据此便可完成该主立面的透视作图。

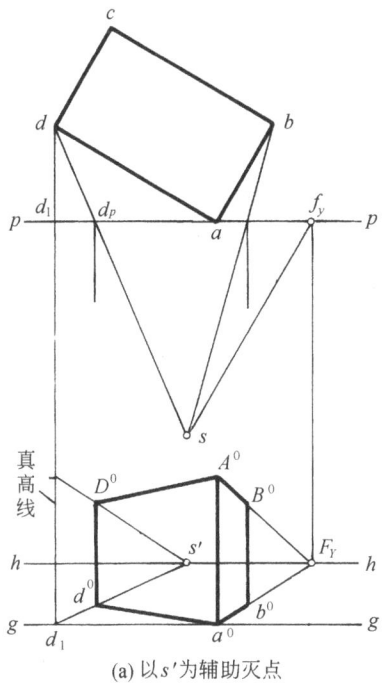 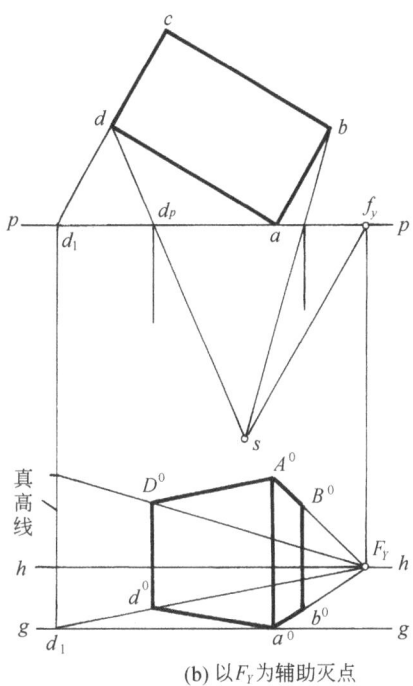

(a) 以 s' 为辅助灭点　　(b) 以 F_Y 为辅助灭点

图 11-1　辅助灭点法

11.1.1.2 利用可达的灭点 F_Y 为辅助灭点

如图 11-1b 所示,过点 d 作一条辅助直线 dd_1 平行于 sf_y,则该直线的全长透视为 d_1F_Y。于是也可作出该主立面的透视。

图 11-2 是利用主点 s' 为辅助灭点求作房屋两点透视的例子。由于这座房屋的造型有点独特,它的右端两墙面之间的夹角不是 90°,即通常的(主向)灭点 F_Y 在这里用不上;又由于求作透视图时左边的灭点 F_X 落在图纸甚至图板之外,故本例采用了以主点 s' 为辅助灭点的方法来作图。

① 为求右端点 B 的透视,过点 b 作垂直于 p—p 的辅助直线 bb_1,其透视 b_1B^0 指向主点 s';再过 b_p 引竖直线与 b_1B^0 相交,交点 B^0 就是端点 B 的透视。又过基线 g—g 上的点 b_1 竖真高线,于是利用主点 s' 便可求出房屋 B 棱的透视高度。

② 同理亦可求出该房屋地面上各点 C,D,E,…的透视 C^0,D^0,E^0,…及各处垂直棱线的透视高度;最后完成作图。

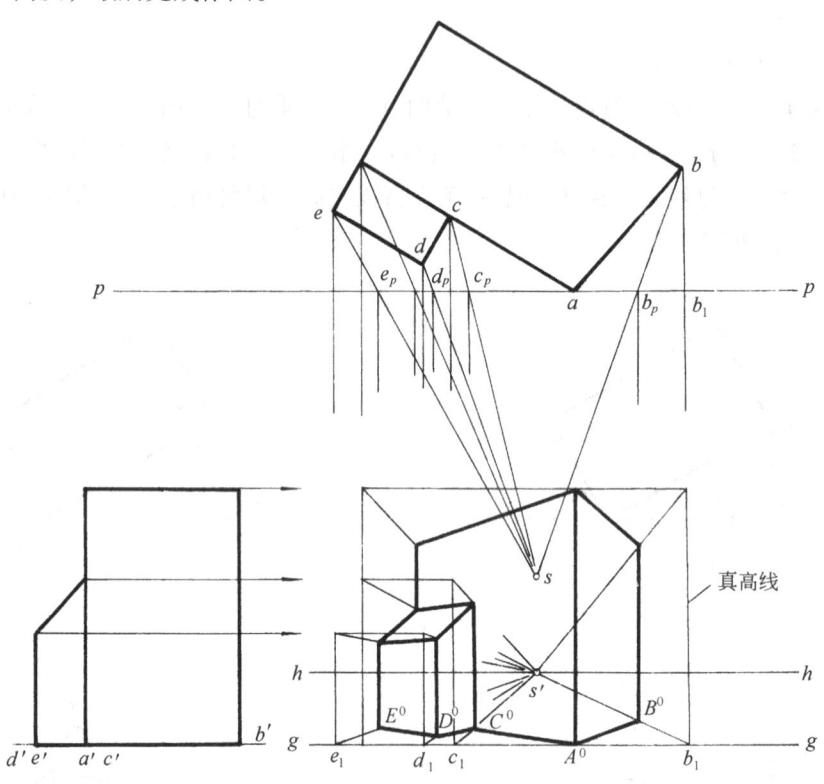

图 11-2 以主点为辅助灭点作两点透视

图 11-3 则是利用可达的灭点 F_Y 为辅助灭点求作房屋两点透视的例子。作图时首先将平面图中所有的 Y 向轮廓线延长与 p—p(即画面)相交,再过这些交点及所竖真高线的端点用直线与灭点 F_Y 相连,这样就可利用一系列视线的投影与 p—p 的交点求出房屋各处垂直棱线的透视。

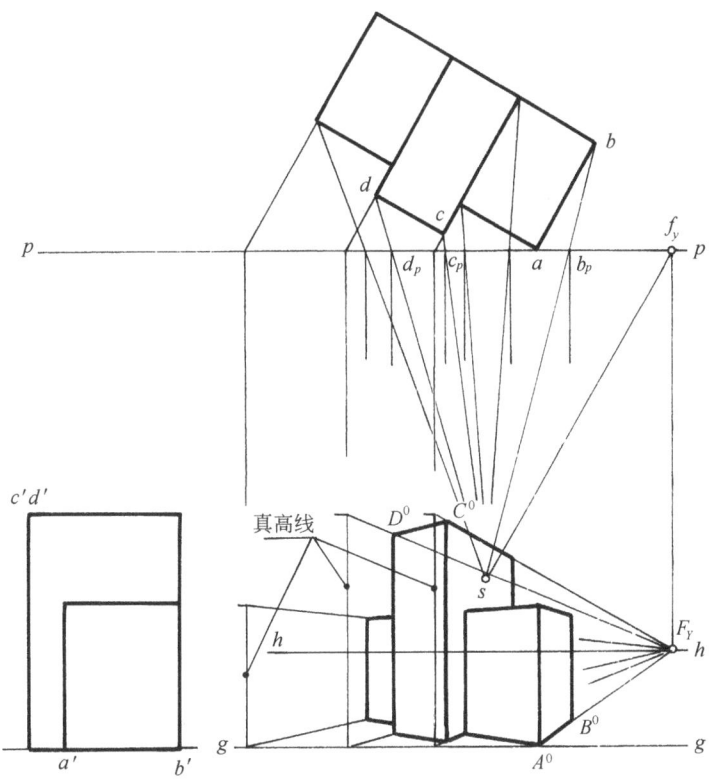

图 11-3　以可达的灭点为辅助灭点作两点透视

11.1.2　半值量点法

半值量点法是指以边长半值的量点作为辅助量点的一种作图方法。如图 11-4 所示，设矩形 ab 边的长度为 l，作 ab 边的透视时灭点 F_Y 不可达。此时可取其边长 l 的一半在 p—p_1 上与点 b_1 的同一侧截取一点 b'_1，连接 $b'_1 b$ 并过站点 s 作 $sM_B // b'_1 b$，于是在 h—h 上得 Y 向的半值量点 M_B。从该图可见，点 M_B 位于 $M_Y F_Y$ 的中点，即 $M_Y M_B = M_B F_Y$。

现在的问题是，既然灭点 F_Y 不可达，又如何在视平线上定出半值量点 M_B 的位置呢？其答案是，在一般情况下通过在视线平面图中作相似三角形的方法便可求解，如例 11-1 中的图 11-5 所示。

例 11-1　已知四棱柱的平面图、立面图以及 p—p、h—h、g—g 和站点 s 的位置如图 11-5 所示，设灭点 F_Y 不可达，试画出它的两点透视。

分析：由于图纸幅面有限，灭点 F_Y 不可达。此时，可采用初等几何的"相似三角形的对应边成定比"的基本原理定出半值量点的位置并利用半值量点法求解。

作图（下面只介绍 M_Y、M_B 的求法和有关的作图问题）：

①任作 p_1—$p_1 // p$—p，并过 s 作 $sf_{y1} // ab$ 而与 p_1—p_1 相交于 f_{y1}。再以 f_{y1} 为中心，以 sf_{y1} 为半径画弧，于是在 p_1—p_1 上得点 m_{y1}，继而取 $m_{y1} f_{y1}$ 的中点得 m_{b1}；

②过 s 分别作 sm_{y1}、sm_{b1} 并延长之，它们分别与 p—p 相交于 m_y、m_b，于是通过作竖直线，便可在 h—h 上得出 M_Y、M_B；

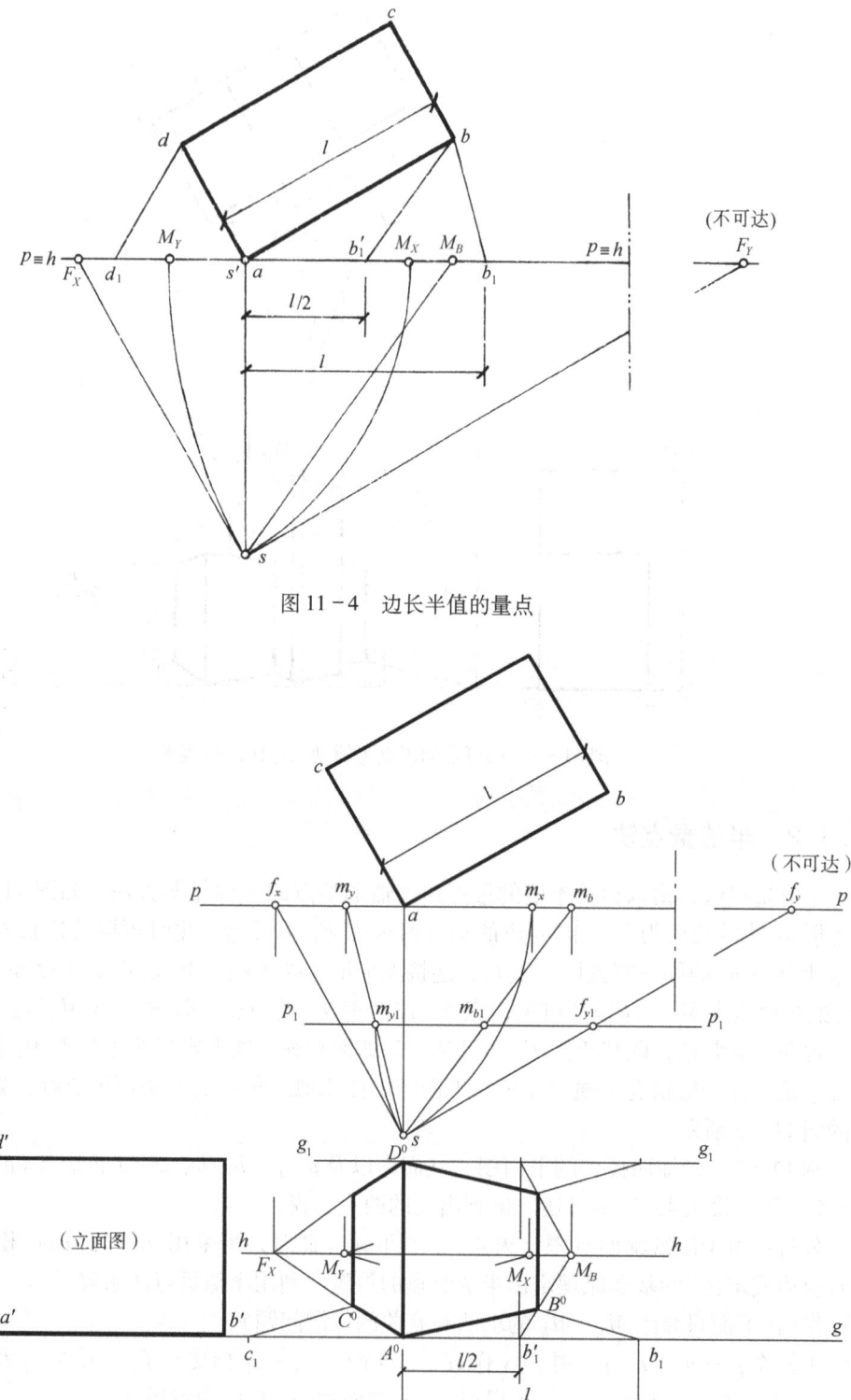

图 11-4 边长半值的量点

图 11-5 半值量点法的应用

③在 g—g 上点 A^0 的右侧按 l、$l/2$ 值测量分别得 b_1、b_1'。再过 b_1 用直线与量点 M_Y 相连，过 b_1' 用直线与半值量点 M_B 相连，它们之间的交点即为顶点 B 的透视 B^0；

④同理，过 D^0 作升高基线 g_1—g_1，通过作图又可得出 B^0 棱的透视高度。

从图 11-5 可见，在一般情况下确定量点 M_Y 和半值量点 M_B 的位置都要通过作相似三角形求解，似乎比较麻烦。不过，如果拟画的是 30°—60°透视，问题就简单多了。如图 11-6 所示，相继取 $F_X M_X$ 和 $F_X s'$ 的一半，就可得出点 s' 和 M_Y，再取 $F_X M_Y$ 的一半即 $a/2$，也就可在 M_X 的右侧定出 M_B。这个规律可以通过数学运算加以证明（证明从略）。

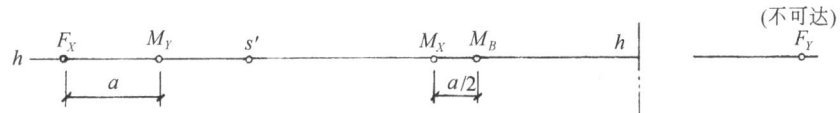

图 11-6　30°—60°透视中半值量点的定位

11.2　细部透视的辅助画法

绘画建筑物的透视图，通常是先按前述各种方法画出它的主要透视轮廓，然后再逐步画入它的细部。此时，如果该建筑物的细部具有某种有规律的重复或交替的构图，则可运用有关的几何知识，采用分割或倍增等方法，迅速准确地完成该建筑物的透视作图。

11.2.1　基面平行线的分割

在透视图中，只有画面平行线（含铅垂线）的透视才能按原来的比例直接将它分割成若干线段。与画面相交的基面平行线则不然，因其透视发生了"近大远小"的变形，必须通过辅助作图，才能将其透视按原来的比例分割。

例如图 11-7 所示，设有基面平行线的透视 $A^0 B^0$ 为已知，现要将其按原来的五等份进行分割。作图过程如下：

①过 $A^0 B^0$ 的任一端作一条水平线 $A^0 5$，在其上以适当长度为单位连续截取 1，2，…，5 五个点。

②连接 $5B^0$ 并延长之，与 h—h 相交于点 F_1。

③于是过点 F_1 向各等分点连线，就能将 $A^0 B^0$ 分割成所设定的五等份后的透视。

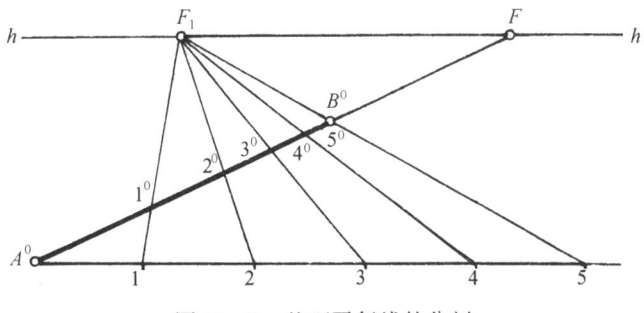

图 11-7　基面平行线的分割

11.2.2 透视矩形的分割

透视矩形的分割可有二等份、任意等份和按某种比例分割等几种情况。

(1) 二等份

利用透视矩形的两条对角线相交,可以得出其中心点的透视,如图11-8a所示,过该中心点作竖直线或水平线的透视,就可将透视矩形分割为两个竖向的或横向的二等份透视矩形;当两者并用时,该透视矩形便可分割为四等份。如此类推。

(2) 任意等份

利用一条对角线和一组等距的平行线的透视,就可将透视矩形分割成若干相等的透视矩形。其画法是,例如要将透视矩形 $ABCD$ 分割成竖直三等份(图11-8b)。图中在铅垂线 AB 上任取3个等分点1、2、3,于是利用对角线 $D3$ 分别与 $F1$、$F2$ 相交,就可求出透视矩形的竖直等分点 M、N。

(3) 按某种比例分割

利用一条对角线和一组间距为某种比例的平行线的透视,就可将透视矩形分割成宽度为某种比例的透视矩形。例如要将透视矩形 $ABCD$ 的宽度按比例 2:1:3 分割(图11-8c)。图中过铅垂线 AB 的任一顶点任作射线 AB_1 并将其分割成 2:1:3,在 AB 上求出点 K、L 之后,利用对角线 AC 分别与 FK、FL 相交,就可求出透视矩形按比例 2:1:3 分割的点 M、N。

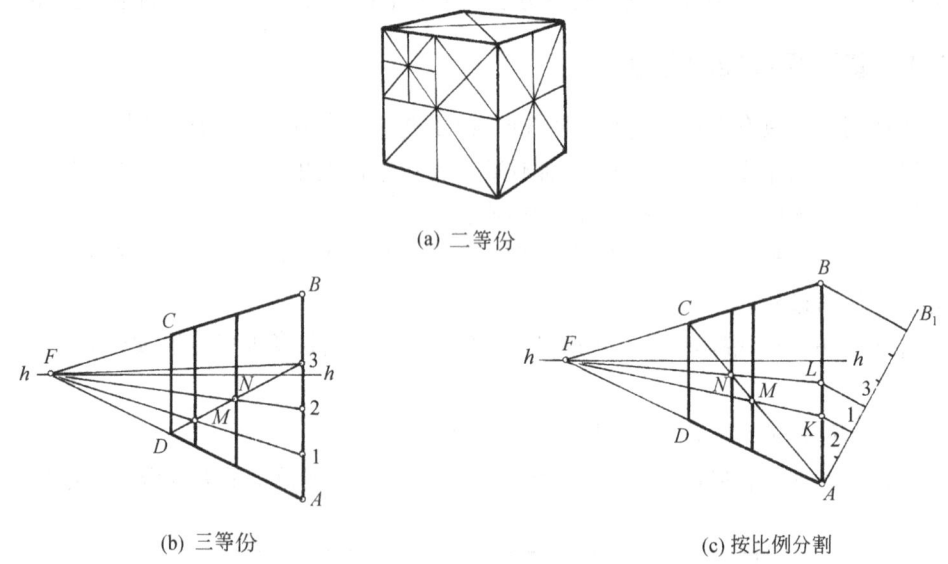

(a) 二等份

(b) 三等份

(c) 按比例分割

图11-8 透视矩形的分割

11.2.3 透视矩形的倍增

设要将已画出的立方体的 A、B 两立面的透视矩形分别向左、右倍增(图11-9),此时可先将其上、下轮廓线延伸,再过竖直线的中点 0、1 画一条中线,然后分别过点 1 画对角线与延伸后的轮廓线相交,过该交点作竖直线,于是就得倍增后的第一个矩形的透视，如此类推。

如要向上、下倍增，则只要将各条竖直轮廓线等长地延伸即可。

11.2.4 建筑矩形立面细部的定位

设已画出了建筑物的透视轮廓，在上述知识的基础上，就不难根据建筑立面图所给出的各个细部的形状和分布规律，画出它们所在的位置了，如图11-10所示。

其作法是：过真高线的顶点 B^0 作一水平线（相当于升高基线），并在其上根

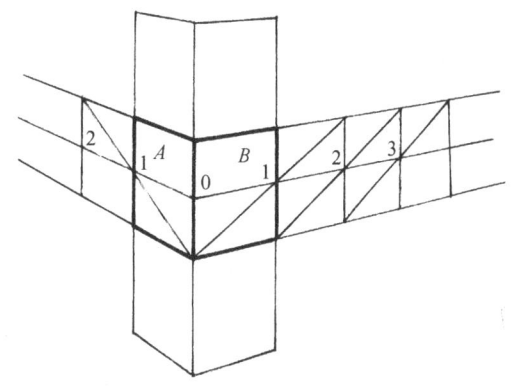

图11-9 透视矩形的倍增

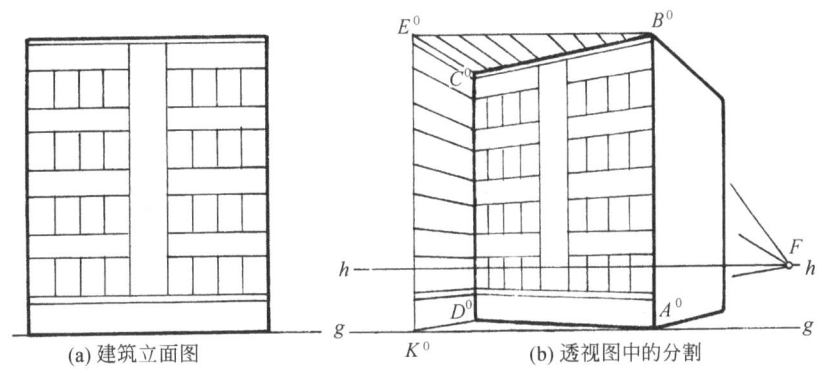

图11-10 建筑立面细部的定位

据立面图所给的尺寸截取一系列点，连接 E^0C^0 并延长之，交视平线于一点 F（相当于量点 M），于是过 F 作直线与上述一系列点相连，就可在 B^0C^0 线上得出各窗框左右边线的透视位置。再在真高线 A^0B^0 上定出各处窗台、窗头的高度，作直线与左边的灭点相连就可得窗框上下边线的透视。但在本图中，由于左边的灭点不在图纸内，故过点 E^0 另竖一条与 A^0B^0 相同的真高线 K^0E^0，将其上各点与 F 连接，它们与 C^0D^0 的交点即分别是各窗台、窗头高度在该边线上的透视位置。

例11-2 设在透视图（图11-11b）中已画出建筑立面上一个窗口的透视 $ABCD$，现要求按立面图（图11-11a）所示的形式连续作几个间距相等、分格相同的窗口的透视。

分析：先找出立面图中各个窗口之间的构图规律如图11-11中的细实线所示。它们是：作对角线 $a'c'$ 与第二个窗口的竖直边框 $k'l'$ 相交于点1；再找出与点1相对应的点2。同理作对角线 $l'n'$ 可得另一个对应点3。过点1，2，3，…和过对角线与竖直分格线的交点分别作水平线，这些水平线分割窗口的竖直边框成既定的比例。于是便可利用这些几何关系连续作出相同窗口的透视。

作图（图11-11b）：

①将水平线的透视向右延长与视平线相交得灭点 F。

②作对角线 A^0C^0 与最上的透视线相交于点 1^0，过点 1^0 向下作竖直线即得第二个窗口

的竖直边框 K^0L^0，再过对应点 2^0 作 2^0L^0 并延长之而与 A^0D^0 的延长线相交于 N^0。于是得第二个窗口另一条竖直边框 N^0M^0。

③同理，可画出各窗口的竖直分格线。

④如此类推，可画出一列同一水平位置上的相同的窗口。

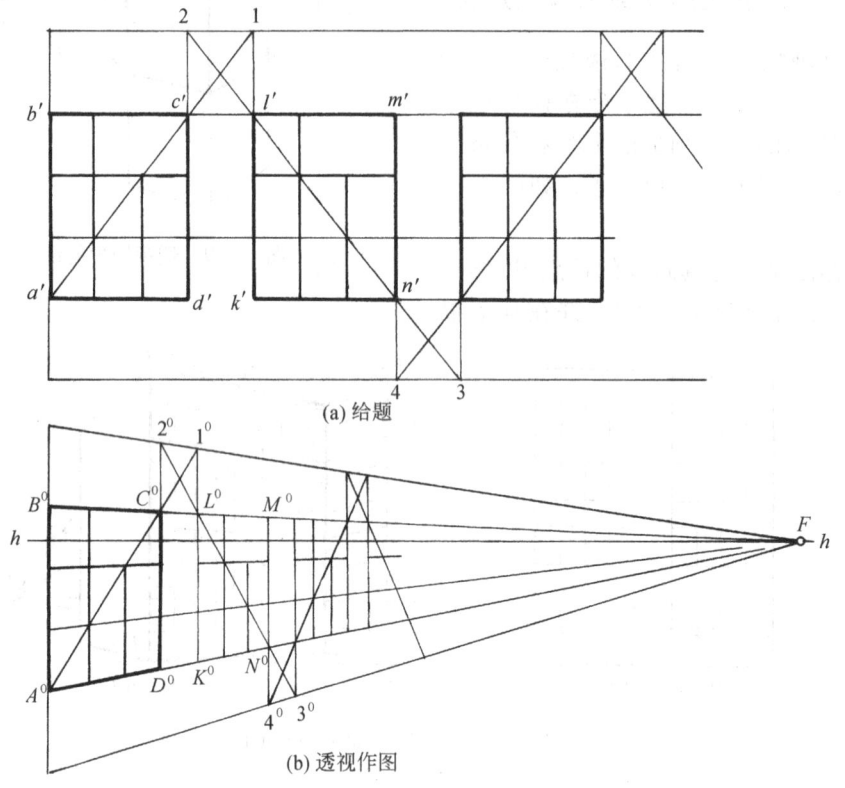

图 11-11　连续作一列相同的窗口

*11.3　斜线灭点和斜面灭线的应用

11.3.1　斜线的灭点

斜线的灭点分别称天际点、地下点。图 11-12 所示是一幢双坡顶房屋，设斜脊 AB、BC 对基面的倾角 α、β 和视平线上的两个灭点 F_X、F_Y 为已知。显然，过视点 S 分别引平行于 AB 的视线 SF_T 和平行于 BC 的视线 SF_D，它们与画面的交点 F_T、F_D 就分别是斜脊 AB、BC 的灭点——天际点和地下点。

从该图也不难看出：由于 $\angle F_TSF_X=\alpha$、$\angle F_XSF_D=\beta$，所以 $\triangle F_TSF_D$ 为平行于房屋山墙的铅垂面，于是得出 F_T、F_D 的连线是通过灭点 F_X 的一条竖直线的结论。在画面 P 上作图时，若以 F_TF_D 为旋转轴，将视点 S 旋转到画面 P 上则刚好与量点 M_X 相重合，并且 α、β 角的大小不改变。这就为在画面 P 上求取 F_T 和 F_D 提供了方便和依据。

例 11-3　已知厂房的侧立面图如图 11-13a 所示，设该厂房的长度为其宽度 a 的

1.5 倍，$h-h$ 已知，试画出它的 45°透视。

分析：该厂房的屋面在两个方向上都是斜面（右方为锯齿形），适宜在用量点法作图的基础上运用斜线的灭点求解。

作图（图 11 – 13b）：

① 画视平线并按 45°透视的规律在视平线上定出 F_X、F_Y、s'、M_X、M_Y 五个点后，用量点法根据所给定的长度和宽度尺寸作出墙体部分总体轮廓的透视。

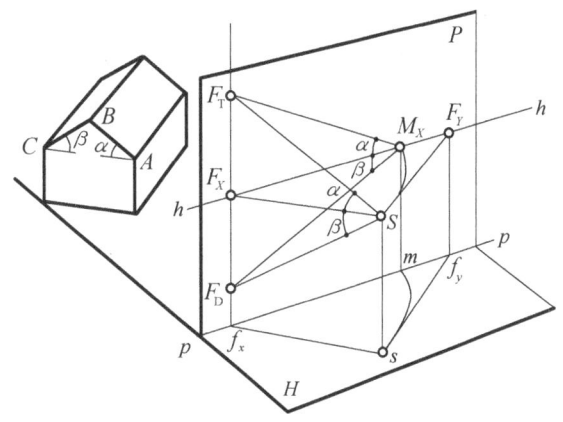

图 11 – 12 斜线的灭点

② 过量点 M_X 分别作与视平线成 30°角的斜线，这两条斜线与过 F_X 的竖直线相交得天际点 F_T 和地下点 F_D。于是运用 F_T 和 F_D 就可作出屋面两端山墙的斜线的透视。

③ 屋脊上点 K^0 的位置是运用过点 B^0 和点 1 所作透视线的交点 2 求出的。

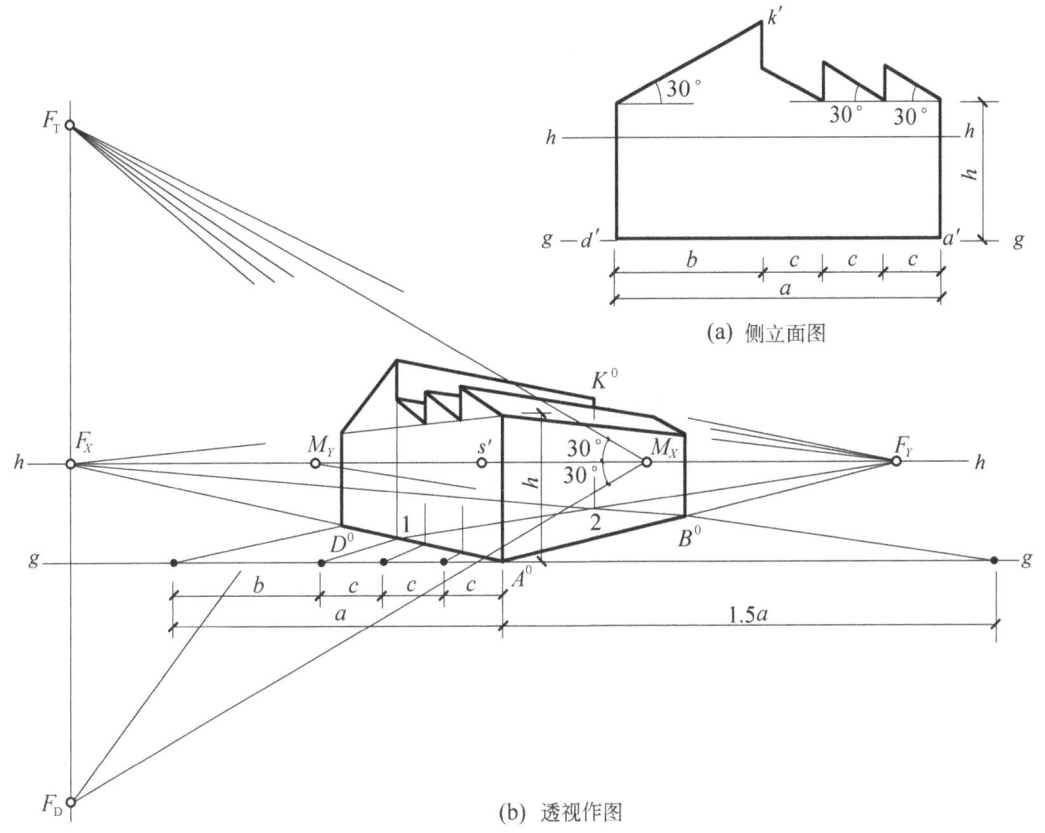

(a) 侧立面图

(b) 透视作图

图 11 – 13 斜线灭点的运用

例 11 – 4 已知楼梯间的平面图及剖面图（图 11 – 14a），求作它的一点透视。

分析：本楼梯间有三个梯段和从地下算起的 1、2、3、4 四个平台，每个梯段均为

10级。将画面 P 设在第一、第三平台后边的墙上以获得放大的透视图形。站点位置及视高选择如图 11-14a 所示。在这种情况下可见梯级的梯段只有第一、第二两段。

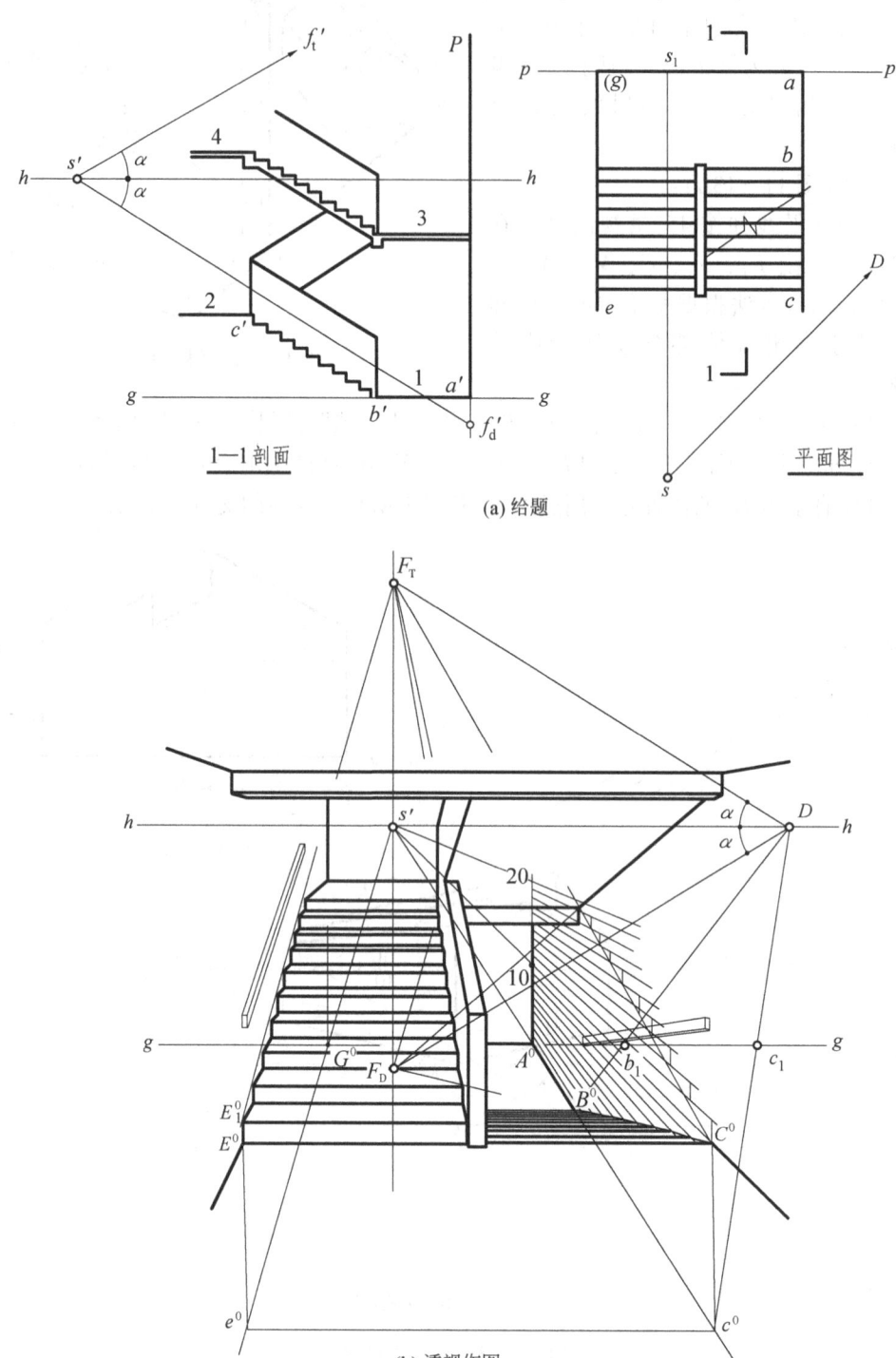

(a) 给题

(b) 透视作图

图 11-14 室内楼梯的一点透视

作图：

①画视平线 $h-h$ 并在其上定出主点 s' 及距点 D，再根据角度 α 在过 s' 的竖直线上求出天际点 F_T 和地下点 F_D。画出基线并过 A^0 竖真高线，然后按楼梯每梯段 10 级和每级高度，在真高线上定出 20 个点，过主点 s' 作射线与这些点相连并延长之。这些射线为以后画可见梯级时的依据。

②根据平面图提供的尺度，在基线上点 A^0 的左、右侧分别定出点 G^0 和 b_1、c_1，连接 Db_1、Dc_1 并延长之，与 $s'A^0$ 的延长线相交于 B^0 和 c^0；这两个点是在基面（第一平台平面）上的点，过 c^0 向上引竖直线与通过点 10 的射线相交于 C^0，点 C^0 即为第二平台上的一个顶点。同样通过 e^0 可求得第二平台上的另一个顶点 E^0。连接 C^0E^0 并在其中部画出护栏。护栏的厚度和高度参照平面图和剖面图所给定的形状按目测比例确定即可。

③过天际点 F_T 和地下点 F_D 引各楼梯段的斜线例如 F_TC^0、$F_TE_1^0$ 和 $F_DB^0C^0$ 等，再利用上述的射线分别作出第一梯段和第二梯段可见的踏面及踢面轮廓，如图 11-14b 所示。

④最后，凭目测画出各处细部，整理全图就可完成作图。

例 11-5 已知室外楼梯的平面图和立面图（图 11-15a），试画出它的 45°透视。

分析：该楼梯由两个梯段和两个平台组成。设画面 P 通过第一梯段与第一平台相交处外侧的顶点 A，并设视高为 2800mm，以便作图。

作图（图 11-15b）：

①画视平线 $h—h$，在其上定出 F_X、F_Y、s'、M_Y、M_X 五个点。再过 M_X 据 $\alpha=30°$ 作斜线与过 F_X 的竖直线相交，得天际点 F_T（在图纸外）和地下点 F_D。

②分别按视高 2800mm 和梯段高 1600mm 画出基线 $g—g$ 和 $g_1—g_1$，并在其上恰当地定出原点 A^0、a_1^0，并过 A^0 竖高度为 1600mm 的真高线。但由于第二梯段 B_1B 的位置不在这条真高线上，故图中利用 F_Y 把真高 1600mm 平移到了 $B_1^0B^0$ 的位置（这个位置是利用 Y 向坐标尺寸 1500mm、350mm 和量点 M_Y 确定的）。

③将 $A^0a_1^0$ 和移到 $B_1^0B^0$ 位置后的透视高度作八等份，过这些等分点作射线与 F_X 相连，于是就可以利用这些射线与过天际点 F_T 和地下点 F_D 所作斜线的交点，逐步画出这两个梯段的梯级的透视。

④至于其他细部的透视，图中一目了然，不再赘述。

11.3.2 斜面的灭线

斜面的灭线由平面上无数的无穷远点的透视（即灭点）集合而成。如图 11-16 所示，为求得平面 Q 的灭线，从视点 S 引指向平面 Q 上众多的无穷远点的视线，即作一系列平行于平面 Q 的视线，于是形成了一个平行于平面 Q 的视线平面。此视线平面与画面的交线 F_TF_Y 就是平面 Q 的灭线。

平面 Q 上任何方向的直线（画面平行线除外）的灭点必定在该平面的灭线上。其中，平面上的水平线的灭点又同时在视平线上，而且像图 11-16 那样又与建筑物水平轮廓线的灭点 F_X 或 F_Y 重合，平面上对 H 面的最大斜度线，即水平线的垂直线的灭点则是位于另一个灭点的上方（为天际点）或下方（为地下点）。此外，一组相互平行的平面有着唯一的公共灭线。

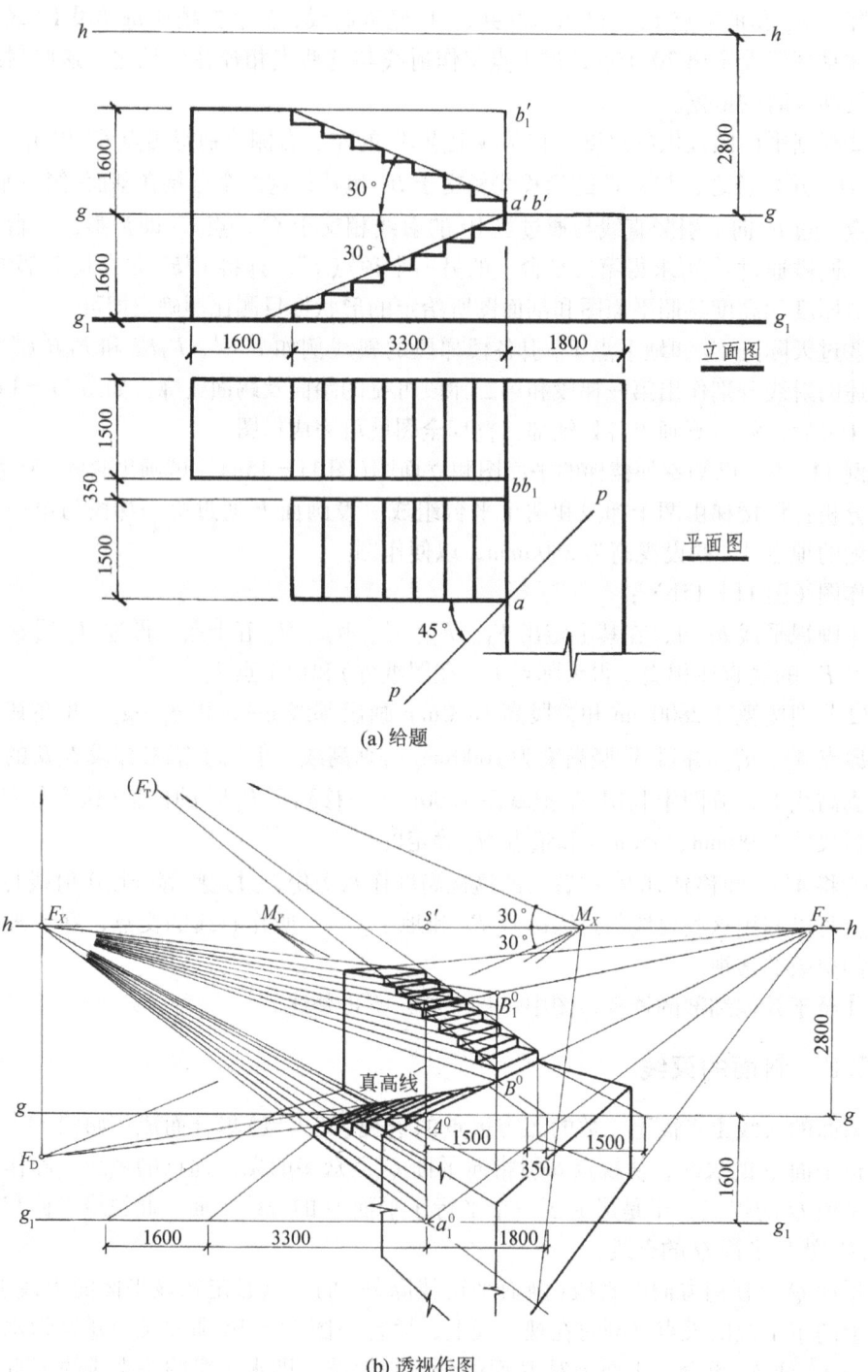

图 11-15 室外楼梯的 45°透视

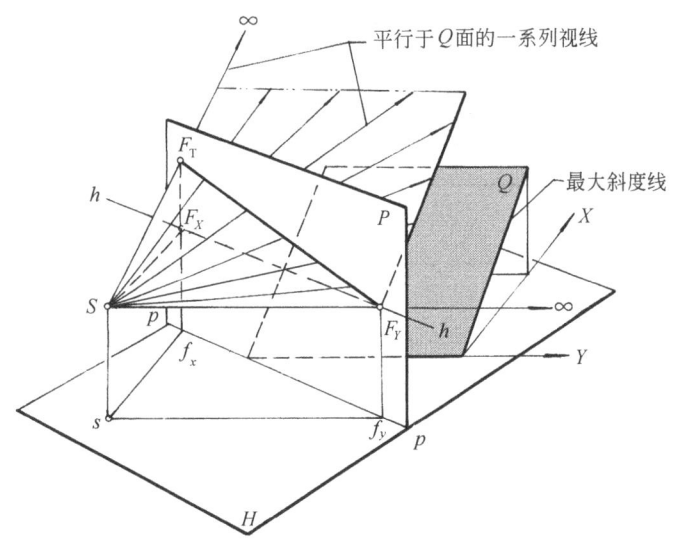

图 11-16 平面灭线的概念

例 11-6 已知屋顶分别为四坡顶、两坡顶的房屋的投影（图 11-17a），其屋面坡度均为 30°。设该房屋屋檐及墙体的透视已用量点法画出，如图 11-17b 所示，试完成其屋顶的透视。

分析：由于该房屋的堂屋屋顶为四坡顶，不能像图 11-13 所示的两坡顶那样直接得出山墙上两条斜线的灭点——天际点和地下点，所以，本例宜首先将堂屋屋脊的端点 B 向左平移至 B_1 的位置后，再作图。

作图：

①分别过量点 M_X、M_Y 向上、向下作与视平线成 30°角的斜线，分别与过主灭点 F_X、F_Y 的竖直线相交，于是得两个天际点 F_{T1}、F_{T2} 和两个地下点 F_{D1}、F_{D2}。连接 $F_{T1}F_Y$ 为屋面 W_1 的灭线，连接 F_XF_{T2} 为屋面 W_2 的灭线，连接 F_XF_{D2} 为屋面 W_3 的灭线。

②连接 $F_{T1}A^0$ 与 $F_{D1}C^0$ 的延长线相交于 B_1^0，于是过 B_1^0 作 $B_1^0F_Y$ 得堂屋屋脊的透视。同理可作出两处侧屋的山墙及屋脊的透视。

③由于屋面 W_1 的灭线与屋面 W_2 的灭线相交于点 V，故两屋面 W_1、W_2 的交线（即斜沟）必定指向交点 V。又由于堂屋的斜脊 AB 与上述两屋面的交线（斜沟）互相平行，故斜脊 A^0B^0 也必定指向交点 V。

④最后，画出堂屋右边的斜脊，它可通过屋面 W_3 的灭线与屋面 W_1 的灭线的交点（图中落在图纸之外，没有标出）而求得。

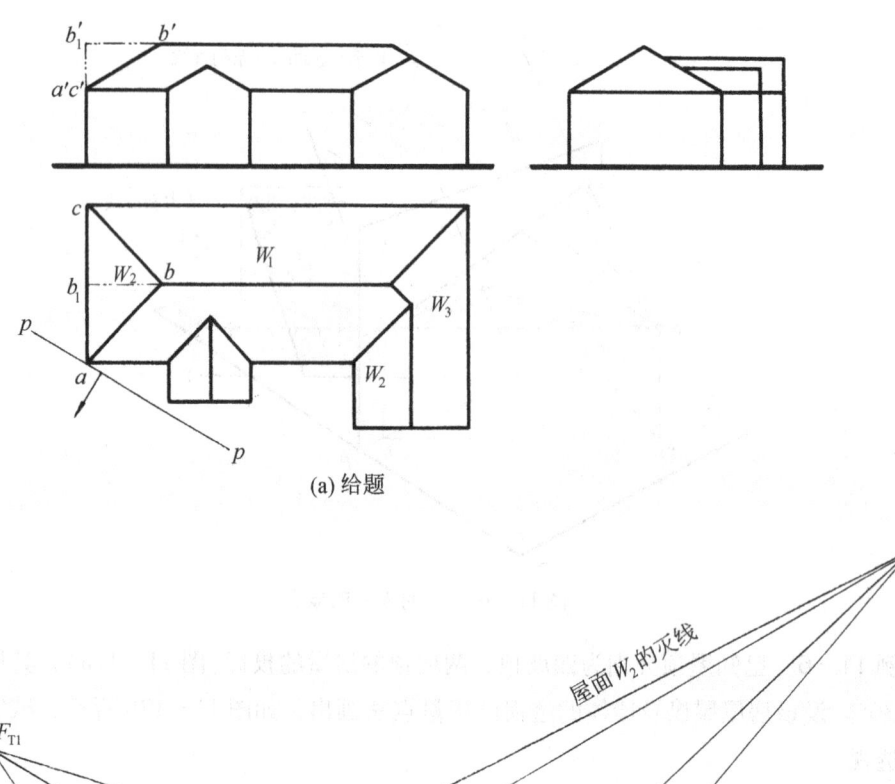

(a) 给题

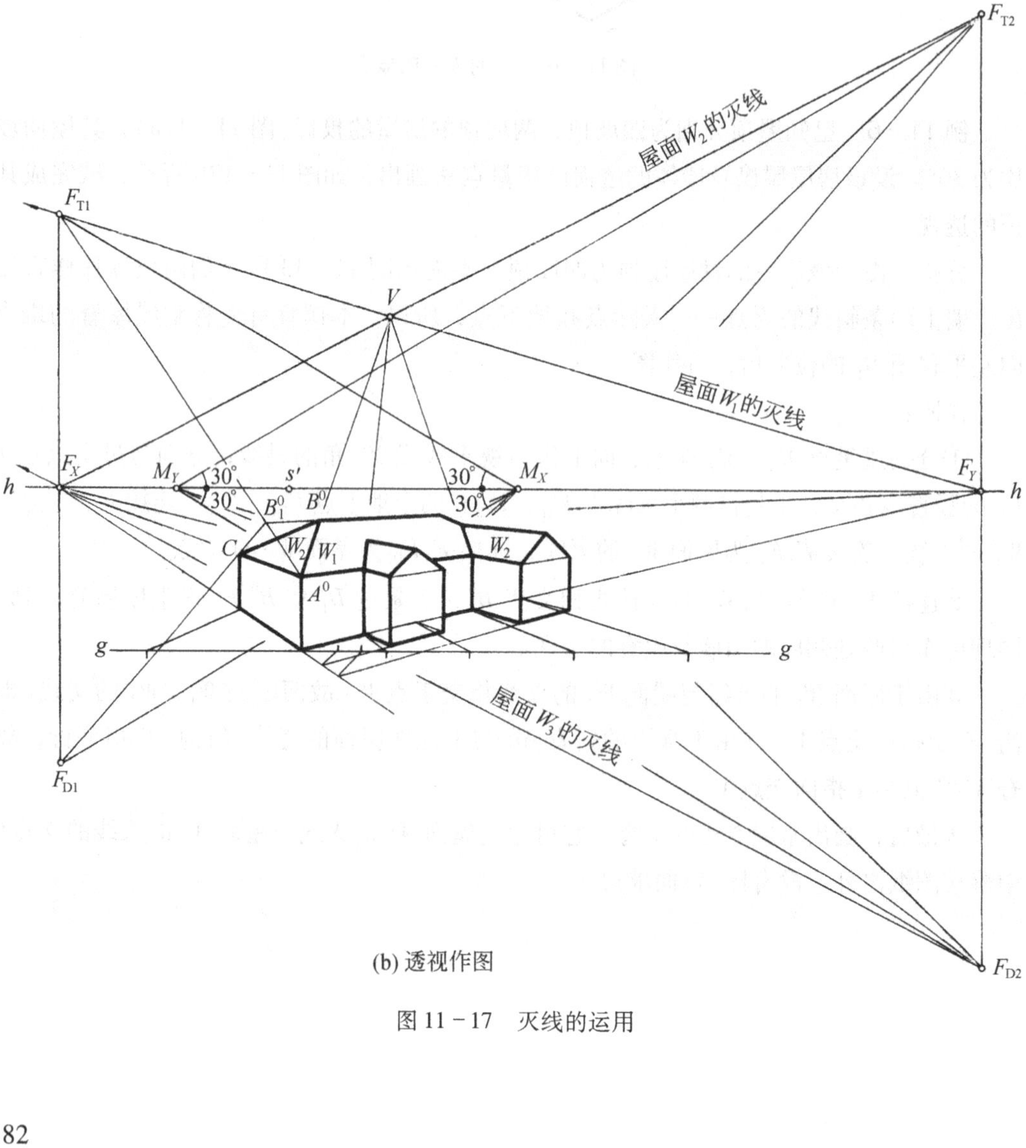

(b) 透视作图

图 11-17 灭线的运用

*第 12 章 曲线、曲面及带曲面的建筑物的透视

12.1 曲线的透视

曲线有平面曲线和空间曲线之分。总的来说，对平面曲线的透视作图，采用网格法比较适宜；但对圆周曲线，用得最多的是"八点法"；而对空间曲线例如螺旋线则以上述两法兼用为好。

下面先介绍圆周的透视。因圆周为有规则曲线，故作图得以简化：

①当圆周所在的平面平行于画面时，其透视仍然是圆周。图 12-1 所示是一个端面曲线为圆周的圆管的透视。圆管前端面位于画面上，其内、外圆周的透视就是它们本身。后端面在画面后方，但仍与画面平行，故其内、外圆周的透视为缩小了的圆周，其内、外半径可用视线法求得，图中分别为 O_1A_1、O_1B_1[①]。

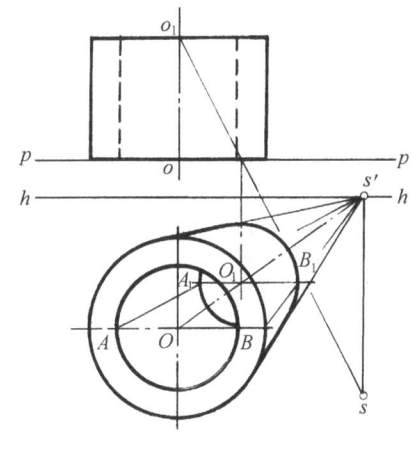 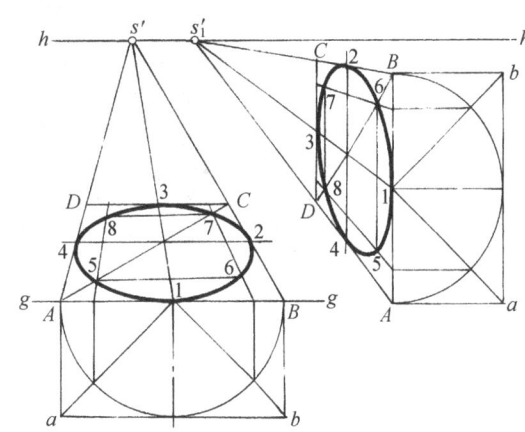

图 12-1 圆周的透视　　　图 12-2 用八点法作圆周的透视

②当圆周所在的平面不平行于画面时，在一般情况下其透视为椭圆。为了准确地画出椭圆，通常利用圆周外切正方形先求出圆周上八个点的透视，然后把它们光滑地连接成椭圆。图 12-2 所示分别是位于水平面上和侧平面上的圆周的透视作法。由于圆的中心和其外切正方形对角线的交点相重合，且圆周与外切正方形各边的切点分别为它们的中点，故在图 12-2 中利用半个圆及其半个外切正方形的辅助作图，便能很好地求出圆周上八个点的透视。

③圆周的透视（椭圆）仍然是真正的椭圆。不过圆心的透视 O_1 与椭圆的几何中心 O 不相重合，如图 12-3a 所示，该图为用量点法画出的位于基面上的圆周的两点透视。

注：① 在不影响识图的情况下，本教材有时将透视标记中的上标省略，这样处理是为了使图形清晰些。

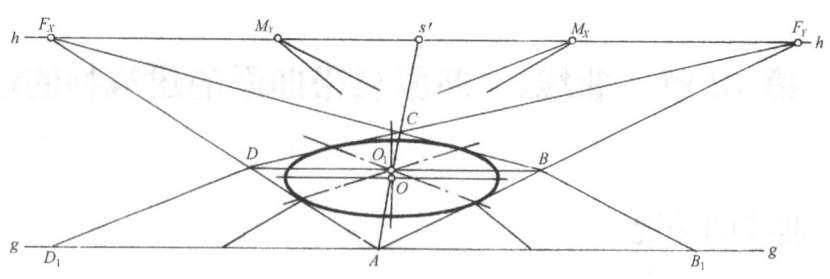

(a) 圆心的透视 O_1 不与椭圆的几何中心 O 重合

(b) 广州圆大厦

图 12-3　圆周的透视仍然是真正的椭圆

图 12-3b 所示是圆周的透视(椭圆)仍然是真正的椭圆的实例(通常可把照片中的图形看作透视图)。

12.2　圆柱、圆锥、圆球的透视

12.2.1　圆柱的透视

求作圆柱的透视,通常是先画出它的顶圆和底圆的透视,然后再画出它们的两条公切线,区分可见性即可,如图 12-4 所示。

画图时要注意,不论是一点透视还是两点透视,只有当圆柱轴线的透视通过主点 s' 时,其上下底椭圆的短轴才与轴线的透视重合,即其长轴才与轴线的透视垂直,符合视觉的一般习惯。因此画圆柱的透视时,应避免其轴线偏离主点太远,以免图形失真,如图 12-4b 所示。

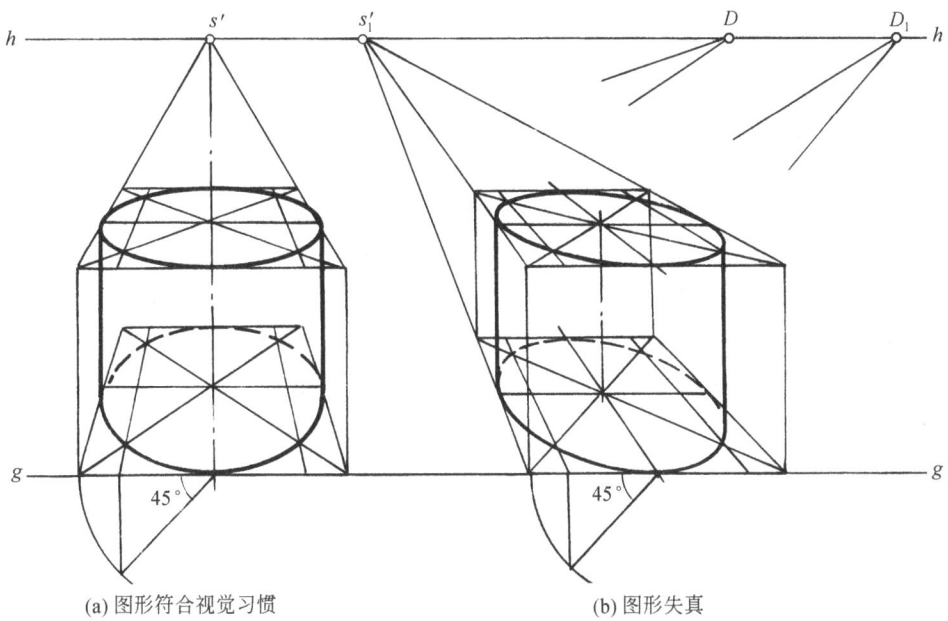

(a) 图形符合视觉习惯　　　　　　(b) 图形失真

图 12-4　圆柱的透视

12.2.2　圆锥的透视

设有一轴线垂直于基面的圆锥,画面 P 通过其底圆的最前点,如图 12-5a 所示。求作它的透视时,先根据轴线垂直于基面的要求,用八点法正确地作出圆锥底圆的透视;再过基线上的外切正方形的顶点 n 竖真高线 nN(等于圆锥的高度 l),于是通过距点 D 就能在轴线上定出锥顶的透视 S^0,最后过 S^0 作底圆的切线并区分可见性,就得圆锥的透视,如图 12-5b 所示。

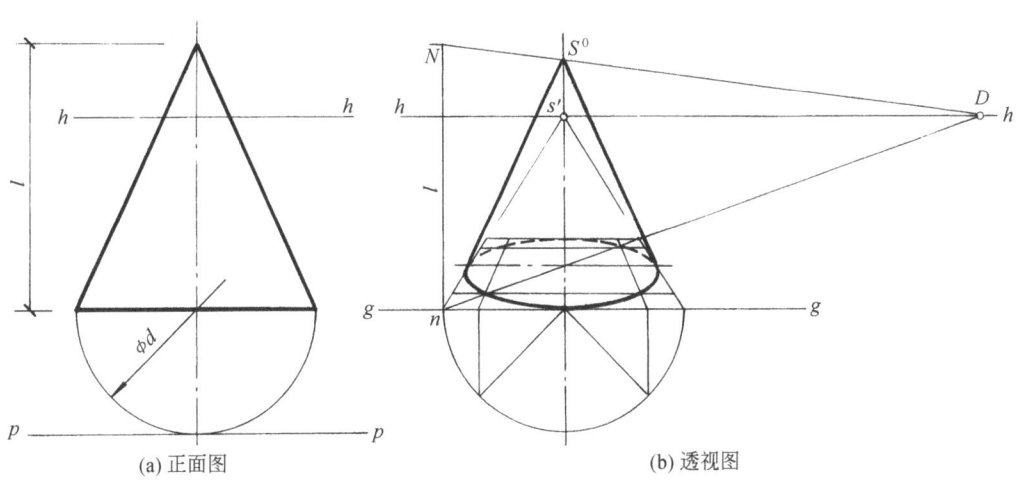

(a) 正面图　　　　　　(b) 透视图

图 12-5　圆锥的透视

12.2.3 圆球的透视

过视点作视线与圆球相切，构成一个外切于圆球面的圆形视锥面。该视锥面与画面的交线即为圆球的透视。可想而知，只有当视点与球心的连线垂直于画面，即球心的透视 O^0 与主点 s' 重合时，圆球的透视才是一个圆（图 12-6a），而在一般情况下，圆球的透视都是一个椭圆。

图 12-6b 所示为用建筑师法求作一般情况下圆球透视的例子。在圆球面上任取若干个（此例为四个）平行于画面的圆周，这些圆周的中心 A、B、O、C 必在过球心 O 的垂直于画面的直线上（图中圆心 O 与球心 O 相重合，圆球位于基面上，直径为 D）。将该直线延长与画面相交得交点 N，点 N 的透视 N^0 为其本身。于是直线 N^0s' 为过球心 O 所作的全长透视，四个圆心的透视 A^0、B^0、O^0、C^0 分别落在该全长透视上。再分别以 A^0、B^0、O^0、C^0 为圆心，按各自的半径画出各个圆的透视。最后再画出它们的包络线（椭圆），即得该圆球的透视。

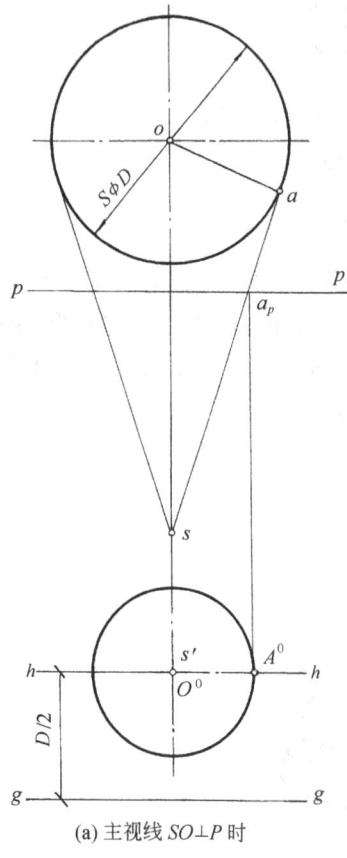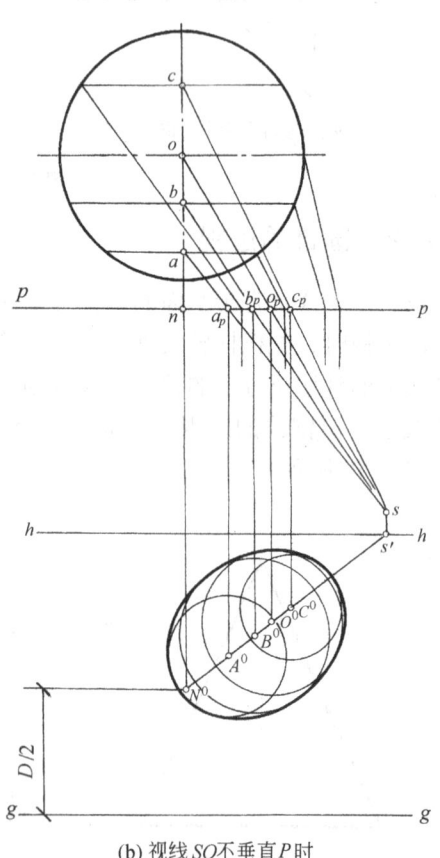

(a) 主视线 $SO \perp P$ 时　　　　　(b) 视线 SO 不垂直 P 时

图 12-6　圆球的透视

然而在日常生活中，人们观察圆球的视觉印象是圆的而不是椭圆的。所以说上述画法虽然理论上是正确的，但与观感实际有差距。故在实际工作中，对建筑物上的圆球，若其位置不偏离视觉中心太远，为了作图简便，一般仍用圆形表示圆球，而不要画成椭圆形。

12.3 带曲面的建筑物的透视

12.3.1 拱券的透视

拱券又称拱璇,其拱圈可有多种形式。若拱圈的曲线为非圆曲线,可用网格法求解;若为半圆,其透视作法基本上与圆柱相同。

图 12-7 所示为由半圆拱构成的拱券的两点透视作法:本图设拱券主要轮廓线的透视为已知,图中先参照图 12-2 所示的"八点法"画出前表面上半个圆的透视,然后借助于拱券墙体的厚度,通过作若干条辅助直线的透视,于是就可定出后表面上半个椭圆上的若干个点。例如通过 $4 \rightarrow 4' \rightarrow 4'' \rightarrow 4_1$ 和 $4 \rightarrow 4_1$ 相交而得出点 4_1;其余类推。最后整理全图,即可作出该拱券的透视。

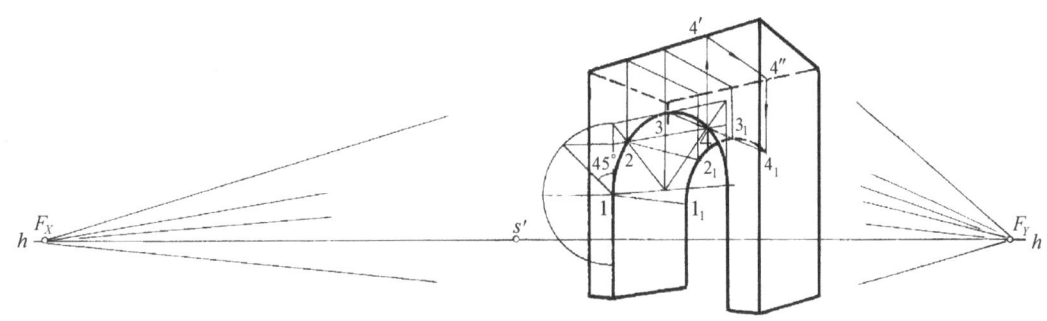

图 12-7 拱券的透视

12.3.2 圆拱大厅的透视

设已知圆拱大厅的平面图和剖面图(图 12-8a),试求作它的透视图。作图时,本图为了能较好地反映出大厅各部分的真实比例关系和便于作图,故选用一点透视;而且设视高相当于人高并令视点位于大厅的对称平面上。此外,图中还将画面设在第二排壁柱的前侧面,其目的是可使大厅前面部分的透视图形放大。

图 12-8b 所示是用建筑师法画出的圆拱大厅的透视图。作图的关键是如何确定各个半圆的中心在透视图中的位置和它们的半径大小。作图步骤如下:

①画基线、视平线和对称线,并参照剖面图所示的位置定出主点 s' 和第二排壁柱前侧面透视的圆心 O。

②由于画面设在第二排壁柱的前侧面,所以位于该前侧面上的两个半圆反映实形,其圆心同为 O,半径分别为 OA、OB。过 A、B 作竖直切线与基线相交得柱脚 a、b。连接 $s'A$、$s'B$、$s'a$、$s'b$ 并延长之得一系列透视线。

③在图 12-8a 的平面图中过站点 s 作视线 sc、sd 与基线相交得 c_1、d_1,并把 c_1、d_1 移植到图 12-8b 透视图中的基线上,然后再过 c_1、d_1 作竖直线,即可在上述透视线上求得柱脚 c、d 和切点 C、D。再过 C(或 D)作水平线与对称线相交于 O_1,以 O_1 为圆心,O_1C、O_1D 为半径画半圆,即得第一排壁柱前侧面的透视。其余类推。

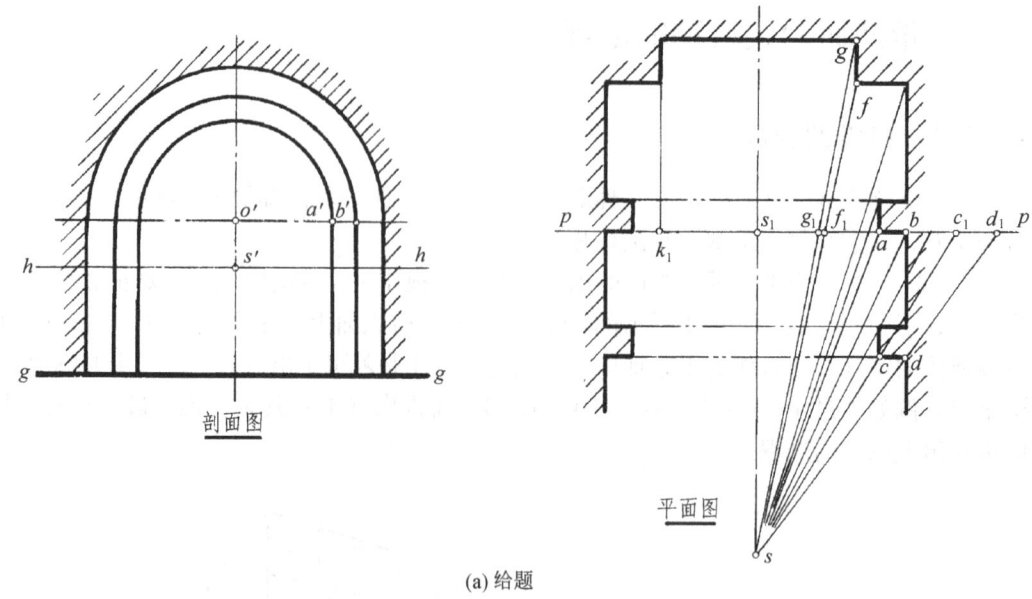

(a) 给题

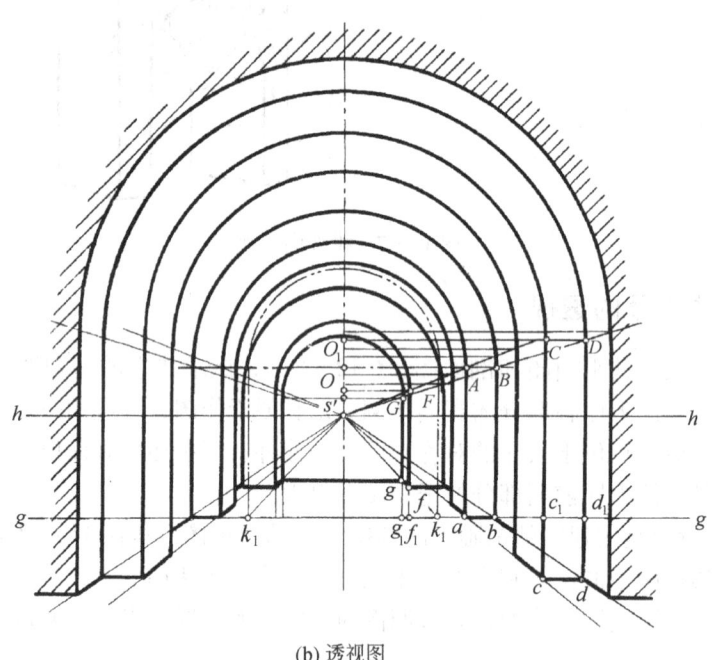

(b) 透视图

图 12-8 圆拱大厅的一点透视

④求作大厅最后面墙壁上的小圆拱时，因它的大小不同于前面壁柱上的圆拱，故需先将它引到画面上，如透视图中过 k_1 所作的细双点画线所示。再在平面图中作视线的投影 sf、sg 求得 f_1、g_1，把 f_1、g_1 移植到透视图中，过 f_1、g_1 作竖直线分别与透视线 $s'k_1$ 相交，于是得墙脚 f、g 和切点 F、G。最后分别过 F、G 作水平直线与对称线相交，就可得小圆拱透视的两个半圆的中心。

12.3.3 十字拱内表面的透视

由两个半径相同的半圆拱正交而成的拱顶,因其相贯线的投影呈正十字形,故称十字拱。

图12-9a为十字拱内表面的立面图和平面图。现在放大一倍,用建筑师法画出它的一点透视。其步骤是:

①设画面 $p—p$ 与十字拱前表面重合,站点 s 和视高的选择如图12-9a。在图纸上画出基线 $g—g$、视平线 $h—h$ 和对称线、中心线,并定出主点 s' 和圆心 O^0,于是画得以 O^0 为中心的十字拱前表面的实形(图12-9b)。

②分别将图12-9a中的 o_{1p}、m_p 移植到图12-9b中,连接 $s'O^0$,过 o_{1p} 作竖直线与 $s'O^0$ 相交于 O_1^0,于是以 O_1^0 为圆心、$o_{1p}m_p$ 之长为半径画半圆,得十字拱后表面上的轮廓。

③作左、右表面上的半圆的透视——半椭圆。作法与前面图12-2所示的相同(在本图中仅作出1/4圆弧及一条45°线),先后求得半椭圆上的3、4、5、6等点;其中,最高点5、6及圆心的透视 O_2^0、O_3^0 的位置,也可通过顶面上两条对角线的交点 K^0 用直线向左、右延伸后求得。

④求相贯线上的透视。任作水平辅助平面 Q(为了作图简便,图中令 Q 面通过外切"半个"正方形的对角线与半圆的交点1、2、3、4),Q 面与轴线垂直于画面的半圆柱的截交线是素线1—1、2—2(其灭点均为主点 s');Q 面与轴线平行于画面的半圆柱相交的截交线是水平素线3—3、4—4。分别求出这两组截交线相应的交点 A^0、B^0、C^0、D^0。这些点便是相贯线上的一般点。

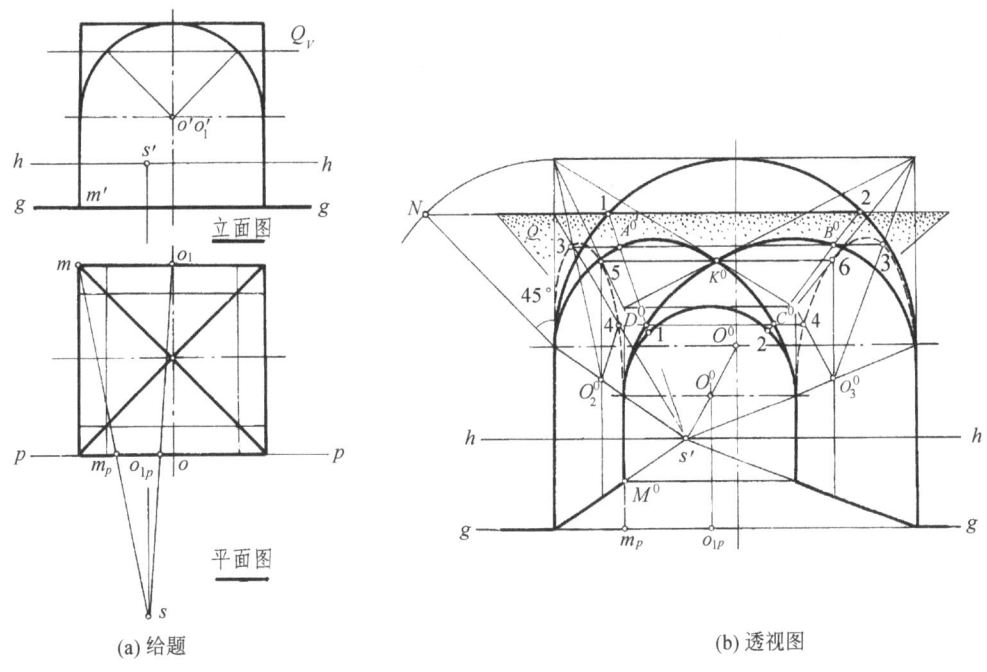

(a) 给题   (b) 透视图

图12-9 十字拱内表面的一点透视

此外还要求出一些特殊的点。图中相贯线上的最高点，必定是两个半圆拱上两条最高素线的交点，也就是上述顶面上两条对角线的交点 K^0。相贯线上的起拱点则在各个半圆与竖直线的相切处。最后把所求出的点圆滑相连，即得相贯线的透视。

12.3.4 螺旋楼梯的透视

螺旋楼梯的造型，由螺旋线、螺旋面、踏（平）面、踢（平）面等几何元素组合而成。求作它的透视图时，需要根据螺旋线的形成规律，综合利用其水平投影的透视——水平基透视，和侧面投影的透视——侧面基透视，才能正确完成。

例如，设有一螺旋楼梯，已知其外圆直径和内圆直径如图 12-10 所示；并设踏步的踢面高度为 h，踏面宽度为由 16 等分内外圆周而得到；又设该楼梯梯板的厚度等于一个踢面的高度，总级数为 $16+1=17$ 级（加 1 级到达上一层楼面）。图 12-10 所示为用距点法绘画的螺旋楼梯的一点透视，其画图步骤如下：

①先画水平基透视。在图纸上画出视平线 $h—h$、基线 $g—g$ 及降低基线 $g_1—g_1$，再在 $g_1—g_1$ 上按外圆直径定出圆外切正方形的一条边，并在 $h—h$ 上恰当地定出主点 s' 和距点 D。接着就可着手绘画该螺旋楼梯的水平基透视，在这里由于该螺旋楼梯的踏面有 16 个，正好是 8 的两倍，所以图中表现为在八点法的基础上再增加 8 个点，即演变成通过圆周

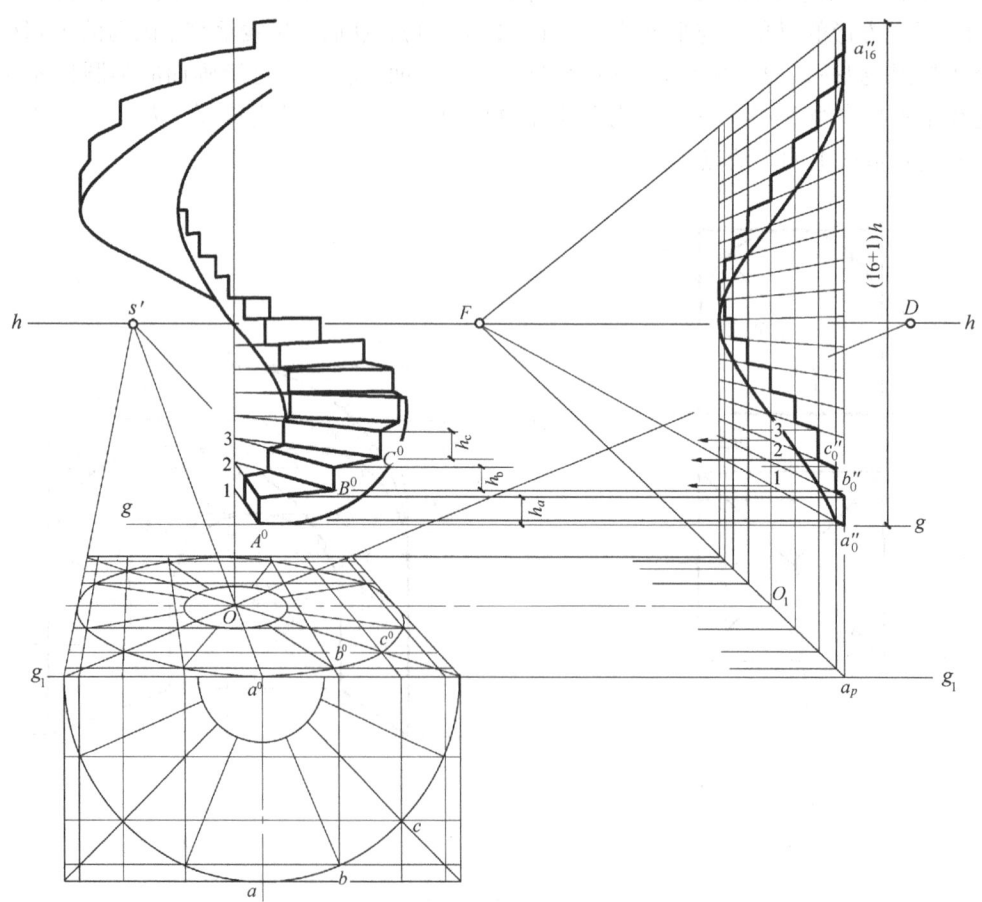

图 12-10 螺旋楼梯的一点透视

16 个等分点的网格及其透视，于是画得螺旋楼梯的水平基透视。

②再画侧面投影的透视——侧面基透视。这个基透视的网格是由一组间距等于踢面高度的水平直线和另一组由水平基透视的网格引过来的竖直线所构成。具体作法是：在适当地方竖集中真高线 $a_0''a_{16}''$，并把它延长至 g_1—g_1 上得点 a_p；又在 h—h 上任取一点 F，分别连接 Fa_p、Fa_0''……Fa_{16}'' 等；再将水平基透视的水平网格线引至 Fa_p 线上，并过这些交点画一系列竖直线，于是就可得出侧面基透视的透视网格。按题意再在该透视网格中"对号入座"画入该螺旋楼梯外圆柱面上的踏步轮廓的投影及螺旋线的投影（实为它们的基透视）。此处不画内圆柱面上的踏步和螺旋线的投影，其原因既是保持图面清晰的需要，又由于它们可在作图过程中自然得出。

③最后画螺旋楼梯的透视。过水平基透视的椭圆中心 O 画一条中轴线垂直于基线 g—g，将侧面基透视中过点 O_1 的竖直线上的各个对应点 1，2，3，…依次标记在上述中轴线上，于是就可自基线 g—g 上的点 A^0 开始，逐级画出踢面、踏面水平轮廓的透视。再分别从侧面基透视中的相应部位逐一确定外圆柱面上的各级踢面的透视高度；或者从水平基透视中的相应部位向上引竖直线，即可画出各级踢面的内外竖直轮廓线的透视。图中每级踏面在内外圆柱面上的轮廓都是椭圆的一部分。最后画楼梯板的厚度，将各级踢面高度的透视轮廓，分别向下延伸各自的一个透视高度得一系列的点。再将这些点光滑相连，就可得反映板厚的螺旋线可见轮廓的透视。至此完成整个螺旋楼梯的一点透视作图。

图 12-11 是某宾馆大厅局部的透视图，圆形的家具围出了一个独立的空间，既是宾客交谈的场所，也是大厅内的一个视觉焦点。

图 12-12 则是一幅简易螺旋楼梯的透视（草）图。

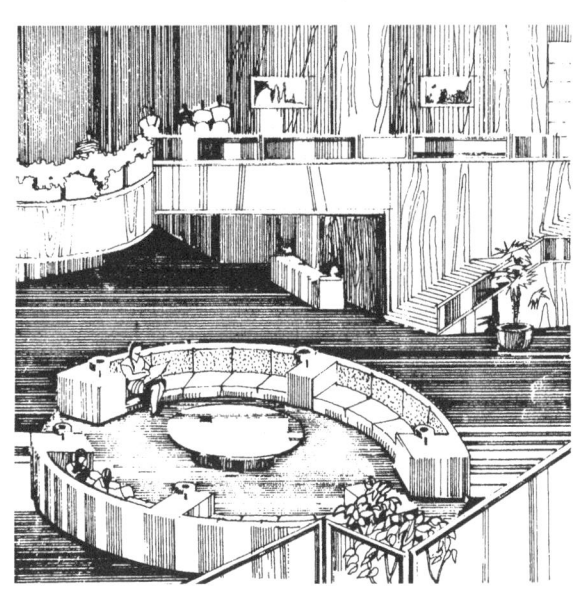

图 12-11　某宾馆大厅圆形家具的透视图

图 12-12　螺旋楼梯的透视（草）图

*第13章 三点透视

13.1 概述

前面各章探讨的透视图,其画面都是垂直于基面的。因此,建筑物所有铅垂轮廓线在透视图中仍然是竖直的,没有灭点,与人们日常生活中的视觉印象有一定的出入,尤其是在观察高耸的建筑物和室内多层通高的大堂空间时更是如此。

三点透视是画面倾斜于基面时的一种透视。这时建筑物的铅垂(即 Z 向)轮廓线在透视图中也有灭点,与原有 X、Y 两个方向上水平轮廓线的灭点一起共有三个灭点,故通称三点透视(或斜透视)。其中:画面前倾的称仰望三点透视,此时铅垂轮廓线的灭点在视平线的上方;画面后倾的称鸟瞰三点透视或鸟瞰图,此时铅垂轮廓线的灭点在视平线的下方。

图 13-1 表示四棱柱的仰望三点透视的形成(为了使图形清晰,该图转了个角度,即将视点 S 转到了画面的后方)。过视点 S 作水平视线分别平行于 $A_1B_1(ab)$、$A_1C_1(ac)$ 而与画面 P 相交,得两个灭点 F_X、F_Y;过视点 S 作铅垂视线与画面 P 相交于 F_Z,点 F_Z 即为第三个灭点。作透视图时常令形体的一个顶点例如点 a 落在基线上,于是不难得出三条可见轮廓线的全长透视 A^0F_X、A^0F_Y、A^0F_Z。又过站点 s 作视线的基面投影 sb、sc 与基线 p—p 相交,再过它们的交点 b_p、c_p 用直线与 F_Z 相连,于是

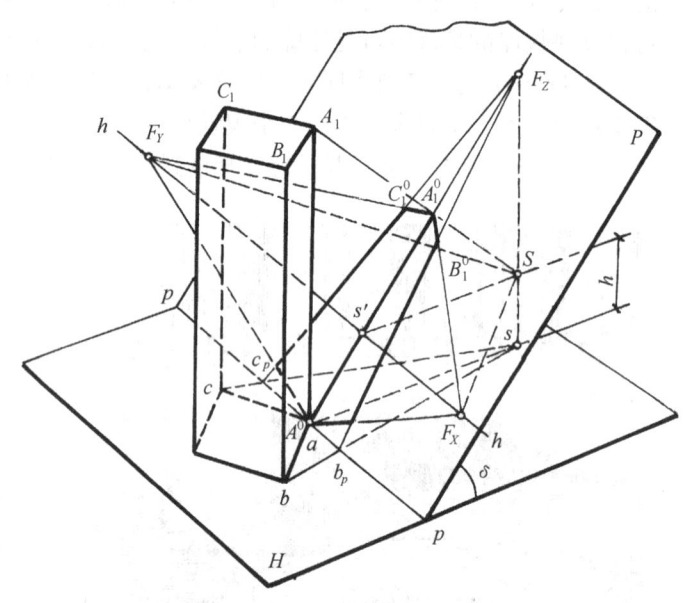

图 13-1 三点透视的形成

又得四棱柱另外两条可见棱线的全长透视 b_pF_Z、c_pF_Z。最后过视点 S 作视线 SA_1 与 A^0F_Z 相交,并过交点 A_1^0 分别用直线与灭点 F_X、F_Y 相连,取上述各线段的有效部分,完成作图。

求作画面倾斜于基面的透视时,也可令建筑物某个主立面平行于基线,不过,这时在透视图中就仅有两个灭点了(见前面第 9 章图 9-4)。但是它仍具有明显的三点透视特征。这种透视在实际工作中也经常得到应用。

13.2 用建筑师法画三点透视

13.2.1 视平线及画面上三个灭点的位置的确定

用建筑师法画三点透视的关键是如何确定视平线及画面上三个灭点的位置。从图 13-1 可以看出,由于画面 P 倾斜于基面,所以视平线到基线的距离就不再直接等于视高 h,而与画面对基面的倾角 δ 大小有关。这个距离通常由作图得出,如图 13-2 侧面投影中的 $a''s_p''$ 之长就是。

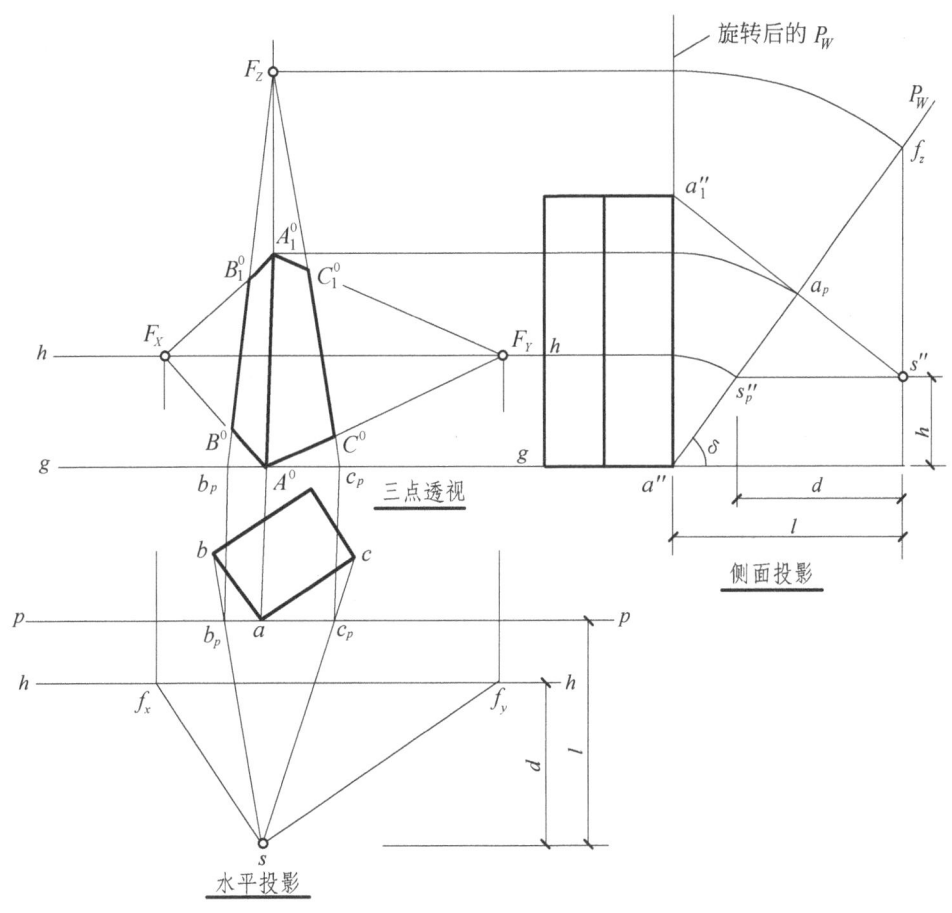

图 13-2 四棱柱的仰望三点透视

当选定建筑物、画面和视点的相对位置,亦即恰当地选择画面、视点并画出建筑物的水平投影和侧面投影以及将画面旋转为正平面之后,便可通过站点 s 分别作 ab、ac 的平行线与视平线的水平投影相交得点 f_x、f_y,于是再通过 f_x、f_y 就可在经旋转后的视平线 h—h 上得出灭点 F_X、F_Y。

至于灭点 F_Z 的确定则如侧面投影所示,将 f_z 随 P_W 旋转到正平面的位置后,再作水

193

平线与过站点 s 所作的竖直线相交便可求得。

在选择建筑物、画面和视点的相对位置时，应尽量使如图 13-2 所示的棱线 $A^0A_1^0$ 位于或紧靠于过站点 s 所作的竖直线上。这样可使透视图形具有良好的稳定性。

13.2.2 画四棱柱的三点透视

如图 13-2 的水平投影所示，因四棱柱的顶点 A 的水平投影 a 在基线 p—p 上，故其透视 A^0 在 g—g 上。连接 A^0F_X、A^0F_Y，它们分别与 b_pF_Z、c_pF_Z 相交得点 B^0、C^0，再作 A^0F_Z，于是得四棱柱底面及三条可见棱线的全长透视。至于点 A_1^0 透视高度的量取，则是通过侧面投影中的视线 $s''a_1''$ 与 P_W 的交点 a_p，并将 a_p 随 P_W 旋转后再作水平线求出的。最后过 A_1^0 作透视轮廓 $A_1^0B_1^0$、$A_1^0C_1^0$，并加深可见轮廓线就可完成全图。

例 13-1 已知 L 形建筑物的水平投影和侧面投影，试画出它的鸟瞰三点透视（图 13-3）。

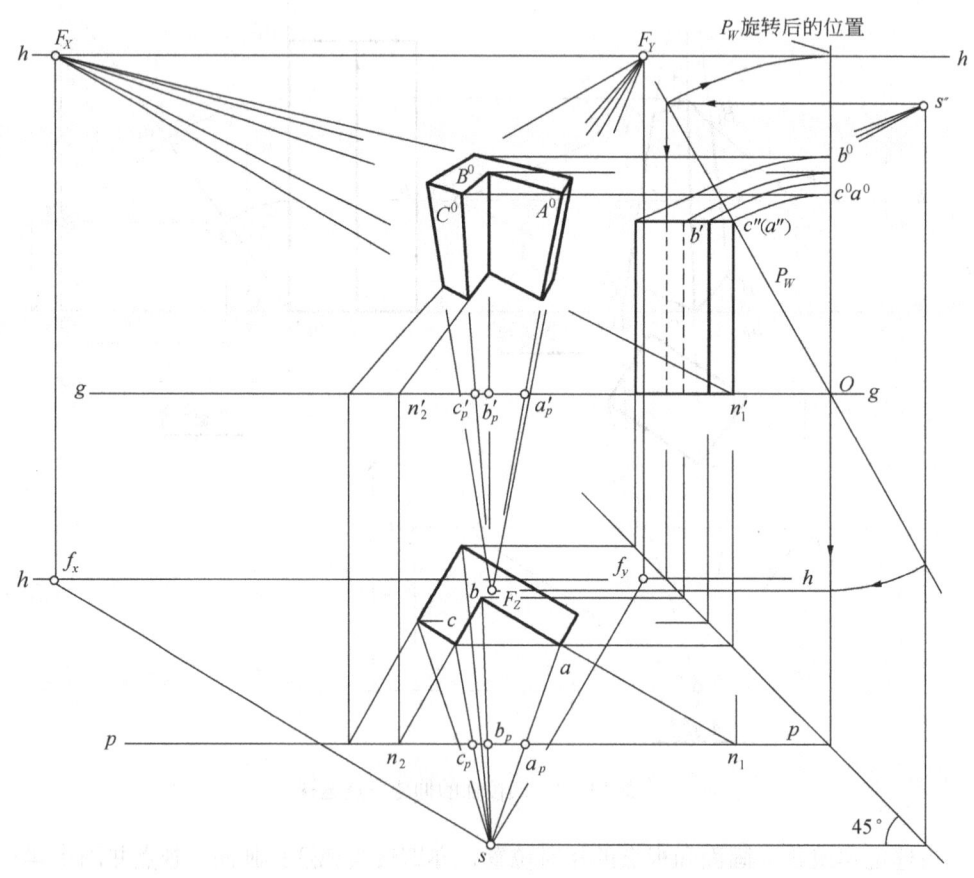

图 13-3 建筑物的鸟瞰三点透视

分析：按题意设定画面 P，即设定 P_W 通过建筑物的顶点 $c''(a'')$ 而与基面相交（图中表现为与基线 g—g 相交于 O）。定出该两平面的交线（即基线 p—p）在平面图中的位置，以

及设定视点 $S(s,s'')$ 的位置之后,便可通过作图定出视平线 h—h 及三个灭点 F_X、F_Y、F_Z 的位置如图。

作图:

①延长水平投影 ba,bc,…与 p—p 相交得点 n_1,n_2,…把它们移植到 g—g 上得点 n_1',n_2',…分别过点 n_1',n_2',…画全长透视 $n_1'F_X$,$n_2'F_Y$,…

②过站点 s 作一系列视线的水平投影 sa,sb,sc,…与平面图中的基线 p—p 相交,得交点 a_p,b_p,c_p,…也把它们移植到 g—g 上得点 a_p',b_p',c_p',…再分别过这些点与灭点 F_Z 相连并延长之。

③上述所作透视轮廓线两两相交,便得该建筑物底面及棱线的三点透视。图中对透视高度的量取,则是利用过 s'' 视线的侧面投影分别与 P_W 相交,并将各个交点随 P_W 旋转至竖直的位置 a^0、b^0、c^0 之后,再通过这些点作水平线求出来的。

13.3 用量点法画三点透视

13.3.1 视平线及画面上三个灭点的位置的确定

如图 13-4 所示,设建筑物两个主立面对画面倾角 α、β 和画面对基面的倾角 δ,以及视距 d 和视高 h 的大小为已知,根据这些条件确定三个灭点的位置及其他有关作图要素的方法步骤如下:

(1)在图纸的适当位置上画出视平线 h—h,根据视距 d 设定站点 s,再根据倾角 α、β 的大小在视平线上定出 F_X、F_Y、M_X、M_Y 和 s' 五个点。

(2)过主点 s' 按 δ 角的大小画一条斜线并取 $s'S_1 = s's$(即等于视距 d)得点 S_1,过 S_1 作该斜线的垂直线交 $s's$ 的延长线于 F_Z。点 F_Z 即为高度方向上的灭点。

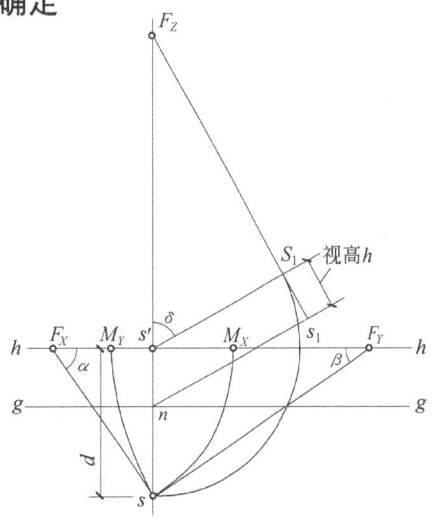

图 13-4 三个灭点的位置及其他有关作图要素的确定

(3)延长 F_ZS_1 并取 S_1s_1 等于视高 h 得点 s_1,再过 s_1 作 $s_1n /\!/ S_1s'$ 与 $s's$ 相交于 n,于是过 n 就可画出基线 g—g。

13.3.2 画四棱柱的三点透视

图 13-5 所示为在图 13-4 的基础上用量点法画一个长、宽、高分别为 3、2、5 个单位的四棱柱的三点透视的例子,图中设该四棱柱的一个顶点 A^0 在基线上。其作图过程如下:

(1)在主点 s' 下方的基线上任取一点 A^0,即可以此为原点用量点法根据长 3、宽 2 求出 B^0、C^0,从而画出该四棱柱的基透视和三条高度方向上的轮廓线的全长透视。

(2) 对透视高度的量取,则可采用图中右边所附的作图方法求解:

① 在基线上任取一点 O,过点 O 画一条垂直于基线的直线——"$\frac{1}{\sin\delta}$ 斜高线"。其上的高度 OK 可以通过如图 13-5 所示的以高 5 为一直角边和以 δ 为一锐角的直角三角形求出。

② 连接 $s'K$ 与 F_ZO 相交于 a_1,再过 a_1 作水平线与 F_ZA^0 相交于 A_1^0。于是就可利用 A_1^0 完成四棱柱透视高度的作图(点 C_1^0 的透视高度也可利用图中虚线所表示的方法求出,有关证明详见图 13-7)。

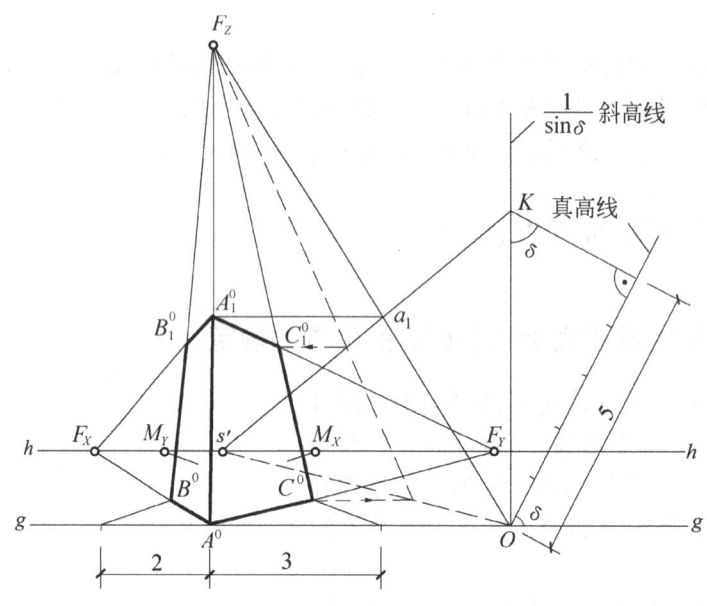

图 13-5 四棱柱的仰望三点透视

例 13-2 已知建筑形体的立面图和平面图如图 13-6a 所示,试用量点法画出它的鸟瞰 45°透视。设画面对基面的倾角为 δ,顶点 A 在画面上,视高为 h(从顶点 A 算起),视距为 d。

分析:这里的鸟瞰 45°透视与前面第 10 章中的 45°透视,其视平线上五个点的定位规律完全相同,所不同的是这里的画面是后倾的,作图原点 A^0 在形体的中部,即基线 $g-g$ 在通过点 A^0 的位置上。

作图:如图 13-6b 所示。其要点是:

① 先任画视平线 $h-h$ 并在其上适当地定出 F_X、F_Y、s'、M_X、M_Y 五个点,然后按题设条件(参阅图 13-4)据视距 d 在 s' 的下方定出站点 s,再据 δ 角的大小过 s' 画一条斜线并按 $s's = s'S_1$ 在其上定出点 S_1,于是可据 S_1 求得 F_Z;接着再利用视高 h 作平行于 $s'S_1$ 的直线与 $s'F_Z$ 相交于 A^0,于是又可画出基线 $g-g$;

② 再用量点法分别求出形体长度和宽度方向上的透视(提示:$A^0G^0D^0M^0$ 平面在基面上);

③ 最后分别利用 OK、OK_1 求取点 B^0、C^0 的透视高度(作法请参阅图 13-5),便可完成形体的透视高度作图。

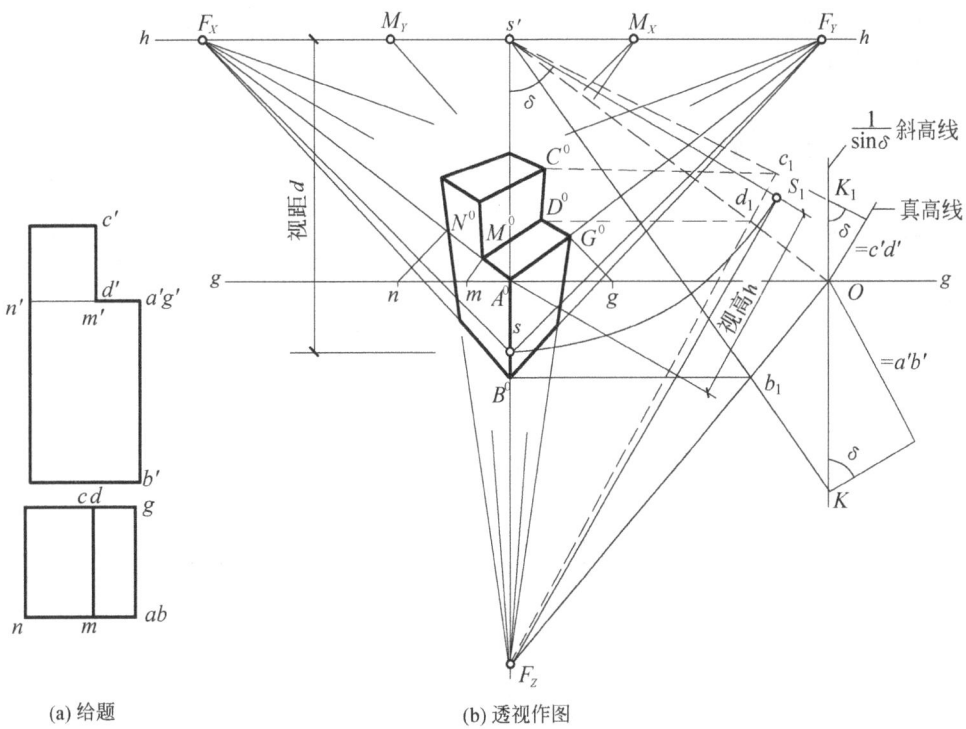

(a) 给题 (b) 透视作图

图 13-6 建筑形体的鸟瞰三点透视

13.3.3 关于三点透视中利用"$\frac{1}{\sin\delta}$斜高线"量取透视高度方法的证明

如图 13-7 所示，设铅垂线 AA_1 的足点 A 在基线 $p—p$ 上，全长透视 A^0F_Z 已作出，量取透视高度 $A^0A_1^0$ 时，在基线上任取一点 O，竖真高线 $OK_1 = AA_1$，过点 K_1 作 K_1K $// s'S$ 交画面 P 于点 K。于是在直角三角形 OK_1K 中，$OK = \frac{1}{\sin\delta}OK_1$，因此称 OK 线为"$\frac{1}{\sin\delta}$斜高线"。由于 K_1K 的透视为 Ks'，OK_1 的透视为 OF_Z，所以该两透视线的交点 a_1 为点 K_1 的透视；又由于 $K_1A_1 // g—g$，故其透视 $a_1A_1^0 // g—g$，于是得出铅垂线 AA_1 的透视高度为 AA_1^0 的结论。

又设铅垂线 $BB_1 = AA_1$

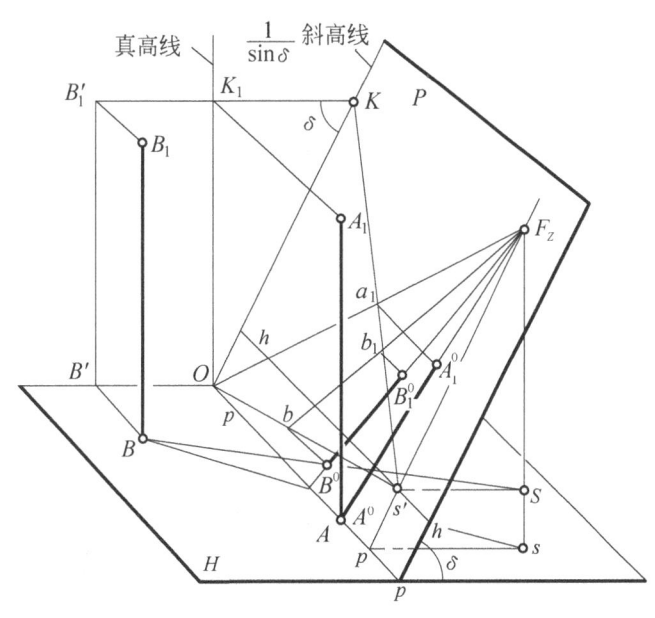

图 13-7 关于利用"$\frac{1}{\sin\delta}$斜高线"量取透视高度的证明

但足点 B 在基面 H 的任一位置上，从图 13-7 中可见，它的透视高度 $B^0B_1^0$ 也可以利用同一的斜高线作出。

13.4 应用实例

例 13-3 已知某"日本料理"厢房的正剖面图和侧剖面图，设画面 P 对基面（地面）的倾角为 δ，而且通过地坑的前缘 AB，又设视高 h 和视点 $S(s'', s')$ 为已知（图 13-8a）。试画出它具有三点透视特征的正面鸟瞰"两点"透视。

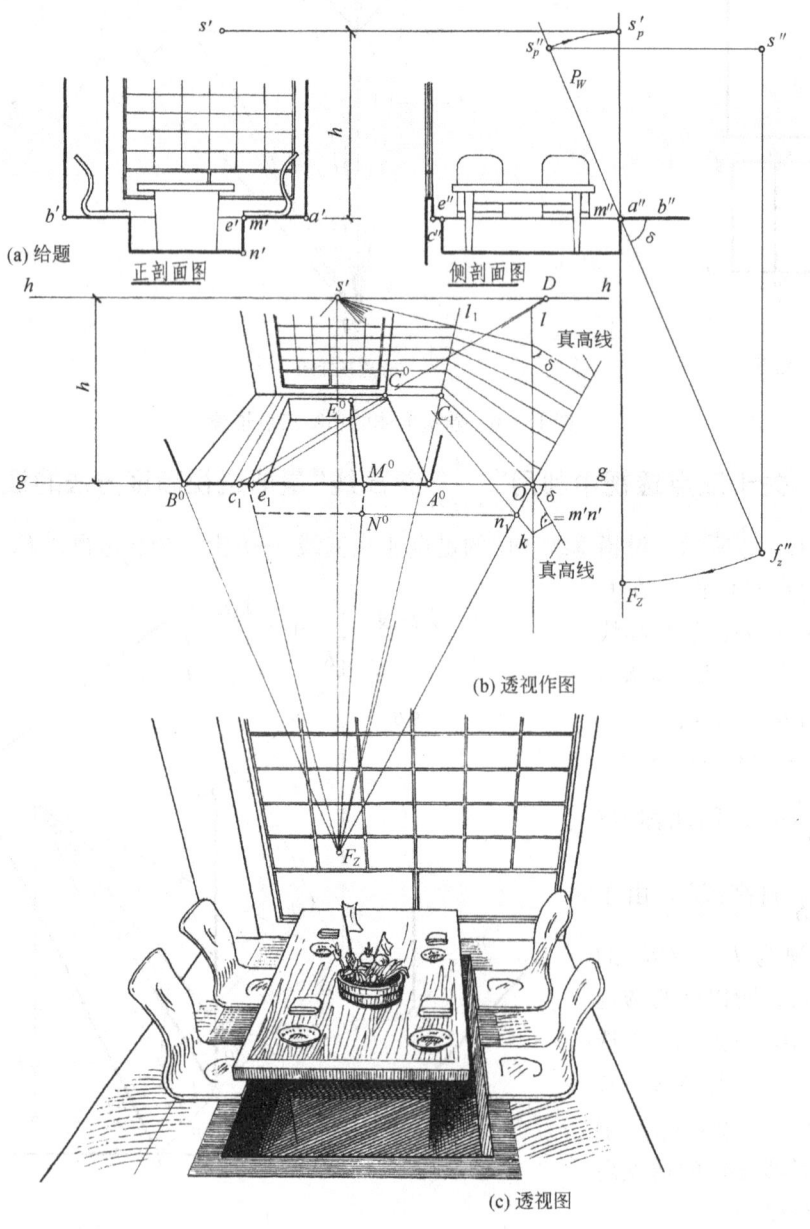

图 13-8 厢房正面的鸟瞰"两点"透视

分析：从给题可知，该厢房的中部为一个放置餐桌的地坑，四张"座椅"直接固定在地坑两侧的地面上。由于题设画面 P 通过地坑的前缘 AB，故 A^0B^0 在基线 $g—g$ 上。

作图：如图 13-8b 所示，其要点是：

①画出基线 $g—g$，并在 $g—g$ 上据题设定出 A^0，B^0，M^0，…点；再根据题设的相对位置准确地定出主点 s' 和按 $s'F_Z = s'_p F_Z$ 定出灭点 F_Z，然后过 s' 画出视平线 $h—h$ 和在 $h—h$ 上再按 $s'D = s''_p s''$ 定出距点 D。

②据餐室的进深 AC 在点 A^0 的左侧定出点 c_1，连接 c_1D 与 $A^0 s'$ 相交于 C^0。于是便可利用主点 s' 和灭点 F_Z 画出该厢房四个界面的透视。

③再据地坑的进深 ME 在点 A^0 的左侧定出点 e_1，于是通过 e_1D 与 $A^0 s'$ 的交点作水平线与 $M^0 s'$ 相交，便可得出地坑进深 $M^0 E^0$ 的透视。至于地坑深度的透视 $M^0 N^0$，可参照前面图 13-5 所示的方法求得。本图为利用过任意点 O 的等于 $m'n'$ 的线段通过作图在竖直线上定出 k，再过 ks' 与 OF_Z 的交点 n_1 作水平线的方法，而在 $M^0 F_Z$ 上定出点 N^0 的位置的。

④同理，可参照图 13-5 作出厢房正面墙上窗口的透视，其作图过程见图中点 O 上方的细实线所示。

⑤最后，凭目测和经验画出家具及陈设等，便得图 13-8c。

图 13-9 某宾馆大堂的鸟瞰"两点"透视

图13-9、图13-10分别是宾馆大堂和建筑群体的鸟瞰图实例。前者虽为"两点"透视，但亦取得了富有三度空间感的三点透视效果，人物的配置也完全符合透视原则，尺度合理，因而画面生动和富有生活情趣；后者采用的是三点透视。它充分地表现了建筑群体的三度空间，由于该图再适当地配画了阴影，于是有更加明显的居高临下的立体感。

图13-10　建筑群体鸟瞰三点透视

第 14 章　正投影图中的阴影

14.1　阴影的基本知识

在正投影图(建筑立面图)中，如果画上了阴影，不仅丰富了图形的表现力，同时也增加了图面的美感，在一定程度上反映出了该建筑立面的第三尺度。但这里所说的"阴影"，仅是在理论上探讨在光线照射下物体表面哪些是受光的，哪些是背光的，落影的位置和形状又该如何？为学习相关的后续课程打好基础。

14.1.1　阴影的形成

物体在光线的照射下，迎光的表面显得明亮，称为阳面；背光的表面显得阴暗，称为阴面。阳面和阴面之间的分界线称为阴线；由于物体通常是不透明的，所以照射在阳面上的光线受阻，以致在其后方的其他阳面上出现了落影。我们把落影的轮廓线称为影线；落影所在的迎光表面称为承影面。从图 14-1 可见，阴影是相互对应的，影线正好是阴线在承影面上的落影。

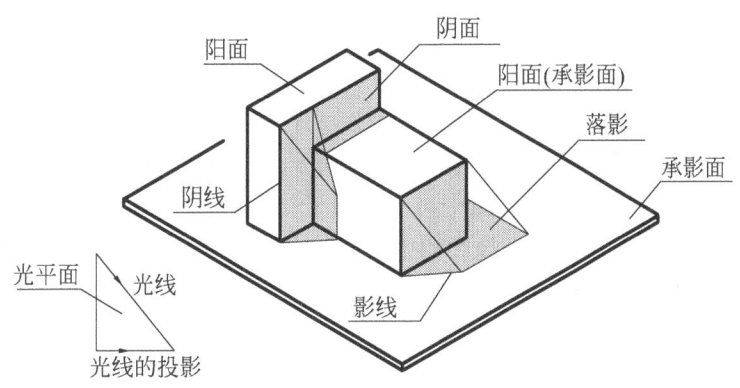

图 14-1　阴影的形成及各部分的名称

14.1.2　在正投影图中加绘阴影的作用

采用透视图表现建筑形象固然很好，但相对来说绘图程序要复杂些。因此作建筑设计方案时，也往往采用在正投影图(建筑立面图)中加绘阴影的表现形式，如图 14-2 所示。其中图 14-2a 是未加绘阴影前的正投影图，图 14-2b 则是加绘阴影及配景后的设计效果图。

从图 14-2b 可见，在正投影图中加绘了阴影，由于阴影区的形状、大小、位置与建筑物的体量有着对应的关系，在一定程度上表现了原立面图中未能表示出的建筑物前后之间的尺度关系。即把建筑物立面的凹凸、曲折、空间层次反映了出来，给人以特有的空间感。所以说，阴影的理论与实践对表现建筑形象起着相当重要的作用。

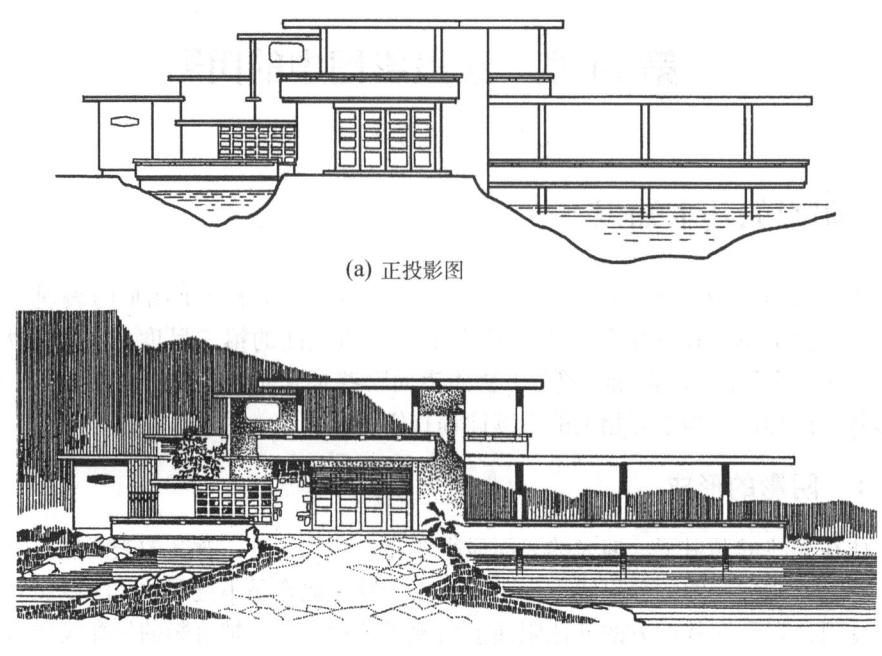

(a) 正投影图

(b) 效果图

图 14-2 在正投影图中加绘阴影的作用

14.1.3 常用光线

在正投影图中求作阴影时,为了作图及度量上的方便,通常采用一种特定方向的平行光线,这种光线的照射方向恰好与正立方体对角线的方向一致,如图 14-3a 所示。我们把这种光线称之为常用光线。从图中可见,由于该立方体的棱面分别平行于相应的投影面,所以这种光线反映在三面正投影图中的投射方向均与水平线成45°角(图 14-3b)。但必须明确,空间光线对各投影面的实际倾角为 $\alpha = \beta = \gamma = \arctan(1/\sqrt{2}) \approx 35°$。

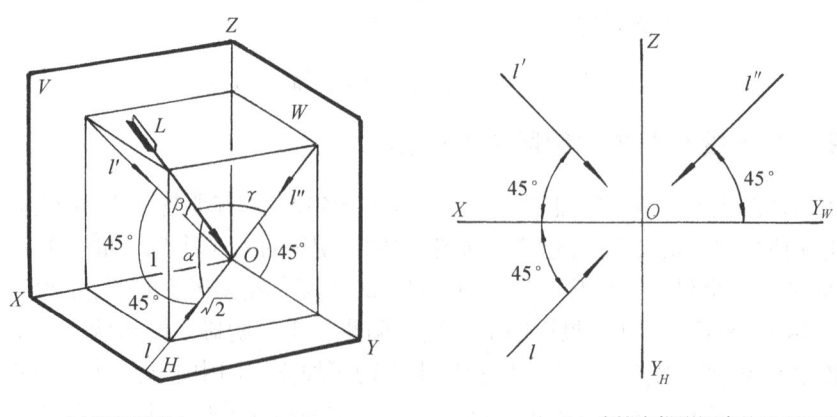

(a) 空间示意($\alpha = \beta = \gamma \approx 35°$)

(b) 光线在投影图中的投射方向

图 14-3 常用光线

14.2 点、直线、平面的落影

14.2.1 点的落影

空间一点在某承影面上的落影,就是射于该点的光线延长后与该承影面的交点。

(1)当承影面为投影面时,点的落影就是通过该点的光线与投影面的交点。

图 14-4a、b 分别表示了当点 A 的坐标值 $y_A < z_A$,或 $y_A = z_A$ 和点 B 的坐标值 $y_B = 0$、$z_B \neq 0$ 时,该两点在投影面上落影三种情况的空间分析。

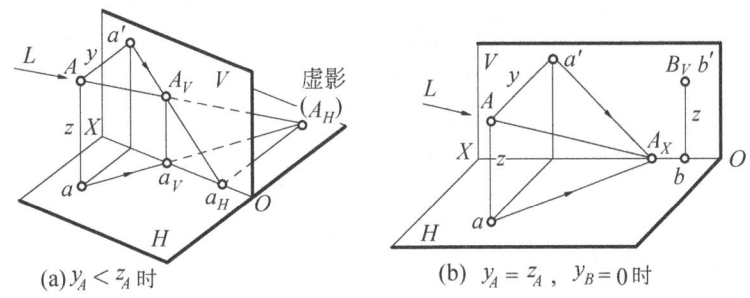

图 14-4 点在投影面上落影三种情况的空间分析

图 14-5 则分别是上述点 A、B 在投影面上落影三种情况的投影图。

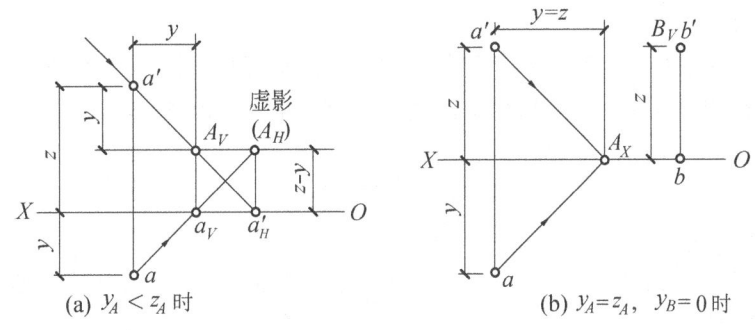

图 14-5 点在投影面上落影三种情况的投影图

为了说明方便,在投影图中将落影用相同的大写字母标记,并加注脚表示落在什么地方,如 A_V、A_H、A_X 分别表示落在 V 面、H 面或 X 轴上;同时为了有利于解题,在必要时可假定承影面是透明的,这样就可以在后方的承影面上获得落影,如图 14-4a、图 14-5a 所示,这时将落影加括号表示,并称之为虚影。

在这里还须特别指出:由于光线的投影与投影轴的夹角为 45°,且 45°直角三角形的两直角边相等,因此在投影图中空间点在某投影面上的落影与其同面投影之间的水平距离或竖直距离都必等于该空间点到该投影面的距离。例如图 14-5a 中点 A 在 V 面上的落影 A_V 与投影 a' 之间所反映的 y 坐标便是。

(2)当承影面为投影面平行面或垂直面时,点在该承影面上的落影,可利用该承影面的投影积聚性求出(图 14-13、图 14-15)。

(3)当承影面为一般位置平面时,如图 14-6 所示,这就必须应用前面第 2 章的"2.4.2.3"中所学习过的求作一般位置直线与一般位置平面交点的方法即辅助平面法,来求出过点 A 的光线与承影面的交点,即落影的位置了。

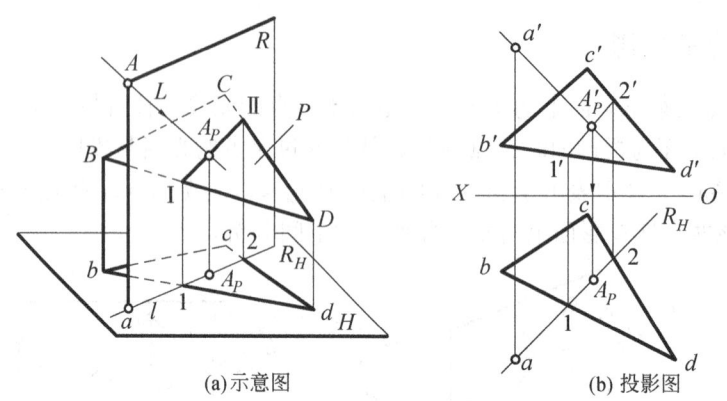

(a)示意图   (b) 投影图

图 14-6 点 A 在 $\triangle BCD$ 上的落影

14.2.2 直线的落影

直线在承影面上的落影,就是过属于该直线各点的光线所形成的光平面与该承影面的交线。

(1)当承影面为平面时,直线的落影仍为直线;若直线与光线方向平行,则其落影积聚为一点(图 14-7)。

(2)当直线平行于承影面时,其落影与该直线平行且等长(图 14-8)。

(3)平行两直线在同一承影面上的落影仍相互平行(图 14-9)。

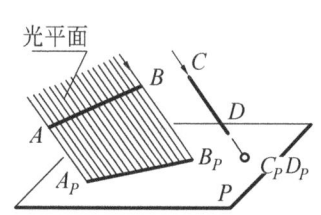   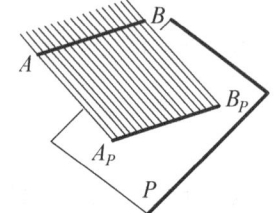   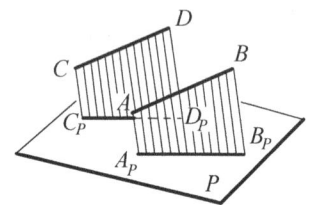

图 14-7 直线的落影   图 14-8 P 面平行线的落影   图 14-9 两平行线的落影

(4)一直线在两平行承影面上的落影相互平行(图 14-10)。

(5)直线与承影面相交,该直线的落影必通过其交点(图 14-11)。

(6)直线在相交两承影面上的落影为折线,折影点在两承影面的交线上。

图 14-12 所示为以投影面为承影面时求落影的例子。其中图 14-12a 为落影的空间分析。图 14-12b 为该直线在两个投影面上落影的求法。图中利用了点 B 的虚影(B_H)与点 A 的落影 A_H 用直线相连的方法,从而在 OX 轴上得到折影点 K_X。于是折线 $A_H K_X B_V$ 就是所求直线 AB 在两个投影面上的落影。

图 14-13 所示则为直线在两相交铅垂承影面上落影的求法。从图中可见,三棱柱的

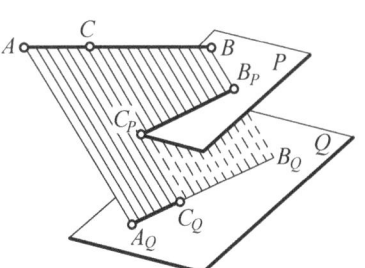

图 14-10 直线在两平行面上的落影

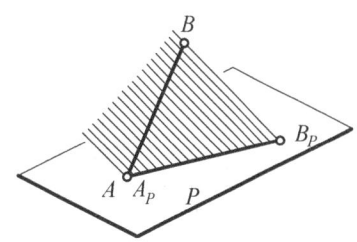

图 14-11 直线与承影面相交时的落影

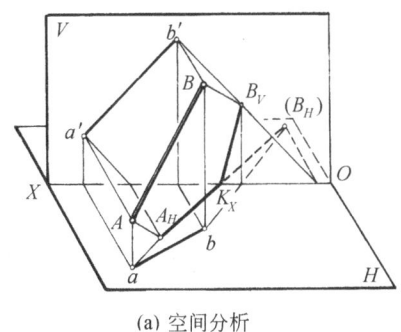

(a) 空间分析　　　　　　　　(b) 落影的求法

图 14-12 直线在两投影面上的落影

两个前表面 P、Q 为铅垂面，直线 AB 两端点的落影 A_P、B_Q 可分别利用两个铅垂面水平投影的积聚性求出。至于折影点 K_0 的定位，图中表示了三种常用的方法，解题时可任选其一。

①返回光线法：在水平投影中，过 k_0 作返回光线与 ab 相交于 k，再找出 k' 进而求出 K_0。

②线面相交法：延长 ab 与扩大后的 P 面相交于 c_P，再在 $a'b'$ 的延长线上定出 C_P 后，连接 $A_P C_P$ 同样可得 K_0。

③端点虚影法：过 b 作光线与扩大后的 P 面相交于 b_P，找出虚影 (B_P) 后，连接 $A_P(B_P)$ 也可得到 K_0。

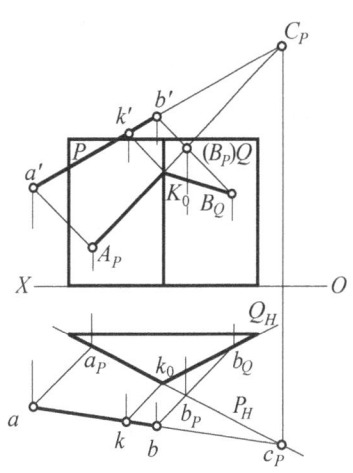

图 14-13 直线在相交两承影面上的落影

(7) 投影面垂直线在所垂直方向上的落影，不管承影面如何，其落影均是与光线投影方向一致的 45°直线。如图 14-14 所示，直线 AB 垂直于地面（H 面），于是通过 AB 形成的光平面也垂直于地面（即该光平面为铅垂面），其水平投影有积聚性，所以不管该光平面与墙面、屋面的交线形状如何，其水平投影均积聚在此 45°的有积聚性的投影上。

(8) 投影面平行线在所平行的投影面（或投影面平行面）上的落影必与该直线的同面投影平行，而且当该直线为投影面垂直线时，还反映了该直线至该承影面的距离。如图

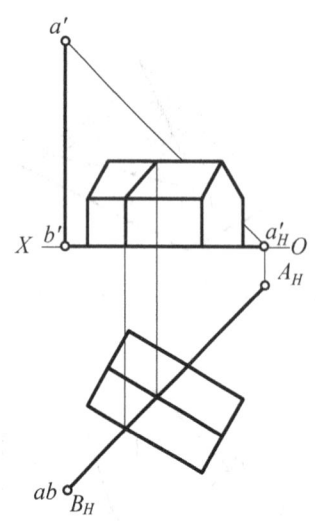
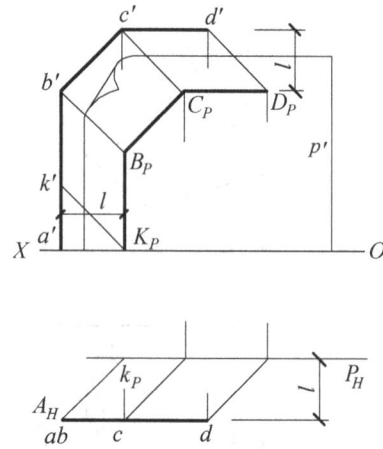

图 14-14 投影面垂直线的落影　　图 14-15 投影面垂直线在其平行面上的落影

14-15 所示。折线 AB 段为铅垂线，BC 段为正平线，CD 段为侧垂线。它们在正平面 P 上的落影：$K_P B_P // a'b'$，$C_P D_P // c'd'$，而且反映了这两直线段到 P 面的距离 l。但是，$B_P C_P$ 虽平行于 $b'c'$，却不反映 BC 到 P 面的实际距离。

(9) 当某一投影面垂直线落影于另一由多个平面、圆柱面组成的投影面垂直面上时，该落影在第三投影面上的投影必与该组合面的断面形状相对称。

图 14-16a 表示了铅垂线 AB 在由一组侧垂面所形成的组合面（俗称线脚）上落影 $A_V \sim B_H$ 的示意图，从图 14-16b 可见，该落影的正面投影 $A_V \sim b_H'$ 与侧面投影 $a_W'' \sim b_H''$ 的形状（即线脚的断面形状）相对称。这是由于通过铅垂线所形成的光平面是一个铅垂面，这个铅垂面对互相垂直的 V 面和 W 面的倾角都是 45°，所以将它与组合面（线脚）相交所形成的截断面再分别投射到与它都是 45°倾角的投影面 V 和 W 上时，所得的正面投影和侧面投影必然是形状相同、方向相反，亦即是成形状相对称的图形。

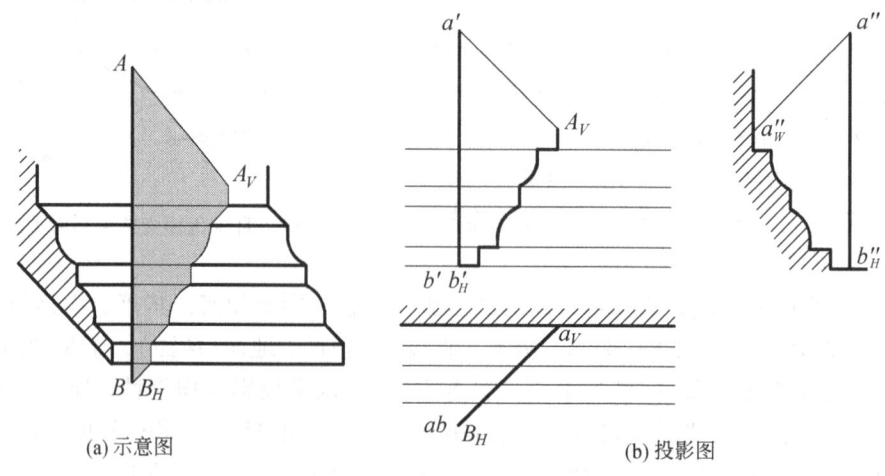

(a) 示意图　　(b) 投影图

图 14-16 铅垂线在侧垂组合面上的落影

14.2.3 平面图形的落影

平面图形的落影实质上是组成该平面图形的点与线落影的集合。

14.2.3.1 多边形的落影

当以投影面为承影面时,多边形落影的影线就是多边形各条边的落影。作图时只要找出多边形各顶点在同一承影面上的落影,然后用直线依次连接起来即可。如果各顶点的落影不在同一承影面上,则要视实际情况找出其折影点。图 14-17 所示为△ABC 在两投影面上的落影。图中系利用顶点 B 的虚影(B_H)来求出 AB、BC 边落影的折影点的。

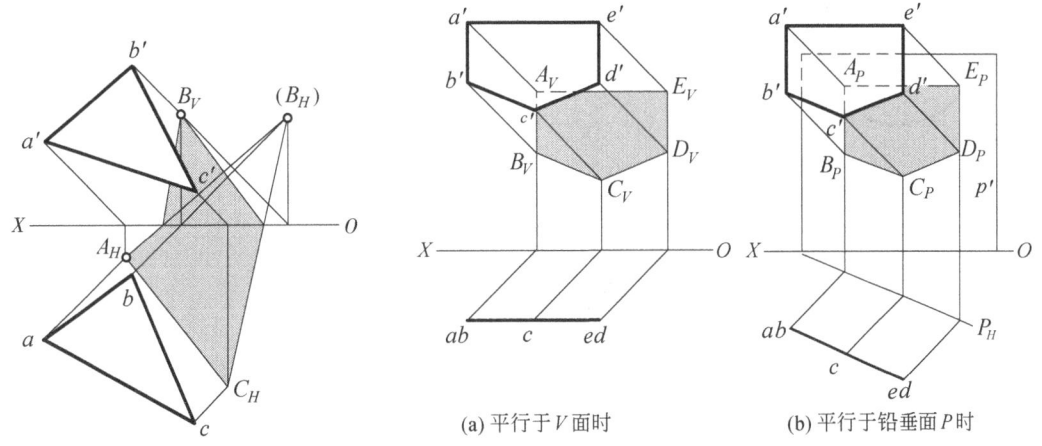

图 14-17 多边形的落影

图 14-18 平行于承影面的平面的落影

(1) 当多边形平面平行于某投影面或某承影面时,其落影与其同面投影的形状大小相同(图 14-18a、b)。

(2) 当多边形平面垂直于某投影面,例如垂直于 H 面时,其落影有如图 14-19 所示的三种情况。

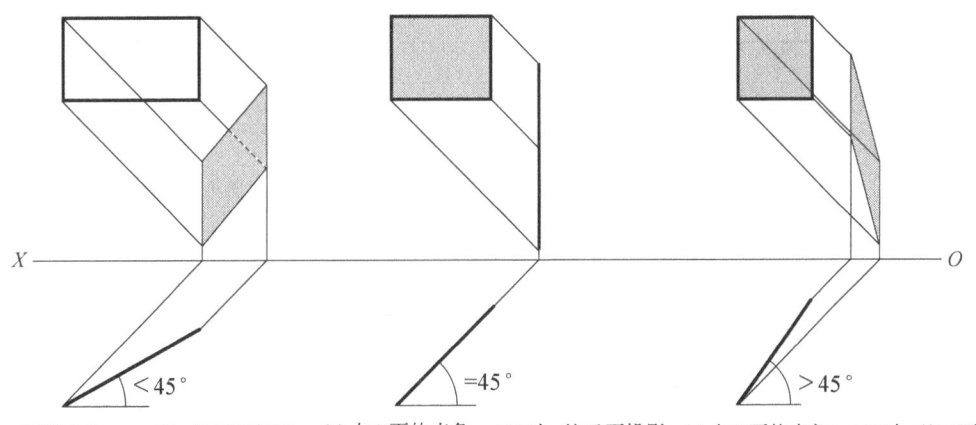

(a) 与 V 面的夹角<45°时,其正面投影为阳面,落影与投影形状不同

(b) 与 V 面的夹角=45°时,其正面投影视为阴面,落影积聚为一直线

(c) 与 V 面的夹角>45°时,其正面投影为阴面,落影与投影形状不同

图 14-19 铅垂面在 V 面上的落影及阴阳面区分

14.2.3.2 圆形的落影

(1) 当圆形平行于投影面时，它在该投影面上的落影仍为圆形。作图时可先找出其圆心的落影，然后再按该圆形的半径画圆即可(图 14-20)。

(2) 当圆形不平行于投影面时，其落影一般为椭圆形。图 14-21 所示为一水平圆形在 V 面上落影的作法。其要领是利用圆的外切正方形来辅助作图，先求出四个切点 1、2、3、4 及对角线上四个交点 5、6、7、8 的落影，然后把它们光滑相连即可。

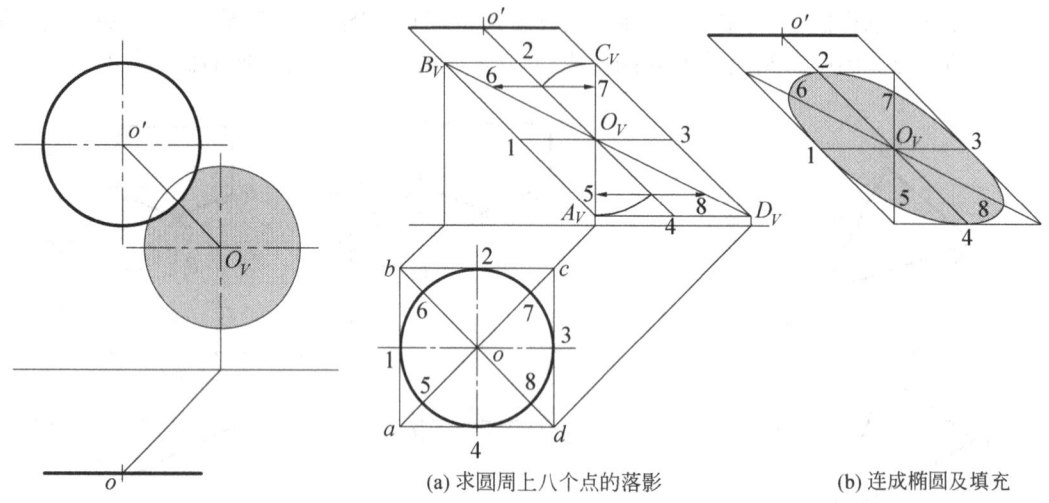

图 14-20 正平圆的落影　　　　图 14-21 水平圆在 V 面上的落影

(3) 在求作建筑形体的阴影时，往往遇到要求作半个水平圆在正立面墙上落影的问题，此时可按图 14-22 所示的方法画出(其中 d 为圆弧半径的 0.7 倍)。从该图又可看出，由于半圆上五个点及其落影均处于某种特殊的位置，故此例还可以进一步按图 14-23a 所示的方法进行单面作图，如果此图中的点 $4'$ 利用上图 14-22 所示的尺寸 d 来定位，还可将辅助作图用的半圆省去(图 14-23b)。

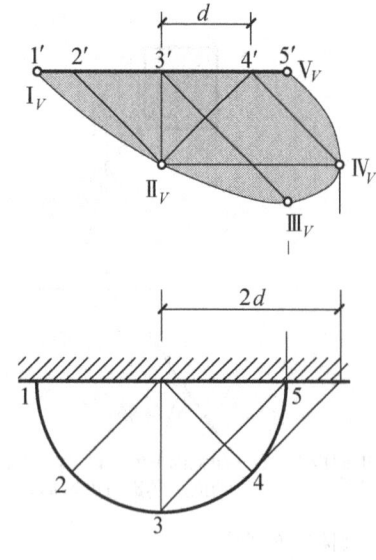
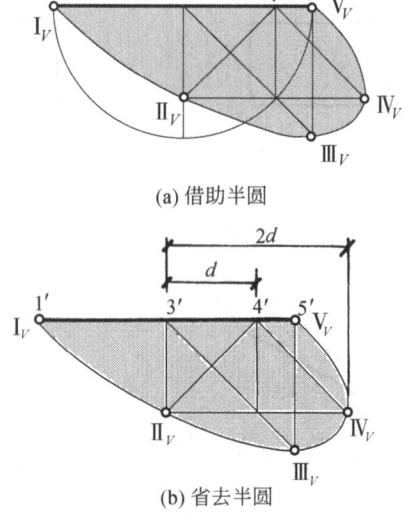

图 14-22 半圆的落影　　　　图 14-23 半圆落影的单面作图

14.3 形体的阴影

14.3.1 平面形体的阴影

14.3.1.1 棱柱的阴影

图 14-24 所示是位于 H 面上的四棱柱的阴影。从图 14-24a 可知,四棱柱在常用光线下,上底 $ABCD$、前表面 $ABFE$ 和左侧面 $ADNE$ 为受光的阳面,其余为阴面;阳面和阴面的分界线 $F-B-C-D-N-E-F$ 为阴线。由于四棱柱的下底在 H 面上,故实际上只需求出两条铅垂线、一条正垂线和一条侧垂线的落影即可。该四棱柱的落影一部分在 H 面上,一部分在 V 面上。图 14-24b 是它的投影图。可见铅垂线在 H 面上的落影是 45°线,落在 V 面上的一部分则是与自身平行的竖直线;正垂线在 V 面上的落影亦是 45°线;侧垂线在 V 面上的落影与自身平行;在该投影图中棱柱的阴面为不可见。

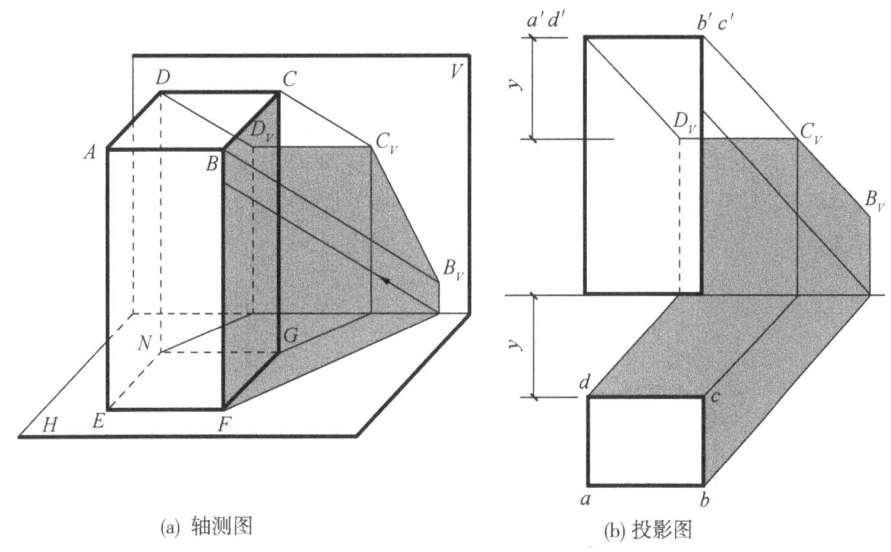

(a) 轴测图 (b) 投影图

图 14-24 四棱柱的阴影

14.3.1.2 棱锥的阴影

图 14-25 所示是位于 H 面上的三棱锥的阴影。由于三棱锥各棱面均不是投影面垂直面,故不便于直观判断出哪些面是阳面、哪些面是阴面。为此,通常是先作出锥顶 S 在锥底所在平面 H 上的落影 S_H 之后,再过锥顶的落影 S_H 返回来作出棱锥在 H 面上落影的外围影线,这样就可得出棱锥表面上的阴线所在了。于是就可判别出棱锥表面上的阴阳面。在图 14-25b 中,还显示了设锥高为 z、锥顶到 V 面的距离为 y 时锥顶 S 的落影规律,供以后解决类似的作图问题时借鉴。

14.3.2 曲面形体的阴影

14.3.2.1 圆柱的阴影

由于圆柱面是光滑的,因此圆柱面上的阴线是由光平面与圆柱面相切时所产生的。如图 14-26a 所示,由一系列与圆柱面相切的光线形成了一个光平面,此光平面与圆柱面相切的

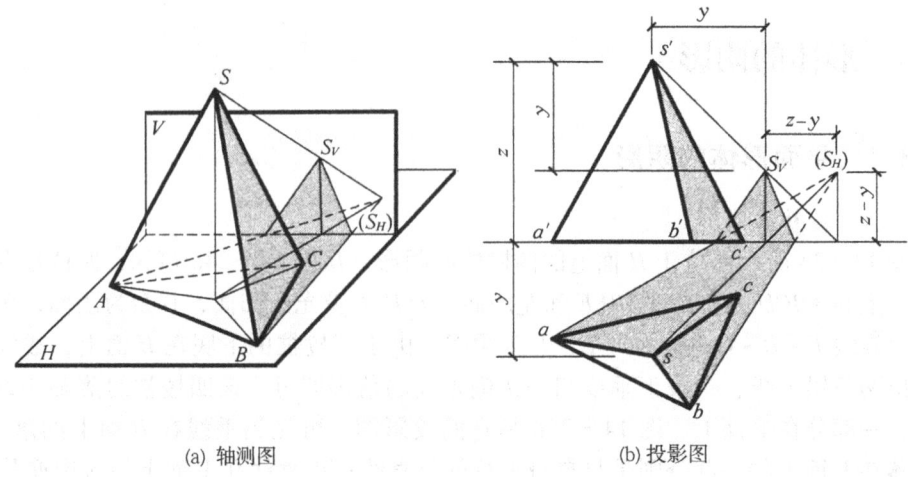

(a) 轴测图　　　　　　　(b) 投影图

图 14-25　三棱锥的阴影

素线 AB，就是该圆柱面上的一条阴线。因切于圆柱面的光平面有两个，故圆柱面上可有两条阴线，它们把圆柱面分成阳面和阴面各一半。圆柱体的上底为阳面，下底为阴面。

图 14-26b 是直立圆柱的阴影。作图时，首先在水平投影中作两条 45°线与圆柱的水平投影相切得 a、c 两点，过这两点向上作竖直线就可得出圆柱正面投影中的两条阴线的投影，其中 $a'b'$ 为可见，$c'd'$ 为不可见。接着再作上底圆落在 H 面上的影，其中只有半个圆周属于影线。

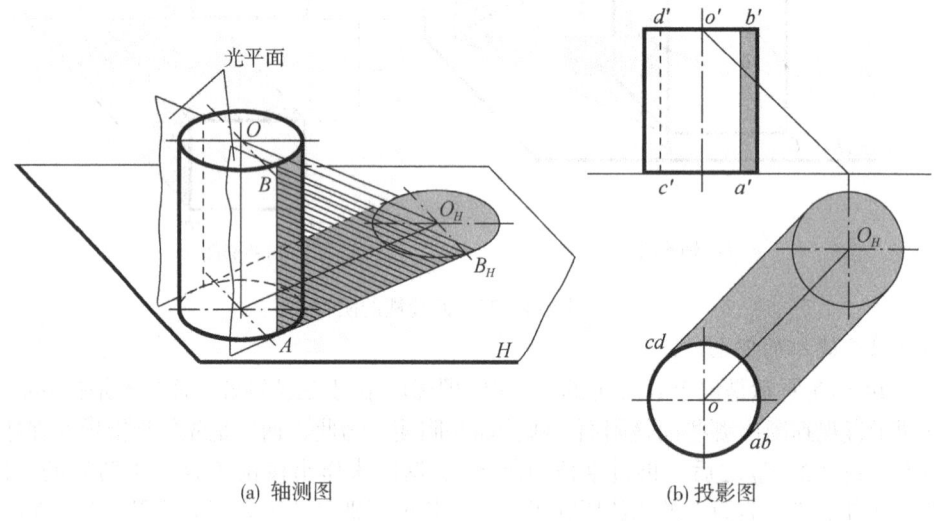

(a) 轴测图　　　　　　　(b) 投影图

图 14-26　直立圆柱的阴影

图 14-27 表示求直立圆柱阴线的单面作图。图中表示了两种作法，其结果都是一样的。如果采用数学的方法定位，则更为简单，如图形下方的比值所示。

图 14-28 则表示了直立圆柱的落影分别落在 H、V 面上的情况。在该图中特别说明了在 V 面的落影中，其左、右两影线（即两条阴线的落影）之间的距离等于正面投影中两阴线之间距离的两倍。熟悉了这些特征，对掌握圆柱落影的单面作图很有作用。

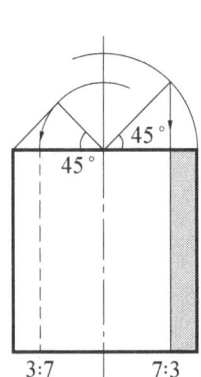

图 14-27　单面作图时圆柱阴线的定位

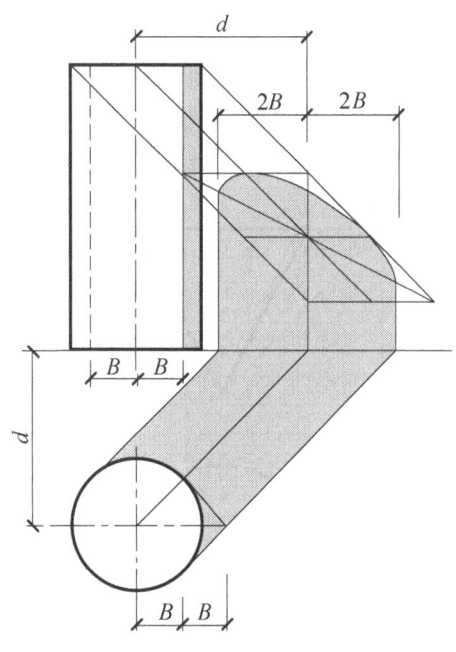

图 14-28　圆柱在 H、V 面上的落影特征

14.3.2.2　圆锥的阴影

同圆柱面一样，圆锥面上的阴线也是由光平面与圆锥面相切而得。如图 14-29 所示，圆锥面上的阴线是光平面与圆锥面相切的素线。由于圆锥面的素线是通过锥顶的，所以与圆锥面相切的光平面必然含通过锥顶的光线。由此可见，当求出锥顶 S 在锥底所在平面 H 上的落影 S_H 之后，再返回来作两条影线与圆锥底圆相切得 A、B 两点。连接 SA、SB 这两条素线，即为圆锥面的阴线。

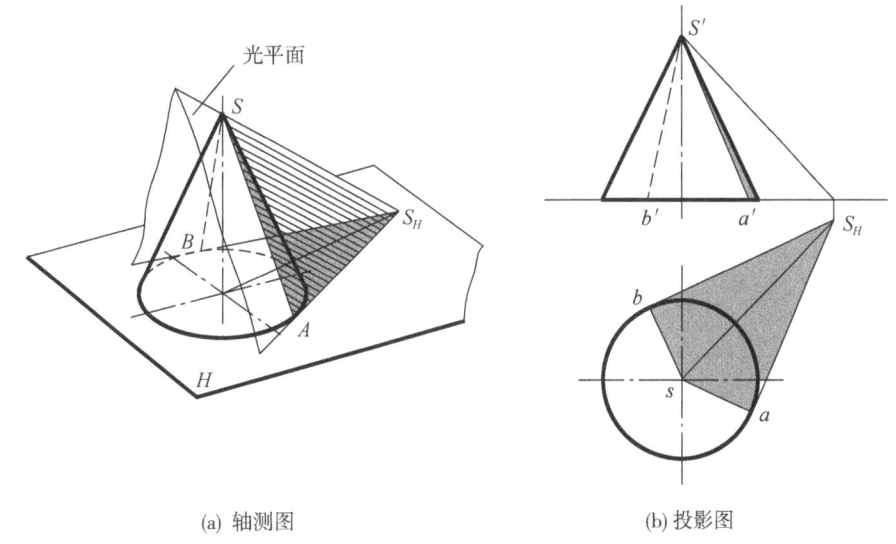

(a) 轴测图　　　　　　　　(b) 投影图

图 14-29　直立圆锥的阴影

图 14-30 表示倒立圆锥阴线的作法。与直立圆锥阴影作法的不同点是过锥顶所作的光线是返回光线。

图 14-31 所示则是圆锥面阴线的单面作图。其作图要点是过辅助半圆上的点 f 作 $fd /\!/ c's'$ 与底边相交于 d（图 14-31a），再过 d 分别作 45°线交半圆于 a_1、b_1，于是就可求出两条阴线 $s'a$ 和 $s'b$。图 14-31b 是倒锥阴线的求法，其作图过程与上述基本相同。

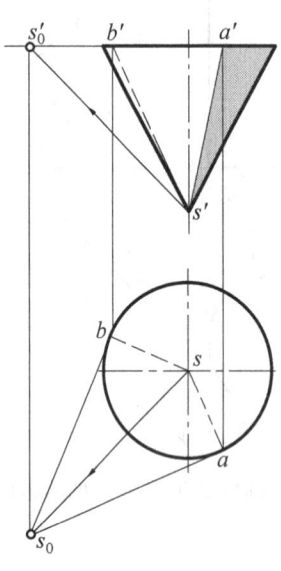

图 14-30 倒锥的阴线

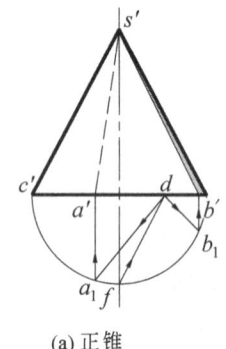

(a) 正锥

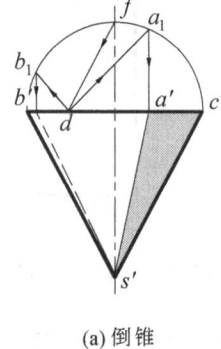

(a) 倒锥

图 14-31 圆锥面阴线的单面作图

14.3.2.3 几种特殊角度圆锥面的阴线位置

由于常用光线的投影是 45°斜线，而常用光线在空间对投影面的实际倾角约为 35°；因此当圆锥面底角恰好处于 35°、45°和 90°（即为圆柱面）时，其表面上阴线所处的位置有一定的特殊性，而这些特殊性不仅有利于解决自身的投影作图，还可利用它来解决例如曲线回转面阴影作图（例如图 14-34）的问题。故在这里把它们列出如表 14-1 所示。

表 14-1 几种特殊角度锥面的阴面及其阴线位置

名　称 （按底角 α 大小）	35°正锥	45°正锥	90°（柱）锥	45°倒锥	35°倒锥
投影图	7:3		3:7　7:3		3:7
阴面大小	一条素线	$\dfrac{1}{4}$ 锥面	$\dfrac{1}{2}$ 柱面	$\dfrac{3}{4}$ 锥面	全部锥面 （一条素线受光）
阴线位置	右后 45°	右、后	右前、左后 45°	前、左	（左前 45°）

14.3.2.4 回转曲面——圆球、圆环的阴影

圆球面是曲线回转面的特例。它的阴线实际上是球面上与光圆柱面相切的一个大圆。由于常用光线对各投影面的倾角相等，所以该阴线大圆所在的平面对各投影面的倾角也相等，因此该阴线大圆的各面投影均为大小相等的椭圆，如图 14-32 所示。椭圆中心与球心的投影重合；长轴垂直于光线的投射方向，长度等于球面的直径 D；短轴则平行于光线的投影，长度为 $D \cdot \sin35° \approx D \cdot \tan30°$。作图时，根据椭圆的长短轴，就可用几何作图的方法把椭圆画出。

圆球在承影面上的落影也是椭圆。它实际上是相切于球面的光圆柱面与承影面的交线。椭圆中心 O_H 是球心的落影。短轴垂直于光线的投射方向，其长度为 D；长轴则平行于光线的投射方向，其长度为 $\dfrac{D}{\sin35°} \approx D \cdot \tan60°$。

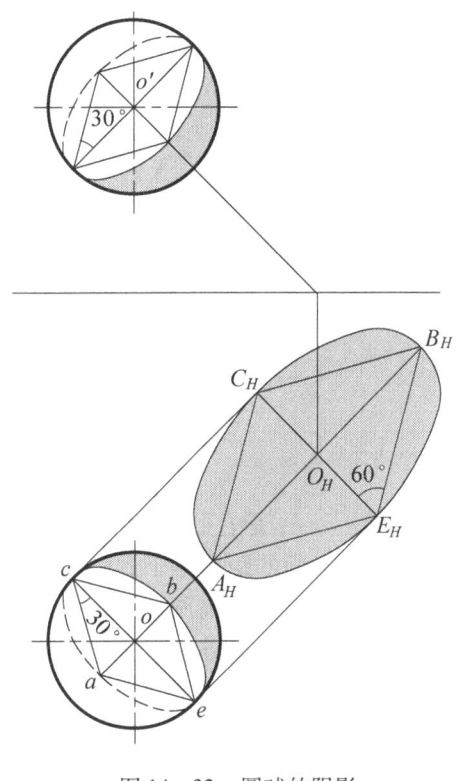

图 14-32 圆球的阴影

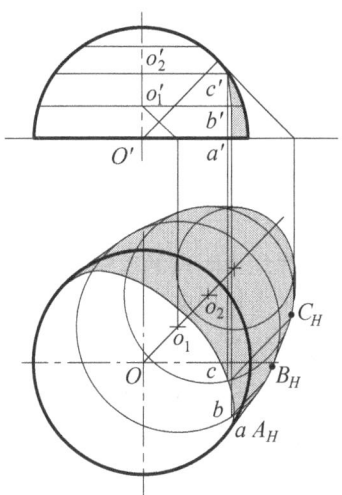

图 14-33 用纬圆法求半球的阴影

如果想用作图的方法多求出一些回转面阴线及其落影影线上的点，可以采用下面两种方法中的任一种：

(1) 纬圆法

图 14-33 所示是用纬圆法求半球的阴影。在球面上任意作一系列平行于底面的水平纬圆如 o_1、o_2 等，依次作出它们在 H 面上的落影，然后作包络线与这些纬圆的落影相切，于是得半球的落影。

球面上的阴线则是过每个纬圆与包络线的切点例如 B_H、C_H，用返回光线在纬圆的水

平投影上得出 b、c，然后再在正面投影上求出 b'、c' 等而得出。由于纬圆与包络线相切点的位置很难精确定位，所以用这种方法得出的阴线不很准确。

（2）切锥面法

图 14-34 所示是用切锥面法求作贴附于正面墙（V 面）上的半圆环阴影的单面作图。该图的作图的过程是：作 45°倒锥与圆环面相切，得直径为 $a'a_1'$ 的圆周，据表 14-1 可知，在这个圆周上的阴点是 c' 和 a_1'；再作 35°倒锥，与圆环面相切也得一个圆周，据表 14-1 也可知，在这个圆周上的阴点是 b'；此外，阴点 d' 是瞬时直立圆柱面上的一个点；阴点 e' 则是瞬时 45°正锥面上的点；它们都可按表 14-1 所列的特征定位（图中的点 b' 和 d' 也可按图中所附的比值定位）。于是得 5 个阴点的正面投影 a'、b'、c'、d'、e'。由此可见，按切锥面法所求得的阴点都处在该回转曲面的特殊位置上。

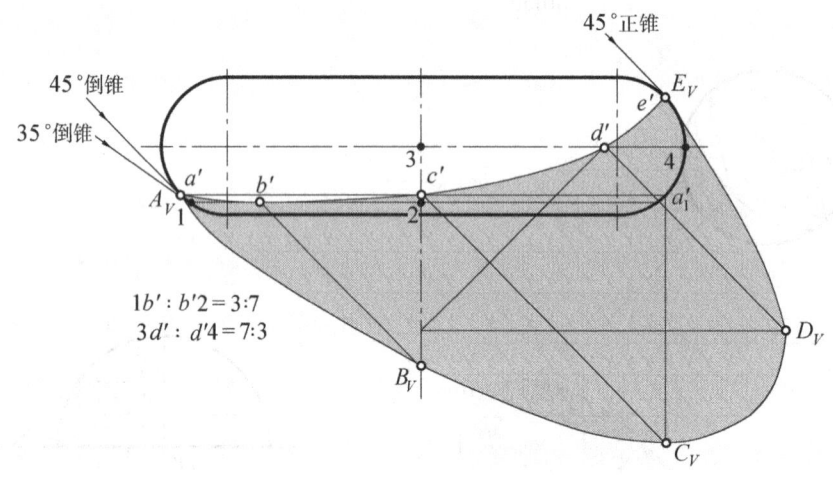

图 14-34　贴在 V 面上的半圆环的阴影

至于这几个阴点的落影：点 A、E 在 V 面上，落影 A_V、E_V 是它们的本身；点 B 在 35°倒锥与圆环面相切所得圆周的左前方 45°的位置上，它到 V 面的距离等于到圆环对称面的距离，故它的落影 B_V 正好落在曲面的中轴线上；点 C 在 45°倒锥与圆环面相切所得圆周的正前方，它到 V 面的距离等于该圆周的半径，所以过 c' 作 45°线与过 a_1' 所作的竖直线的交点 C_V 即为点 C 的落影；点 D 是瞬时圆柱面上的一个阴点，故其落影 D_V 到中轴线的距离，两倍于投影图中点 d' 到中轴线的距离（据图 14-28 的分析）。求得这五个阴点的落影之后，用曲线将它们光滑相连，即得半圆环面在 V 面上的落影。此方法简称"五点法"。

*14.4　柱头的阴影

14.4.1　带方盖的半圆壁柱和带小檐的壁龛的阴影

图 14-35 所示是带长方形盖盘的半圆壁柱；图 14-36 是带小檐的凹入墙内的半圆壁龛，在常用光线照射下，两个图例中的侧垂线 BC 都是阴线，此阴线除了有一部分落影于墙面外，还有一部分落影于凸出或凹进墙面的半圆柱面上。由于通过该侧垂线 BC 所形成的光平面对 V 面的倾角实际上为 45°，所以它与半圆壁柱和壁龛表面的交线（即影线）的 V

面投影必为半圆，且该半圆的圆心 O' 必定在中轴线与 $b'c'$ 距离为 m 的位置上。其余部分的作图，不再赘述。

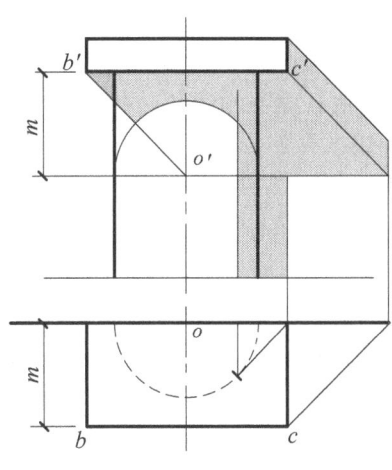

图 14-35 带方盖的半圆壁柱

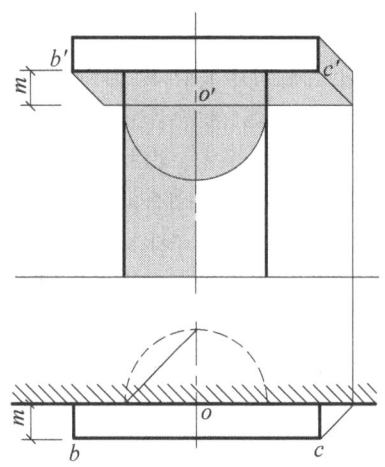

图 14-36 带小檐的半圆壁龛

14.4.2 带半圆形盖盘的半圆壁柱的阴影

图 14-37 是带半圆形盖盘的半圆壁柱。在这种情况下盖盘下底边缘是阴线，其中有一段落影于柱面上，另一部分落影于墙面上；半圆形盖盘自身也有一部分为阴面。由于阴线是圆弧，承影面又是圆柱面，故其落影只能利用圆柱面 H 面投影的积聚性，求出影线上若干点之后，以光滑曲线相连。为力求作图准确，应尽可能求出影线上的特殊点，例如最高点 C_1、最前点 D_1、圆柱阴线上的点 E_1 等。

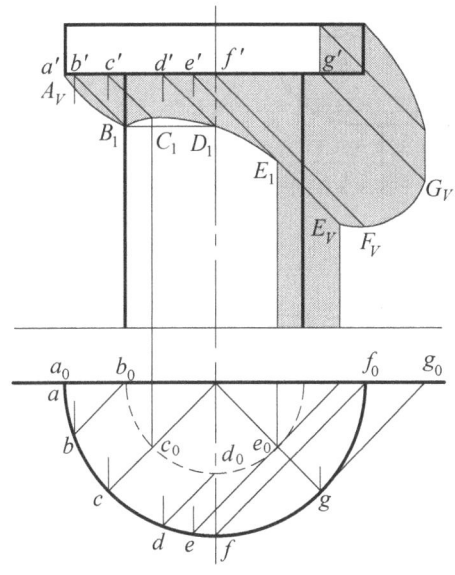

图 14-37 带圆形盖盘的半圆壁柱

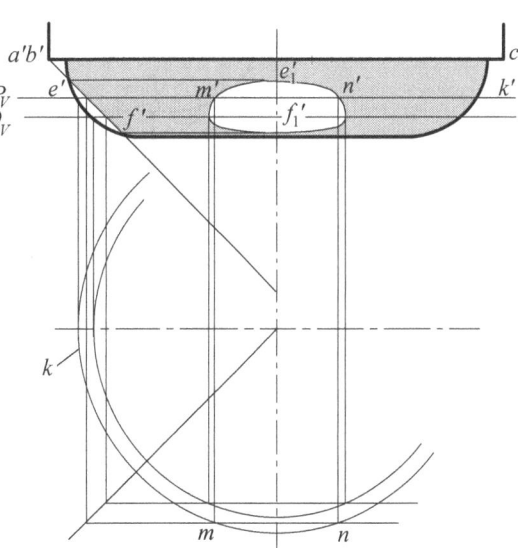

图 14-38 方盖盘在半环面上的落影

14.4.3 带正方形盖盘的半圆环的阴影

图 14-38 所示是不靠在墙面上的带正方形盖盘的半圆环，盖盘的中心位于环面中轴线上。在常用光线下，盖盘上有两条阴线，即正垂线 $AB(a'b')$ 和侧垂线 $BC(b'c')$。由于盖盘是正方形且中心在半圆环的轴线上，左右、前后对称，故过这两条阴线所形成的对 H 面的倾角都是 45°的光平面与环面的交线，在空间是形状完全相同的两条闭合曲线。此闭合曲线范围以内受光，以外则是盖盘落在环面上的影。

现在来看这两条闭合曲线——影线是怎样求出来的。

从图中可见，由于阴线 AB 为正垂线，过 AB 所形成的光平面为正垂面，故此正垂面与环面交线的正面投影积聚为一段 45°的直线，即 AB 在环面上的落影已求得，其最高点为 e'，最低点为 f'。现在要解决的是阴线 BC 在环面上的落影。根据上述两条阴线的两个落影在空间完全相同的结论，BC 落影的最高点 e_1' 和最低点 f_1'，可由 AB 落影上的点 e' 和 f' 作水平线与中轴线相交而求得。为了求得 BC 落影上的其他点，可作一辅助水平面 P 与环面相交得一纬圆 $K(k,k')$，与过 BC 的光平面相交得一直线 $MN(mn,m'n')$；在 H 面投影中，纬圆 k 与直线 mn 相交于点 m、n，由此可在 k' 上得出点 m'、n'，这就是所求落影上的影点。依同样的方法再多取一些点，把它们连接成光滑曲线就得阴线 BC 在环面上的落影（图 14-38 为了保持图形清晰，没有画出如图 14-39 所示的该环面自身的阴线和阴面）。

14.4.4 带半圆环的直立圆柱的阴影

图 14-39 所示是共轴的半环面和圆柱面的阴影求法。作图时要分别求出半环面上的阴线和此阴线落在圆柱面上的影，以及圆柱面上的阴线和阴面。

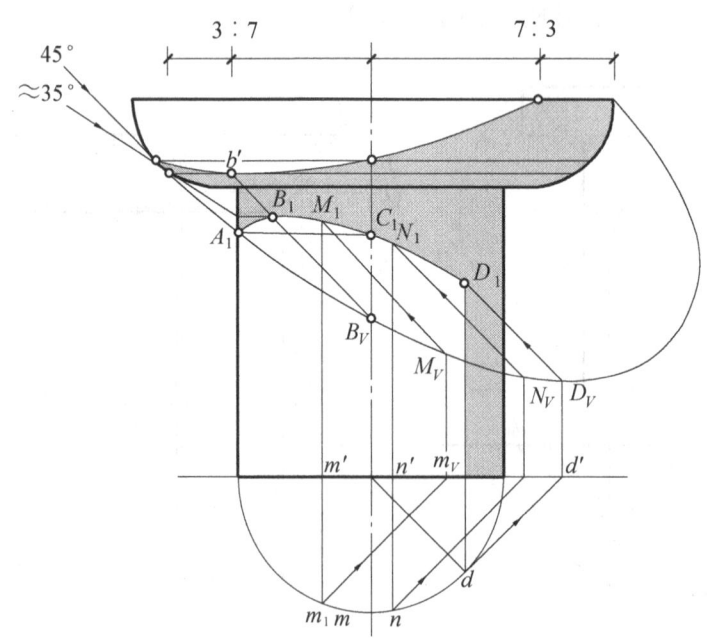

图 14-39 环面在柱面上的落影

求环面上阴线的方法如图 14-34 所示，不再赘述。现在的问题是如何求出它在柱面上的落影。若借助于如图 14-37 所示的方法，则需要把环面上阴线的 H 面投影画出，才能利用圆柱面 H 面投影的积聚性作图，故此法在这里不实用。现仍回到图 14-34 单面作图的思路上，设在图 14-39 中过公共轴线作一个正平的 V 面为承影面，求出该环面与柱面在此承影面上落影的交点，再利用返回光线，就能将环面在柱面上的落影求出。具体作法是：在适当位置上作一个半圆（相当于圆柱的 H 面投影），在圆柱面上任取直素线 MM_1（$m'M_1$，m_1m），作出此直素线 MM_1 在正平的 V 面上的落影 m_VM_V，过此落影 m_VM_V 与环面落影（其求法见图 14-34）的交点 M_V 作返回光线，该返回光线与直素线 MM_1 的 V 面投影的交点 M_1 就是所求影线上的一个点。依同样的方法可再求取一些点，如 N_1。此外，所求影线上的某些点也可利用位置的特殊性得出：例如圆柱面最左素线与环面落影的交点为 A_1；利用 35°斜线和 3:7 的位置关系可直接求得环面阴线上点 b' 在圆柱面上的落影，即影线上的最高点 B_1；又由于半环面与圆柱面共轴，故此最前点 C_1 与点 A_1 等高；而圆柱阴线上的点 D_1 则可从圆柱面阴线在 V 面上的落影与环面阴线在 V 面上的落影的交点 D_V 通过返回光线得出，等等。将所求得的点光滑相连，就得所求的影线。

14.4.5 塔司干柱头的阴影

图 14-40 所示的柱头是塔司干柱的一部分。它的阴影的作法是综合运用了前面图 14-34、图 14-35、图 14-38 和图 14-39 的方法画出的，此处不再一一详述。图 14-41 则是根据图 14-40 的结果所画出的渲染图。关于阴影理论与渲染图中"明暗调子"的关系及渲染图的画法将在后续课程中再学习。

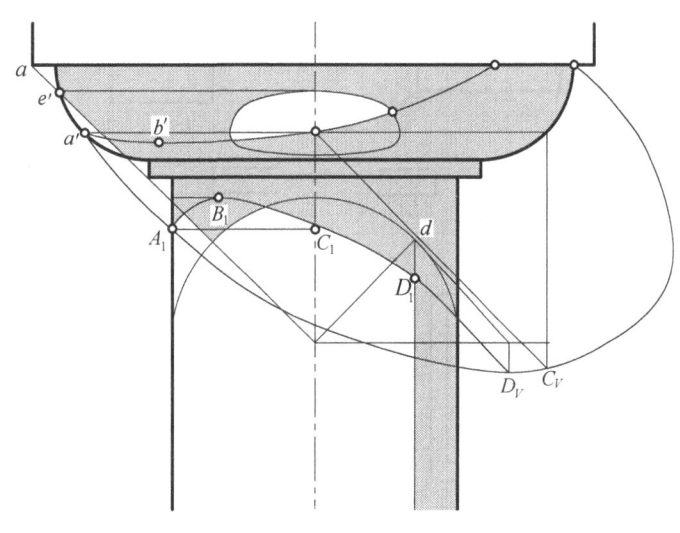

图 14-40 塔司干柱头的阴影

图 14-41 塔司干柱头的渲染图

14.5 建筑细部的阴影

所谓建筑细部，是指窗口、门洞、台阶、阳台、坡顶等一般大量性建筑中的某一构成部分。在这里只着重表现其阴影效果，供作立面渲染时参考。

14.5.1 窗口的阴影

图 14-42 所示是几种不同形式的窗口在常用光线下的阴影。作图时，首先要弄清楚立面上哪儿是凸起的，凸起处到承影面之间的距离是多少？哪儿是凹入的，凹入的深度又如何？然后根据光线的方向，判别出阴阳面和阴线的所在；在一般情况下，分别以外墙面及位于内墙面的窗平面作为承影面，求出那些与之平行或垂直的阴线的落影。

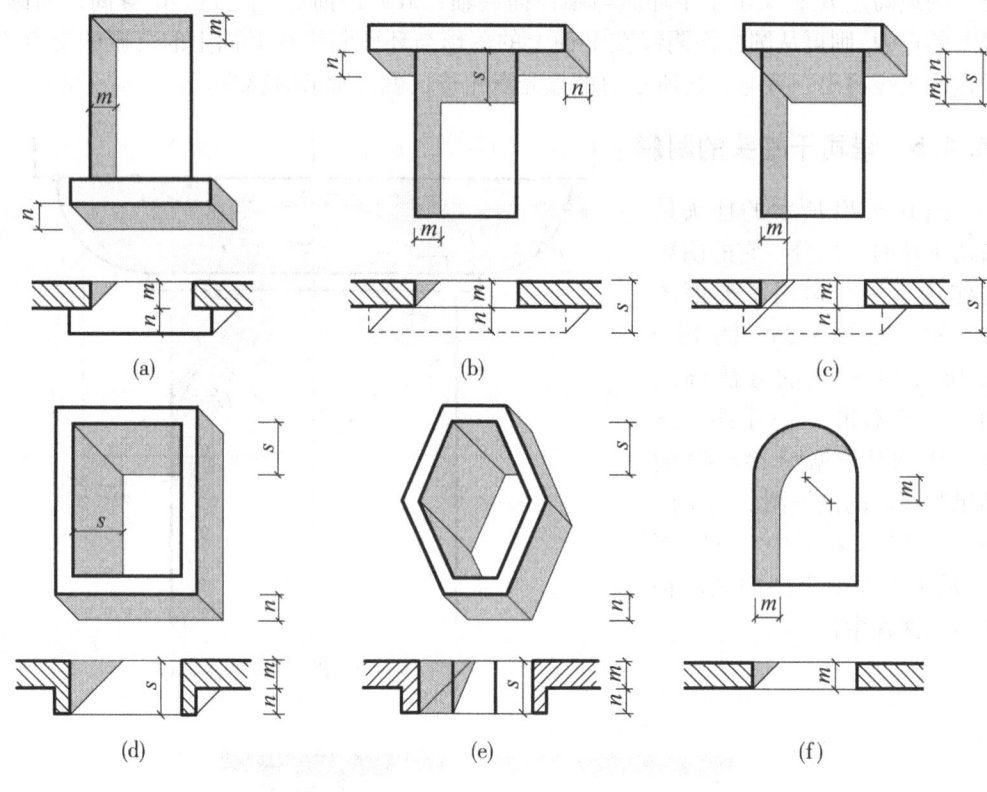

图 14-42 几种窗口的阴影

从上面例子可以看出，落影宽度 m 反映了以内墙面为承影面时窗口的深度；落影宽度 n 反映了窗台、窗套或雨棚凸出墙面的距离；落影宽度 S 则是 m 与 n 的总和，反映窗套或雨棚凸出内墙面的距离。

14.5.2 门洞的阴影

图 14-43 所示是几种不同形式门洞的阴影，其中有一种门洞的雨棚是倾斜的。作图时，如同求窗口的阴影一样，首先要弄清楚哪些地方是凸起或凹入的，并判别出阴阳面及

其阴线的所在；然后逐一求出各处的落影。由于门洞的构造相对窗口来说较复杂些，故有些地方需要利用返回光线法才能求解。例如图 14-43c 翼墙上点 K 的落影 K_V 就是，具体作法是由 k_1'' 反求出 k''、k'，再作出 45°斜线而得 K_V。

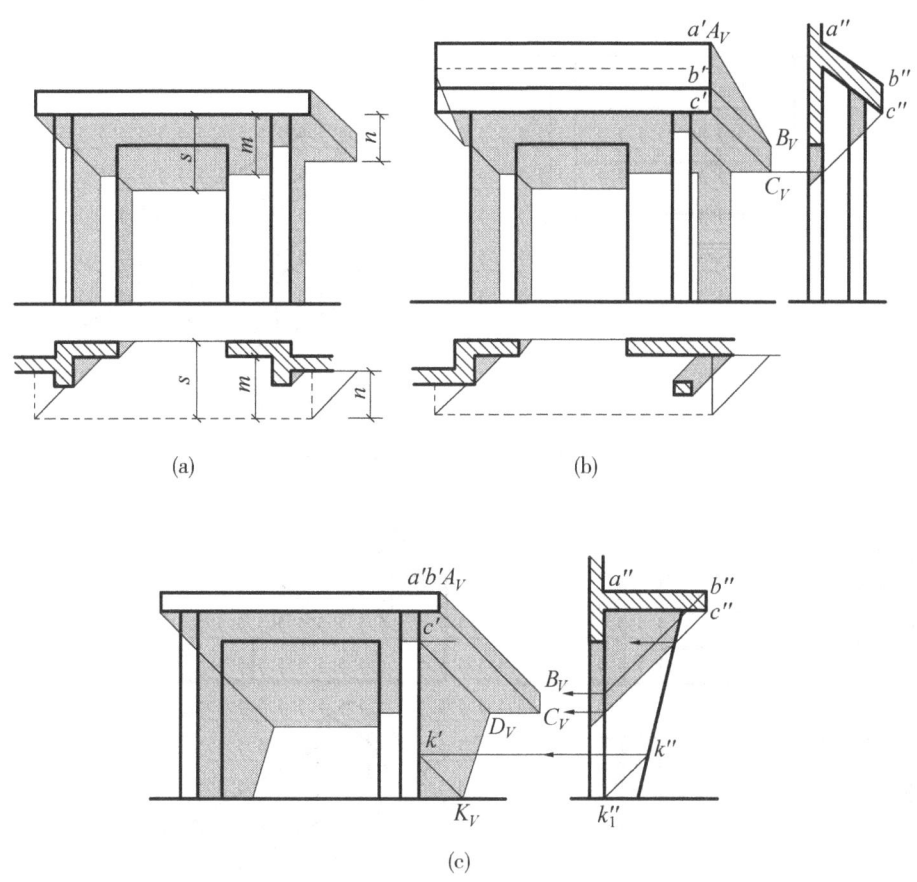

图 14-43 几种门洞的阴影

14.5.3 台阶的阴影

图 14-44 所示为两侧有矩形挡墙的台阶。左挡墙的阴线是铅垂线 BA 和正垂线 BC。铅垂线 BA 的 H 面落影为 45°直线，正垂线 BC 的 V 面落影也为 45°直线。通过分析可知，点 B 的实影 B_t 落在第二级台阶的踢面上（落影 B_t 如果利用侧面投影作图更易了解）。又由于平行于承影面的直线，其落影仍与自身平行，所以不难得出该两条阴线分别在踏面和踢面上的落影。至于右挡墙的阴影显而易见，无需赘述。

图 14-45 所示的台阶与上述台阶的不同之处只是两侧挡墙上的阴线各有一段侧平线。因此，在这里只着重探讨这两段侧平阴线落影的求法。

（1）求右边阴线 AB 在地面和墙面上的落影

先求出两个端点 A、B 的落影 A_H、B_V，由于它们分别落在 H 面和 V 面上，不能直接用一条直线相连，所以还必须设法求出折影点 K_0，亦即要分别求出该阴线 AB 在地面上和

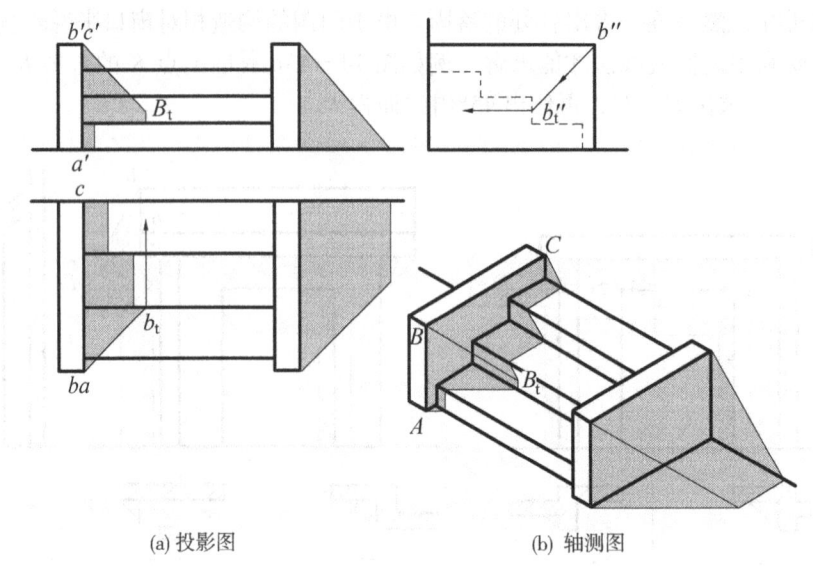

(a) 投影图　　　(b) 轴测图

图 14-44　台阶的阴影（之一）

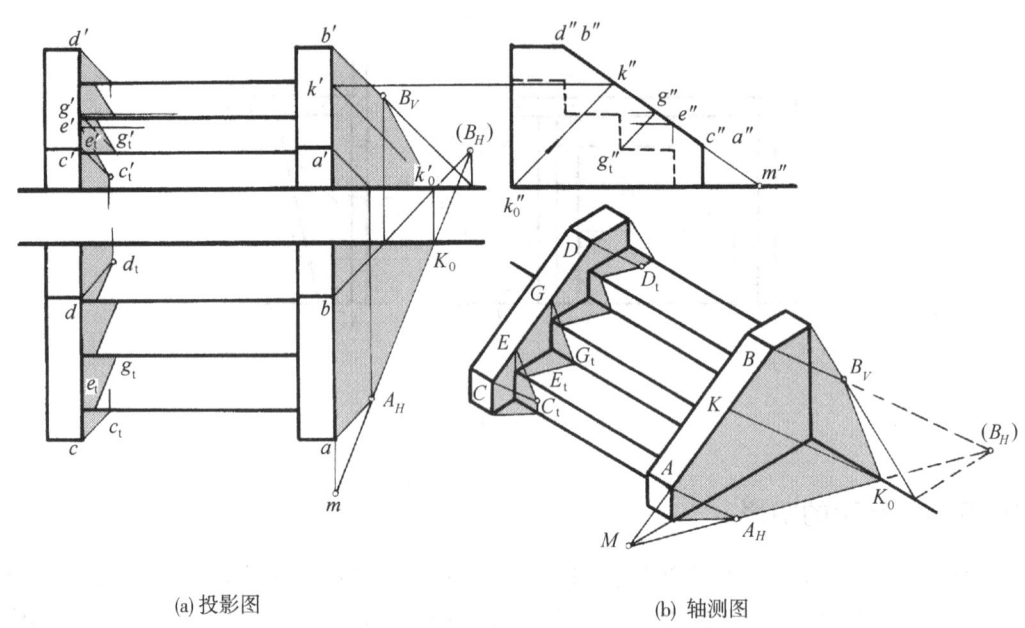

(a) 投影图　　　(b) 轴测图

图 14-45　台阶的阴影（之二）

墙面上的两段落影。为此，可采用下列几个方法之一求解：

① 先求出点 B 在地面上的虚影 (B_H)，再将 A_H 与 (B_H) 相连便可求出该直线段在地面上的一段落影（实影）和折影点 K_0。

② 或者根据折影点的侧面投影 k_0'' 采用返回光线法通过 k'' 求出 k'、k_0' 而得 K_0。

③ 也可将 BA 向前延伸求出该直线段与地面的交点 M，用直线连接 M、A_H 并延长之，亦能求出该直线段在地面上的那一段落影和折影点 k_0。

(2) 求左边阴线 CD 在踢面和踏面上的落影

先求出端点 C 在第一踢面上的落影 C_t，然后将该踢面向上扩大（见侧面投影）与 $c''d''$ 相交于 e''，并通过 e'' 求出 e'，再用直线连接 C_t、e' 并取其有效部分，于是得该阴线在第一踢面上的一段落影及折影点 $E_t(e'_1、e_1)$。

再根据折影点的侧面投影 g''_t，采用返回光线法求出 g'' 进而求出 g'、g'_t 和 g_1，然后又用直线连接 e_1、g_1，于是又得该阴线在第一踏面上的全部落影。

如此类推，或者根据"一直线在两平行承影面上的落影相互平行"的规律，亦可完成左边阴线 CD 在踢面和踏面上的全部落影。

14.5.4 阳台的阴影

图 14－46 所示的附在外墙上的凸阳台，其外形是上部带凸缘而且前表面略向外折的平面形体，其平面形状见图中的水平投影所示。

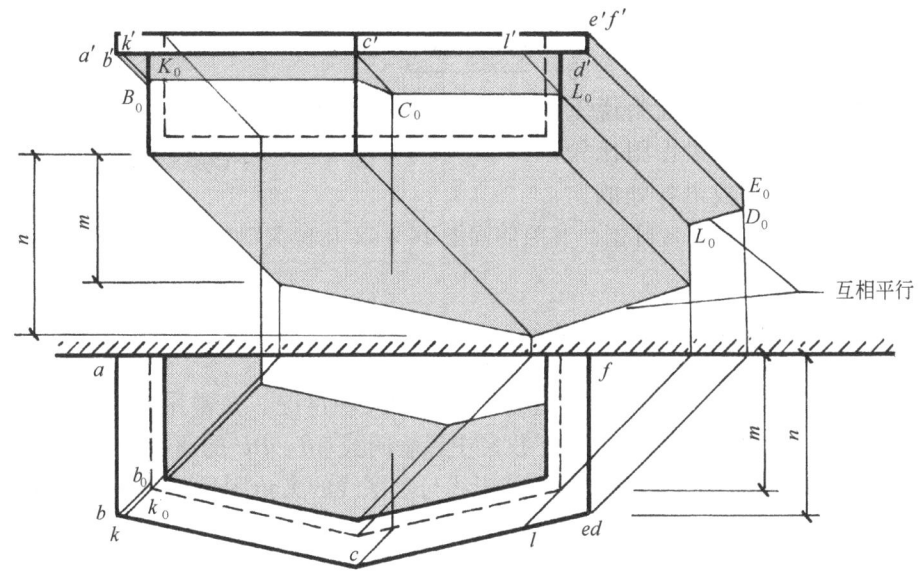

图 14－46 凸阳台的阴影

（1）先求正面投影中上部凸缘的落影。自左至右：

①因阴线 $AB(ab、a'b')$ 为正垂线，故它在墙面上的落影为 45°斜线，其中端点 B 的影 B_0 落在台身侧面（有积聚性的投影）上。

②阴线 $BC(bc、b'c')$ 为水平线，它与台身的左前侧面平行，故其落影有一段与自身平行。这段落影的最左点 K_0 可由水平投影 k_0 反求而得，它不与 B_0 重合。另一端点 C 的影 C_0 落在台身的右前侧面上，可通过水平投影 c 求得。由于 K_0、C_0 不在同一承影面上，故 K_0C_0 为折线。

③阴线 $CD(cd、c'd')$ 有一段落影 C_0L_0 落在与其平行的台身侧面上，其端点（亦为折影点）L_0 同时又落在墙面上，可通过水平投影 l 求得。同理，可通过水平投影 d 求出 D_0。

④阴线 $ED(ed、e'd')$ 为铅垂线，它在墙面上的落影为铅垂线；阴线 $EF(ef、e'f')$ 为正垂线，它在墙面上的落影则为 45°斜线。

（2）再求正面投影中台身的落影。自左至右，其阴线分别是一段正垂线、两段水平线、一段铅垂线（有一小段在阴影区内，不必另求）。从图中可见，这些阴线的端点在墙面上的落影，既可利用水平投影求出，也可分别利用它们的 y 坐标值 m、n 求得（根据图14-5及其说明）。

（3）最后求水平投影中台身内缘在其地面上的落影。由于这些阴线均与地面平行，故其落影分别与自身平行。

图14-47所示是半凹阳台的阴影。它的阴线对承影面来说不是平行就是垂直，所以作图比较简单。图中为分别找出各处的坐

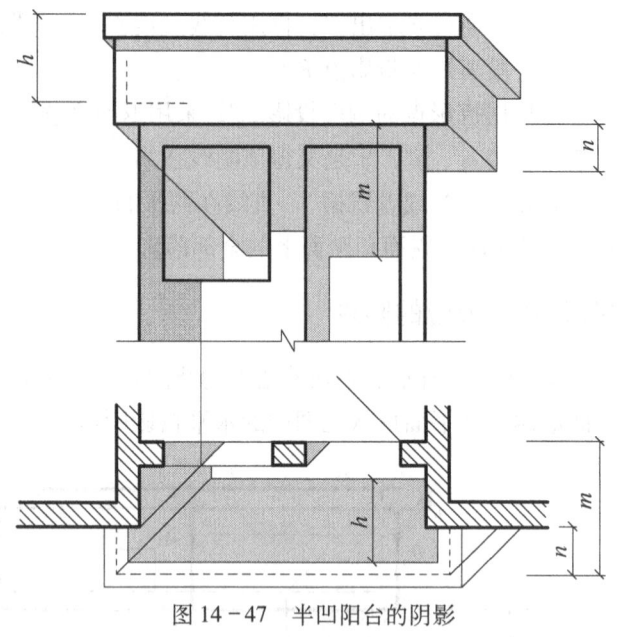

图14-47 半凹阳台的阴影

标尺寸 m、n、h 之后，就可据此参照前面图14-42几种窗口的阴影的论述，逐步完成各处的落影。

14.5.5 坡顶屋面上烟囱的阴影

图14-48所示是烟囱在坡顶屋面上落影的几种情况。在常用光线下，其阴线均为 $AB-BC-CD-DE$ 四段折线。在水平投影中铅垂阴线 AB、DE 的落影均为45°线，而在正面投影中落影在坡度 α 的屋面上时，其影线与水平线的夹角则反映为该屋面的坡度 α（证明可参照图14-16的说明，这里从略）。

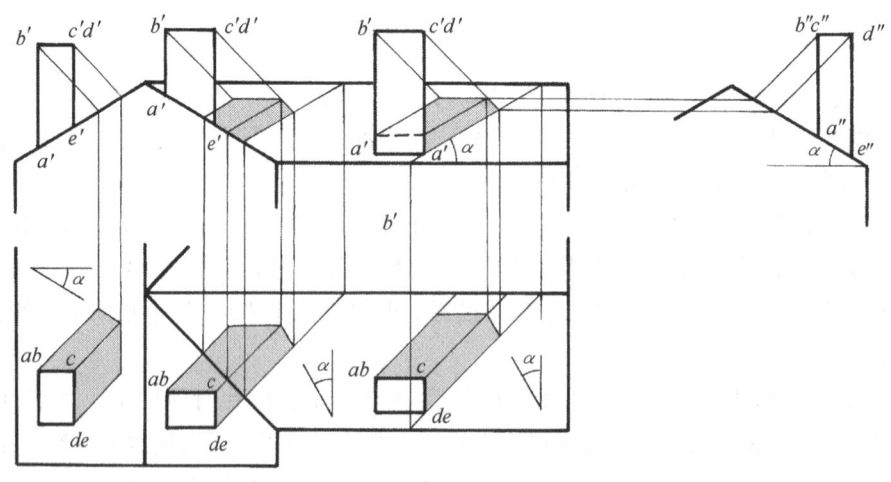

图14-48 烟囱的落影

由于阴线 BC 平行于屋面,故它在屋面上的落影与本身平行。又由于阴线 CD 是正垂线,因此它在正面投影中的落影必为 45°斜线;而它在水平投影中,其影线与竖直线之间的夹角则同样反映为屋面的坡度 α。

根据以上的分析,就不难得出烟囱的落影如图 14-48 所示。

14.5.6 坡顶房屋的阴影

图 14-49 所示为坡顶房屋的阴影。首先作出正面人字屋檐封檐板上的点 B 在山墙上的落影 B_0,过 B_0 作 $a'b'$ 及 $b'c'$ 的平行线即得山墙封檐板的落影 A_0B_0 及 B_0C_0 的一部分(C_0 落在堂屋的外墙上,图中因在落影区内没有标出)。再作点 D 的落影 D_0,D_0 也落在堂屋的外墙上;而点 E_0、F_0 则落在堂屋的窗面上。其余请读者自行分析。

求烟囱的落影有两种方法:①过烟囱棱线 M 的 H 面投影作 45°斜线与屋脊相交得一点 k,求出 k' 后就可确定出在 V 面投影中烟囱落影的方向,于是过 m' 作 45°光线就可得点 M_0,进而完成整个烟囱落影的作图。②点 M_0 亦可利用坡顶的底角 α 直接定出烟囱落影的方向(其道理可根据图 14-16 的结论推理而得。即此落影的方向与所在坡顶的侧面投影成方向相反的对称图形)。

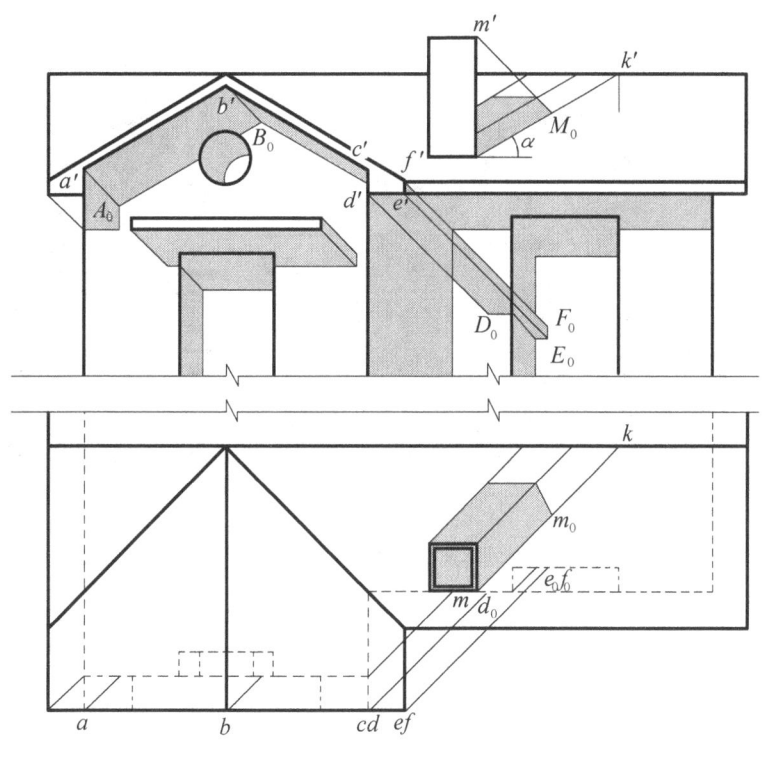

图 14-49 坡顶房屋的阴影

14.5.7 建筑立面的阴影作图实例

掌握了上述的阴影理论知识,现在有理由说对建筑立面的阴影作图略知一二,而可以动手临摹或创作了。图 14-50 是难度不大的两个例子，读者不妨对其进行临摹，或另找一张建筑立面图根据已获得的知识试画一下。

(a) 立面阴影作图

(b) 立面渲染实例

图 14-50 建筑立面的阴影作图和立面渲染实例

第15章　透视图中的阴影、倒影与虚像

15.1　光线的给定及侧光下透视图中的阴影

在透视图中加绘阴影，其目的在于加强透视图的表现力。但其出发点与正投影图中加绘阴影有所不同。正投影图的阴影具有"可量性"，即光线投射的方向受到其投影为45°的"常用光线"的限制。透视图中的阴影则不然，其光线的投射方向是可以任意给定的。

求作透视图中的阴影时，有关阴阳面的判别及求取落影的规律与正投影图中的基本相同。此外，必须明确，在一幅透视图中，影线、倒影及虚像的轮廓线的透视，也必须完全符合同一透视图的基本规律。

15.1.1　光线投射方向的给定

在透视图中加绘阴影，一般采用平行光线。其投射方向应根据透视图的实际情况，即按所表现的建筑物的方位、造型以及画面构图等因素来给定。

根据光线投射方向与画面相对位置的不同，绘制透视阴影的常用光线可有侧光、顺光和逆光三种：

15.1.1.1　侧光（画面平行光）

如图15-1所示，光线 AB 的投射方向一般取从左向右，并取对基面的倾角 α 等于45°（也可以取任意角度；方向也可以从右向左）。由于这种光线与画面不相交，没有灭点，故又称之为"无灭光线"。在透视图中所有光线的透视均相互平行，且与基线成 α 角；所有光线的基透视也相互平行，且平行于基线。因此，用侧光绘制透视图中的阴影，相对来说容易掌握一些。

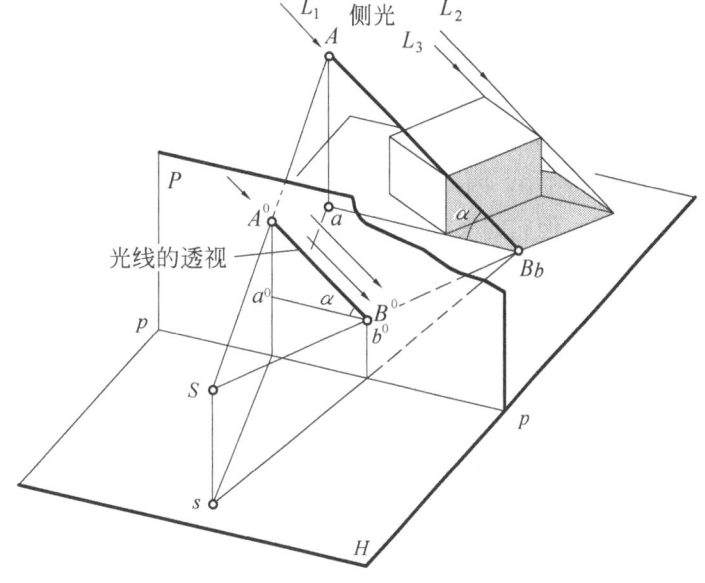

图15-1　侧光（画面平行光）

15.1.1.2　顺光（画面相交光）

如图15-2所示，光线 AB 从前向后照射，除了对基面有倾角 α 外，对画面也有倾角 β。由于这种光线与画面相交，故又称之为"有灭光线"。在这种情况下，过视点 S 作视线平行于光线 AB 而与画面 P 相交可得光线的灭点 F_L；又作 $Sf_l /\!/ ab$ 与视平线相交可得 f_l。

连线 $F_L f_l$ 位于视平线的下方,并垂直于视平线。在透视图中所有光线的透视均通过这个灭点 F_L;所有光线的基透视均通过 f_l。在这种光线的照射下,建筑物的前立面为阳面。

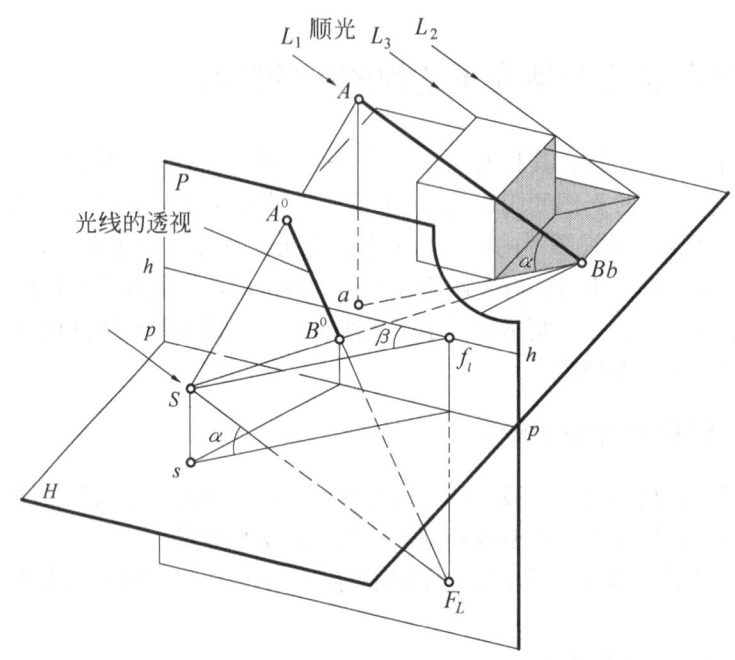

图 15-2 顺光(画面相交光)

15.1.1.3 逆光(也是画面相交光)

如图 15-3 所示,光线 AB 从后向前照射,对基面与画面都有倾角,因此也是"有灭光线",但它的灭点 F_L 在视平线的上方,其基透视的灭点 f_l 则仍在视平线上。在这种光线的照射下,建筑物的前立面为阴面。

15.1.2 侧光下的透视阴影

图 15-4 所示为建筑形体在侧光下的透视阴影。设光线照射方向从左向右,$\alpha = 45°$。

在这种情况下,形体表面上的阴面及其阴线显而易见。现先求右边小四棱柱落在基面上的落影。不难看出,通过棱

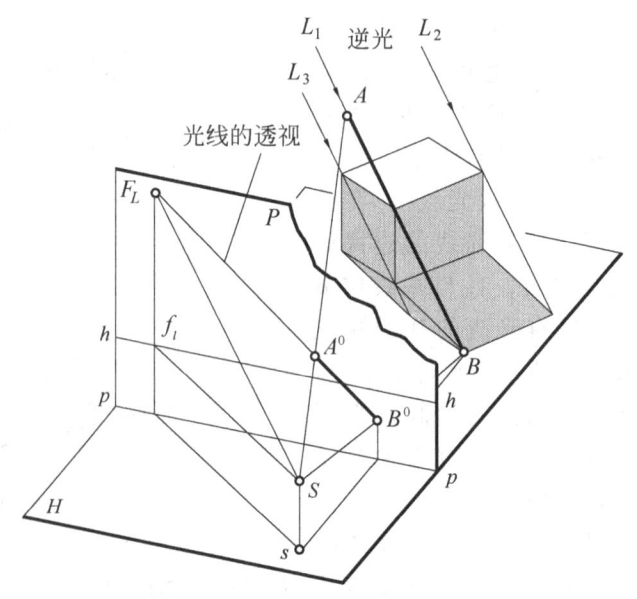

图 15-3 逆光(画面相交光)

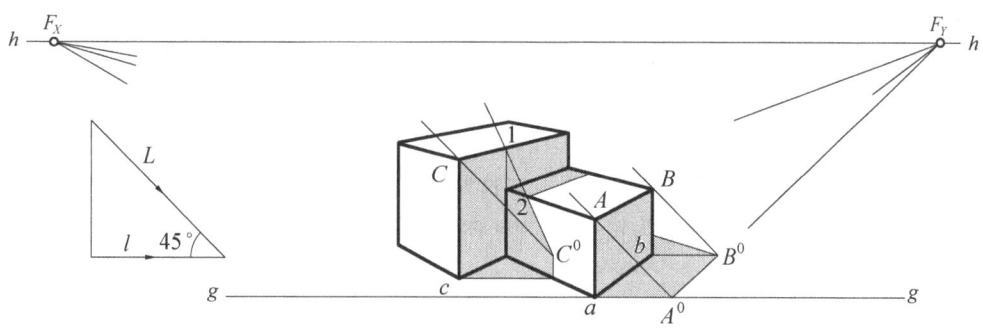

图 15-4 在侧光下形体的阴影

柱上的两点 A、B 及其基透视 a、b 分别作与光线 L 和 l 的平行线,它们两两相交就得落影上的两个点 A^0、B^0;将点 A^0、B^0 相连就得一条影线 A^0B^0。这条影线的灭点 F_Y 与其所平行的主向轮廓线的灭点相重合;同理,该落影另一条影线的灭点为 F_X。至于大四棱柱的落影,有一部分落在小四棱柱的表面上。先作出落影点 C^0,然后将 C^0 所在的表面向上延伸与大四棱柱的阴线相交于点 1,连接 $1C^0$,于是便得点 2。这些作法与正投影图中阴影的作法基本相同。

例 15-1 求作在侧光下立杆 CD 的落影及单坡顶房屋的阴影(图 15-5)。

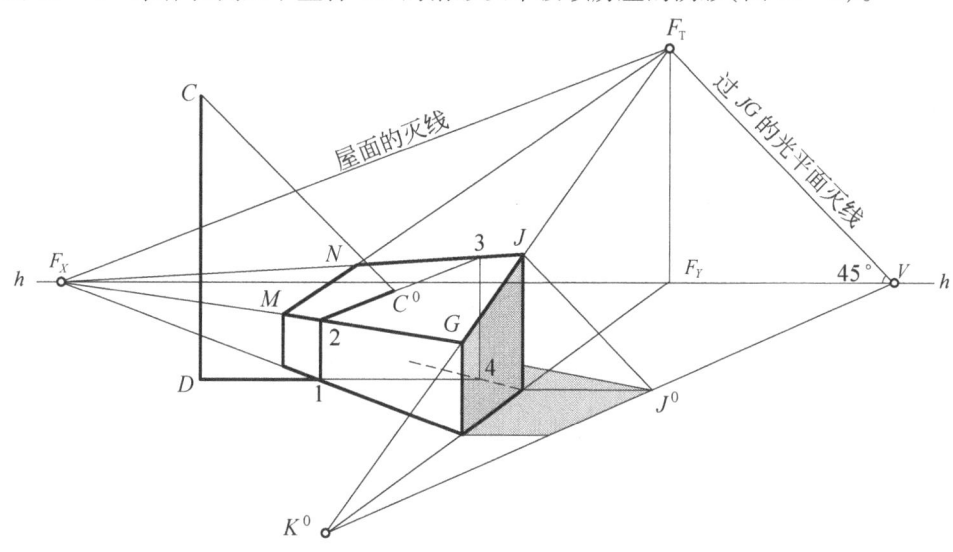

图 15-5 在侧光下立杆及坡顶房屋的阴影

分析: 本题亦取自左向右的 45°光线。由于屋面 $JGMN$ 为斜面,故立杆在其上的落影不再是水平线。因此要通过一定的作图程序才能求出。

作图: 立杆 CD 在地面上和墙上的落影分别是一段水平线 $D1$ 和竖直线 12;它在屋面上的落影则是过 CD 所作的光平面与屋面交线 23 的一部分。此交线利用基透视 14 便可求出。另外一种作法是:在侧光的情况下,过 CD 的光平面是画面平行面,因此它与屋面的交线 23 必平行于屋面的灭线;故也可利用这个方法求解。至于房屋在地面上的落影,图中综合使用了三种实用的方法：①利用光线的透视及基透视求出落影 J^0；②延长阴线 JG 与承影面（地面）交于点 K^0；③利用过 JG 的光平面的灭线求出 V。具体作图请读者自行分析。

例 15-2 设台阶的透视已知，求作在侧光下该台阶的阴影（图 15-6）。

分析：仍采用自左向右的 45°光线，在这种情况下该台阶只有左右两块挡墙的右侧面为阴面。该阴面上的阴线分别为铅垂线、侧平线和正垂线。

作图：

①先求右挡墙阴线的落影：分别过点 A、B 作 45°光线，与过 a、b 的光线基透视相交于 A^0、B^0，即得点 A、B 的落影。由于 BC 是正垂线，其灭点为 F_Y；故影线 B^0X^0 的灭点亦为 F_Y。依次连接 $a-A^0-B^0-X^0-C$ 便得右挡墙在地面和墙面上的落影的影线。

②再求左挡墙的落影。根据"影线必通过阴线与承影面的交点"的规律，就可比较方便地求出落在台阶踢面和踏面上的落影。例如求出落影 D^0 之后，把踢面Ⅰ向上扩大，于是在阴线 DE 上得点 1，连接 $D^0$1 得踢面Ⅰ上的一段影线 $D^0$2；又把踏面Ⅱ向前延伸，与阴线 ED 的延长线相交于点 3，连结 3 2 并延长之，于是得踏面Ⅱ上的影线 2 4。如此类推，便可得出第二级台阶上的落影。至于正垂线 EF 的落影，则可利用"一组平行线的透视有一个共同的灭点"的规律求出，即 EF 在踏面上的落影必须通向灭点 F_Y。

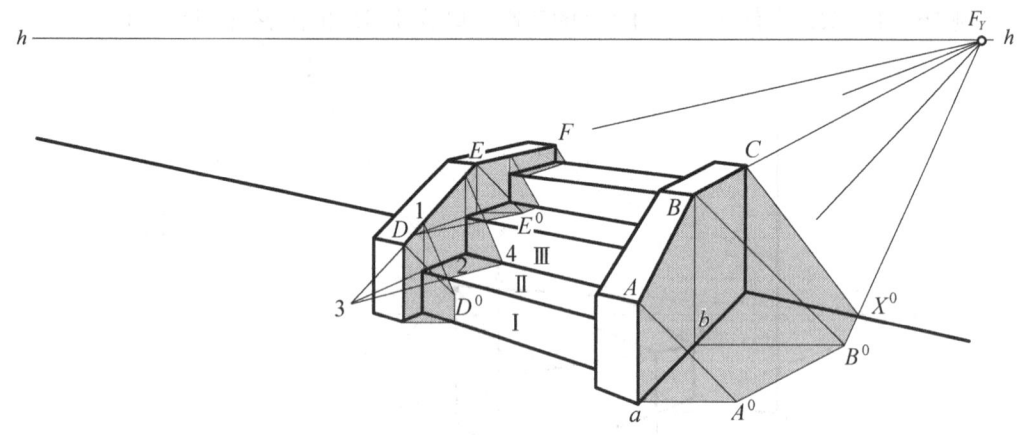

图 15-6 在侧光下台阶的阴影

* 例 15-3 求作在 45°侧光下小屋的阴影（图 15-7）。

分析：该小屋的屋面为两坡顶，若能利用有关斜面的灭线及斜线的灭点等概念求解，作图过程将显得十分简单、明了。

作图：

①先求烟囱在坡屋面上的落影。该坡屋面的灭线为 F_XF_T，据前面图 15-5 的分析，烟囱的铅垂阴线在坡屋面上的落影必平行于灭线 F_XF_T，于是过 A 作 45°光线便可在该平行线上得到 A^0。烟囱的水平阴线 AB 的落影 A^0B^0 是这样求出的：由于 AB 的灭点为 F_Y，所以过 AB 的 45°光平面的灭线为过 F_Y 的 45°直线 F_YV_1。两灭线 F_XF_T 与 F_YV_1 的交点 V_1 即为落影 A^0B^0 的灭点，于是可得 A^0B^0。烟囱的另一条水平阴线的落影为 B^0F_X 的一部分。

②再求坡屋顶斜线 CD、DE 在基面上的落影。CD 的灭点是天际点 F_T，DE 的灭点是

第15章 透视图中的阴影、倒影与虚像

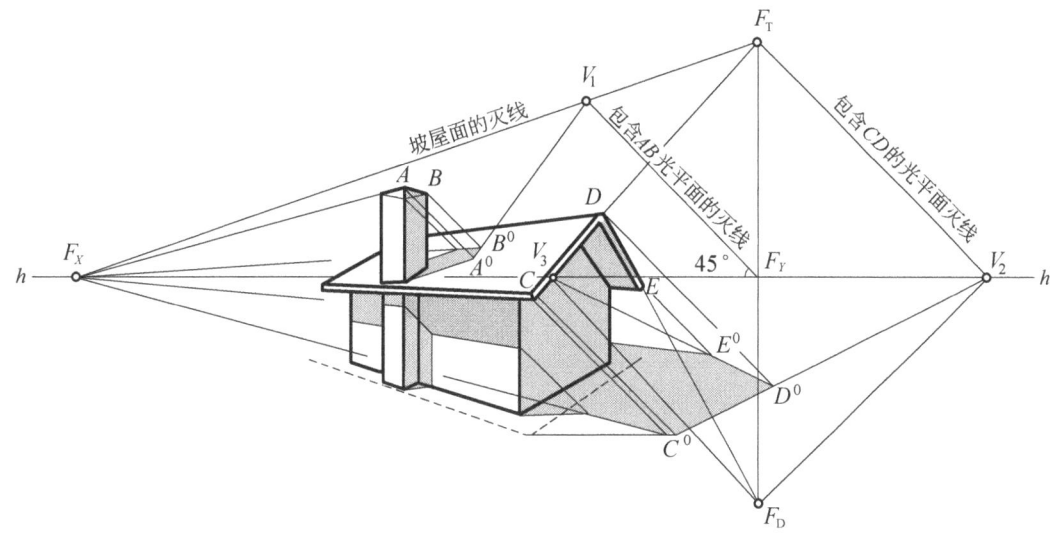

图 15-7 在侧光下小屋的阴影

地下点 F_D。过 F_T 和 F_D 分别作45°光线的平行线，与视平线分别交于 V_2 和 V_3；V_2 和 V_3 分别是 CD 和 DE 的落影 C^0D^0 和 D^0E^0 的灭点。其余不再赘述。

15.2 顺光和逆光下透视图中的阴影

15.2.1 顺光下的阴影

前面图 15-2 说过顺光为"有灭光线"，光线的灭点在视平线的下方。按照光线灭点位置的不同，又可有两种情况：若光线的灭点落在形体两个主灭点范围之外，形体的两个可见立面中将有一个为阳面，另一个为阴面。若光线的灭点落在两个主灭点范围之内，则两个可见立面均为阳面，如图 15-8 所示。在具体作图时可按实际情况选用其中的一种位置来确定光线的投射方向。

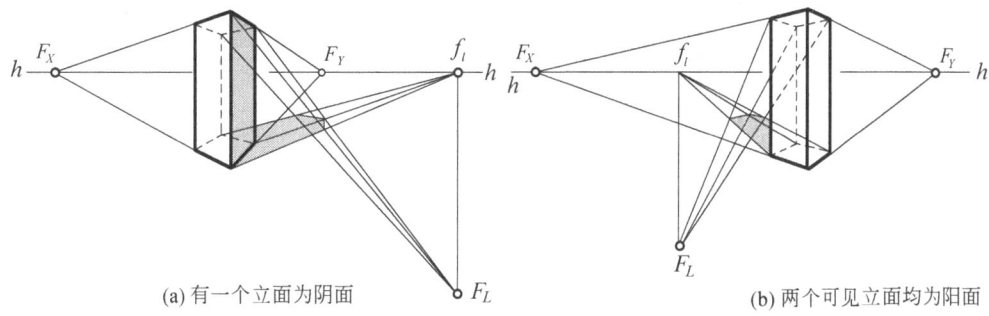

(a) 有一个立面为阴面   (b) 两个可见立面均为阳面

图 15-8 顺光下光线灭点的位置与特点

图 15-9 所示为建筑形体在顺光下的阴影。一般情况下先任意设定光线的灭点 F_L 及光线基透视的灭点 f_l 的位置之后，就可作图了。

229

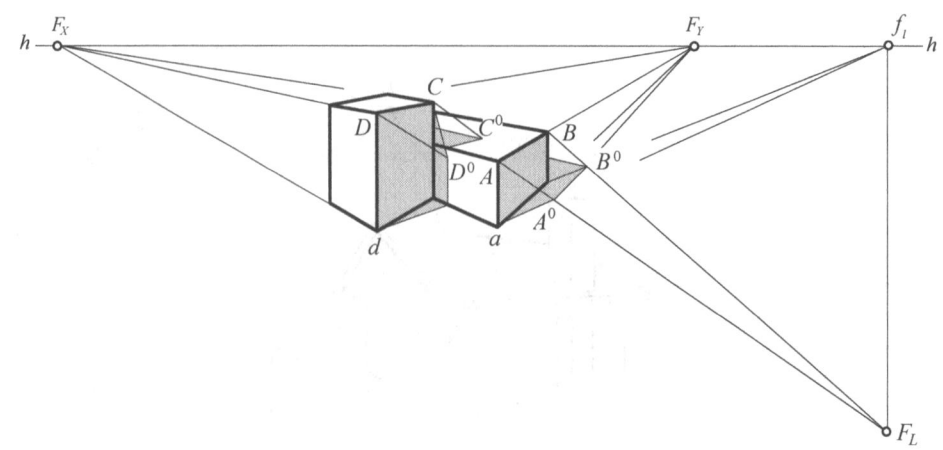

图 15-9 顺光下形体的阴影

例如，过点 A 任作光线的透视 AF_L，再过 a 任作光线的基透视 $af_l(f_lF_L \perp hh)$。它们的交点 A^0 就是点 A 在基面上的落影；其余类推，即过点 B、C、D 的光线的透视及基透视，亦要分别指向 F_L 或 f_l。由于该形体的水平阴线均为 X、Y 主向的轮廓线，所以影线 A^0B^0 的灭点为 F_Y，而另一条主向阴线的落影则为 B^0F_X 的一部分，等等。

至于点 D 的影 D^0，它落在形体右方的前立面上，连接 D^0C 即得 DC 在该前立面上的部分实影和折影点；然后再通过 F_Y 即可得 DC 另一部分的落影。

例 15-4 已知平顶房屋的透视，试加绘它在顺光下的阴影（图 15-10）。

分析：如前所述，在一般情况下是先任意设定光线的灭点 F_L、f_l，但具体作图时这样做往往不可能恰到好处。因为在构图上还有一个阴影区域要合理分布的问题。此时可先设定房屋某一比较显要的点的落影位置后再反求出其光线透视灭点的位置。例如图 15-10 中先设定屋盖上的点 A 的落影 A^0 位于门廊右侧的墙面上，然后才设法反求出 F_L 及 f_l。

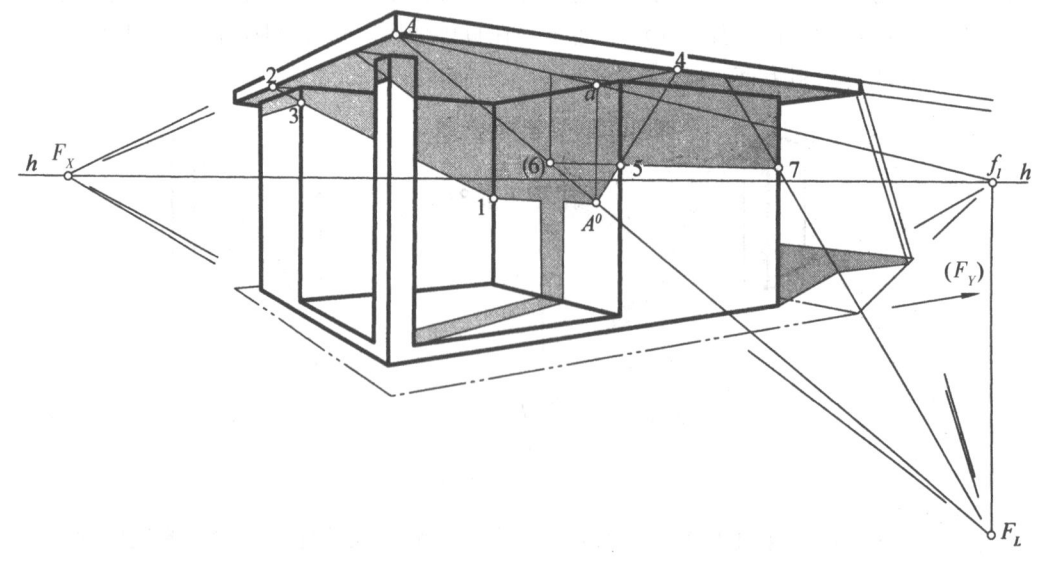

图 15-10 在顺光下房屋的阴影

作图：

①设定点 A 落影 A^0 的位置后，连接光线 AA^0，并将屋盖天花与墙面的交线当作升高基线，在其上定出与 A^0 对应的（相当于基透视的）点 a，连接 Aa 并延长之使交 h—h 于点 f_l，于是便可在 AA^0 的延长线上定出 F_L。

②连接 A^0F_X 可得屋盖在门廊右侧墙面上的一段落影 $A^0 1$，再将门廊正面墙向左延伸与屋盖阴线相交于点 2，连接 1 2 又可得一段落影 1 3。

③将门廊右侧墙向前延伸，与屋盖阴线相交于点 4，连接 $A^0 4$ 得影线 $A^0 5$；求屋盖在外墙面上的落影时，因主灭点 F_Y 不可达，故须另行设法，即将外墙面向左延伸与 AA^0 相交，求出点 A 落在其上的虚影 (6)；连接 (6) 5 并延长之，便得屋盖落在外墙面上的影线 5 7。

④至于房屋落在基面上的影，可利用 F_L、f_l 及屋盖的基透视直接求得。柱子落在门廊地面上的影则是直接利用 f_l 求出来的。

例 15-5 已知附有烟囱小屋的透视，试加绘它在顺光下的阴影（图 15-11）。

分析：该情况下阴影分布比较明朗，故可直接给定 F_L 和 f_l；又该小屋的屋面为坡顶，若能利用"直线落影的灭点，就是通过该直线的光平面灭线与承影面灭线的交点"这个概念作图，问题就可以迎刃而解。

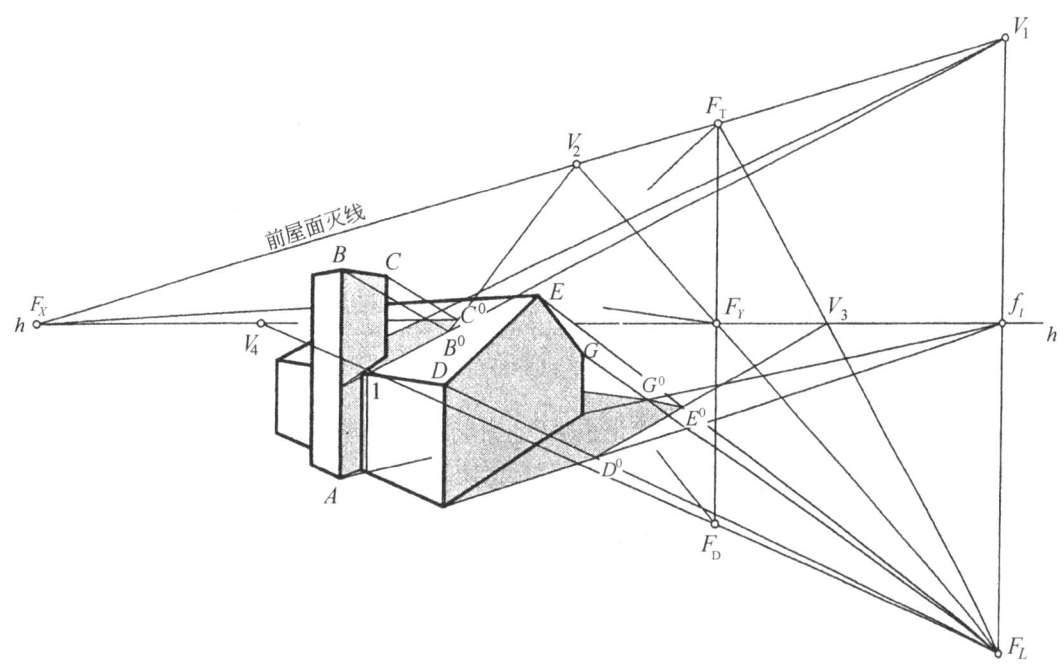

图 15-11 附有烟囱小屋的透视阴影

作图：

①求烟囱的落影：过铅垂阴线 AB 的光平面是铅垂面，其灭线是 f_lF_L，而前屋面的灭线则是 F_XF_T；将这两条灭线延长相交于 V_1，当连接 Af_l 并求出前屋檐上的影点 1 之后，就可利用 $1V_1$ 和 BF_L 求出影线 $1B^0$。

过水平阴线 BC 所形成的光平面的灭线,是该水平阴线的灭点 F_Y 与光线灭点 F_L 的连线 V_2F_L;它与前屋面灭线 F_XF_T 的交点 V_2 就是该水平阴线在前屋面上落影 B^0C^0 的灭点。其余不再赘述。

②求小屋在基面上的落影:过山墙斜脊 DE 所形成的光平面灭线,是 DE 的灭点 F_T 与光线灭点 F_L 的连线 F_TF_L;它与基面的灭线(即视平线 $h—h$)的交点 V_3,就是 DE 在基面上落影 D^0E^0 的灭点。同样的道理可得 V_4 是落影 E^0G^0 的灭点。当利用 F_L 和 f_l 求出 D^0 之后,就可依次得出 D^0E^0 和 E^0G^0 等。

15.2.2 逆光下的透视阴影

逆光也是"有灭光线"。光线的灭点在视平线的上方。作图时若光线的灭点落在形体两个主灭点范围之外,形体的两个可见立面中有一个为阳面,另一个为阴面;若落在两个主灭点范围之内,则两个可见立面均为阴面,如图 15-12 所示。

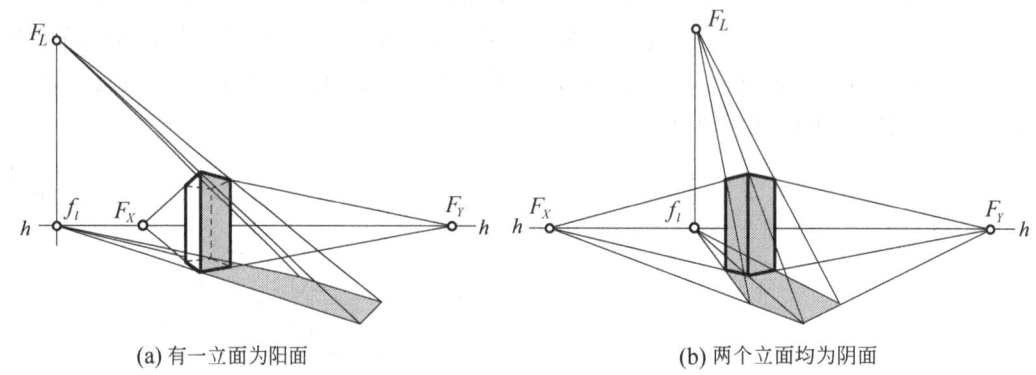

(a) 有一立面为阳面　　　　　　　　(b) 两个立面均为阴面

图 15-12　逆光下光线透视灭点的位置与特点

图 15-13 所示为某建筑小品在逆光下的阴影。在该透视图中两个主灭点 F_X、F_Y 及斜线的灭点(天际点)F_T 均可达。设定光线的灭点 F_L 及 f_l 后,即可作出建筑小品各处的阴影。

例如,分别连接 F_LA 和 f_la 并延长之,它们的交点 A^0 即为平台上点 A 在地面上的落影,再利用灭点 F_X、F_Y 就可求出该部分的落影。至于栏杆 BC 在地平面及斜坡面上的落影,则是先求出 C^0 之后,作 C^01 平行于视平线并与坡脚相交于点 1,再过 1 作直线与天际点 F_T 相连,并与 F_LB 的延长线相交,于是就可得点 B 的落影 B^0。这个作图的根据是:由于给定 F_L 及 f_l 时,有意令 $F_Lf_l = F_TF_X$,即在这种情况下过斜线 BC 的光平面的灭线 F_TF_L 与地平面的灭线 F_XF_Y(即视平线 $h—h$)平行,因此光平面与地平面的交线 C^01 必平行于视平线。又因 BC 平行于斜坡面,故其落影 B^01 与 BC 的灭点同为 F_T,其余不再赘述。

例 15-6　求作在逆光下建筑室内的阴影(图 15-14),设该室内的透视为已知。

分析:当设定逆光光线的灭点 F_L 及 f_l 的位置之后,可分析出除地面为阳面并在其上会有部分落影外,左一、左二和右一立柱的侧立表面也为阳面,因而门洞顶部的阴线也会有一部分落影在这些阳面上。

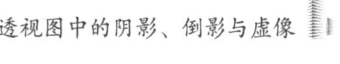

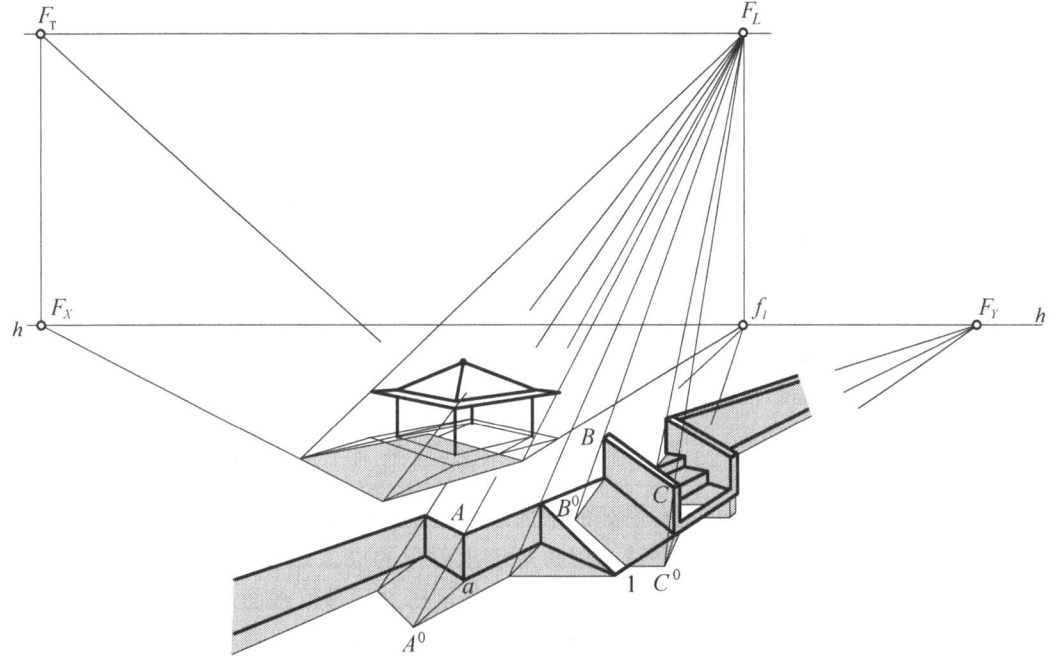

图 15-13 逆光下建筑小品的阴影

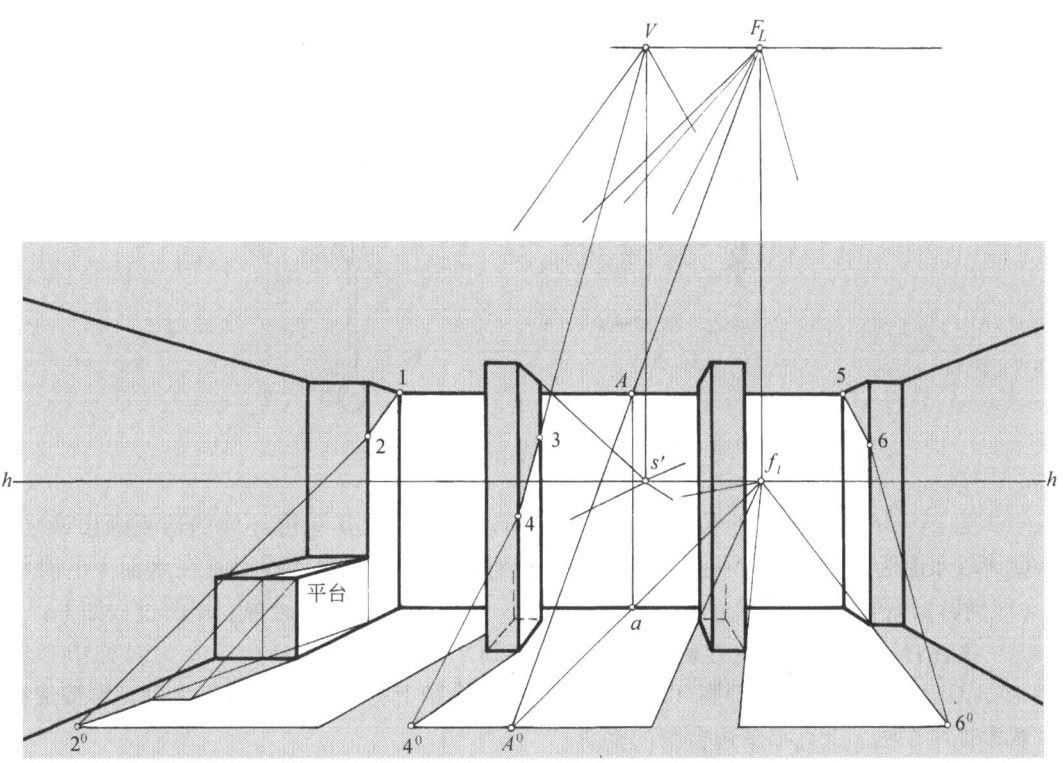

图 15-14 逆光下建筑室内的阴影

233

作图：

①在门洞阴线上任取一点 A 并定出其基透视 a，连接 F_LA 和 f_la 并延长之，此两线相交于 A^0，于是过 A^0 作水平线即为门洞阴线在地面上的落影。

②过 f_l 用直线与各立柱阴线在地面及平台上的垂足相连并延长之，即得各立柱在地面及平台上的落影。

③由于过主点 s' 的竖直线 Vs' 为墙、柱侧立表面的公共灭线，过 F_L 的水平线为通过门洞顶部阴线的光平面的灭线，所以利用该两灭线的交点 V 即可求得门洞阴线在各立柱阳面上的落影 1 2、3 4 和 5 6。

*15.3 水中倒影与镜面虚像

15.3.1 水中倒影

建筑物周围环境中，可能有平静的水面或雨后光滑的地面，这时，在水面或地面上就会出现倒影。根据物理学的平面镜入射角等于出射角的成像原理，如图 15－15 所示，人站在岸边观望对岸的灯柱时，必然得出物像与其倒影之间是以水面为对称面的彼此对称的景象。在透视图中这个景象表现出的应是一幅完整透视图像的一部分。即图中仍然只有一条视平线和同一方向的平行直线，仍然具有同一的灭点等，符合透视的基本规律。

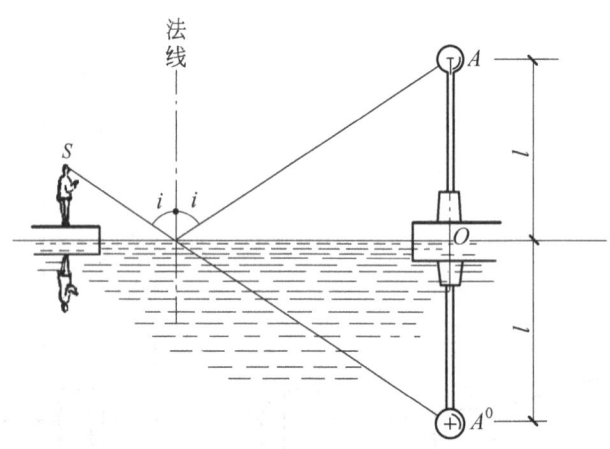

图 15－15 水中倒影成像原理

图 15－16 所示是位于水边的水榭和台阶。当它们及其周边环境的透视画出来之后，就可以水面为对称面确定一些特殊点，采用对称作图的方法，找出其在水面下的对称点（即倒影），再按透视规律分别与主灭点相连，即可得出倒影的透视。作图过程如下：

①在台阶与岸边交接处确定一点 A，它到水面的距离为 Aa；以 a 为对称中心量取 $aA^0 = Aa$，于是得点 A 的倒影 A^0；照此办法求出台阶上另一些点的倒影之后，再按透视的基本规律作图，就可得岸边台阶的倒影。

②设水榭平台底面上的顶点 B 是地平面上的点，连接 BF_Y 与岸边相交于点 1，过点 1 作铅垂线与水面相交于点 2；于是直线 $2F_Y$ 为位于水面上的一条对称轴。再以此对称轴上

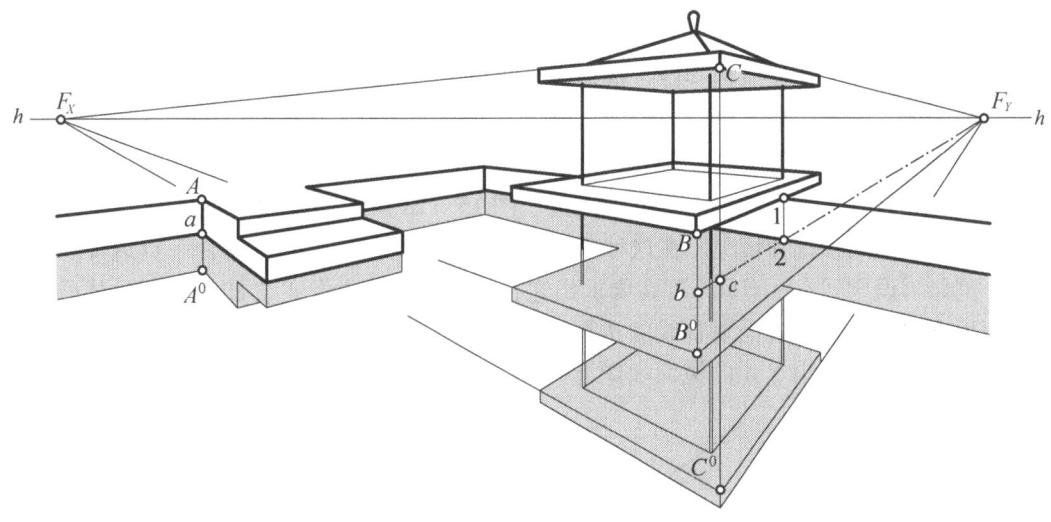

图 15-16 水中倒影

的点 b、c 为中心，便可得出水下的对称点 B^0 和 C^0。最后按透视的基本规律作图，即可得出水榭的倒影。

图 15-17 所示为一幅运用倒影表现出雨后初晴景象的某单体建筑的设计效果图，看起来别具一番情调。

图 15-17 表现为雨后初晴的设计效果图

235

15.3.2 镜面虚像

与水中倒影的成像原理一样,镜面虚像是以镜面为成像面而形成的物像与其虚像彼此对称的景象。不过,随着镜面位置的不同,其作图方法也不尽相同。下面仅就镜面垂直于基面时的情况,举例说明一二。

①镜面既垂直于基面,也垂直于画面。图 15-18 所示为室内一点透视,在其侧墙上所挂的镜子即属于这种情况。在这种情况下,镜面虚像的成像过程符合一点透视的投影规律。例如,设空间有一点 A,现在要求出它在该镜面中的虚像 A^0。此时,可过基透视 a 作墙面垂直线和过 A 作镜面垂直线的透视,分别得垂足 N 和 M;于是以 MN 为对称轴量取 $A^0M = AM$,就可得出点 A 的镜面虚像 A^0 和基透视 a 的对称点 a^0。

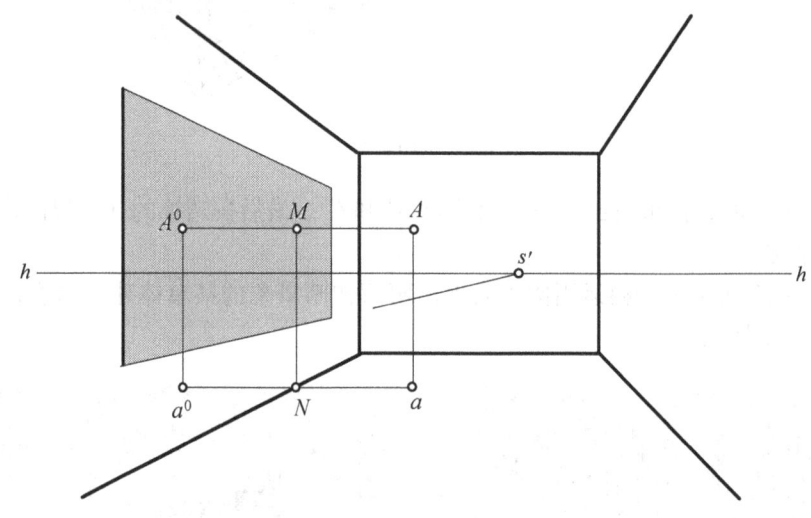

图 15-18 点的镜面虚像

图 15-19 所示是在一点透视中,正面墙上的门窗产生在侧面墙上镜面中虚像的例子。在这种情况下对称轴是墙角线 MN,镜面中门窗的虚像与正面墙上门窗的形象完全对称。

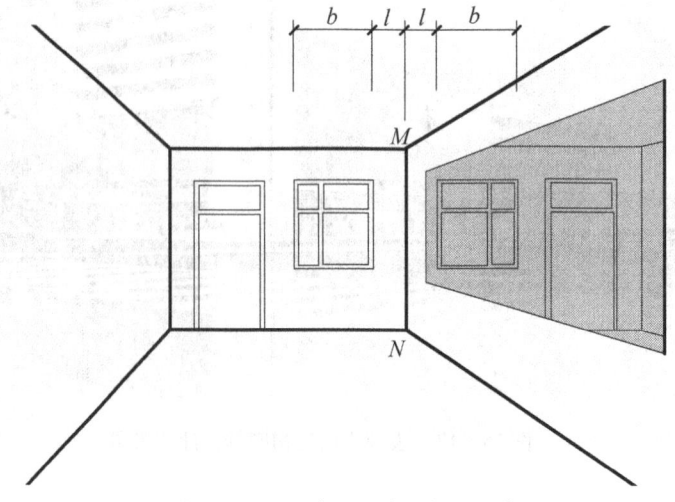

图 15-19 一点透视中的镜面虚像

②镜面垂直于基面，但倾斜于画面。图 15-20 所示为室内超视角两点透视。在这个两点透视中侧墙倾斜于画面，故在该侧墙上所挂的镜子也倾斜于画面。在这种情况下镜中虚像的成像过程符合两点透视的投影规律。例如，设该室内有一空间点 A 及其基透视 a 为已知，现在要求出该点 A 在镜面中的虚像 A^0。为此，分别连结 AF_Y、aF_Y，并过 aF_Y 与墙脚线的交点 N 引竖直线 MN 与 AF_Y 相交得点 M。于是 MN 为实像 A 与虚像 A^0 之间的对称轴。为了取得 AM 与 MA^0 在空间相等的透视效果，图中采用了"矩形的倍增"的方法，即过点 a 作直线与对称轴 MN 的中点 O 相连，此直线与透视线 AF_Y 的交点 A^0，便是点 A 在镜面中的虚像 A^0。

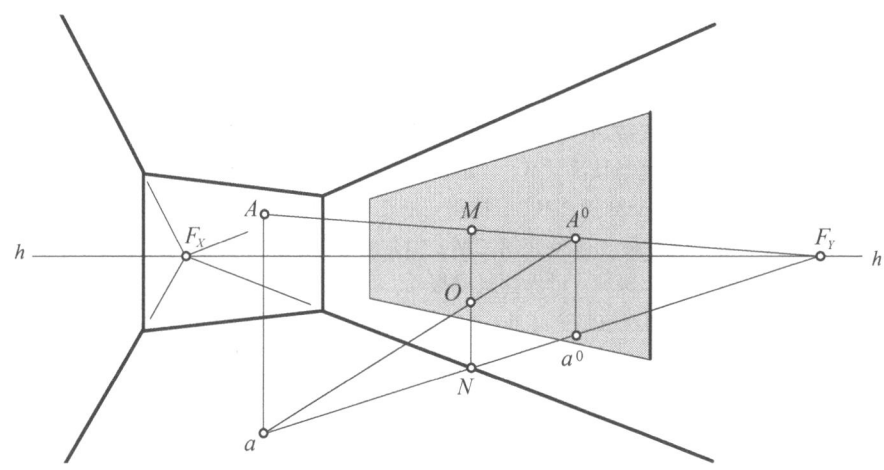

图 15-20　两点透视中的点的镜面虚像

图 15-21 所示是室内两点透视图。室内右侧通道墙面上挂的一面镜子，反映出了左侧的博古架及间墙上的窗框。作图方法参照图 15-20 进行。博古架水平轮廓线在虚像中的灭点分别为 F_X、F_Y，而窗框水平轮廓线在虚像中的灭点则为 F_Y。窗框与它的虚像之间的对称轴为 MN，而博古架与它的虚像之间的对称轴则是 KL，余不赘言。

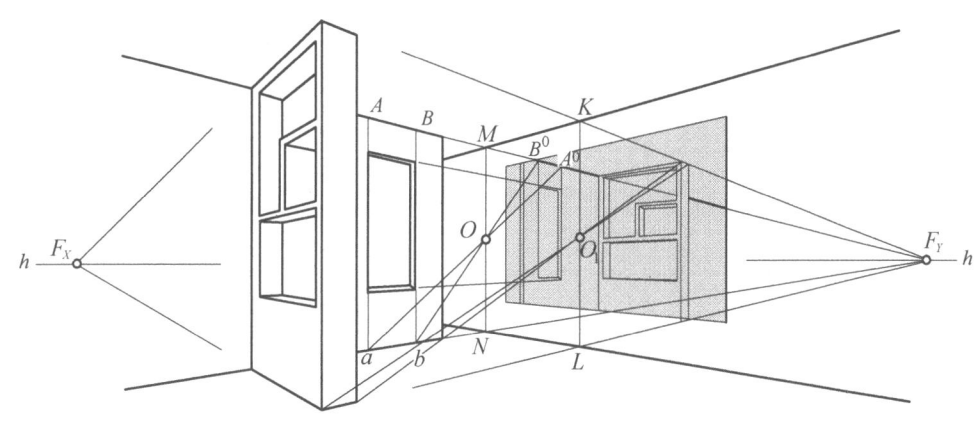

图 15-21　两点透视中的镜面虚像的例子

参 考 文 献

[1] 李国生，黄水生．建筑透视与阴影［M］．4版．广州：华南理工大学出版社，2016．
[2] 李国生．室内设计制图与透视［M］．广州：华南理工大学出版社，2010．
[3] 李国生．画法几何及工程制图［M］．哈尔滨：黑龙江科学技术出版社，1985．
[4] 李国生，黄水生．土建工程制图［M］．广州：华南理工大学出版社，2002．
[5] 许松照．画法几何及阴影透视（下册）［M］．北京：中国建筑工业出版社，1998．
[6] 何斌，高焕文．画法几何及阴影透视［M］．广州：华南工学院出版社，1987．
[7] 谢培青．画法几何及阴影透视（上册）［M］．北京：中国建筑工业出版社，1998．
[8] 乐荷卿，陈美华．建筑透视阴影［M］．3版．长沙：湖南大学出版社，2002．
[9] 廖远明．建筑图学［M］．北京：中国建筑工业出版社，1995．
[10] 杰伊·多林布．透视图新技法［M］．蔡育之译．哈尔滨：黑龙江科技出版社，1984．
[11] 钟训正．建筑画环境表现与技法［M］．北京：中国建筑工业出版社，1985．
[12] 乐嘉龙．中外著名建筑1000例［M］．杭州：浙江科学技术出版社，1991．
[13]《建筑画》编辑部．建筑画（1986年第二期）［J］．北京：中国建筑工业出版社，1986．
[14] 世界建筑导报'92［J］．深圳：世界建筑导报社．
[15]《建筑画》编辑部．中国建筑画选［M］．北京：中国建筑工业出版社，1991．
[16]《中小型民用建筑图集》编写组．中小型民用建筑图集［M］．北京：中国建筑工业出版社，1986．
[17] 吴树甜，梁隽．收山水胜景，揽天地入怀——广州塔设计［J］．建筑学报，2011（1）．